普通高等教育"十一五"国家级规划教材

大学数学
微 积 分

（第三版）下册

上海交通大学数学科学学院
微积分课程组 编

中国教育出版传媒集团
高等教育出版社·北京

内容提要

本书是普通高等教育"十一五"国家级规划教材"大学数学"系列教材之一,结合上海交通大学高等数学课程多年的教学实践,对第二版教材在内容取舍、例习题配置上都做了改进,并配备了一些数字资源供读者自学。

本书注重微积分的思想和方法,重视概念和理论的阐述与分析。结合教材内容,适当介绍了一些历史知识,指出微积分发展的背景和线索,以提高读者对微积分的兴趣和认识;重视各种数学方法的运用和解析,如分析和综合法、类比法、特殊到一般法、数形结合法等;探索在微积分中适度渗入一些现代数学的思想和方法。

本书内容包括向量代数与空间解析几何、多元函数的微分学、重积分、曲线积分和曲面积分、级数 5 章。在内容的安排和阐述上力求朴素明了,深入浅出。例题精心选择,类型丰富,由易到难,解法中融入了各种数学基本方法且加以分析,有助于读者领会和掌握各种数学思维方法,有利于读者自学。同时配以丰富的习题,易难结合,帮助读者通过练习掌握和巩固微积分的知识和方法。

本书适用于高等学校理工科各专业,也可供工程技术人员参考。

图书在版编目(ＣＩＰ)数据

大学数学.微积分.下册/上海交通大学数学科学学院微积分课程组编.--3 版.--北京:高等教育出版社,2024.1

ISBN 978-7-04-061538-8

Ⅰ.①大… Ⅱ.①上… Ⅲ.①高等数学-高等学校-教材②微积分-高等学校-教材 Ⅳ.①O13②O172

中国国家版本馆 CIP 数据核字(2024)第 008829 号

Daxue Shuxue Weijifen

| 策划编辑 张彦云 | 责任编辑 张彦云 | 封面设计 张 楠 马天驰 | 版式设计 李彩丽 |
| 责任绘图 黄云燕 | 责任校对 刁丽丽 | 责任印制 朱 琦 | |

出版发行	高等教育出版社	网 址	http://www.hep.edu.cn
社 址	北京市西城区德外大街 4 号		http://www.hep.com.cn
邮政编码	100120	网上订购	http://www.hepmall.com.cn
印 刷	唐山市润丰印务有限公司		http://www.hepmall.com
开 本	787mm×960mm 1/16		http://www.hepmall.cn
印 张	20.5	版 次	2008 年 12 月第 1 版
			2024 年 1 月第 3 版
字 数	370 千字		
购书热线	010-58581118	印 次	2024 年 1 月第 1 次印刷
咨询电话	400-810-0598	定 价	42.00 元

第三版前言

上海交通大学高等数学课程的教材有着优秀传承和积淀。本书自 2008 年初版、2016 年再版以来，一直作为上海交通大学高等数学课程的主教材，也有其他高校部分师生将其作为高等数学课程的教材或参考书，在国内产生了一定影响。

当前，我国已经迈进新时代，开启新征程，国家对高等教育和高等学校的教材建设提出了新要求。为适应新时代的变化和要求，并结合多年教学实践的反馈意见，编者对第二版部分内容进行了修改和补充。此次修订仍秉持上海交通大学"起点高、基础厚、要求严"的传统，力求逻辑严谨、语言生动，基本保留了第二版的框架和结构，主要改动包括以下几个方面：

（1）对与中学数学衔接相关的内容，做了一些补充和删减。

（2）对部分例题和习题进行了更换和增删。

（3）对重点、难点概念和典型例题配备了一些数字资源，并将逐步完善。读者可根据自身需求，通过扫描章后二维码选择性使用。

（4）对第二版中的一些错误做了订正。

第三版修订工作由陈克应、乐经良、何铭、王承国、王铭和赵俐俐完成。全书由陈克应统稿。下册数字资源由陈春丽、顾琪龙、余用江、赵俐俐完成。修订工作得到了上海交通大学数学科学学院的支持，广大教师也提出了许多宝贵的意见和建议。在此一并表示感谢。

虽经再次修订，本书的缺点和不足之处在所难免，敬请同行和读者不吝指出。

编　者

2023 年 6 月

目　　录

第7章 向量代数与空间解析几何

前面各章我们介绍的是一元函数的微积分,涉及的是单个自变量的函数.一元微积分的方法也可用于讨论多元函数,多元函数的自变量是多元数组(或者称为向量).为此我们介绍向量代数与空间解析几何,其方法和内容将有助于多元微积分内容的展开.

本章将讨论向量的概念、运算及相应的几何意义,进而讨论空间直角坐标系下的平面、直线的方程以及它们的位置关系,另外介绍曲面和曲线方程,包括典型的二次曲面及其标准方程.

7.1 空间直角坐标系

在空间中选定一点 O 作为原点,过点 O 作三条两两垂直的数轴,分别标为 x 轴、y 轴、z 轴,这样就构成了空间直角坐标系. x 轴、y 轴、z 轴有时分别称为横轴、纵轴、竖轴,统称为坐标轴.通常我们规定坐标轴的正向依 x、y、z 的次序符合右手法则,见图 7.1.

由任意两条坐标轴所确定的平面称为坐标平面.三个坐标轴确定了三个坐标平面,包含 x 轴及 y 轴的坐标平面称为 xOy 坐标平面,另外两个是 yOz 坐标平面及 zOx 坐标平面.

三个坐标平面把空间分成八个部分,每一部分叫做一个卦限. 我们把 xOy 坐标平面上的第 1,2,3,4 象限上方的四个卦限依次称为第 1,2,3,4 卦限,而下方的四个卦限依次称为第 5,6,7,8 卦限.

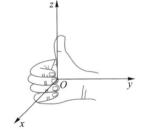

图 7.1

设 M 为空间一已知点. 过点 M 分别作三个平面垂直于 x 轴、y 轴、z 轴,它们与 x 轴、y 轴、z 轴的交点依次为 P、Q、R(图 7.2),这三个点在 x 轴、y 轴、z 轴的坐标依次为 x,y,z. 于是空间一点 M 就唯一地确定了一个有序数组 (x,y,z);反过来,给定一个有序数组 (x,y,z),我们可以在 x 轴上取坐标为 x 的点 P,在 y 轴上取坐标为 y 的点 Q,在 z 轴上取坐标为 z 的点 R,然后通过 P、Q 与 R 分别作垂直于 x 轴、y 轴和 z 轴的平面,这三个平面的交点 M 便是由有序数组 (x,y,z) 所确定的唯一点. 这样,就建立了空间的点 M 和有序数组 (x,y,z) 之间的一一对应关系,即

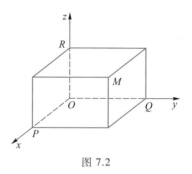

图 7.2

$$点\ M \longleftrightarrow (x,y,z).$$

这组数 x,y,z 就叫做点 M 的坐标,有时称 x,y 和 z 为点 M 的横坐标、纵坐标和竖坐标. 坐标为 x,y,z 的点 M 通常记为 $M(x,y,z)$.

对于空间中两点 $M_1(x_1,y_1,z_1)$,$M_2(x_2,y_2,z_2)$,我们定义它们的距离为

$$|M_1M_2| = \sqrt{(x_2-x_1)^2 + (y_2-y_1)^2 + (z_2-z_1)^2},$$

不难看出这个定义与我们通常理解的距离是完全一致的.

例 7.1　求点 $M(1,-2,3)$ 关于点 $P(-1,4,1)$ 的对称点 N.

解　设点 N 的坐标为 (x,y,z),根据点与坐标的关系可知,M,P,N 的横坐标分别是过它们而垂直于 x 轴的平面与 x 轴的交点 M_x,P_x,N_x 的坐标,由 P 是线段 MN 的中点可知 P_x 是线段 M_xN_x 的中点,同理 M,P,N 的纵坐标和竖坐标也有这样的结论,于是

$$\frac{x+1}{2} = -1, \frac{y-2}{2} = 4, \frac{z+3}{2} = 1,$$

解得 $x=-3,y=10,z=-1$,从而得到点 $N(-3,10,-1)$.

7.2　向量及其线性运算

7.2.1　向量的概念

在中学物理学中我们就知道,有些物理量仅由数值大小来度量,例如时间、距离、质量和温度等,称之为**数量**或**标量**;而另一些物理量不仅有大小而且有方向,例如力、速度和加速度等,称之为**向量**或**矢量**.

为区别于数量,通常用粗体字母或带箭头的字母表示向量,例如 $\boldsymbol{a}$,$\boldsymbol{b}$,$\boldsymbol{i}$,$\boldsymbol{F}$ 或 $\vec{a},\vec{b},\vec{i},\vec{F}$ 等.

　　由于向量有大小和方向两个要素,而具备这两个要素的最简单的几何图形是有向线段,所以我们用有向线段来表示向量. 若向量 $\boldsymbol{v}$ 用有向线段 $\overrightarrow{AB}$ 表示(如图 7.3),则其长度表示向量 $\boldsymbol{v}$ 的大小,称为向量 $\boldsymbol{v}$ 的模,记为 $|\boldsymbol{v}|$,A 到 B 的指向表示向量 $\boldsymbol{v}$ 的方向.为方便起见,我们有时不把有向线段和它表示的向

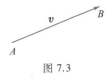

图 7.3

量做严格区分,而把有向线段 $\overrightarrow{AB}$ 也称为向量 $\overrightarrow{AB}$,A 叫做向量的起点,B 叫做向量的终点.

　　我们规定长度是零的向量为零向量,记为 $\boldsymbol{0}$ 或 $\overrightarrow{0}$. 零向量的方向规定为任意的,即可根据情况任意指定.

　　显然,两条有向线段,只要它们长度相等,指向相同,即使处在不同位置,它们仍然表示相同的向量. 也就是说,起点不同而大小、方向均相同的有向线段都表示同一个向量.因此我们讨论的向量被称为自由向量,它具有平移不变性.

　　从而我们规定:

　　如果两个向量大小相等、方向相同,那么称这两个向量相等.

　　我们考察建立了空间直角坐标系的三维空间中的向量 $\boldsymbol{v}$,它可以表示为有向线段 $\overrightarrow{AB}$ 或者与其大小、方向均相同的其他有向线段,它们均表示向量 $\boldsymbol{v}$,但其中仅有一个有向线段 $\overrightarrow{OP}$ 的起点在原点 O(如图 7.4). 这样,向量 $\boldsymbol{v}$ 就唯一地对应了一个起点在原点的有向线段 $\overrightarrow{OP}$,而 $\overrightarrow{OP}$ 又可以唯一对应其终点 P. 由于点 P 与其坐

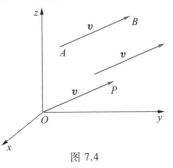

图 7.4

标一一对应,这意味着向量 $\boldsymbol{v}$ 可以与三维有序数组建立起一一对应关系:

$$\text{向量 } \boldsymbol{v} \;\longleftrightarrow\; \overrightarrow{OP} \;\longleftrightarrow\; \text{点 } P \;\longleftrightarrow\; \text{点 } P \text{ 的坐标}.$$

　　由此,我们给出下面的向量定义.

　　定义 7.1　一个三元有序实数组 (a,b,c) 称为一个三维向量,全体三维向量的集合记作 V_3. 而一个二元有序实数组 (a,b) 称为一个二维向量,全体二维向量的集合记作 V_2.其中实数 a,b,c 称为向量的分量,也称为向量的坐标.

　　由定义 7.1 的引入可知,向量 $\boldsymbol{v}$ 通过表示它的起点在原点的有向线段 $\overrightarrow{OP}$ 的终点坐标 (a,b,c) 来唯一确定,故可记为

$$\boldsymbol{v}=(a,b,c).$$

　　反过来点 P 也可以通过向量 $\boldsymbol{v}=\overrightarrow{OP}$ 的坐标来唯一确定,故向量 $\boldsymbol{v}=(a,b,c)$

称为点 $P(a,b,c)$ 的定位向量.

给定向量 $\boldsymbol{v}=(a,b,c)$,因为它是点 $P(a,b,c)$ 的定位向量,所以向量 $\boldsymbol{v}$ 的模为

$$|\boldsymbol{v}|=|\overrightarrow{OP}|=\sqrt{a^2+b^2+c^2}.$$

二维向量的情形是类似的.

注意向量的坐标与点的坐标的表示形式均为三元数组,在叙述时有时需做必要的说明以避免混淆.

7.2.2 向量的线性运算

定义 7.2 设 $\boldsymbol{a}=(a_1,a_2,a_3)$,$\boldsymbol{b}=(b_1,b_2,b_3)$. 向量 $(a_1+b_1,a_2+b_2,a_3+b_3)$ 称为向量 a 与 b 的和,记作 $\boldsymbol{a}+\boldsymbol{b}$,即

$$\boldsymbol{a}+\boldsymbol{b}=(a_1,a_2,a_3)+(b_1,b_2,b_3)=(a_1+b_1,a_2+b_2,a_3+b_3).$$

向量的上述运算称为加法运算.

对于二维向量,则有

$$(a_1,a_2)+(b_1,b_2)=(a_1+b_1,a_2+b_2).$$

图 7.5 给出了三维向量加法运算的几何解释:从图中可以看出,若向量 $\overrightarrow{OA}=\boldsymbol{a}=(a_1,a_2,a_3)$ 与向量 $\overrightarrow{AB}=\boldsymbol{b}=(b_1,b_2,b_3)$ 首尾相接,则向量 $\overrightarrow{OB}=(a_1+b_1,a_2+b_2,a_3+b_3)$ 正是它们的和向量 $\boldsymbol{a}+\boldsymbol{b}$,所以我们得到:

向量加法运算满足三角形法则.

若在依三角形法则进行加法运算 $\boldsymbol{a}+\boldsymbol{b}=\overrightarrow{OA}+\overrightarrow{AB}=\overrightarrow{OB}$ 的图 7.6 中,过点 O 作向量 $\overrightarrow{OC}=\overrightarrow{AB}$,那么可以看出,以 $\boldsymbol{a}=\overrightarrow{OA}$,$\boldsymbol{b}=\overrightarrow{OC}$ 为邻边的平行四边形 $OABC$ 的对角线 $\overrightarrow{OB}$ 是和向量 $\boldsymbol{a}+\boldsymbol{b}$,所以我们也有:

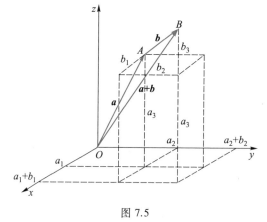

图 7.5   图 7.6

向量加法运算满足平行四边形法则.

显然用三角形法则或平行四边形法则求得两向量的和向量的结果是一致的.

若向量 $\boldsymbol{a} = (a_1, a_2, a_3)$,则称向量 $(-a_1, -a_2, -a_3)$ 为 $\boldsymbol{a}$ 的负向量,记为 $-\boldsymbol{a}$.

有了负向量,我们可以定义向量的减法:

$$\boldsymbol{b} - \boldsymbol{a} \xlongequal{\text{def}} \boldsymbol{b} + (-\boldsymbol{a}).$$

从而若向量 $\boldsymbol{a} = (a_1, a_2, a_3)$,$\boldsymbol{b} = (b_1, b_2, b_3)$,则

$$\boldsymbol{b} - \boldsymbol{a} = (b_1 - a_1, b_2 - a_2, b_3 - a_3).$$

若 $A(x_1, y_1, z_1)$,$B(x_2, y_2, z_2)$ 为空间两点,则借助图 7.5 不难看出向量

$$\overrightarrow{AB} = \overrightarrow{OB} - \overrightarrow{OA} = (x_2, y_2, z_2) - (x_1, y_1, z_1) = (x_2 - x_1, y_2 - y_1, z_2 - z_1),$$

这说明三维向量 $\boldsymbol{v} = (x_2 - x_1, y_2 - y_1, z_2 - z_1)$ 是起点为 A、终点为 B 的向量.

对于二维向量,上述运算法则和类似结论显然也同样成立.

例 7.2 已知 $A(1, -1, 2)$,$B(2, 1, 4)$ 是空间两点,求向量 $\overrightarrow{AB}$ 和它的模.

解 $\overrightarrow{AB} = (2 - 1, 1 + 1, 4 - 2) = (1, 2, 2)$,$|\overrightarrow{AB}| = \sqrt{1^2 + 2^2 + 2^2} = 3$.

向量的加法运算满足如下的运算律:

(1) $\boldsymbol{a} + \boldsymbol{b} = \boldsymbol{b} + \boldsymbol{a}$;

(2) $\boldsymbol{a} + (\boldsymbol{b} + \boldsymbol{c}) = (\boldsymbol{a} + \boldsymbol{b}) + \boldsymbol{c}$;

(3) $\boldsymbol{a} + \boldsymbol{0} = \boldsymbol{a}$;

(4) $\boldsymbol{a} + (-\boldsymbol{a}) = \boldsymbol{0}$.

这些运算律容易利用加法的定义予以证明,我们留给读者作为练习.

定义 7.3 设向量 $\boldsymbol{a} = (a_1, a_2, a_3)$,$\lambda$ 为实数,向量 $(\lambda a_1, \lambda a_2, \lambda a_3)$ 称为数量 λ 与向量 $\boldsymbol{a}$ 的乘积或数乘向量,记作 $\lambda \boldsymbol{a}$,即

$$\lambda \boldsymbol{a} = \lambda(a_1, a_2, a_3) = (\lambda a_1, \lambda a_2, \lambda a_3),$$

数量 λ 与向量 $\boldsymbol{a}$ 之间的上述运算称为数乘运算.

对于二维向量,则有

$$\lambda(a_1, a_2) = (\lambda a_1, \lambda a_2).$$

由定义可知,数乘向量 $\lambda \boldsymbol{a}$ 的模为

$$|\lambda \boldsymbol{a}| = \sqrt{(\lambda a_1)^2 + (\lambda a_2)^2 + (\lambda a_3)^2} = |\lambda| \cdot |\boldsymbol{a}|.$$

图 7.7 和图 7.8 给出了数乘向量 $\lambda \boldsymbol{a}$ 的几何解释. 当 $\lambda > 0$ 时,$\lambda \boldsymbol{a}$ 与 $\boldsymbol{a}$ 同方向,当 $\lambda < 0$ 时,$\lambda \boldsymbol{a}$ 与 $\boldsymbol{a}$ 方向相反;而 $\lambda \boldsymbol{a}$ 的大小(模)由 $\boldsymbol{a}$ 的大小(模)伸缩得到,伸缩比例为 $|\lambda|$.

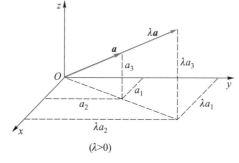

$(\lambda>0)$

图 7.7

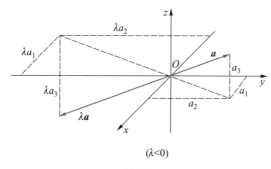

$(\lambda<0)$

图 7.8

若向量 a 和 b 的方向相同或相反,则称它们相互平行,记为 $a\mathbin{/\!/}b$. 若 a 和 b 平行,将 a,b 的起点移至同一点时,它们的终点与起点在同一直线上,故平行向量也称为共线向量.由于零向量 $\boldsymbol{0}$ 可以任取方向,故它与任何向量都平行.

由数乘的上述性质可得如下结论:

命题 7.1 $a\mathbin{/\!/}b \Leftrightarrow \exists\,\lambda\in\mathbf{R}$,使得 $b=\lambda a$ 或 $a=\lambda b$.

证   必要性:设 $a\mathbin{/\!/}b$,若 $a\neq\boldsymbol{0}$,则取 $|\lambda|=\dfrac{|b|}{|a|}$,而当 b 与 a 同向时,λ 取正值,当 b 与 a 反向时,λ 取负值,则 λa 与 b 同向,且

$$|\lambda a|=|\lambda|\cdot|a|=\frac{|b|}{|a|}\cdot|a|=|b|,$$

故有 $b=\lambda a$.

若 $a=\boldsymbol{0}$,则取 $\lambda=0$,从而有 $a=\lambda b$.

充分性:若 $b=\lambda a,\lambda\in\mathbf{R}$,则由数乘的性质知:若 $\lambda=0$,则 $b=\boldsymbol{0}$,从而 $a\mathbin{/\!/}b$;若 $\lambda\neq0$,则 b 与 a 同向或反向,从而 $a\mathbin{/\!/}b$.

设向量 $a=(a_1,a_2,a_3)$,$b=(b_1,b_2,b_3)$,则根据命题 7.1 可以得到向量 a 与 b 平行的充要条件:

$$\boldsymbol{a} /\!/ \boldsymbol{b} \Leftrightarrow \frac{a_1}{b_1} = \frac{a_2}{b_2} = \frac{a_3}{b_3}.$$

当 $\lambda = -1$ 时, $\lambda \boldsymbol{a}$ 与 $\boldsymbol{a}$ 大小相同、方向相反,正是我们介绍过的负向量,因此

$$(-1)\boldsymbol{a} = -\boldsymbol{a} = (-a_1, -a_2, -a_3).$$

向量的数乘运算满足如下的运算律:

(1) $\lambda(\boldsymbol{a}+\boldsymbol{b}) = \lambda \boldsymbol{a} + \lambda \boldsymbol{b}$;

(2) $(\lambda+\mu)\boldsymbol{a} = \lambda \boldsymbol{a} + \mu \boldsymbol{a}$;

(3) $(\lambda\mu)\boldsymbol{a} = \lambda(\mu \boldsymbol{a})$;

(4) $1\boldsymbol{a} = \boldsymbol{a}$.

这些性质也容易依据向量的数乘运算的定义直接加以证明.对于二维向量的数乘,运算法则和类似结论也同样成立.

向量的加法和数乘称为向量的线性运算.向量集合 V_3(或 V_2)在赋予线性运算后称为三维(或二维)向量空间或线性空间.

若向量的模为 1,则称其为单位向量. 若向量 $\boldsymbol{a} \neq \boldsymbol{0}$,则显然 $\boldsymbol{a}$ 方向上的单位向量为 $\frac{1}{|\boldsymbol{a}|}\boldsymbol{a}$,记为 $\boldsymbol{a}^0$,如果 $\boldsymbol{a} = (a_1, a_2, a_3)$,就有

$$\boldsymbol{a}^0 = \frac{1}{\sqrt{a_1^2 + a_2^2 + a_3^2}}(a_1, a_2, a_3).$$

这样得到 $\boldsymbol{a}$ 方向上的单位向量的做法称为 $\boldsymbol{a}$ 的单位化.

在 V_3 中,有三个重要的单位向量:

$$\boldsymbol{i} = (1,0,0), \quad \boldsymbol{j} = (0,1,0), \quad \boldsymbol{k} = (0,0,1),$$

它们的方向分别与 x 轴、y 轴、z 轴的正向相同.

设 $\boldsymbol{a} = (a_1, a_2, a_3)$,则立即有

$$\boldsymbol{a} = a_1 \boldsymbol{i} + a_2 \boldsymbol{j} + a_3 \boldsymbol{k}.$$

这说明任意一个三维向量都可由 $\boldsymbol{i}, \boldsymbol{j}, \boldsymbol{k}$ 线性表示. 我们把 $\boldsymbol{i}, \boldsymbol{j}, \boldsymbol{k}$ 称为 V_3 中的一组基. 又因 $\boldsymbol{i}, \boldsymbol{j}, \boldsymbol{k}$ 均为单位向量,故称之为标准基.

在二维的情形下, $\boldsymbol{i} = (1,0), \boldsymbol{j} = (0,1)$ 是 V_2 的一组标准基.

例 7.3 设 $M_1(x_1, y_1, z_1), M_2(x_2, y_2, z_2)$ 为空间两点,点 M 位于 M_1, M_2 的连线上,使得

$$\overrightarrow{M_1M} = \lambda \overrightarrow{MM_2},$$

求点 M 的坐标 (x, y, z).

解 $\overrightarrow{M_1M} = (x-x_1, y-y_1, z-z_1), \overrightarrow{MM_2} = (x_2-x, y_2-y, z_2-z)$,故有

$$(x-x_1, y-y_1, z-z_1) = \lambda(x_2-x, y_2-y, z_2-z),$$

从而
$$x-x_1 = \lambda(x_2-x), \quad y-y_1 = \lambda(y_2-y), \quad z-z_1 = \lambda(z_2-z),$$
解得点 M 的坐标为
$$x = \frac{x_1+\lambda x_2}{1+\lambda}, \quad y = \frac{y_1+\lambda y_2}{1+\lambda}, \quad z = \frac{z_1+\lambda z_2}{1+\lambda}.$$
上述 M 的坐标公式称为定比分点公式.

例 7.4 设有向线段 $\overrightarrow{OA} = (-2,-1,2)$, $\overrightarrow{OB} = (7,-4,-4)$, 向量 c 与 $\overrightarrow{OA}$, $\overrightarrow{OB}$ 的夹角的角平分线平行, 且 $|c| = 6\sqrt{6}$, 试求向量 c.

解 将 $\overrightarrow{OA}$, $\overrightarrow{OB}$ 单位化得到相应的单位向量 a, b 为
$$a = \frac{1}{|\overrightarrow{OA}|}\overrightarrow{OA} = \left(\frac{-2}{3},\frac{-1}{3},\frac{2}{3}\right), \quad b = \frac{1}{|\overrightarrow{OB}|}\overrightarrow{OB} = \left(\frac{7}{9},\frac{-4}{9},\frac{-4}{9}\right),$$
由于 a, b 的模相等, 利用向量加法的平行四边形法则可知向量 $a+b$ 的方向与 $\overrightarrow{OA}$, $\overrightarrow{OB}$ 的夹角的角平分线平行, 故 $c /\!/ a+b$, 由 $a+b = \left(\frac{1}{9},\frac{-7}{9},\frac{2}{9}\right)$, 从而
$$c = \pm\frac{6\sqrt{6}}{|a+b|}(a+b) = \pm(2,-14,4).$$

例 7.5 设四边形 $ABCD$ 的对角线相互平分, 证明四边形 $ABCD$ 为平行四边形 (图 7.9).

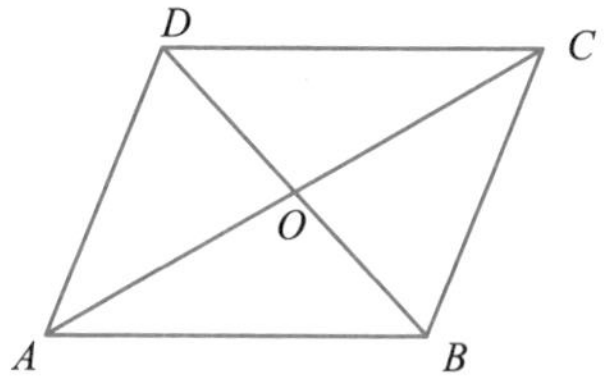

证 设对角线 AC, BD 的交点为 O, 由于四边形 $ABCD$ 的对角线相互平分, 故有
$$\overrightarrow{AO} = \overrightarrow{OC}, \quad \overrightarrow{OB} = \overrightarrow{DO},$$
于是

图 7.9

$$\overrightarrow{AB} = \overrightarrow{AO}+\overrightarrow{OB} = \overrightarrow{OC}+\overrightarrow{DO} = \overrightarrow{DO}+\overrightarrow{OC} = \overrightarrow{DC},$$
即
$$\overrightarrow{AB} /\!/ \overrightarrow{DC}, \quad |\overrightarrow{AB}| = |\overrightarrow{DC}|,$$
所以四边形 $ABCD$ 为平行四边形.

若将向量 $a_1, a_2, \cdots, a_n$ 的起点移至同一点时, 这些向量的起点和终点均在同一平面上, 则称向量 $a_1, a_2, \cdots, a_n$ 是共面的. 由此即得: 任意两个向量是共面的.

命题 7.2 若向量 a, b, c 共面, 而 a, b 不共线, 则存在实数 λ 与 μ, 使得
$$c = \lambda a + \mu b.$$

证 由 a, b 不共线可知 a, b 均为非零向量, 取一定点 O 作 $\overrightarrow{OA} = a$, $\overrightarrow{OB} = b$,

$\overrightarrow{OC}=c$, 则 $OABC$ 共面, 过点 C 作 OA 的平行线交 OB 所在的直线于 F, 作 OB 的平行线交 OA 所在的直线于 E (图 7.10), 则依向量加法有

$$\overrightarrow{OC}=\overrightarrow{OE}+\overrightarrow{OF},$$

又因 $\overrightarrow{OE}\,/\!/\,\overrightarrow{OA}$, 由命题 7.1 知存在实数 λ, 使得

$$\overrightarrow{OE}=\lambda\,\overrightarrow{OA}=\lambda\boldsymbol{a},$$

同理, 存在实数 μ, 使得

$$\overrightarrow{OF}=\mu\,\overrightarrow{OB}=\mu\boldsymbol{b},$$

从而 $\overrightarrow{OC}=\lambda\boldsymbol{a}+\mu\boldsymbol{b}$, 即

$$\boldsymbol{c}=\lambda\boldsymbol{a}+\mu\boldsymbol{b}.$$

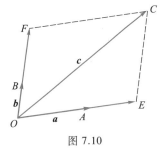

图 7.10

进而我们有以下结论.

命题 7.3　若 $\boldsymbol{a},\boldsymbol{b},\boldsymbol{c}$ 是不共面的三个向量, 则对任一向量 $\boldsymbol{d}$, 存在实数 λ,μ, ν, 使得

$$\boldsymbol{d}=\lambda\boldsymbol{a}+\mu\boldsymbol{b}+\nu\boldsymbol{c}.$$

证明留给读者, 其方法类似证命题 7.2 的方法.

我们称 $\lambda\boldsymbol{a}+\mu\boldsymbol{b}+\nu\boldsymbol{c}$ 为 $\boldsymbol{a},\boldsymbol{b},\boldsymbol{c}$ 的线性组合. 命题 7.3 意味着 V_3 中任一向量均可表示为三个不共面向量的线性组合, 所以三个不共面向量也构成 V_3 的一组基.

7.3　向量的数量积和向量积

7.3.1　向量的数量积

定义 7.4　设向量 $\boldsymbol{a}=(a_1,a_2,a_3)$, $\boldsymbol{b}=(b_1,b_2,b_3)$, 称 $\boldsymbol{a}$ 和 $\boldsymbol{b}$ 的对应分量乘积之和为向量 $\boldsymbol{a}$ 和 $\boldsymbol{b}$ 的数量积, 记为 $\boldsymbol{a}\cdot\boldsymbol{b}$, 即

$$\boldsymbol{a}\cdot\boldsymbol{b}=(a_1,a_2,a_3)\cdot(b_1,b_2,b_3)=a_1b_1+a_2b_2+a_3b_3.$$

对于二维向量 $\boldsymbol{a}=(a_1,a_2)$, $\boldsymbol{b}=(b_1,b_2)$, $\boldsymbol{a}$ 和 $\boldsymbol{b}$ 的数量积定义为

$$\boldsymbol{a}\cdot\boldsymbol{b}=(a_1,a_2)\cdot(b_1,b_2)=a_1b_1+a_2b_2.$$

向量的数量积也称为内积或点积.

由定义容易证明, 向量的数量积运算满足以下性质:

(1) $\boldsymbol{a}\cdot\boldsymbol{b}=\boldsymbol{b}\cdot\boldsymbol{a}$;

(2) $\boldsymbol{a}\cdot(\boldsymbol{b}+\boldsymbol{c})=\boldsymbol{a}\cdot\boldsymbol{b}+\boldsymbol{a}\cdot\boldsymbol{c}$;

（3）$(\lambda a)\cdot b=\lambda(b\cdot a)=a\cdot(\lambda b)$.

另外显然有

$$a\cdot a=|a|^2,$$

也就是说用数量积可以表示向量的模.

定义了数量积的向量空间 V_3 和 V_2 称为欧氏空间,分别记为 $\mathbf{R}^3$ 和 $\mathbf{R}^2$.

下面引进两向量夹角的概念.

给定两个非零向量 a,b,作 $\overrightarrow{OA}=a,\overrightarrow{OB}=b$,我们把 $\angle AOB\ (0\leqslant\angle AOB\leqslant\pi)$ 称为向量 a,b 之间的夹角,记为 $(\widehat{a,b})$,见图 7.11,其中 $\theta=(\widehat{a,b})$.

下面的定理给出了向量数量积的另一种表示方法.

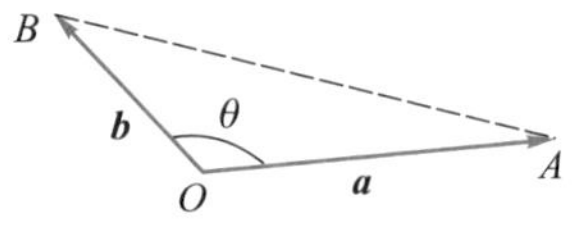

定理 7.1　$a\cdot b=|a|\cdot|b|\cdot\cos(\widehat{a,b})$.

图 7.11

证　设 $\overrightarrow{OA}=a=(a_1,a_2,a_3),\overrightarrow{OB}=b=(b_1,b_2,b_3)$（图 7.11）,由余弦定理知

$$|AB|^2=|OA|^2+|OB|^2-2|OA|\cdot|OB|\cdot\cos\angle AOB,$$

也就是

$$|b-a|^2=|a|^2+|b|^2-2|a|\cdot|b|\cdot\cos(\widehat{a,b}),$$

利用向量数量积的性质,得到

$$|b-a|^2=(b-a)\cdot(b-a)=a\cdot a+b\cdot b-2a\cdot b,$$

比较上面两个等式,就有

$$a\cdot b=|a|\cdot|b|\cdot\cos(\widehat{a,b}).$$

事实上,上式也可以说是向量数量积的另一种定义.

例 7.6　已知向量 $a=(2,1,-1),b=(1,1,-1)$,求向量 a,b 的夹角.

解　$|a|=\sqrt{2^2+1^2+(-1)^2}=\sqrt{6},\ |b|=\sqrt{1^2+1^2+(-1)^2}=\sqrt{3}$,

$$\cos(\widehat{a,b})=\frac{a\cdot b}{|a|\cdot|b|}=\frac{2+1+1}{\sqrt{6}\times\sqrt{3}}=\frac{2\sqrt{2}}{3},$$

所以

$$(\widehat{a,b})=\arccos\frac{2\sqrt{2}}{3}.$$

如果 $(\widehat{a,b})=\dfrac{\pi}{2}$,那么我们称向量 a,b 相互垂直或正交,记为 $a\perp b$. 如果 $(\widehat{a,b})=0$ 或 π,那么向量 a,b 同向或反向,此时向量 a,b 相互平行.由于零向量

0 的方向任意,故它平行于任何向量,也垂直于任何向量.

由定理 7.1 立即可以得到如下结论(证明请读者自己给出):

$$a \perp b \Leftrightarrow a \cdot b = 0.$$

容易验证,V_3 的标准基 i, j, k 两两相互垂直(正交),因此 i, j, k 又被称为 V_3 的一组标准正交基. 同样,$i = (1, 0)$,$j = (0, 1)$ 是 V_2 的一组标准正交基.

例 7.7　设空间三点为 $A(1, -1, 1)$,$B(-1, -5, 3)$ 和 $C(3, 1, 1)$,由点 C 向直线 AB 作垂线 CD,求垂足 D 的坐标.

分析　点 D 在直线 AB 上,故 $\overrightarrow{AD}$ 与 $\overrightarrow{AB}$ 共线,结合 $\overrightarrow{CD}$ 与 $\overrightarrow{AB}$ 正交的条件,就可以得到点 D 的坐标.

解　设点 D 的坐标为 (x, y, z),那么 $\overrightarrow{AD} = \lambda \overrightarrow{AB}$,即有

$$(x-1, y+1, z-1) = \lambda(-2, -4, 2),$$

得到　$x = -2\lambda + 1$,$y = -4\lambda - 1$,$z = 2\lambda + 1$. 又由 $\overrightarrow{CD} \cdot \overrightarrow{AB} = 0$,即有

$$(-2\lambda + 1 - 3, -4\lambda - 1 - 1, 2\lambda + 1 - 1) \cdot (-2, -4, 2) = 0,$$

易解出 $\lambda = -\dfrac{1}{2}$,从而点 D 的坐标 $(x, y, z) = (2, 1, 0)$.

若物体在恒力 F 作用下沿直线从点 M_1 移动到点 M_2,以 s 表示位移向量 $\overrightarrow{M_1 M_2}$,以 θ 表示 F 与 s 的夹角,见图 7.12,则力 F 在 s 方向分力的大小为 $|F| \cos \theta$,故物体在从点 M_1 移动到点 M_2 的过程中,力 F 对其所做的功为

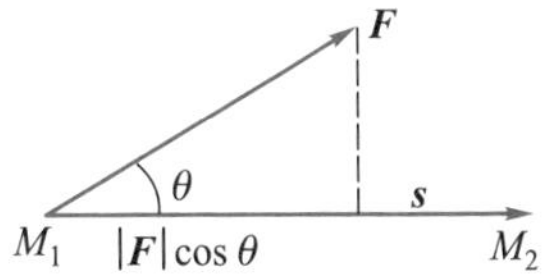

图 7.12

$$W = |F| \cos \theta \cdot |s| = F \cdot s.$$

上述力 F 作用于物体位移 s 时所做的功给出了数量积的一个物理应用.

例 7.8　一质点在恒力 $F = i - 2j + 3k$(单位:N)的作用下,沿直线从点 $A(-1, 2, -1)$ 移动到点 $B(3, 2, 1)$(单位:m),求力 F 所做的功.

解　质点的位移向量是 $s = \overrightarrow{AB} = (3+1, 2-2, 1+1) = (4, 0, 2)$,故力 F 所做的功为

$$W = F \cdot s = (1, -2, 3) \cdot (4, 0, 2) = 10(\text{J}).$$

若 a 为非零向量,则其与三个坐标轴正向的夹角 α, β, γ $(0 \leqslant \alpha, \beta, \gamma \leqslant \pi)$ 称为向量 a 的**方向角**,三个方向角的余弦值 $\cos \alpha, \cos \beta, \cos \gamma$ 称为向量 a 的**方向余弦**.

设 $a = (a_1, a_2, a_3)$,由于 i, j, k 的方向就是三个坐标轴的正向,故有

$$\alpha = (\widehat{a, i}), \quad \beta = (\widehat{a, j}), \quad \gamma = (\widehat{a, k}),$$

并且

$$\cos\alpha=\cos(\widehat{\boldsymbol{a},\boldsymbol{i}})=\frac{\boldsymbol{a}\cdot\boldsymbol{i}}{|\boldsymbol{a}|\cdot|\boldsymbol{i}|}=\frac{a_1}{|\boldsymbol{a}|}=\frac{a_1}{\sqrt{a_1^2+a_2^2+a_3^2}},$$

同样可得

$$\cos\beta=\frac{a_2}{|\boldsymbol{a}|}=\frac{a_2}{\sqrt{a_1^2+a_2^2+a_3^2}},\ \cos\gamma=\frac{a_3}{|\boldsymbol{a}|}=\frac{a_3}{\sqrt{a_1^2+a_2^2+a_3^2}}.$$

于是有

$$\cos^2\alpha+\cos^2\beta+\cos^2\gamma=1$$

和

$$\boldsymbol{a}^0=\frac{1}{|\boldsymbol{a}|}\boldsymbol{a}=(\cos\alpha,\cos\beta,\cos\gamma).$$

从而我们得到:

向量 $\boldsymbol{a}$ 的方向余弦组成的向量 $(\cos\alpha,\cos\beta,\cos\gamma)$ 就是 $\boldsymbol{a}$ 方向上的单位向量,因此只要将向量 $\boldsymbol{a}$ 单位化就可得到 $\boldsymbol{a}$ 的方向余弦.

例 7.9   设向量 $\boldsymbol{a}=(2,-2,-1)$,求向量 $\boldsymbol{a}$ 的方向角和方向余弦.

解 $\boldsymbol{a}^0=\dfrac{1}{|\boldsymbol{a}|}\boldsymbol{a}=\dfrac{1}{3}(2,-2,-1)=\left(\dfrac{2}{3},-\dfrac{2}{3},-\dfrac{1}{3}\right)$,所以 $\boldsymbol{a}$ 的方向余弦为

$$\cos\alpha=\frac{2}{3},\ \cos\beta=-\frac{2}{3},\ \cos\gamma=-\frac{1}{3},$$

$\boldsymbol{a}$ 的方向角为

$$\alpha=\arccos\frac{2}{3},\ \beta=\arccos\left(-\frac{2}{3}\right),\ \gamma=\arccos\left(-\frac{1}{3}\right).$$

下面我们给出向量投影的概念.

设 $\boldsymbol{a}$ 为非零向量,对向量 $\boldsymbol{b}$,称数值

$$(\boldsymbol{b})_a=|\boldsymbol{b}|\cos\theta$$

为向量 $\boldsymbol{b}$ 在 $\boldsymbol{a}$ 上的投影,其中 $\theta=(\widehat{\boldsymbol{a},\boldsymbol{b}})$.

设 $\boldsymbol{a}$ 所在的直线为 l,向量 $\boldsymbol{b}=\overrightarrow{M_1M_2}$,过 M_1,M_2 分别作 l 的垂线,垂足分别为 O,Q,见图 7.13.以点 O 为起点作 $\overrightarrow{OA}=\boldsymbol{a},\overrightarrow{OB}=\boldsymbol{b}$,设 $\theta=(\widehat{\boldsymbol{a},\boldsymbol{b}})$ 为它们的夹角.那么不难看出,当 θ 为锐角时,$(\boldsymbol{b})_a$ 就是有向线段 $\overrightarrow{OQ}$ 的长度,当 θ 为钝角时,$(\boldsymbol{b})_a$ 就是 $\overrightarrow{OQ}$ 的长度的相反数.通常将向量 $\overrightarrow{OQ}$ 称为向量 $\boldsymbol{b}$ 在向量 $\boldsymbol{a}$

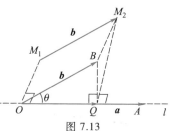

图 7.13

上的投影向量,记为 $\mathrm{proj}_a\boldsymbol{b}$,显然

$$\mathrm{proj}_a\boldsymbol{b} = (\boldsymbol{b})_a \cdot \boldsymbol{a}^0.$$

由于

$$\boldsymbol{a} \cdot \boldsymbol{b} = |\boldsymbol{a}| \cdot |\boldsymbol{b}| \cos\theta = |\boldsymbol{a}|(\boldsymbol{b})_a,$$

故向量 $\boldsymbol{a}$ 和 $\boldsymbol{b}$ 的数量积可以几何解释为 $\boldsymbol{b}$ 在 $\boldsymbol{a}$ 上的投影的缩放,缩放比例为 $|\boldsymbol{a}|$.
特别地,当 $\boldsymbol{a}$ 是单位向量时,$\boldsymbol{a}$ 和 $\boldsymbol{b}$ 的数量积就是 $\boldsymbol{b}$ 在 $\boldsymbol{a}$ 上的投影.

设 $\boldsymbol{a} = (a_1, a_2, a_3)$,因为

$$\boldsymbol{a} \cdot \boldsymbol{i} = a_1, \quad \boldsymbol{a} \cdot \boldsymbol{j} = a_2, \quad \boldsymbol{a} \cdot \boldsymbol{k} = a_3,$$

所以 $\boldsymbol{a}$ 的三个分量正是 $\boldsymbol{a}$ 在三个坐标轴上的投影.

例 7.10 已知向量 $\boldsymbol{a} = (2, 1, -1)$,$\boldsymbol{b} = (1, 1, -1)$,求 $\boldsymbol{b}$ 在 $\boldsymbol{a}$ 上的投影和投影向量.

解 由 $|\boldsymbol{a}| = \sqrt{2^2 + 1^2 + (-1)^2} = \sqrt{6}$,故依投影与数量积的关系,

$$(\boldsymbol{b})_a = \frac{\boldsymbol{a} \cdot \boldsymbol{b}}{|\boldsymbol{a}|} = \frac{4}{\sqrt{6}},$$

$$\mathrm{proj}_a\boldsymbol{b} = (\boldsymbol{b})_a \cdot \boldsymbol{a}^0 = \frac{4}{\sqrt{6}} \times \frac{1}{\sqrt{6}}(2, 1, -1) = \left(\frac{4}{3}, \frac{2}{3}, -\frac{2}{3}\right).$$

7.3.2 向量的向量积

定义 7.5 设向量 $\boldsymbol{a} = (a_1, a_2, a_3)$,$\boldsymbol{b} = (b_1, b_2, b_3)$,则定义 $\boldsymbol{a}$ 和 $\boldsymbol{b}$ 的向量积为

$$\boldsymbol{a} \times \boldsymbol{b} = (a_2b_3 - a_3b_2,\ a_3b_1 - a_1b_3,\ a_1b_2 - a_2b_1),$$

向量积也称为**外积**或**叉积**.

向量积的上述表示形式似乎较复杂,为便于记忆,我们用行列式的形式来表示向量积.由于

$$\boldsymbol{a} \times \boldsymbol{b} = \left(\begin{vmatrix} a_2 & a_3 \\ b_2 & b_3 \end{vmatrix}, \begin{vmatrix} a_3 & a_1 \\ b_3 & b_1 \end{vmatrix}, \begin{vmatrix} a_1 & a_2 \\ b_1 & b_2 \end{vmatrix}\right),$$

可用标准正交基表示为

$$\boldsymbol{a} \times \boldsymbol{b} = \begin{vmatrix} a_2 & a_3 \\ b_2 & b_3 \end{vmatrix}\boldsymbol{i} - \begin{vmatrix} a_1 & a_3 \\ b_1 & b_3 \end{vmatrix}\boldsymbol{j} + \begin{vmatrix} a_1 & a_2 \\ b_1 & b_2 \end{vmatrix}\boldsymbol{k},$$

利用行列式的性质,就得到向量积的如下形式:

$$\boldsymbol{a} \times \boldsymbol{b} = \begin{vmatrix} \boldsymbol{i} & \boldsymbol{j} & \boldsymbol{k} \\ a_1 & a_2 & a_3 \\ b_1 & b_2 & b_3 \end{vmatrix}.$$

下面的定理同时给出了向量积的几何解释：

定理 7.2   (1) $|\boldsymbol{a}\times\boldsymbol{b}| = |\boldsymbol{a}| \cdot |\boldsymbol{b}| \cdot \sin(\widehat{\boldsymbol{a},\boldsymbol{b}})$；

(2) 向量积 $\boldsymbol{a}\times\boldsymbol{b}$ 同时垂直于 $\boldsymbol{a}$ 和 $\boldsymbol{b}$，它的方向依 $\boldsymbol{a},\boldsymbol{b},\boldsymbol{a}\times\boldsymbol{b}$ 的次序满足右手法则(图 7.14).

证   (1) 从定义出发进行计算：

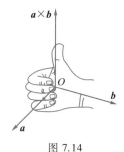

图 7.14

$$
\begin{aligned}
|\boldsymbol{a}\times\boldsymbol{b}|^2 &= (a_2b_3-a_3b_2)^2+(a_3b_1-a_1b_3)^2+ \\
&\quad (a_1b_2-a_2b_1)^2 \\
&= a_2^2b_3^2-2a_2a_3b_2b_3+a_3^2b_2^2+a_3^2b_1^2- \\
&\quad 2a_1a_3b_1b_3+a_1^2b_3^2+a_1^2b_2^2- \\
&\quad 2a_1a_2b_1b_2+a_2^2b_1^2 \\
&= (a_1^2+a_2^2+a_3^2) \cdot (b_1^2+b_2^2+b_3^2)- \\
&\quad (a_1b_1+a_2b_2+a_3b_3)^2 \\
&= |\boldsymbol{a}|^2 \cdot |\boldsymbol{b}|^2-(\boldsymbol{a}\cdot\boldsymbol{b})^2 \\
&= |\boldsymbol{a}|^2 \cdot |\boldsymbol{b}|^2(1-\cos^2(\widehat{\boldsymbol{a},\boldsymbol{b}})) \\
&= |\boldsymbol{a}|^2 \cdot |\boldsymbol{b}|^2 \cdot \sin^2(\widehat{\boldsymbol{a},\boldsymbol{b}}).
\end{aligned}
$$

由于 $0 \leqslant (\widehat{\boldsymbol{a},\boldsymbol{b}}) \leqslant \pi$，故 $\sin(\widehat{\boldsymbol{a},\boldsymbol{b}}) \geqslant 0$，所以有

$$|\boldsymbol{a}\times\boldsymbol{b}| = |\boldsymbol{a}| \cdot |\boldsymbol{b}| \cdot \sin(\widehat{\boldsymbol{a},\boldsymbol{b}}).$$

(2) 由于

$$(\boldsymbol{a}\times\boldsymbol{b}) \cdot \boldsymbol{a} = (a_2b_3-a_3b_2)a_1+(a_3b_1-a_1b_3)a_2+(a_1b_2-a_2b_1)a_3 = 0,$$

故得 $\boldsymbol{a}\times\boldsymbol{b} \perp \boldsymbol{a}$，同理可得 $\boldsymbol{a}\times\boldsymbol{b} \perp \boldsymbol{b}$.

若 $(\widehat{\boldsymbol{a},\boldsymbol{b}}) = 0$ 或 π，由(1)得 $|\boldsymbol{a}\times\boldsymbol{b}| = 0$，故 $\boldsymbol{a}\times\boldsymbol{b} = \boldsymbol{0}$，其方向任意；

若 $(\widehat{\boldsymbol{a},\boldsymbol{b}}) \neq 0$ 或 π，此时 $\boldsymbol{a},\boldsymbol{b}$ 不共线(即不平行). 由于我们现在只要确定 $\boldsymbol{a}\times\boldsymbol{b}$ 的方向，故不妨设 $\boldsymbol{a},\boldsymbol{b}$ 在 xOy 坐标平面上，起点都在原点，并设 $\boldsymbol{a}$ 的方向为 x 轴的正向，这样就有

$$\boldsymbol{a} = (a_1,0,0)\,(a_1>0)，\quad \boldsymbol{b} = (b_1,b_2,0)，$$

于是

$$\boldsymbol{a}\times\boldsymbol{b} = \begin{vmatrix} \boldsymbol{i} & \boldsymbol{j} & \boldsymbol{k} \\ a_1 & 0 & 0 \\ b_1 & b_2 & 0 \end{vmatrix} = a_1b_2\boldsymbol{k},$$

若 $b_2>0$，则 $\boldsymbol{a}\times\boldsymbol{b} = a_1b_2\boldsymbol{k}$ 与 $\boldsymbol{k}$ 同向，即 $\boldsymbol{a}\times\boldsymbol{b}$ 指向 z 轴的正向. 由于 $b_2>0$ 时 $\boldsymbol{b}$ 的终点在 xOy 平面的第 1、2 象限，所以四指指向 $\boldsymbol{a}$ 方向，逆时针转动角度 $(\widehat{\boldsymbol{a},\boldsymbol{b}})$ 到

指向 $\boldsymbol{b}$ 方向,大拇指的指向为 z 轴的正向,即依 $\boldsymbol{a},\boldsymbol{b},\boldsymbol{a}\times\boldsymbol{b}$ 次序满足右手法则,见图 7.14. 类似地,若 $b_2<0$,也可推得 $\boldsymbol{a},\boldsymbol{b},\boldsymbol{a}\times\boldsymbol{b}$ 次序满足右手法则.

由定理中向量积的模的公式,我们立即可得:

命题 7.4　$\boldsymbol{a}\,/\!/\,\boldsymbol{b} \Leftrightarrow \boldsymbol{a}\times\boldsymbol{b}=\boldsymbol{0}$.

以 $\boldsymbol{a},\boldsymbol{b}$ 为邻边作平行四边形(见图 7.15),记 $\theta=(\widehat{\boldsymbol{a},\boldsymbol{b}})$,则此平行四边形的面积为

$$A=|\boldsymbol{a}|\,(\,|\boldsymbol{b}|\sin\theta)=|\boldsymbol{a}\times\boldsymbol{b}|\,,$$

这就是向量积的模的几何意义.

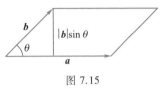

图 7.15

$\mathbf{R}^2$ 的二维向量没有向量积的概念,我们来考察以 $\boldsymbol{a}=(a_1,a_2),\boldsymbol{b}=(b_1,b_2)$ 为邻边的平行四边形的面积,将 $\boldsymbol{a},\boldsymbol{b}$ 所在的平面直角坐标系添加竖轴成为空间直角坐标系,那么在空间直角坐标系中 $\boldsymbol{a}=(a_1,a_2,0),\boldsymbol{b}=(b_1,b_2,0)$,于是

$$\boldsymbol{a}\times\boldsymbol{b}=\left(\begin{vmatrix} a_2 & 0 \\ b_2 & 0 \end{vmatrix},\begin{vmatrix} 0 & a_1 \\ 0 & b_1 \end{vmatrix},\begin{vmatrix} a_1 & a_2 \\ b_1 & b_2 \end{vmatrix}\right)=\left(0,0,\begin{vmatrix} a_1 & a_2 \\ b_1 & b_2 \end{vmatrix}\right),$$

从而以 $\boldsymbol{a},\boldsymbol{b}$ 为邻边的平行四边形的面积为

$$A=\left|\begin{vmatrix} a_1 & a_2 \\ b_1 & b_2 \end{vmatrix}\right|.$$

例 7.11　求同时垂直于 $\boldsymbol{a}=(2,1,-1),\boldsymbol{b}=(1,0,-1)$ 的单位向量.

解　令

$$\boldsymbol{c}=\boldsymbol{a}\times\boldsymbol{b}=\begin{vmatrix} \boldsymbol{i} & \boldsymbol{j} & \boldsymbol{k} \\ 2 & 1 & -1 \\ 1 & 0 & -1 \end{vmatrix}=(-1,1,-1)\,,$$

则 $\pm\boldsymbol{c}^0=\pm\left(-\dfrac{\sqrt{3}}{3},\dfrac{\sqrt{3}}{3},-\dfrac{\sqrt{3}}{3}\right)$ 就是所求的两个单位向量.

例 7.12　求以点 $A(2,1,-1),B(1,0,-1),C(1,2,3)$ 为顶点的三角形的面积.

解　$\overrightarrow{AB}=(-1,-1,0),\overrightarrow{AC}=(-1,1,4)$,

$$\overrightarrow{AB}\times\overrightarrow{AC}=\begin{vmatrix} \boldsymbol{i} & \boldsymbol{j} & \boldsymbol{k} \\ -1 & -1 & 0 \\ -1 & 1 & 4 \end{vmatrix}=(-4,4,-2)\,,$$

所以 $\triangle ABC$ 的面积为

$$A_{\triangle ABC} = \frac{1}{2} \left| \overrightarrow{AB} \times \overrightarrow{AC} \right| = \frac{1}{2} \sqrt{(-4)^2 + 4^2 + (-2)^2} = 3.$$

利用向量积的定义,我们容易得到标准正交基 $\boldsymbol{i}, \boldsymbol{j}, \boldsymbol{k}$ 之间的向量积:

$$\boldsymbol{i} \times \boldsymbol{i} = \boldsymbol{0}, \quad \boldsymbol{j} \times \boldsymbol{j} = \boldsymbol{0}, \quad \boldsymbol{k} \times \boldsymbol{k} = \boldsymbol{0},$$

$$\boldsymbol{i} \times \boldsymbol{j} = \boldsymbol{k}, \quad \boldsymbol{j} \times \boldsymbol{k} = \boldsymbol{i}, \quad \boldsymbol{k} \times \boldsymbol{i} = \boldsymbol{j},$$

$$\boldsymbol{j} \times \boldsymbol{i} = -\boldsymbol{k}, \boldsymbol{k} \times \boldsymbol{j} = -\boldsymbol{i}, \boldsymbol{i} \times \boldsymbol{k} = -\boldsymbol{j},$$

这里我们注意到

$$\boldsymbol{i} \times \boldsymbol{j} \neq \boldsymbol{j} \times \boldsymbol{i},$$

即向量积运算不满足交换律. 另外,我们还有

$$\boldsymbol{i} \times (\boldsymbol{i} \times \boldsymbol{j}) = \boldsymbol{i} \times \boldsymbol{k} = -\boldsymbol{j},$$

而

$$(\boldsymbol{i} \times \boldsymbol{i}) \times \boldsymbol{j} = \boldsymbol{0} \times \boldsymbol{j} = \boldsymbol{0},$$

这说明向量积运算也不满足结合律.

向量的向量积运算满足以下性质:

(1) $\boldsymbol{b} \times \boldsymbol{a} = -(\boldsymbol{a} \times \boldsymbol{b})$;

(2) $(k\boldsymbol{a}) \times \boldsymbol{b} = k(\boldsymbol{a} \times \boldsymbol{b}) = \boldsymbol{a} \times (k\boldsymbol{b})$;

(3) $\boldsymbol{a} \times (\boldsymbol{b} + \boldsymbol{c}) = \boldsymbol{a} \times \boldsymbol{b} + \boldsymbol{a} \times \boldsymbol{c}$.

上述性质可以用向量积的定义直接予以证明.

有了向量的数量积和向量积,我们可以引进 3 个向量的乘积运算.

定义 7.6   对向量 $\boldsymbol{a}, \boldsymbol{b}, \boldsymbol{c}$,称 $(\boldsymbol{a} \times \boldsymbol{b}) \cdot \boldsymbol{c}$ 为 $\boldsymbol{a}, \boldsymbol{b}, \boldsymbol{c}$ 的混合积,记为 $[\boldsymbol{a}, \boldsymbol{b}, \boldsymbol{c}]$.

注意混合积不是一种新的运算方式,它是由向量积和数量积混合而得到的.

设 $\boldsymbol{a} = (a_1, a_2, a_3), \boldsymbol{b} = (b_1, b_2, b_3), \boldsymbol{c} = (c_1, c_2, c_3)$,则混合积

$$(\boldsymbol{a} \times \boldsymbol{b}) \cdot \boldsymbol{c} = (a_2 b_3 - a_3 b_2) c_1 + (a_3 b_1 - a_1 b_3) c_2 + (a_1 b_2 - a_2 b_1) c_3.$$

上式右端正是一个行列式的展开式,于是立即可得

$$(\boldsymbol{a} \times \boldsymbol{b}) \cdot \boldsymbol{c} = \begin{vmatrix} a_1 & a_2 & a_3 \\ b_1 & b_2 & b_3 \\ c_1 & c_2 & c_3 \end{vmatrix}.$$

通过直接计算或者利用行列式的性质容易导出:

$$(\boldsymbol{a} \times \boldsymbol{b}) \cdot \boldsymbol{c} = (\boldsymbol{b} \times \boldsymbol{c}) \cdot \boldsymbol{a} = (\boldsymbol{c} \times \boldsymbol{a}) \cdot \boldsymbol{b}.$$

依向量积的性质,还可得到

$$(\boldsymbol{a} \times \boldsymbol{b}) \cdot \boldsymbol{c} = -(\boldsymbol{b} \times \boldsymbol{a}) \cdot \boldsymbol{c},$$

综合之,混合积具有性质

$$[a,b,c] = [b,c,a] = [c,a,b]$$
$$= -[b,a,c] = -[c,b,a] = -[a,c,b].$$

下面我们来考察混合积的几何意义:

设 $a = \overrightarrow{OA}, b = \overrightarrow{OB}, c = \overrightarrow{OC}, \theta = (\widehat{a \times b, c})$,以 OA, OB, OC 为三条棱构成一个平行六面体 $OADB\text{-}CEFH$. 那么由向量积的几何意义知, $|a \times b|$ 为底面平行四边形 $OADB$ 的面积,而平行六面体的高 h 就是 c 在 $a \times b$ 上的投影,即 $h = |c| \cos \theta$ (图 7.16),所以混合积

$$(a \times b) \cdot c = |a \times b| \cdot |c| \cos \theta$$

就是此平行六面体的体积.

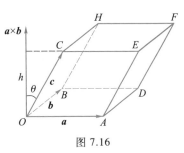

图 7.16

若 $\theta = (\widehat{a \times b, c}) > \dfrac{\pi}{2}$,则 $c = \overrightarrow{OC}$ 指向 a, b 所在平面的下方(图 7.16 中),故平行六面体的高 h 为 $-|c| \cos \theta$,于是此平行六面体的体积为

$$V = -(a \times b) \cdot c.$$

若 a, b, c 共面,则 $\theta = (\widehat{a \times b, c}) = \dfrac{\pi}{2}$,即 $\cos \theta = 0$,故 $(a \times b) \cdot c = 0$,此时不能构成平行六面体,或称平行六面体的高为零,从而体积为零.

总之我们有结论:

$|[a,b,c]|$ 等于以 a, b, c 为三条棱的平行六面体的体积.

由上述讨论还可得到如下结论:

命题 7.5　若 $a = (a_1, a_2, a_3), b = (b_1, b_2, b_3), c = (c_1, c_2, c_3)$,则

$$a, b, c \text{ 共面} \quad \Leftrightarrow \quad [a,b,c] = 0 \quad \Leftrightarrow \quad \begin{vmatrix} a_1 & a_2 & a_3 \\ b_1 & b_2 & b_3 \\ c_1 & c_2 & c_3 \end{vmatrix} = 0.$$

例 7.13　验证向量 $a = (-1, 3, 2), b = (2, -3, -4), c = (-3, 12, 6)$ 是共面的,且将 c 表示成 a, b 的线性组合.

解　由混合积

$$[a,b,c] = \begin{vmatrix} -1 & 3 & 2 \\ 2 & -3 & -4 \\ -3 & 12 & 6 \end{vmatrix} = 0,$$

知 a, b, c 共面. 又设 $c = \lambda a + \mu b$,即有

$$(-3, 12, 6) = (-\lambda + 2\mu, 3\lambda - 3\mu, 2\lambda - 4\mu),$$

故得
$$-\lambda+2\mu=-3,\ 3\lambda-3\mu=12,\ 2\lambda-4\mu=6,$$
这一代数方程组有唯一解 $\lambda=5,\mu=1$,从而
$$c=5a+b.$$

例 7.14 试判别四点 $A(1,0,2)$, $B(3,-1,1)$, $C(0,-2,-1)$, $D(-1,2,3)$ 是否共面,若不共面,求以这四点为顶点的四面体的体积.

解 A,B,C,D 四点共面的充要条件是三向量 $\overrightarrow{AB}=(2,-1,-1)$, $\overrightarrow{AC}=(-1,-2,-3)$, $\overrightarrow{AD}=(-2,2,1)$ 共面,由混合积

$$[\overrightarrow{AB},\overrightarrow{AC},\overrightarrow{AD}]=\begin{vmatrix} 2 & -1 & -1 \\ -1 & -2 & -3 \\ -2 & 2 & 1 \end{vmatrix}=7\neq0,$$

可知 A,B,C,D 四点不共面.以这四点为顶点的四面体的体积 V_{ABCD} 恰好是以 $\overrightarrow{AB}$, $\overrightarrow{AC}$, $\overrightarrow{AD}$ 为相邻三条棱的平行六面体的体积的 $\frac{1}{6}$,故

$$V_{ABCD}=\frac{1}{6}\big|[\overrightarrow{AB},\overrightarrow{AC},\overrightarrow{AD}]\big|=\frac{7}{6}.$$

7.4 空间的平面和直线

利用前两节讨论的向量性质及其运算,我们就能够用代数方法来研究一些空间上的几何问题.我们先来讨论空间中最简单的几何图形:平面和直线.

7.4.1 平面

垂直于平面 π 的非零向量 $\boldsymbol{n}$ 称为 π 的**法向量**. $\pm\boldsymbol{n}^0$ 为 π 的两个单位法向量.

设平面 π 过点 $M_0(x_0,y_0,z_0)$,非零向量 $\boldsymbol{n}=(A,B,C)$ 为 π 的法向量(图 7.17), $M(x,y,z)$ 为空间任意一点,那么有

$$M\in\pi \Leftrightarrow \overrightarrow{M_0M}\perp\boldsymbol{n} \Leftrightarrow \overrightarrow{M_0M}\cdot\boldsymbol{n}=0.$$

由于 $\overrightarrow{M_0M}=(x-x_0,y-y_0,z-z_0)$,故平面 π 上的动点 $M(x,y,z)$ 的坐标满足

$$A(x-x_0)+B(y-y_0)+C(z-z_0)=0,$$

这就是过点 M_0 而法向量为 $\boldsymbol{n}=(A,B,C)$ 的平面 π

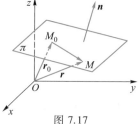

图 7.17

的方程,称为平面 π 的点法式方程.

平面 π 上定点 $M_0(x_0,y_0,z_0)$ 和动点 $M(x,y,z)$ 的定位向量为

$$\boldsymbol{r}_0=(x_0,y_0,z_0)\,,\ \boldsymbol{r}=(x,y,z)\,,$$

由于 $\overrightarrow{M_0M}=\boldsymbol{r}-\boldsymbol{r}_0$,故平面 π 的方程也可以表示为

$$(\boldsymbol{r}-\boldsymbol{r}_0)\cdot\boldsymbol{n}=0\,,$$

称上述方程为平面 π 的点法式向量方程.

记 $D=-(Ax_0+By_0+Cz_0)$,则平面的点法式方程可写成三元一次方程

$$Ax+By+Cz+D=0\,,$$

称此方程为平面的一般式方程.

反之,给定一个如上的三元一次方程(A,B,C 不全为零),可取满足此方程的点 $M_0(x_0,y_0,z_0)$,即 $Ax_0+By_0+Cz_0+D=0$,那么方程可改写为

$$Ax+By+Cz-(Ax_0+By_0+Cz_0)=0\,,$$

也就是

$$A(x-x_0)+B(y-y_0)+C(z-z_0)=0.$$

这说明给定的方程是过点 $M_0(x_0,y_0,z_0)$ 且以 $\boldsymbol{n}=(A,B,C)$ 为法向量的平面方程,因此平面的一般式方程中 x,y,z 的系数 A,B,C 就是平面法向量的坐标.

当平面的一般式方程的系数和常数项有若干为零时,其所表示的平面将有相应的某种特点.

当 $D=0$ 时,$Ax+By+Cz=0$ 表示过原点的平面;当 A,B,C 之一为零,例如 $A=0$ 时,$By+Cz+D=0$ 表示法向量垂直于 x 轴的平面,从而平面与 x 轴平行;当 A,B,C 中有两个为零,例如 $A=B=0$ 时,$Cz+D=0$ 表示与 xOy 坐标平面平行的平面.

例 7.15 设平面 π_1 的方程为 $2x-3y+3z+8=0$,求过点 $(1,-1,-2)$ 且与 π_1 平行的平面 π_2 的方程.

解 显然平面 π_2 与 π_1 有相同的法向量 $\boldsymbol{n}=(2,-3,3)$,故 π_2 的方程为

$$2(x-1)-3(y+1)+3(z+2)=0\,,$$

即

$$2x-3y+3z+1=0.$$

例 7.16 平面与 x 轴,y 轴和 z 轴分别交于 $(a,0,0)$,$(0,b,0)$ 和 $(0,0,c)$,其中 a,b,c 均不为零,试求此平面方程.

解 设此平面方程为 $Ax+By+Cz+D=0$,由平面过 $(a,0,0)$,可得

$$Aa+D=0\ \Rightarrow\ A=-\frac{D}{a}\,,$$

同理有

$$B = -\frac{D}{b}, \quad C = -\frac{D}{c},$$

将 A, B, C 代入所设方程,经整理得

$$\frac{x}{a} + \frac{y}{b} + \frac{z}{c} = 1.$$

这称为平面的**截距式方程**. a, b, c 分别称为平面在 x 轴, y 轴和 z 轴上的**截距**.

例 7.17　求平面 $x - 2y + 3z - 12 = 0$ 与三个坐标平面所围成的四面体的体积.

解　将平面化为截距式方程

$$\frac{x}{12} + \frac{y}{-6} + \frac{z}{4} = 1.$$

则四面体的体积为

$$V = \frac{1}{3}\text{底面积} \cdot \text{高} = \frac{1}{3} \times \left(\frac{1}{2} \times 12 \times 6 \right) \times 4 = 48.$$

若平面 $\boldsymbol{\pi}$ 过点 $M_0(x_0, y_0, z_0)$ 且平行于两个不共线的向量 $\boldsymbol{u} = (u_1, u_2, u_3)$, $\boldsymbol{v} = (v_1, v_2, v_3)$,那么易得

$$M(x, y, z) \in \boldsymbol{\pi} \Leftrightarrow [\overrightarrow{M_0M}, \boldsymbol{u}, \boldsymbol{v}] = 0,$$

从而平面 $\boldsymbol{\pi}$ 的方程为

$$\begin{vmatrix} x-x_0 & y-y_0 & z-z_0 \\ u_1 & u_2 & u_3 \\ v_1 & v_2 & v_3 \end{vmatrix} = 0.$$

这称为平面的**标准式方程**.

例 7.18　求过不共线三点 $P_1(x_1, y_1, z_1)$, $P_2(x_2, y_2, z_2)$, $P_3(x_3, y_3, z_3)$ 的平面方程.

解　显然 $\overrightarrow{P_1P_2} = (x_2 - x_1, y_2 - y_1, z_2 - z_1)$, $\overrightarrow{P_1P_3} = (x_3 - x_1, y_3 - y_1, z_3 - z_1)$ 是与所求平面平行的两个不共线向量,故所求平面方程为

$$\begin{vmatrix} x-x_1 & y-y_1 & z-z_1 \\ x_2-x_1 & y_2-y_1 & z_2-z_1 \\ x_3-x_1 & y_3-y_1 & z_3-z_1 \end{vmatrix} = 0.$$

这称为平面的**三点式方程**.

7.4.2　直线

平行于直线 l 的非零向量 $\boldsymbol{s}$ 称为直线 l 的**方向向量**, $\pm\boldsymbol{s}^0$ 为 l 的两个**单位方向向量**.

设直线 l 过点 $M_0(x_0,y_0,z_0)$，$\boldsymbol{s}=(m,n,p)$ 为 l 的一个方向向量（图 7.18），若 $M(x,y,z)$ 为空间任意一点，则

$$M\in l \Leftrightarrow \overrightarrow{M_0M} /\!/ \boldsymbol{s} \Leftrightarrow \overrightarrow{M_0M}=t\boldsymbol{s},$$

于是直线 l 上动点 $M(x,y,z)$ 的坐标满足

$$(x-x_0,y-y_0,z-z_0)=(tm,tn,tp),$$

即

$$\begin{cases} x=x_0+tm, \\ y=y_0+tn, \quad \text{其中参数 } t\in\mathbf{R}, \\ z=z_0+tp \end{cases}$$

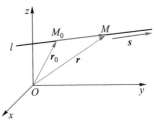

图 7.18

这称为直线 l 的参数式方程.

由直线 l 的参数式方程即可得到下述直线的向量式方程：

$$\boldsymbol{r}=\boldsymbol{r}_0+t\boldsymbol{s}.$$

在参数式方程中消去参数 t，得到

$$\frac{x-x_0}{m}=\frac{y-y_0}{n}=\frac{z-z_0}{p},$$

称此方程为直线 l 的标准式方程，或点向式方程，注意在此形式中，分式的分母为零时，意味着其分子也为零.

例 7.19 求过不相同的两点 $P_1(x_1,y_1,z_1)$，$P_2(x_2,y_2,z_2)$ 的直线 l 的方程.

解 由于直线 l 过点 $P_1(x_1,y_1,z_1)$，而向量

$$\overrightarrow{P_1P_2}=(x_2-x_1,y_2-y_1,z_2-z_1)$$

平行于 l，故可取其为直线的方向向量，所以直线 l 的方程为

$$\frac{x-x_1}{x_2-x_1}=\frac{y-y_1}{y_2-y_1}=\frac{z-z_1}{z_2-z_1},$$

这称为直线的**两点式方程**.

例 7.20 求过点 $P(3,-1,5)$ 且与平面 $\pi_1:2x-y-5z-1=0$ 和 $\pi_2:x-4z-3=0$ 均平行的直线的方程.

解 所求直线的方向向量与两个平面的法向量 $\boldsymbol{n}_1=(2,-1,-5)$ 及 $\boldsymbol{n}_2=(1,0,-4)$ 均垂直，故可取直线的方向向量为

$$\boldsymbol{n}_1\times\boldsymbol{n}_2=\left(\begin{vmatrix} -1 & -5 \\ 0 & -4 \end{vmatrix}, \begin{vmatrix} -5 & 2 \\ -4 & 1 \end{vmatrix}, \begin{vmatrix} 2 & -1 \\ 1 & 0 \end{vmatrix}\right)=(4,3,1),$$

从而所求直线方程为

$$\frac{x-3}{4}=\frac{y+1}{3}=\frac{z-5}{1}.$$

若直线 l 是两个不平行平面 $\pi_1 : A_1 x + B_1 y + C_1 z + D_1 = 0$ 与 $\pi_2 : A_2 x + B_2 y + C_2 z + D_2 = 0$ 的交线,则 $M(x,y,z)$ 在直线 l 上意味着 x,y,z 同时满足 π_1 和 π_2 的方程,即

$$\begin{cases} A_1 x + B_1 y + C_1 z + D_1 = 0, \\ A_2 x + B_2 y + C_2 z + D_2 = 0 \end{cases} \quad (A_1 : B_1 : C_1 \neq A_2 : B_2 : C_2),$$

此联立方程的形式称为直线的一般式方程.

直线的标准式方程可以写成如下的联立方程:

$$\begin{cases} \dfrac{x - x_0}{m} = \dfrac{y - y_0}{n}, \\ \dfrac{y - y_0}{n} = \dfrac{z - z_0}{p}, \end{cases}$$

这就是直线的一般式方程.

如果在直线的标准式方程中某分式的分母为零,例如

$$\frac{x-1}{4} = \frac{y+2}{0} = \frac{z-3}{-1},$$

那么其一般式方程为

$$\begin{cases} y + 2 = 0, \\ \dfrac{x-1}{4} = \dfrac{z-3}{-1}, \end{cases} \quad 即 \quad \begin{cases} y + 2 = 0, \\ x + 4z - 13 = 0. \end{cases}$$

反之,直线的一般式方程也可以转化为直线的标准式方程,因为由一般式方程容易求出直线上的点和方向向量,请看下面的例子.

例 7.21 试将直线的一般式方程

$$L : \begin{cases} 2x - 3y + z - 5 = 0, \\ 3x + y - 2z - 2 = 0 \end{cases}$$

化为标准式方程和参数式方程.

解 由于直线 L 为平面 $\pi_1 : 2x - 3y + z - 5 = 0$ 和 $\pi_2 : 3x + y - 2z - 2 = 0$ 的交线,故 L 的方向向量 s 与 π_1 和 π_2 的法向量 $n_1 = (2, -3, 1)$ 及 $n_2 = (3, 1, -2)$ 垂直,故可取

$$s = n_1 \times n_2 = \left(\begin{vmatrix} -3 & 1 \\ 1 & -2 \end{vmatrix}, \quad \begin{vmatrix} 1 & 2 \\ -2 & 3 \end{vmatrix}, \quad \begin{vmatrix} 2 & -3 \\ 3 & 1 \end{vmatrix} \right) = (5, 7, 11).$$

设直线上的一点为 (x_0, y_0, z_0),若取 $z_0 = 0$,由

$$\begin{cases} 2x_0 - 3y_0 - 5 = 0, \\ 3x_0 + y_0 - 2 = 0, \end{cases}$$

解出 $x_0 = 1, y_0 = -1$,故此直线的标准式方程为

$$\frac{x-1}{5}=\frac{y+1}{7}=\frac{z}{11},$$

而其参数式方程则为

$$\begin{cases} x=1+5t, \\ y=-1+7t, \\ z=11t. \end{cases}$$

设直线 l 的方程为

$$\begin{cases} A_1x+B_1y+C_1z+D_1=0, \\ A_2x+B_2y+C_2z+D_2=0 \end{cases} \quad (A_1:B_1:C_1\neq A_2:B_2:C_2),$$

即其为平面 $\pi_1:A_1x+B_1y+C_1z+D_1=0$ 与 $\pi_2:A_2x+B_2y+C_2z+D_2=0$ 的交线,考察含参数 λ 的平面方程

$$(A_1x+B_1y+C_1z+D_1)+\lambda(A_2x+B_2y+C_2z+D_2)=0,$$

若点 $M_0(x_0,y_0,z_0)$ 在直线 l 上,则其坐标必定同时满足平面 π_1 和 π_2 的方程,从而也满足上述含参数 λ 的方程,这说明此方程所代表的平面是过直线 l 的平面. 当 λ 固定时,方程代表一个平面,当 λ 变化时,方程代表了一族平面,故称含参数 λ 的方程为过直线 l 的平面束方程.

若除 π_2 之外的平面 π 过直线 l,且 π 过 l 外一点 $M_3(x_3,y_3,z_3)$,则由 $M_3(x_3,y_3,z_3)\notin\pi_2$ 得

$$A_2x_3+B_2y_3+C_2z_3+D_2=b\neq0,$$

记 $A_1x_3+B_1y_3+C_1z_3+D_1=a$,取 $\lambda=-\dfrac{a}{b}$,显然此时

$$(A_1x+B_1y+C_1z+D_1)+\lambda(A_2x+B_2y+C_2z+D_2)=0$$

表示的平面过直线 l 和点 $M_3(x_3,y_3,z_3)$,故它就是平面 π 的方程.综上所述,除 π_2 之外,任何过直线 l 的平面都包含于平面束方程中,它对应唯一的参数值 λ.

在解决某些涉及平面交线的问题时,使用平面束方程是方便的.

例 7.22 求过平面 $2x-y-2z+1=0$ 和 $x+y+4z-2=0$ 的交线的平面,使其在 y 轴、z 轴上有相同截距.

解 过此交线的平面束方程为

$$2x-y-2z+1+\lambda(x+y+4z-2)=0,$$

也即

$$(\lambda+2)x+(\lambda-1)y+(4\lambda-2)z+(-2\lambda+1)=0,$$

由所求平面在 y 轴、z 轴上有相同截距,可知

$$\lambda-1=4\lambda-2,$$

解得 $\lambda = \dfrac{1}{3}$，将此值代入平面束方程整理后得到所求平面方程为

$$7x - 2y - 2z + 1 = 0.$$

7.4.3 平面、直线和点的一些位置关系

现在我们利用平面和直线的方程以及点的坐标来考察它们之间的某些位置关系.

1. 点到平面的距离

设 $P_0(x_0, y_0, z_0)$ 是平面

$$\pi: Ax + By + Cz + D = 0$$

外一点，过 P_0 作 π 的垂线，垂足为 $P_1(x_1, y_1, z_1)$，那么 P_0 到 π 的距离 d 就是向量 $\overrightarrow{P_1P_0}$ 的模（图 7.19），即 $d = |\overrightarrow{P_1P_0}|$. 由于 $\overrightarrow{P_1P_0}$ 平行于 π 的法向量 $\boldsymbol{n}$，根据数量积的表达式（定理 7.1），我们有

$$|\overrightarrow{P_1P_0} \cdot \boldsymbol{n}| = |\overrightarrow{P_1P_0}| |\boldsymbol{n}| = d|\boldsymbol{n}|,$$

从而

$$d = \frac{|\boldsymbol{n} \cdot \overrightarrow{P_1P_0}|}{|\boldsymbol{n}|} = \frac{|A(x_0 - x_1) + B(y_0 - y_1) + C(z_0 - z_1)|}{\sqrt{A^2 + B^2 + C^2}},$$

因 P_1 在 π 上，故 $Ax_1 + By_1 + Cz_1 = -D$，所以 P_0 到 π 的距离为

$$d(P_0, \pi) = \frac{|Ax_0 + By_0 + Cz_0 + D|}{\sqrt{A^2 + B^2 + C^2}}$$

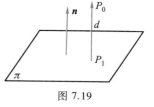

图 7.19

例 7.23 求两平行平面 $\pi_1: 4x - 3y + 12z - 11 = 0$ 与 $\pi_2: 4x - 3y + 12z + 15 = 0$ 之间的距离.

解 在 π_1 上取一点 $P_1(x_1, y_1, z_1)$，则 $4x_1 - 3y_1 + 12z_1 = 11$，而两个平面间的距离就是 P_1 到平面 π_2 的距离，从而

$$d(\pi_1, \pi_2) = \left| \frac{4x_1 - 3y_1 + 12z_1 + 15}{\sqrt{4^2 + (-3)^2 + 12^2}} \right| = 2.$$

2. 平面与平面的夹角

设平面 π_1 的方程为 $A_1x + B_1y + C_1z + D_1 = 0$，平面 π_2 的方程为 $A_2x + B_2y + C_2z + D_2 = 0$，它们的法向量分别为 $\boldsymbol{n}_1 = (A_1, B_1, C_1)$ 与 $\boldsymbol{n}_2 = (A_2, B_2, C_2)$，则称

$$\theta = \min\{(\widehat{\boldsymbol{n}_1, \boldsymbol{n}_2}), \pi - (\widehat{\boldsymbol{n}_1, \boldsymbol{n}_2})\} \in \left[0, \frac{\pi}{2}\right]$$

为平面 π_1 与 π_2 的夹角.

由平面夹角的定义立即可得

$$\cos\theta = \left| \cos(\widehat{\boldsymbol{n}_1, \boldsymbol{n}_2}) \right| = \frac{\left| \boldsymbol{n}_1 \cdot \boldsymbol{n}_2 \right|}{\left| \boldsymbol{n}_1 \right| \cdot \left| \boldsymbol{n}_2 \right|},$$

于是 π_1 与 π_2 的夹角为

$$\theta = \arccos \frac{\left| A_1 A_2 + B_1 B_2 + C_1 C_2 \right|}{\sqrt{A_1^2 + B_1^2 + C_1^2} \cdot \sqrt{A_2^2 + B_2^2 + C_2^2}}.$$

另外容易推出

$$\pi_1 \perp \pi_2 \Leftrightarrow \boldsymbol{n}_1 \perp \boldsymbol{n}_2 \Leftrightarrow A_1 A_2 + B_1 B_2 + C_1 C_2 = 0;$$

$$\pi_1 /\!/ \pi_2 \Leftrightarrow \boldsymbol{n}_1 /\!/ \boldsymbol{n}_2 \Leftrightarrow \frac{A_1}{A_2} = \frac{B_1}{B_2} = \frac{C_1}{C_2}.$$

例 7.24　求过直线 $L: \begin{cases} x + 2z + 1 = 0, \\ x - y - z + 1 = 0 \end{cases}$ 且与平面 $\pi: x + y + 2z - 4 = 0$ 成 $\dfrac{\pi}{3}$ 夹角的平面.

解　过 L 的平面束方程为

$$x + 2z + 1 + \lambda(x - y - z + 1) = 0,$$

即

$$(\lambda + 1)x - \lambda y + (-\lambda + 2)z + \lambda + 1 = 0,$$

由所求平面与平面 π 成 $\dfrac{\pi}{3}$ 夹角可得

$$\frac{\left| (\lambda + 1) - \lambda + 2(-\lambda + 2) \right|}{\sqrt{(\lambda + 1)^2 + (-\lambda)^2 + (-\lambda + 2)^2} \sqrt{1^2 + 1^2 + 2^2}} = \cos \frac{\pi}{3},$$

化简为

$$\lambda^2 + 34\lambda - 35 = 0,$$

解得 $\lambda = 1, -35$, 代入平面束方程, 得到所求平面的方程为

$$2x - y + z + 2 = 0$$

和

$$-34x + 35y + 37z - 34 = 0.$$

3. 两直线的夹角和共面

设直线 l_1 过 $M_1(x_1, y_1, z_1)$ 而方向向量为 $\boldsymbol{s}_1 = (m_1, n_1, p_1)$, 直线 l_2 过 $M_2(x_2, y_2, z_2)$ 而方向向量为 $\boldsymbol{s}_2 = (m_2, n_2, p_2)$, 则称

$$\varphi = \min\left\{ (\widehat{\boldsymbol{s}_1, \boldsymbol{s}_2}), \pi - (\widehat{\boldsymbol{s}_1, \boldsymbol{s}_2}) \right\} \in \left[0, \frac{\pi}{2} \right]$$

为直线 l_1 与 l_2 的夹角(图 7.20).

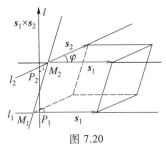

图 7.20

从而易得

$$\varphi = \arccos \frac{|m_1 m_2 + n_1 n_2 + p_1 p_2|}{\sqrt{m_1^2 + n_1^2 + p_1^2}\sqrt{m_2^2 + n_2^2 + p_2^2}}.$$

容易推出

$$l_1 \perp l_2 \Leftrightarrow \boldsymbol{s}_1 \perp \boldsymbol{s}_2 \Leftrightarrow m_1 m_2 + n_1 n_2 + p_1 p_2 = 0;$$

$$l_1 /\!/ l_2 \Leftrightarrow \boldsymbol{s}_1 /\!/ \boldsymbol{s}_2 \Leftrightarrow \frac{m_1}{m_2} = \frac{n_1}{n_2} = \frac{p_1}{p_2}.$$

另外由向量共面的充要条件不难看出(图 7.20):

$$l_1, l_2 \text{ 共面} \Leftrightarrow \overrightarrow{M_1 M_2}, \boldsymbol{s}_1, \boldsymbol{s}_2 \text{共面} \Leftrightarrow [\overrightarrow{M_1 M_2}, \boldsymbol{s}_1, \boldsymbol{s}_2] = 0.$$

例 7.25 直线 l_1 和 l_2 的方程分别是

$$\frac{x+1}{1} = \frac{y}{1} = \frac{z-1}{2}, \qquad \frac{x}{1} = \frac{y+1}{3} = \frac{z-2}{4}.$$

(1) 试验证 l_1 与 l_2 是异面直线;

(2) 求 l_1 与 l_2 的夹角;

(3) 求 l_1 与 l_2 之间的距离;

(4) 求 l_1 与 l_2 的公垂线方程.

分析 本题的(3),(4)小题是求异面直线间的距离和公垂线,一般来说我们可以求公垂线与这两条直线的交点,然后求得距离和公垂线方程.但是如果应用向量运算的几何意义,我们也可以不求上述交点来获得结果.见图 7.20,异面直线间的距离就是图中平行六面体的高,而公垂线则看成两个平面的交线,这两个平面分别是公垂线 l 与 l_1 以及公垂线 l 与 l_2 所确定的平面.

解 (1) 由直线方程知 l_1, l_2 的方向向量分别为 $\boldsymbol{s}_1 = (1, 1, 2), \boldsymbol{s}_2 = (1, 3, 4)$,且 $M_1(-1, 0, 1)$ 和 $M_2(0, -1, 2)$ 分别为 l_1, l_2 上的点,因为

$$[\overrightarrow{M_1 M_2}, \boldsymbol{s}_1, \boldsymbol{s}_2] = \begin{vmatrix} 1 & -1 & 1 \\ 1 & 1 & 2 \\ 1 & 3 & 4 \end{vmatrix} = 2 \neq 0,$$

故 l_1, l_2 为异面直线.

(2) 设 l_1 与 l_2 的夹角为 φ,那么

$$\cos \varphi = \frac{|\boldsymbol{s}_1 \cdot \boldsymbol{s}_2|}{|\boldsymbol{s}_1| \cdot |\boldsymbol{s}_2|} = \frac{|1 \times 1 + 1 \times 3 + 2 \times 4|}{\sqrt{1^2 + 1^2 + 2^2}\sqrt{1^2 + 3^2 + 4^2}} = \frac{2}{13}\sqrt{39},$$

故夹角

$$\varphi = \arccos \frac{2}{13}\sqrt{39}.$$

（3）设异面直线 l_1,l_2 的公垂线为 l，而 l 与 l_1,l_2 的交点为 P_1,P_2（图7.20），则 $s_1\times s_2$ 是 l 的方向向量，而异面直线 l_1,l_2 之间的距离 $|P_1P_2|$ 就是向量 $\overrightarrow{M_1M_2}$ 在 $s_1\times s_2$ 上投影的绝对值，实际上就是以 s_1,s_2 和 $\overrightarrow{M_1M_2}$ 为相邻三条棱的平行六面体的高.

因为

$$s_1\times s_2 = \left(\begin{vmatrix}1&2\\3&4\end{vmatrix},\begin{vmatrix}2&1\\4&1\end{vmatrix},\begin{vmatrix}1&1\\1&3\end{vmatrix}\right)=(-2,-2,2),$$

所以 l_1,l_2 之间的距离为

$$d(l_1,l_2)=\frac{|(s_1\times s_2)\cdot\overrightarrow{M_1M_2}|}{|s_1\times s_2|}=\frac{2}{\sqrt{(-2)^2+(-2)^2+2^2}}=\frac{\sqrt{3}}{3}.$$

（4）设 l_1,l 所在平面为 π_1，l_2,l 所在平面为 π_2，则 l_1 与 l_2 的公垂线 l 就是 π_1 与 π_2 的交线.

若动点 $M(x,y,z)\in\pi_1$，则 $\overrightarrow{M_1M},s_1,s_1\times s_2$ 共面，故 π_1 的方程为

$$[\overrightarrow{M_1M},s_1,s_1\times s_2]=\begin{vmatrix}x+1&y&z-1\\1&1&2\\-2&-2&2\end{vmatrix}=0,$$

计算及整理后得

$$\pi_1:x-y+1=0.$$

同理，π_2 的方程为

$$[\overrightarrow{M_2M},s_2,s_1\times s_2]=\begin{vmatrix}x&y+1&z-2\\1&3&4\\-2&-2&2\end{vmatrix}=0,$$

计算及整理后得

$$\pi_2:7x-5y+2z-9=0,$$

所以 l_1 与 l_2 的公垂线 l 的方程为

$$\begin{cases}x-y+1=0,\\7x-5y+2z-9=0.\end{cases}$$

在上例中我们也可以先求出公垂线 l 与 l_1,l_2 的交点 P_1,P_2，然后得到公垂线 l 的方程和异面直线 l_1,l_2 的距离.

由于 P_1,P_2 分别在直线 l_1,l_2 上，故可用 l_1,l_2 的参数方程表示 P_1,P_2，即设

$$P_1(t_1-1,t_1,2t_1+1),P_2(t_2,3t_2-1,4t_2+2),$$

因为 $\overrightarrow{P_1P_2}\perp s_1,\overrightarrow{P_1P_2}\perp s_2$，故 $\overrightarrow{P_1P_2}\cdot s_1=0,\overrightarrow{P_1P_2}\cdot s_2=0$，即

$$\begin{cases} (t_2-t_1+1, 3t_2-t_1-1, 4t_2-2t_1+1) \cdot (1,1,2) = 0, \\ (t_2-t_1+1, 3t_2-t_1-1, 4t_2-2t_1+1) \cdot (1,3,4) = 0, \end{cases}$$

化简得

$$\begin{cases} 6t_2-3t_1 = -1, \\ 13t_2-6t_1 = -1, \end{cases}$$

解得 $t_1 = \dfrac{7}{3}$, $t_2 = 1$. 故 P_1, P_2 的坐标为 $P_1\left(\dfrac{4}{3}, \dfrac{7}{3}, \dfrac{17}{3}\right)$, $P_2(1,2,6)$.

利用过点 P_1, P_2 的直线的两点式方程, 得到公垂线 l 的方程为

$$\frac{x-1}{1} = \frac{y-2}{1} = \frac{z-6}{-1}.$$

而异面直线 l_1, l_2 之间的距离

$$d(l_1, l_2) = |P_1P_2| = \sqrt{\left(\frac{4}{3}-1\right)^2 + \left(\frac{7}{3}-2\right)^2 + \left(\frac{17}{3}-6\right)^2} = \frac{\sqrt{3}}{3}.$$

在此例题的前一解答中, 我们在导出平面 π_1 和 π_2 的方程时利用了: 三个向量共面的充要条件为它们的混合积为零. 注意这个条件在解决这类问题中常常是很有用的.

例 7.26 直线 l 过点 $P(1,2,-2)$ 且与直线 $l_1: \dfrac{x+1}{2} = \dfrac{y-3}{-1} = \dfrac{z}{1}$ 垂直相交, 求直线 l 的方程.

分析 设直线 l 的方向向量为 $\boldsymbol{s} = (m,n,p)$, 由 l_1 的方向向量 $\boldsymbol{s}_1 = (2,-1,1)$ 和 l_1 上的点 $P_1(-1,3,0)$, 可知向量 $\boldsymbol{s} \perp \boldsymbol{s}_1$ 且 $\boldsymbol{s}, \boldsymbol{s}_1$ 和 $\overrightarrow{PP_1}$ 共面, 于是应该有 $\boldsymbol{s} \cdot \boldsymbol{s}_1 = 0$, $[\boldsymbol{s}, \boldsymbol{s}_1, \overrightarrow{PP_1}] = 0$, 由此可以求出 (m,n,p).

解 由 $\boldsymbol{s} \cdot \boldsymbol{s}_1 = 0$ 即 $(m,n,p) \cdot (2,-1,1) = 0$, 导出

$$2m-n+p = 0.$$

又由 $[\boldsymbol{s}, \boldsymbol{s}_1, \overrightarrow{PP_1}] = 0$, 可得

$$\begin{vmatrix} m & n & p \\ 2 & -1 & 1 \\ -2 & 1 & 2 \end{vmatrix} = 0 \Rightarrow m+2n = 0.$$

从而 $\begin{cases} m = -2n, \\ p = 5n, \end{cases}$ 可取 $n = 1$, 则方向向量为 $(m,n,p) = (-2,1,5)$, 于是直线 l 的方程为

$$\frac{x-1}{-2} = \frac{y-2}{1} = \frac{z+2}{5}.$$

4. 直线与平面的夹角

设直线 l 的方向向量为 $s=(m,n,p)$, 平面 π 的方程为 $Ax+By+Cz+D=0$, 其法向量为 n, 则称

$$\psi=\left|\frac{\pi}{2}-(\widehat{s,n})\right|\in\left[0,\frac{\pi}{2}\right]$$

为直线 l 与平面 π 的夹角(图 7.21).

显然有

$$\sin\psi=\left|\cos(\widehat{s,n})\right|=\frac{|s\cdot n|}{|s|\cdot|n|},$$

从而

$$\psi=\arcsin\frac{|Am+Bn+Cp|}{\sqrt{m^2+n^2+p^2}\sqrt{A^2+B^2+C^2}}.$$

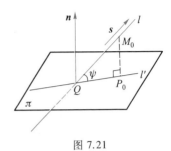

图 7.21

容易看出

$$l\mathbin{/\mkern-5mu/}\pi \text{ 或 } l\subset\pi\Leftrightarrow s\perp n\Leftrightarrow Am+Bn+Cp=0,$$

$$l\perp\pi\Leftrightarrow s\mathbin{/\mkern-5mu/}n\Leftrightarrow\frac{A}{m}=\frac{B}{n}=\frac{C}{p}.$$

例 7.27 已知直线 $l:\dfrac{x-2}{1}=\dfrac{y-4}{2}=\dfrac{z-3}{1}$, 平面 $\pi:2x+y-z-2=0$,

(1) 求 l 与 π 的交点 Q 和夹角 ψ;

(2) 求 l 在平面 π 上的投影直线 l'.

解 (1) 将 l 化为参数方程形式:

$$x=2+t,\ y=4+2t,\ z=3+t,$$

代入平面方程得到

$$2(2+t)+(4+2t)-(3+t)-2=0,$$

解得 $t=-1$, 对应 l 上的点 $Q(1,2,2)$ 就是所求交点.

又直线 l 的方向向量为 $s=(1,2,1)$, 平面 π 的法向量为 $n=(2,1,-1)$, 则有

$$\sin\psi=\left|\cos(\widehat{s,n})\right|=\frac{|1\times2+2\times1+1\times(-1)|}{\sqrt{1^2+2^2+1^2}\sqrt{2^2+1^2+(-1)^2}}=\frac{1}{2},$$

故所求夹角 $\psi=\dfrac{\pi}{6}$.

(2) 取直线 l 上一点 M_0 作平面 π 的垂线, 垂足为 P_0, 交点 Q 与点 P_0 所在的直线 l' 就是 l 在 π 上的投影直线(图 7.21). 设点 M_0,P_0,Q 所在平面为 π'.

若点 $M(x,y,z)\in\pi'$, 其充要条件为 $\overrightarrow{QM},s$ 和 n 共面, 即 $[\overrightarrow{QM},s,n]=0$, 从而

$$\begin{vmatrix} x-1 & y-2 & z-2 \\ 1 & 2 & 1 \\ 2 & 1 & -1 \end{vmatrix} = 0,$$

整理得 π' 的方程为

$$x-y+z-1 = 0.$$

显然投影直线 l' 为 π' 与 π 的交线,故其方程为

$$\begin{cases} 2x+y-z-2 = 0, \\ x-y+z-1 = 0. \end{cases}$$

此例中平面 π' 也可以通过直线 l 的平面束方程来求得:设过 l 的平面束方程为

$$2x-y+\lambda(y-2z+2) = 0,$$

也即

$$2x+(\lambda-1)y-2\lambda z+2\lambda = 0,$$

因 $\pi' \perp \pi$ 意味着它们的法向量也垂直,因而有

$$(2,\lambda-1,-2\lambda) \cdot (2,1,-1) = 0,$$

解得 $\lambda = -1$,故 π' 的方程为

$$x-y+z-1 = 0.$$

在前面讨论平面、直线和点的位置关系的例题中,我们看到利用向量及其运算的性质及几何意义,有时可使问题较为简捷地解决.下面再介绍一个例子:

例 7.28   求点 $P(2,-1,3)$ 与直线 $l:\dfrac{x-2}{3}=\dfrac{y+1}{4}=\dfrac{z}{5}$ 的距离.

分析   若点 P 到直线 l 的垂足为 P_1,则 P 到 l 的距离是指 P,P_1 间的距离. 我们可以通过求出过点 P 且垂直于直线 l 的平面 π,再求得 l 与 π 的交点 P_1,然后得到 P,P_1 间的距离.然而我们也可以不求出垂足 P_1,而从另一角度来求解: 直线 l 过点 $P_0(2,-1,0)$,方向向量为 $s=(3,4,5)$,作出以 $s,\overrightarrow{P_0P}$ 为邻边的平行四边形,不难看出所求距离 d 等于此平行四边形底边上的高(图 7.22),而平行四边形的面积就是向量积 $s \times \overrightarrow{P_0P}$ 的模,由此可以得到点 P 到直线 l 的距离.

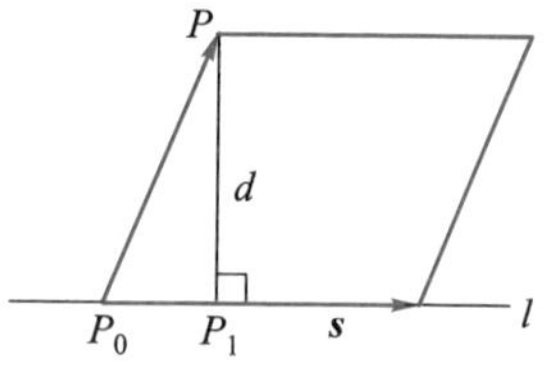

图 7.22

解   由 $\overrightarrow{P_0P}=(0,0,3)$,得到

$$s \times \overrightarrow{P_0P} = \left(\begin{vmatrix} 4 & 5 \\ 0 & 3 \end{vmatrix}, \begin{vmatrix} 5 & 3 \\ 3 & 0 \end{vmatrix}, \begin{vmatrix} 3 & 4 \\ 0 & 0 \end{vmatrix} \right) = (12,-9,0),$$

于是 P 到直线 l 的距离为

$$d = \frac{|\, \boldsymbol{s} \times \overrightarrow{P_0 P}\, |}{|\, \boldsymbol{s}\, |} = \frac{\sqrt{12^2 + (-9)^2 + 0^2}}{\sqrt{3^2 + 4^2 + 5^2}} = \frac{3}{2}\sqrt{2}.$$

7.5　曲面与曲线

7.5.1　曲面

在上节中,我们已经知道,三元一次方程代表三维空间 $\mathbf{R}^3$ 中的一个平面. 一般而言,满足三元方程 $F(x,y,z)=0$ 的点 (x,y,z) 在空间 $\mathbf{R}^3$ 中构成一个曲面. 如果曲面 S 上任一点的坐标满足方程 $F(x,y,z)=0$,而不在曲面 S 上的任一点的坐标都不满足此方程,那么我们称曲面 S 为方程 $F(x,y,z)=0$ 的图形,而 $F(x,y,z)=0$ 称为曲面 S 的方程.

建立了空间曲面及其方程的联系之后,我们讨论的基本问题是:

(1) 已知曲面 S 上的点所满足的几何条件,求 S 的方程;

(2) 已知曲面 S 的方程,研究曲面的几何形状.

对这两个问题,我们首先看下面的几个例子.

例 7.29　设一球面的半径为 R ,球心在点 $M_0(x_0, y_0, z_0)$,求此球面的方程.

解　设球面上动点为 $M(x,y,z)$,则 M 到 M_0 的距离为 R ,即

$$|\, M_0 M\, | = \sqrt{(x-x_0)^2 + (y-y_0)^2 + (z-z_0)^2} = R,$$

两边平方,得

$$(x-x_0)^2 + (y-y_0)^2 + (z-z_0)^2 = R^2,$$

这就是所求球面的方程.

例 7.30　试研究 $\mathbf{R}^3$ 中方程 $x^2 + y^2 = R^2$ (常数 $R>0$)表示的曲面 S 的形态.

解　在二维空间 $\mathbf{R}^2$ 上,方程 $x^2 + y^2 = R^2$ 表示一个圆. 但在三维空间 $\mathbf{R}^3$ 中,上述方程表示一个曲面 S . 设曲面 S 上的动点为 $M(x,y,z)$,在 z 轴上与 $M(x,y,z)$ 同高度的点为 $P(0,0,z)$.

方程

$$x^2 + y^2 = R^2$$

等价于

$$(x-0)^2 + (y-0)^2 + (z-z)^2 = R^2,$$

这表示点 M 与点 P 的距离 $|MP|$ 为常数 R .

由于 $\overrightarrow{PM} = (x,y,0)$,故

$$\overrightarrow{PM} \cdot \boldsymbol{k} = (x, y, 0) \cdot (0, 0, 1) = 0,$$

即 $\overrightarrow{PM}$ 垂直于 z 轴, 所以 $|MP|$ 就是 S 上的动点 $M(x, y, z)$ 到 z 轴的距离.

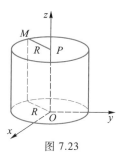

图 7.23

故方程 $x^2 + y^2 = R^2$ 表示的曲面 S 具有如下几何性质: 曲面 S 上的任一点到 z 轴的距离为常数 R. 其图形是以 z 轴为对称轴的圆柱面, 见图 7.23.

例 7.31 设圆柱面 S 的轴线是 $L: \dfrac{x}{1} = \dfrac{y-1}{2} = \dfrac{z+2}{-2}$, 点 $P_0(1, -1, 0)$ 在圆柱面 S 上, 求圆柱面 S 的方程.

分析 设圆柱面 S 上的动点为 P, 由上例揭示的圆柱面性质知, P 到圆柱面的轴线 L 的距离为常数, 等于圆柱面 S 上定点 P_0 到轴线 L 的距离, 即有

$$d(P, L) = d(P_0, L).$$

这就是圆柱面 S 上点 P 满足的条件, 也是解决此题的关键.

解 设 $P(x, y, z)$ 是 S 上任一点, 由于点 $M_0(0, 1, -2) \in L, L$ 的方向向量为 $\boldsymbol{s} = (1, 2, -2)$, 由上节例 7.28 知

$$d(P, L) = \frac{|\boldsymbol{s} \times \overrightarrow{M_0 P}|}{|\boldsymbol{s}|}, \qquad d(P_0, L) = \frac{|\boldsymbol{s} \times \overrightarrow{M_0 P_0}|}{|\boldsymbol{s}|},$$

故

$$|\boldsymbol{s} \times \overrightarrow{M_0 P}| = |\boldsymbol{s} \times \overrightarrow{M_0 P_0}|.$$

将 $\overrightarrow{M_0 P} = (x, y-1, z+2), \overrightarrow{M_0 P_0} = (1, -2, 2)$ 以及 $\boldsymbol{s}$ 的坐标代入计算后得到

$$(2y + 2z + 2)^2 + (2x + z + 2)^2 + (2x - y + 1)^2 = 32,$$

这就是圆柱面 S 的方程.

7.5.2 二次曲面

本小节中讨论由二次方程所表示的曲面, 这类曲面称为**二次曲面**. 我们将通过二次曲面的标准方程来了解曲面的特点和形状.

如果两个曲面相交, 它们的公共点形成一条曲线, 那么该曲线 (交线) 上的点的坐标同时满足这两个曲面的方程, 所以我们将两个相交曲面的联立方程称为曲线的一般式方程, 即曲线

$$C: \begin{cases} F(x, y, z) = 0, \\ G(x, y, z) = 0 \end{cases}$$

是曲面 $S_1: F(x, y, z) = 0$ 和 $S_2: G(x, y, z) = 0$ 的交线.

以下我们采用的方法是用平行坐标平面的平面去截曲面,通过考察它们的交线(称为截痕)来了解此曲面的大致形状,这种方法称为截痕法.

1. 椭球面

由方程

$$\frac{x^2}{a^2}+\frac{y^2}{b^2}+\frac{z^2}{c^2}=1 \quad (a>0,b>0,c>0)$$

所表示的曲面称为椭球面.a,b,c 称为椭球面的半轴.

由方程可知椭球面上点的坐标满足

$$|x|\leqslant a,|y|\leqslant b,|z|\leqslant c,$$

从而椭球面是有界的,它位于由平面 $x=\pm a,y=\pm b,z=\pm c$ 所围的长方体内.

由方程的形式可知,椭球面关于坐标平面、坐标轴和原点都是对称的.

若用平行 xOy 坐标平面的平面 $z=h$($|h|\leqslant c$)截椭球面,则截痕为

$$\begin{cases} \dfrac{x^2}{a^2}+\dfrac{y^2}{b^2}=1-\dfrac{h^2}{c^2}, \\ z=h. \end{cases}$$

不难看出这是平面 $z=h$ 上的一个椭圆,当 $|h|$ 由 0 逐渐增大到 c 时,椭圆由大逐渐缩小直至一点.

若用平行 yOz 坐标平面和 zOx 坐标平面的平面去截椭球面,也有类似结论.于是我们得知椭球面的形状如图 7.24 所示.

若将椭球面的中心置于点 (x_0,y_0,z_0),那么不难得到其对应的方程应为

$$\frac{(x-x_0)^2}{a^2}+\frac{(y-y_0)^2}{b^2}+\frac{(z-z_0)^2}{c^2}=1.$$

特别地,当 $a=b=c=R$ 时,就得到半径为 R 的球面方程

$$(x-x_0)^2+(y-y_0)^2+(z-z_0)^2=R^2,$$

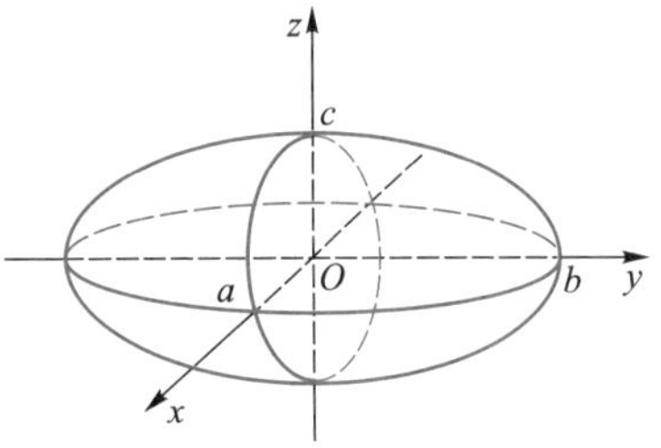

图 7.24

展开后得到三元二次方程

$$x^2+y^2+z^2-2x_0x-2yy_0-2z_0z+(x_0^2+y_0^2+z_0^2)-R^2=0,$$

这是一个仅有系数相等的平方项而没有其他二次项的三元二次方程.

那么反过来,任给一个具有这样特点的三元二次方程

$$x^2+y^2+z^2+Dx+Ey+Fz=G,$$

它是否一定表示一个球面呢? 这个问题留给读者考虑.

2. 单叶双曲面

由方程

$$\frac{x^2}{a^2} + \frac{y^2}{b^2} - \frac{z^2}{c^2} = 1 \quad (a>0, b>0, c>0)$$

所表示的曲面称为单叶双曲面. a, b, c 称为单叶双曲面的半轴. 由方程立即可知单叶双曲面关于坐标平面、坐标轴和原点都是对称的.

若用平面 $z=h$ 去截单叶双曲面, 所得的截痕为

$$\begin{cases} \dfrac{x^2}{a^2} + \dfrac{y^2}{b^2} = 1 + \dfrac{h^2}{c^2}, \\ z = h, \end{cases}$$

显然这是一个在平面 $z=h$ 上的椭圆, 当 $|h|$ 由 0 逐渐增大时, 椭圆也相应增大.

若用平面 $y=h$ 去截单叶双曲面, 所得的截痕为

$$\begin{cases} \dfrac{x^2}{a^2} - \dfrac{z^2}{c^2} = 1 - \dfrac{h^2}{b^2}, \\ y = h, \end{cases}$$

这是在平面 $y=h$ 上的双曲线. 当 $|h| < b$ 时, 双曲线的实轴平行于 x 轴, 虚轴平行于 z 轴, 当 $|h| = b$ 时, 双曲线退化为两相交直线, 它们分别为

$$\begin{cases} \dfrac{x}{a} + \dfrac{z}{c} = 0, \\ y = h, \end{cases} \qquad \begin{cases} \dfrac{x}{a} - \dfrac{z}{c} = 0, \\ y = h; \end{cases}$$

当 $|h| > b$ 时, 双曲线的实轴平行于 z 轴, 虚轴平行于 x 轴.

若用平面 $x=h$ 去截单叶双曲面, 得到的也是类似情形的双曲线. 于是我们得知单叶双曲面形状如图 7.25 所示, z 轴是中心轴线.

3. 双叶双曲面

由方程

$$-\frac{x^2}{a^2} - \frac{y^2}{b^2} + \frac{z^2}{c^2} = 1 \quad (a>0, b>0, c>0)$$

所表示的曲面称为双叶双曲面. a, b, c 称为双叶双曲面的半轴. 显然双叶双曲面关于坐标平面、坐标轴以及原点都是对称的.

若用平面 $z=h$ 去截双叶双曲面, 所得的截痕为

$$\begin{cases} \dfrac{x^2}{a^2} + \dfrac{y^2}{b^2} = \dfrac{h^2}{c^2} - 1, \\ z = h. \end{cases}$$

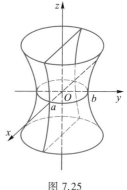

图 7.25

从方程可知, 当 $|h| < c$ 时, 不存在满足方程的点, 因此截痕并不存在, 这就是双叶双曲面与单叶双曲面的主要区别; 当 $|h| \geqslant c$ 并逐渐增大时, 截痕是在平面 $z=h$ 上由一个点逐渐增大的椭圆.

若用平面 $y=h$ 或 $x=h$ 去截双叶双曲面,所得的截痕是实轴平行于 z 轴的双曲线,双叶双曲面的形状如图 7.26 所示.

单叶双曲面和双叶双曲面的标准方程是仅有平方项和常数项的三元二次方程,而且平方项的系数符号不同. 以上写出的方程是每种曲面的一个代表.

例如方程

$$\frac{x^2}{a^2} - \frac{y^2}{b^2} + \frac{z^2}{c^2} = 1,$$

所表示的曲面也都是单叶双曲面,它们的中心轴线是 y 轴.

在以下介绍的二次曲面中,我们给出的标准方程也是可能形式中的一个代表,请读者注意其他形式的标准方程与其图形的对应.

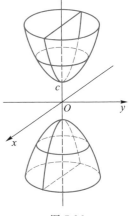

图 7.26

4. 椭圆抛物面

由方程

$$\frac{x^2}{a^2} + \frac{y^2}{b^2} = z \quad (a>0, b>0)$$

所表示的曲面称为椭圆抛物面. 由方程可知此曲面位于 xOy 坐标平面上方,且关于 yOz 坐标平面和 zOx 坐标平面都对称,因此也关于 z 轴对称. 椭圆抛物面与对称轴的交点称为它的顶点.

利用截痕法,容易得到椭圆抛物面的形状如图 7.27 所示.

5. 双曲抛物面

由方程

$$\frac{x^2}{a^2} - \frac{y^2}{b^2} = z \quad (a>0, b>0)$$

所表示的曲面称为双曲抛物面.

显然双曲抛物面关于 yOz 坐标平面和 zOx 坐标平面都是对称的,从而关于 z 轴对称.

用 $z=h$ 去截此曲面,所得截痕为

$$\begin{cases} \dfrac{x^2}{a^2} - \dfrac{y^2}{b^2} = h, \\ z=h, \end{cases}$$

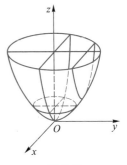

图 7.27

是平面 $z=h$ 上的双曲线,随着 h 由负到正,双曲线的实轴由平行 y 轴变为平行 x 轴,其间当 $h=0$ 时,双曲线退化成为两相交直线.

用平面 $y=h$ 去截此曲面,所得截痕为

$$\begin{cases} \dfrac{x^2}{a^2} = z + \dfrac{h^2}{b^2}, \\ y = h, \end{cases}$$

是平面 $y=h$ 上顶点在 $\left(0, h, -\dfrac{h^2}{b^2}\right)$，开口指向 z 轴正向的抛物线.

类似地，用平面 $x=h$ 去截此曲面所得截痕是指向 z 轴负向的抛物线.

双曲抛物面的大致形状如图 7.28 所示. 由于双曲抛物面的形状像一个马鞍，故双曲抛物面也被称为马鞍面.

以上我们介绍了一些主要的二次曲面（在下一小节还将介绍二次柱面和二次锥面）的标准方程. 有时这些曲面需要作平移，如同前面椭球面那样，其中心置于点 (x_0, y_0, z_0)，此时将原来标准方程中的 x, y, z 分别换成 $x-x_0, y-y_0, z-z_0$，就得到相应的曲面方程.

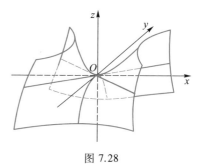

图 7.28

例如方程

$$-\frac{(x-2)^2}{4} + \frac{(y-4)^2}{5} + \frac{(z+1)^2}{9} = 1$$

表示中心在点 $(2, 4, -1)$，对称轴为直线 $\begin{cases} y = 4, \\ z = -1 \end{cases}$ 的单叶双曲面；而方程

$$\frac{(y-1)^2}{9} + \frac{z^2}{16} = x + 2$$

则表示顶点位于点 $(-2, 1, 0)$，且开口向 x 轴正向一侧的椭圆抛物面.

7.5.3　柱面、旋转面和锥面

1. 柱面

设 C 是一空间曲线，直线 l 与 C 相交但不与其重合，当 l 平行移动且始终与 C 相交（即平移直线 l 与 C 的交点沿着 C 运动），则动直线 l 移动所形成的曲面称为柱面. 曲线 C 称为柱面的准线，l 在平行移动时任一位置所在直线称为柱面的母线，见图 7.29.

设柱面 Σ 的准线 C 为 xOy 坐标平面上的曲线，它的方程为 $\begin{cases} F(x, y) = 0, \\ z = 0, \end{cases}$ 柱面的母线 l 平行于 z 轴（图 7.30），我们来求柱面的方程. 若 $M(x, y, z)$ 是空间任一点，则其在 xOy 坐标平面上的垂足为 $M_1(x, y, 0)$，显然

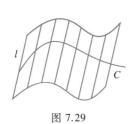

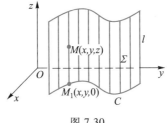

图 7.29   图 7.30

$$M \in \Sigma \Leftrightarrow M_1 \in C \Leftrightarrow F(x, y) = 0,$$

这说明柱面 Σ 的方程为

$$F(x, y) = 0.$$

由图 7.30 我们还可以看出柱面 $\Sigma : F(x, y) = 0$ 是由 xOy 坐标平面上的准线 $C : \begin{cases} F(x, y) = 0, \\ z = 0 \end{cases}$ 沿 z 轴的正负方向双向"拉伸"的轨迹所形成的曲面.

类似地容易得到:方程 $G(y, z) = 0, H(z, x) = 0$ 分别表示母线平行 x 轴,y 轴的柱面.

特别地,若准线 C 是坐标平面上的二次曲线,则称相应的柱面为二次柱面.

例如,例 7.30 中的方程 $x^2 + y^2 = R^2$ 表示圆柱面(图 7.23),而方程

$$z = ax^2, \quad \frac{x^2}{a^2} - \frac{y^2}{b^2} = 1 \quad (a > 0, b > 0)$$

所代表的曲面分别称为抛物柱面(图 7.31),双曲柱面(图 7.32).

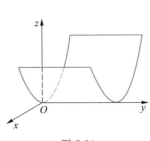

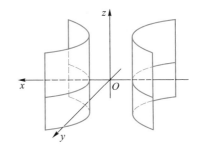

图 7.31   图 7.32

2. 旋转面

曲线 C 绕一条定直线 l 旋转一周所生成的曲面称为旋转面,这条定直线 l 称为旋转面的对称轴. 曲线 C 称为旋转面的一条子午线.

设旋转面 Σ 是由 yOz 坐标平面上曲线 $C : \begin{cases} f(y, z) = 0, \\ x = 0 \end{cases}$ 绕 z 轴旋转而成的,我

们来求旋转面 Σ 的方程.

若 $M(x,y,z)$ 是 Σ 上的任一点,则 M 必在 C 上某点 $M_1(x_1,y_1,z_1)$ 绕 z 轴旋转所产生的圆上(图 7.33),故 M 和 M_1 的竖坐标相等,且 M 和 M_1 到 z 轴的距离相等,即有

$$z_1 = z, \quad |y_1| = \sqrt{x^2+y^2},$$

亦即

$$z_1 = z, \quad y_1 = \pm\sqrt{x^2+y^2},$$

这里 $\pm$ 号的选取依赖 C 上点 M_1 的纵坐标 y_1 的符号.
因为 M_1 在 C 上,所以其坐标满足

$$x_1 = 0, \quad f(y_1,z_1) = 0,$$

从而得到 Σ 上动点 M 的坐标 (x,y,z) 满足的方程

$$f(\pm\sqrt{x^2+y^2},z) = 0.$$

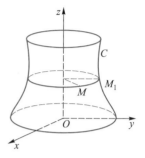

图 7.33

反之,若 $M(x,y,z)$ 满足这个方程,则容易推出 M 在 Σ 上,所以这就是旋转面 Σ 的方程.

由上述推导我们知道,平面曲线 $C:\begin{cases} f(y,z) = 0, \\ x = 0 \end{cases}$ 绕 z 轴旋转所得的旋转面方程是在方程 $f(y,z) = 0$ 中保持 z 不变,而将 y 换成 $\pm\sqrt{x^2+y^2}$ 得到的.

同理,平面曲线 $C:\begin{cases} f(y,z) = 0, \\ x = 0 \end{cases}$ 绕 y 轴旋转所得的旋转面方程为

$$f(y,\pm\sqrt{x^2+z^2}) = 0.$$

例 7.32   求 yOz 坐标平面上的双曲线 C

$$\begin{cases} \dfrac{y^2}{b^2} - \dfrac{z^2}{c^2} = 1, \\ x = 0 \end{cases}$$

分别绕 y 轴,z 轴旋转所得的旋转面方程.

解 C 绕 y 轴旋转时,在方程 $\dfrac{y^2}{b^2} - \dfrac{z^2}{c^2} = 1$ 中保持 y 不变,而将 z 换成 $\pm\sqrt{x^2+z^2}$,故得到 C 绕 y 轴旋转而成的旋转面方程为

$$\frac{y^2}{b^2} - \frac{x^2+z^2}{c^2} = 1,$$

同样易得 C 绕 z 轴旋转而成的旋转面方程为

$$\frac{x^2+y^2}{b^2} - \frac{z^2}{c^2} = 1.$$

它们依次是双叶双曲面和单叶双曲面,分别称为旋转双叶双曲面和旋转单叶双曲面.

类似地不难得到 zOx 坐标平面上的曲线绕 x 轴或 z 轴旋转和 xOy 坐标平面上的曲线绕 y 轴或 x 轴旋转所得旋转面的方程.

例 7.33 试求 zOx 坐标平面上的抛物线

$$\begin{cases} z - z_0 = \dfrac{x^2}{a^2}, \\ y = 0 \end{cases}$$

绕 z 轴旋转所得旋转面的方程.

解 在方程 $z - z_0 = \dfrac{x^2}{a^2}$ 中保持 z 不变,而将 x 换成 $\pm\sqrt{x^2+y^2}$,就得到所求方程

$$z - z_0 = \frac{x^2 + y^2}{a^2},$$

这是一个椭圆抛物面,也称为旋转抛物面.

下面这个例子是求空间曲线(直线)绕坐标轴旋转而成的曲面的方程.

例 7.34 求直线 $L: \begin{cases} x - y + z + 5 = 0, \\ x + y + 3z - 5 = 0 \end{cases}$ 绕 z 轴旋转而成的旋转面 S 的方程.

分析 虽然 L 并不在坐标平面上,但我们仍然可以尝试用前面建立旋转面方程的方法来讨论此题,即旋转面上任意一点 M 是在由 L 上某点 M_0 绕 z 轴旋转而形成的圆周上,因此 M 与 M_0 到 z 轴的距离相等,而且它们的竖坐标相同.

解 设所求旋转面上任一点坐标 $M(x, y, z)$,它在 L 上某点 $M_0(x_0, y_0, z_0)$ 绕 z 轴旋转而形成的圆周上,那么

$$x^2 + y^2 = x_0^2 + y_0^2, \quad z = z_0.$$

由于 $x_0 - y_0 + z_0 + 5 = 0$,$x_0 + y_0 + 3z_0 - 5 = 0$,导出

$$x_0 = -2z_0, \quad y_0 = -z_0 + 5.$$

代入上述 M 与 M_0 坐标的关系式,得到 $x^2 + y^2 = (-2z)^2 + (-z+5)^2$.整理即得所求旋转面 S 的方程

$$x^2 + y^2 - 5(z-1)^2 = 20.$$

不难看出,这是中心在 $(0,0,1)$ 的单叶双曲面,且此单叶双曲面是由一族直线构成的.这种由直线族构成的曲面被称为直纹面.

3. 锥面

设 C 是一曲线,M_0 是 C 之外的定点,直线 l 过 M_0 点且与 C 相交,当交点沿曲线 C 运动时,l 的轨迹所形成的曲面称为锥面,曲线 C 称为锥面的准线,l 在运

动时任一位置所在直线称为锥面的母线,定点 M_0 称
为锥面的顶点(图 7.34).

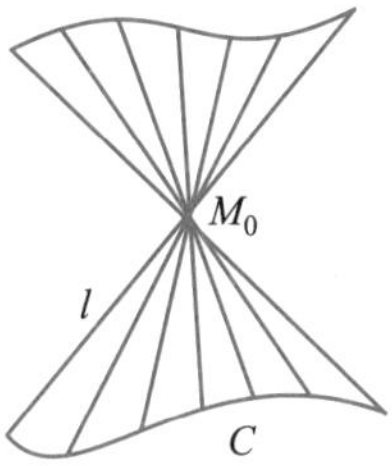

设锥面 Σ 的顶点为原点,我们来考察其方程
$F(x,y,z)=0$ 的特点. 若点 $M(x,y,z)\in\Sigma$,则过 M 与原
点的直线上的所有的点都在锥面上,这意味着
$\forall\, t\in\mathbf{R}$,

$$F(tx,ty,tz)=0,$$

这就是顶点在原点的锥面方程应满足的条件.

若 $F(x,y,z)$ 是齐次多项式,即

$$F(tx,ty,tz)=t^n F(x,y,z),$$

则 $F(x,y,z)=0$ 满足上述锥面方程条件,从而就是顶点在原点的锥面方程.

例 7.35 试求顶点在原点,准线为

$$C:\begin{cases}\dfrac{x^2}{a^2}+\dfrac{y^2}{b^2}=1,\\[2mm] z=c\end{cases}\qquad(c\neq 0)$$

的锥面 Σ 的方程.

解 设 $M(x,y,z)$ 为空间任一点,过 M 与原点的直线交平面 $z=c$ 于 $M_1(\bar{x},\bar{y},c)$,那么

$$M\in\Sigma\Leftrightarrow M_1\in C,$$

即

$$\frac{\bar{x}^2}{a^2}+\frac{\bar{y}^2}{b^2}=1,$$

由于 $\overrightarrow{OM}$ 与 $\overrightarrow{OM_1}$ 共线,故

$$\frac{x}{\bar{x}}=\frac{y}{\bar{y}}=\frac{z}{c},$$

即有 $\bar{x}=\dfrac{cx}{z}$,$\bar{y}=\dfrac{cy}{z}$,代入准线方程并加以整
理,得到锥面方程为

$$\frac{x^2}{a^2}+\frac{y^2}{b^2}=\frac{z^2}{c^2},$$

由于它是二次方程,故称其表示的曲面为二
次锥面(图 7.35).

当 $a=b$ 时,锥面方程为

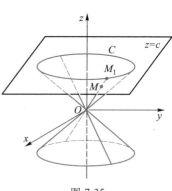

图 7.35

图 7.34

$$z^2 = h^2(x^2+y^2) \quad \left(h=\frac{c}{a}\right),$$

由于此时准线 C 为圆 $\begin{cases} x^2+y^2=\dfrac{c^2}{h^2}, \\ z=c \end{cases}$ $(c\neq0)$，故称上述方程为圆锥面方程，它也是

yOz 坐标平面上的直线 $\begin{cases} z=hy, \\ x=0 \end{cases}$ 绕 z 轴旋转而成的旋转面的方程.

7.5.4 空间曲线

前面已经介绍过，空间曲线的一般式方程为
$$\begin{cases} F(x,y,z)=0, \\ G(x,y,z)=0, \end{cases}$$
它是空间两个曲面的交线.

例如平面 $y=b$ 与二次锥面 $\dfrac{x^2}{a^2}+\dfrac{y^2}{b^2}=\dfrac{z^2}{c^2}$ 相交得到空间曲线方程

$$\begin{cases} \dfrac{x^2}{a^2}+\dfrac{y^2}{b^2}=\dfrac{z^2}{c^2}, \\ y=b, \end{cases}$$

即

$$\begin{cases} \dfrac{x^2}{a^2}-\dfrac{z^2}{c^2}=-1, \\ y=b, \end{cases}$$

显然这是平面 $y=b$ 上的双曲线.

空间曲线也常用另一种形式——参数方程来表示，即
$$\begin{cases} x=x(t), \\ y=y(t), \quad t\in[\alpha,\beta]. \\ z=z(t), \end{cases}$$
当参数方程中的 t 是常数时，对应的 (x,y,z) 表示空间的一个点；而当 t 变化时，对应的 (x,y,z) 就成了动点，它的轨迹就是一条曲线.

例 7.36 考察由方程
$$\begin{cases} z=\sqrt{R^2-x^2-y^2}, \\ x^2+y^2=Rx \end{cases}$$
所表示的曲线形状，并将其化为参数方程.

解 显然这曲线是上半球面 $z = \sqrt{R^2 - x^2 - y^2}$ 与圆柱面 $\left(x - \dfrac{R}{2}\right)^2 + y^2 = \left(\dfrac{R}{2}\right)^2$ 的交线,其图形如图 7.36 所示,称为维维亚尼(Viviani,1622—1703,意大利数学家)曲线.

将方程 $\left(x - \dfrac{R}{2}\right)^2 + y^2 = \left(\dfrac{R}{2}\right)^2$ 化为参数方程

$$\begin{cases} x = \dfrac{R}{2} + \dfrac{R}{2}\cos t, \\ y = \dfrac{R}{2}\sin t, \end{cases} \quad t \in [0, 2\pi],$$

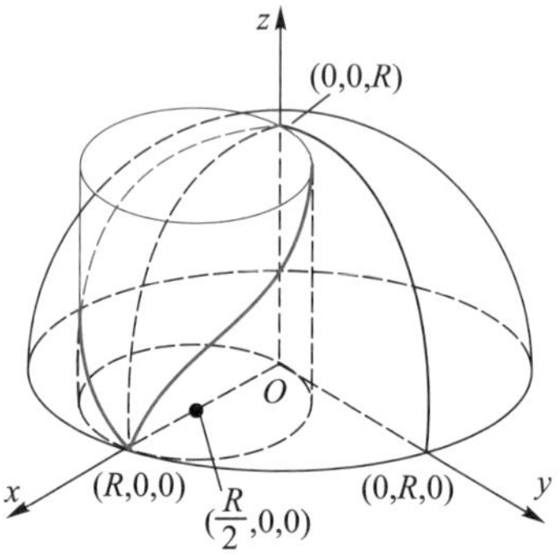

将其代入第一个方程得到

$$z = \sqrt{R^2 - Rx} = \sqrt{\dfrac{1}{2}R^2(1 - \cos t)} = R\sin\dfrac{t}{2},$$

故维维亚尼曲线的参数方程为

$$\begin{cases} x = \dfrac{R}{2} + \dfrac{R}{2}\cos t, \\ y = \dfrac{R}{2}\sin t, \qquad t \in [0, 2\pi]. \\ z = R\sin\dfrac{t}{2}, \end{cases}$$

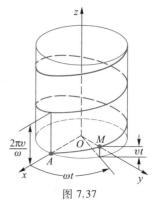

图 7.36

参数方程中的参数往往有某种几何或物理意义,它刻画了曲线的形成方式或过程.

例 7.37 动点与直线 l 的距离为 a 且以角速度 ω 绕 l 旋转,又以匀速 v 沿 l 方向移动,试建立其轨迹曲线的方程.

解 取直线 l 为 z 轴,动点 M 的初始位置在 x 轴上的 $A(a,0,0)$,开始运动时的方向为 y,z 均增加的方向.那么经过时间 t,动点转过的角度为 ωt,而在 z 方向移动的距离为 vt(见图 7.37),于是得到参数方程

$$\begin{cases} x = a\cos \omega t, \\ y = a\sin \omega t, \\ z = vt, \end{cases}$$

它表示的曲线称为螺旋线.各种螺丝的凸起轮廓线

图 7.37

就是螺旋线.

下面的例子说明有时将参数方程化为一般方程有助于了解曲线的形状或特征.

例 7.38 设空间曲线的参数方程为

$$\begin{cases} x = 3\cos t, \\ y = 3\sin t, \\ z = -2\sin t, \end{cases}$$

试确定该曲线的形状.

解 容易将参数方程化为

$$\begin{cases} x^2 + y^2 = 9, \\ 2y + 3z = 0. \end{cases}$$

从其表示形式可知,此曲线是圆柱面和平面的交线,是一个椭圆(图 7.38),其四个顶点为

$$A(0, -3, 2), \quad B(0, 3, -2),$$
$$C(3, 0, 0), \quad D(-3, 0, 0),$$

长半轴长为 $\dfrac{1}{2} |AB| = \sqrt{13}$,短半轴长为 $\dfrac{1}{2} |CD| = 3$.

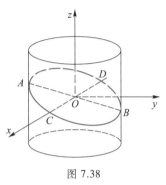

图 7.38

7.5.5 空间曲线在坐标平面上的投影

设 C 是一空间曲线,π 为一平面,则将以 C 为准线,母线垂直于 π 的柱面 Σ 称为曲线 C 对平面 π 的投影柱面,Σ 与 π 的交线称为曲线 C 在平面 π 上的投影(或投影曲线).

现在我们考察曲线

$$C: \begin{cases} H(x, y, z) = 0, \\ G(x, y, z) = 0 \end{cases}$$

在 xOy 坐标平面上的投影.

将曲线 C 方程中的变量 z 消去,得到

$$F(x, y) = 0,$$

这是一个母线平行于 z 轴的柱面方程,曲线 C 上点的坐标显然也满足这个柱面方程,从而曲线 C 在这柱面上,此柱面方程就是曲线 C 关于 xOy 坐标平面的投影柱面 Σ 所满足的方程(图 7.39),而 C 在 xOy 坐标平面上的投影包含于曲线

$$\begin{cases} F(x, y) = 0, \\ z = 0. \end{cases}$$

要注意的是 C 沿 z 轴方向的投影柱面以及 C 在 xOy 坐标平面上的投影曲线可能只是上述方程表示的柱面及曲线的一部分,而不是全部,我们将在下面的例子中看到这种情形.

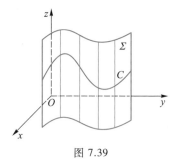

同样,若消去曲线 C 方程中的变量 x(或 y),则得到 C 关于 yOz 坐标平面(或 zOx 坐标平面)的投影柱面.

例 7.39 试求曲线

图 7.39

$$C: \begin{cases} z = x^2 + y^2, \\ 2x + z - 8 = 0 \end{cases}$$

沿三个坐标轴方向的投影柱面及在三个坐标平面上的投影曲线.

解 从曲线 C 的方程组中消去变量 z,得到 C 沿 z 轴方向的投影柱面方程

$$x^2 + y^2 = -2x + 8,$$

这是一个圆柱面方程,化为标准方程

$$(x+1)^2 + y^2 = 3^2,$$

于是可知曲线 C 在 xOy 坐标平面上的投影为圆

$$\begin{cases} (x+1)^2 + y^2 = 3^2, \\ z = 0. \end{cases}$$

类似地,由曲线 C 的方程组消去 x,并经整理后,得到 C 沿 x 轴方向的投影柱面方程

$$\frac{(z-10)^2}{6^2} + \frac{y^2}{3^2} = 1,$$

这是一个椭圆柱面. 而曲线 C 在 yOz 坐标平面上的投影为椭圆

$$\begin{cases} \dfrac{(z-10)^2}{6^2} + \dfrac{y^2}{3^2} = 1, \\ x = 0. \end{cases}$$

由曲线方程立即可知曲线在平面(也是一种柱面)$2x + z - 8 = 0$ 上,但注意到 $(x+1)^2 + y^2 = 3^2$,因此 $-4 \leqslant x \leqslant 2$,故曲线 C 沿 y 轴方向的投影柱面方程为

$$2x + z - 8 = 0 \quad (-4 \leqslant x \leqslant 2),$$

它是平面 $2x + z - 8 = 0$ 的一部分. 而曲线 C 在 zOx 坐标平面上的投影为直线段

$$\begin{cases} 2x + z - 8 = 0, \\ y = 0 \end{cases} \quad (-4 \leqslant x \leqslant 2).$$

确定空间曲线在坐标面上的投影将有助于了解空间几何体(称为立体)在坐标平面上的投影区域(即立体内所有点在坐标平面的投影点的集合),空间立体一般由若干曲面所围成,其在坐标平面上的投影区域往往由曲面交线在坐标平面上的投影曲线围成.

例如由例 7.39,我们知道由曲面 $z=x^2+y^2$ 与平面 $2x+z-8=0$ 所围的立体 Ω 在 xOy 坐标平面上的投影区域为圆域(图 7.40)

$$D:(x+1)^2+y^2\leqslant 3^2 \quad (z=0).$$

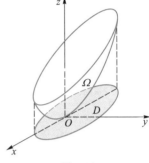

图 7.40

如果曲线 C 由参数方程给出,即

$$C:\begin{cases} x=x(t), \\ y=y(t), \quad t\in[\alpha,\beta], \\ z=z(t), \end{cases}$$

那么方程

$$\begin{cases} x=x(t), \\ y=y(t), \end{cases} \quad t\in[\alpha,\beta]$$

就是曲线 C 沿 z 轴方向的投影柱面方程. 而 C 在 xOy 坐标平面上的投影曲线为

$$\begin{cases} x=x(t), \\ y=y(t), \quad t\in[\alpha,\beta]. \\ z=0, \end{cases}$$

同样可以得到曲线 C 沿另外两个坐标轴方向的投影柱面和在坐标平面上的投影.

7.5.6　曲面的参数方程

曲面 S 可以表示为双参数方程

$$S:\begin{cases} x=x(u,v), \\ y=y(u,v), \quad u\in I_1, v\in I_2, \\ z=z(u,v), \end{cases}$$

其中 I_1,I_2 分别是参数 u,v 的取值区间.

当方程的参数 v 取定为 $v=v_0$,而参数 u 变化时,就得到曲面 S 上的一条曲线

$$\begin{cases} x=x(u,v_0), \\ y=y(u,v_0), \quad u\in I_1, \\ z=z(u,v_0), \end{cases}$$

称上述曲线为 u 曲线. 当 v_0 的值在 I_2 内变化时,我们就得到了一族曲线,即 u 曲

线族,曲面 S 就是由这族曲线形成的曲面.

同样,称曲线

$$\begin{cases} x = x(u_0, v), \\ y = y(u_0, v), & v \in I_2 \\ z = z(u_0, v), \end{cases}$$

为 v 曲线. 当 u_0 的值在 I_1 内变化时就得到了 v 曲线族,曲面 S 也可以是 v 曲线族形成的曲面(图 7.41).

例如参数方程

$$\begin{cases} x = a\sin\theta, \\ y = b\cos\theta, & \theta \in [0, 2\pi], \ t \in \mathbf{R}, \\ z = t, \end{cases}$$

当 θ 取定值,而 t 变化时,方程表示了平行于 z 轴的直线;而当 θ 也变化时,这直线移动形成了一族平行于 z 轴的直线,显然上述参数方程代表的是椭圆柱面

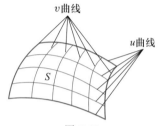

图 7.41

$$\frac{x^2}{a^2} + \frac{y^2}{b^2} = 1.$$

例 7.40   试将球心在原点,半径为 R 的球面 S 用参数方程的形式表示.

解   易知球面 S 的方程为 $x^2 + y^2 + z^2 = R^2$.

设 $M(x, y, z)$ 为球面 S 上任一点,M 在 xOy 坐标平面上的投影点为 P,若 $\overrightarrow{OM}$ 与 z 轴正向的夹角为 φ,在 xOy 坐标平面上由 x 轴正向逆时针转到 $\overrightarrow{OP}$ 的角度是 θ(图7.42),则

$$|\overrightarrow{OM}| = R, \quad |\overrightarrow{OP}| = R\sin\varphi,$$

从而得到球面 S 的参数方程为

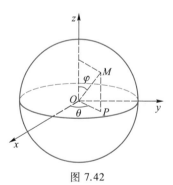

图 7.42

$$\begin{cases} x = R\sin\varphi\cos\theta, \\ y = R\sin\varphi\sin\theta, \\ z = R\cos\varphi, \end{cases}$$

其中参数 φ, θ 满足:$\varphi \in [0, \pi]$,$\theta \in [0, 2\pi]$,且参数 φ, θ 有如前所述(图 7.42)的几何意义.

反之,若 M 的坐标 (x, y, z) 满足上述参数方程,容易验证

$$x^2 + y^2 + z^2 = R^2,$$

故这个参数方程是所求球面的方程.

在下例中,我们来建立椭球面和单叶双曲面的参数方程,读者可以参照此方

法自己尝试建立其他二次曲面和二次锥面的参数方程.

例 7.41 试建立椭球面和单叶双曲面的参数方程.

分析 可以借助球面的参数方程作变换来得到椭球面的参数方程(留作练习).而根据方程中变量的平方和或平方差的形式,我们尝试利用三角恒等式来引进参数.

解 考虑到椭球面方程的形式

$$\frac{x^2}{a^2}+\frac{y^2}{b^2}+\frac{z^2}{c^2}=1 \Leftrightarrow \left(\sqrt{\frac{x^2}{a^2}+\frac{y^2}{b^2}}\right)^2+\left(\frac{z}{c}\right)^2=1,$$

利用恒等式 $\sin^2 u+\cos^2 u=1$ $(u\in[0,\pi])$,可令

$$\sqrt{\frac{x^2}{a^2}+\frac{y^2}{b^2}}=\sin u,\quad \frac{z}{c}=\cos u.$$

又注意到当 $u\in[0,\pi]$ 时,方程

$$\sqrt{\frac{x^2}{a^2}+\frac{y^2}{b^2}}=\sin u \Leftrightarrow \left(\frac{x}{a}\right)^2+\left(\frac{y}{b}\right)^2=\sin^2 u,$$

再利用恒等式 $(\sin u\cos v)^2+(\sin u\sin v)^2=\sin^2 u$,可再设

$$\frac{x}{a}=\sin u\cos v,\quad \frac{y}{b}=\sin u\sin v,\quad v\in[0,2\pi],$$

这样,就得到了椭球面的参数方程

$$\begin{cases} x=a\sin u\cos v, \\ y=b\sin u\sin v, \\ z=c\cos u \end{cases} \quad (u\in[0,\pi],v\in[0,2\pi]).$$

利用恒等式 $\sec^2 u-\tan^2 u=1\left(u\in\left(-\frac{\pi}{2},\frac{\pi}{2}\right)\right)$,可以把单叶双曲面方程

$$\frac{x^2}{a^2}+\frac{y^2}{b^2}-\frac{z^2}{c^2}=1$$

先化为单参数形式:

$$\sqrt{\frac{x^2}{a^2}+\frac{y^2}{b^2}}=\sec u,\quad \frac{z}{c}=\tan u,$$

再令

$$\frac{x}{a}=\sec u\cos v,\quad \frac{y}{b}=\sec u\sin v,\quad v\in[0,2\pi],$$

就得到单叶双曲面方程的参数方程

$$\begin{cases} x = a\sec u\cos v, \\ y = b\sec u\sin v, \\ z = c\tan u \end{cases} \quad \left(u \in \left(-\frac{\pi}{2}, \frac{\pi}{2}\right), v \in [0, 2\pi]\right).$$

习　题　7

1. 求下列向量的模和与其方向相同的单位向量：

(1) 设 $\boldsymbol{a} = (1, -2, 2)$，求 $|\boldsymbol{a}|$，$\boldsymbol{a}^0$；

(2) 设点 $A(1, 2, 3)$，$B(2, 1, -1)$，求 $\overrightarrow{AB}$，$|\overrightarrow{AB}|$，$\overrightarrow{AB}^0$.

2. 若 $\boldsymbol{a} = (3, -2, 6)$，$\boldsymbol{b} = (-2, 1, 0)$，试求下列各向量，并用标准正交基 $\boldsymbol{i}, \boldsymbol{j}, \boldsymbol{k}$ 表示它们：

(1) $\boldsymbol{a} + \boldsymbol{b}$；　　(2) $-\dfrac{1}{2}\boldsymbol{b}$；　　(3) $\dfrac{1}{3}\boldsymbol{a} - \boldsymbol{b}$.

3. 判断下列各题中 P, Q, R 三点是否共线：

(1) $P(1, 2, 3)$，$Q(0, 3, 7)$，$R(3, 5, 11)$；

(2) $P(0, 1, 2)$，$Q(1, 3, 1)$，$R(3, 7, -1)$.

4. 已知向量 $\boldsymbol{a} = \alpha\boldsymbol{i} + 5\boldsymbol{j} - \boldsymbol{k}$ 和向量 $\boldsymbol{b} = 3\boldsymbol{i} + \boldsymbol{j} + \gamma\boldsymbol{k}$ 共线（平行），求常数 α, γ.

5. 把两点 $(1, 1, 1)$ 和 $(1, 2, 0)$ 间的线段分成两部分，使其长度之比等于 $2:1$，求分点的坐标.

6. 设点 C 位于线段 AB 上，且分 AB 所得两部分长度之比为 $m:n$，O 为原点，设 $\overrightarrow{OA} = \boldsymbol{r}_1$，$\overrightarrow{OB} = \boldsymbol{r}_2$，试用 $\boldsymbol{r}_1, \boldsymbol{r}_2$ 表示 $\boldsymbol{r} = \overrightarrow{OC}$.

7. 设点 O 是 $\triangle ABC$ 的三条中线的交点，试用向量 $\overrightarrow{AB}$ 和 $\overrightarrow{AC}$ 表示向量 $\overrightarrow{AO}$.

8. 求下列 $\boldsymbol{a} \cdot \boldsymbol{b}$ 及 $(\widehat{\boldsymbol{a}, \boldsymbol{b}})$：

(1) $\boldsymbol{a} = (-1, 2, -3)$，$\boldsymbol{b} = (2, 3, 1)$；

(2) $\boldsymbol{a} = 2\boldsymbol{i} + 3\boldsymbol{j} - \boldsymbol{k}$，$\boldsymbol{b} = \boldsymbol{i} - 3\boldsymbol{j} - 7\boldsymbol{k}$.

9. 设向量 $\boldsymbol{a}$ 与 $\boldsymbol{b}$ 的夹角 $\theta = 60°$，且 $|\boldsymbol{a}| = 5$，$|\boldsymbol{b}| = 8$，试求 $|\boldsymbol{a} + \boldsymbol{b}|$ 和 $|\boldsymbol{a} - \boldsymbol{b}|$.

10. 设向量 $\boldsymbol{a}$ 与 $\boldsymbol{b}$ 的夹角 $\theta = \dfrac{2\pi}{3}$，且 $|\boldsymbol{a}| = 3$，$|\boldsymbol{b}| = 4$，试求：

(1) $\boldsymbol{a} \cdot \boldsymbol{b}$；　　　　　　　　(2) $(3\boldsymbol{a} - 2\boldsymbol{b}) \cdot (\boldsymbol{a} + 2\boldsymbol{b})$.

11. 若向量 $\boldsymbol{a} + 3\boldsymbol{b}$ 垂直于向量 $7\boldsymbol{a} - 5\boldsymbol{b}$，且向量 $\boldsymbol{a} - 4\boldsymbol{b}$ 垂直于向量 $7\boldsymbol{a} - 2\boldsymbol{b}$，试求 $\boldsymbol{a}$ 与 $\boldsymbol{b}$ 的夹角.

12. 设向量 $\boldsymbol{a} = (-1, 2, 3)$，$\boldsymbol{b} = (0, 1, 3)$，求向量 $2\boldsymbol{a} - 3\boldsymbol{b}$ 的方向角和方向余弦.

13. 求 $\boldsymbol{b}$ 在 $\boldsymbol{a}$ 方向上的投影和投影向量：

（1）$a=(4,2,0),b=(1,1,1)$；   （2）$a=i+k,b=-i-j$.

14. 一向量的终点为 $B(2,-1,7)$，它在 x,y 和 z 轴上的投影依次为 $4,-4$ 和 7，求该向量的起点 A 的坐标.

15. 力 $F=10i+18j-6k$ 将物体从 $M_1(2,3,0)$ 沿直线移动到 $M_2(4,9,15)$，设力的单位为 N，位移的单位为 m，求力 F 所做的功.

16. 求下列 $a\times b$：

（1）$a=(1,0,-1),b=(0,1,0)$；

（2）$a=(-2,3,4),b=(3,0,1)$；

（3）$a=i+2j-k, b=3i-j+7k$.

17. 已知单位向量 $\overrightarrow{OA}$ 与三个坐标轴的夹角相等，B 是点 $M(1,-3,2)$ 关于点 $N(-1,2,1)$ 的对称点，求 $\overrightarrow{OA}\times\overrightarrow{OB}$.

18. 设 $c=2a+b,d=ka+b$，$|a|=1$，$|b|=2$，且 $a\perp b$，问：

（1）k 为何值时，$c\perp d$；

（2）k 为何值时，以 c,d 为邻边的平行四边形的面积为 6.

19. 设 $(a\times b)\cdot c=2$，试求 $[(a+b)\times(b+c)]\cdot(c+a)$.

20. 求以向量 $a=2i+5j,b=3j+3k,c=2j-5k$ 为相邻三条棱的平行六面体的体积.

21. 求以 $O(0,0,0),A(5,2,0),B(2,5,0),C(1,2,4)$ 为顶点的三棱锥的体积，并计算 $\triangle ABC$ 的面积和点 O 到该三角形所在平面的距离.

22. 判断下列四点是否共面：

（1）$A(1,0,1),B(2,4,6),C(3,-1,2),D(6,2,8)$；

（2）$A(1,2,1),B(2,2,3),C(-1,-1,2),D(4,5,6)$.

23. 设 $a\neq\mathbf{0}$.

（1）若 $a\cdot b=a\cdot c$，则是否必有 $b=c$？

（2）若 $a\times b=a\times c$，则是否必有 $b=c$？

（3）若 $a\cdot b=a\cdot c$ 且 $a\times b=a\times c$，则是否必有 $b=c$？

24. 求满足下列条件的平面方程：

（1）过点 $(5,-7,4)$ 且在 x,y,z 轴上截距相等；

（2）过点 $P(3,-6,2)$ 且垂直于 OP（O 为原点）；

（3）过点 $M_1(2,1,-3),M_2(5,-1,4)$ 和 $M_3(2,-2,4)$；

（4）平行于 y 轴，且通过点 $(1,-5,1)$ 和 $(3,2,-2)$；

（5）平行于 zOx 坐标平面，且通过点 $(3,2,-7)$；

（6）过点 $(1,-3,2)$，且平行于平面 $x+5y-z-2=0$；

（7）过两点 $(8,-3,1),(4,7,2)$，且垂直于平面 $3x+5y-z-21=0$；

（8）平行于平面 $2x+y+2z+5=0$ 而与三坐标平面所构成的四面体的体积为 1.

25. 求满足下列条件的直线的标准方程：

（1）过点 $(2,-3,8)$，且平行于直线 $\dfrac{x-2}{3}=\dfrac{y-4}{-2}=\dfrac{z+3}{5}$；

（2）过点 $(1,-3,2)$，且垂直于平面 $x+5y-z-2=0$；

（3）过点 $M_1(1,2,3)$，$M_2(2,-2,7)$；

（4）过点 $(1,-3,2)$，且与 z 轴垂直相交；

（5）过点 $(-1,2,1)$，且平行于直线 $\begin{cases} x+y-2z-1=0, \\ x+2y-z+1=0; \end{cases}$

（6）垂直于三点 $M_1(1,2,3)$，$M_2(2,-2,7)$ 和 $M_3(0,1,5)$ 所在平面，且过点 M_1；

（7）过点 $(3,4,-4)$，且与坐标轴夹角分别为 $\dfrac{\pi}{3}$，$\dfrac{\pi}{4}$，$\dfrac{2\pi}{3}$.

26. 将下列直线方程化为标准式方程：

（1）$\begin{cases} 2x-4y+z=0, \\ 3x-y-2z+9=0; \end{cases}$ （2）$\begin{cases} x=3z-5, \\ y=2z-8. \end{cases}$

27. （1）求点 $(1,-3,2)$ 到平面 $3x+2y-6z-1=0$ 的距离；

（2）求两平行平面 $3x+2y-6z-35=0$，$3x+2y-6z-56=0$ 间的距离；

（3）求平行于平面 $x+2y-2z=1$ 且与其距离为 2 的平面方程；

28. 求下面各组平面的夹角：

（1）$x+z=1$，$y-z=1$；

（2）$-8x-6y+2z-1=0$，$4x+3y-z=0$；

（3）$2x-6y+3z-1=0$，$3x-y-4z+5=0$.

29. 判断下面各组直线是否平行、相交或异面. 在相交情况下求出它们的交点和夹角：

（1）$L_1:\dfrac{x-4}{2}=\dfrac{y+5}{4}=\dfrac{z-1}{-3}$，$L_2:\dfrac{x-2}{1}=\dfrac{y+1}{3}=\dfrac{z}{2}$；

（2）$L_1:\dfrac{x-1}{2}=\dfrac{y}{1}=\dfrac{z-1}{4}$，$L_2:\dfrac{x}{1}=\dfrac{y+2}{2}=\dfrac{z+2}{3}$；

（3）$L_1:x=-6t,y=1+9t,z=-3t$，$L_2:x=1+2s,y=4-3s,z=s(s,t$ 为参数）；

（4）$L_1:x=1+t,y=2-t,z=3t$，$L_2:x=2-s,y=1+2s,z=4+s(s,t$ 为参数）.

30. 求下面各组直线与平面的夹角，并判断它们是否平行、垂直或相交. 在相交情况下求出它们的交点：

（1）$L: \dfrac{x+3}{-2} = \dfrac{y+4}{-7} = \dfrac{z}{3}$，$\Pi: 4x-2y-2z-3=0$；

（2）$L: \dfrac{x}{3} = \dfrac{y}{-2} = \dfrac{z}{7}$，$\Pi: 3x-2y+7z=31$；

（3）$L: \dfrac{x-2}{3} = \dfrac{y+2}{1} = \dfrac{z-3}{-4}$，$\Pi: x+y+z=3$；

（4）$L: \dfrac{x+2}{3} = \dfrac{2-y}{1} = \dfrac{z+1}{2}$，$\Pi: 2x+3y+3z-8=0$.

31.（1）求点 $(1,0,-1)$ 到直线 $\dfrac{x-5}{-1} = \dfrac{y}{3} = \dfrac{z-1}{2}$ 的距离；

（2）求点 $(2,3,1)$ 在直线 $\dfrac{x+7}{1} = \dfrac{y+2}{2} = \dfrac{z+2}{3}$ 上的投影；

（3）求点 $(3,-1,-1)$ 在平面 $x+2y+3z-30=0$ 上的投影.

32. 证明两直线 $\dfrac{x-5}{-4} = \dfrac{y-1}{1} = \dfrac{z-2}{1}$ 和 $\dfrac{x}{2} = \dfrac{y}{2} = \dfrac{z-8}{-3}$ 是异面直线，并求它们之间的距离以及公垂线方程.

33. 求直线 $\begin{cases} x+y-z-1=0, \\ x-y+z+1=0 \end{cases}$ 在平面 $x+y+z=0$ 上的投影直线方程.

34. 设两平面 $x+y-z=0$，$x+2y+z=0$ 的交线为 l，求过 l 的两个互相垂直的平面，其中一个平面过点 $A(0,1,-1)$.

35. 求满足下列条件的平面方程：

（1）过点 $(3,-2,-1)$ 和直线 $\dfrac{x-3}{2} = \dfrac{y}{1} = \dfrac{z-1}{2}$；

（2）过点 $(-1,-2,3)$，且和两直线 $\dfrac{x-2}{3} = \dfrac{y}{-4} = \dfrac{z-5}{6}$ 及 $\dfrac{x}{1} = \dfrac{y+2}{2} = \dfrac{z-1}{2}$ 平行；

（3）过两平行直线 $\dfrac{x-3}{2} = \dfrac{y}{1} = \dfrac{z-1}{2}$，$\dfrac{x+1}{2} = \dfrac{y-1}{1} = \dfrac{z}{2}$；

（4）包含直线 $\begin{cases} x-z-1=0, \\ y+2z-3=0, \end{cases}$ 且与平面 $x+y-2z=1$ 垂直；

（5）过 x 轴，且与平面 $y=x$ 的夹角为 $\dfrac{\pi}{3}$；

（6）过两平面 $x+5y+z=0$，$x-z+4=0$ 的交线，且与平面 $x-4y-8z+12=0$ 的夹角为 $\dfrac{\pi}{4}$.

36. 求满足下列条件的直线方程：

（1）在平面 $x+y+z=1$ 上，且与直线 $y=1,z=-1$ 垂直相交；

（2）过点 $(-1,0,4)$，且平行于平面 $3x-4y+z-10=0$，又与直线 $\dfrac{x+1}{3}=\dfrac{y-3}{1}=\dfrac{z}{2}$ 相交；

（3）过点 $(1,2,1)$，且与直线 $\dfrac{x}{2}=y=-z$ 相交，又垂直于直线 $\dfrac{x-1}{3}=\dfrac{y}{2}=\dfrac{z+1}{1}$.

（4）过点 $(0,1,1)$ 且与直线 $l_1:x=y=z$ 以及 $l_2:x=-\dfrac{y}{2}=1-z$ 均相交.

37. 设一动点与两定点 $(2,2,1),(1,3,4)$ 等距离，求此动点轨迹的方程.

38. 过定点 $(-R,0,0)$ 作球面 $x^2+y^2+z^2=R^2$ 的弦，求动弦中点的轨迹方程.

39. 说出下列曲面方程的名称，并作出草图：

（1）$x^2+y^2=2az$ $(a>0)$；　　　　（2）$x^2-y^2=2az$ $(a>0)$；

（3）$z=2+x^2+y^2$；　　　　　　　　（4）$y-x^2+z^2=0$；

（5）$x^2-2y^2+3z^2+1=0$；　　　　（6）$x^2+2y^2+3z^2=9$.

40. 说出下列曲面方程的名称，并作出草图：

（1）$x^2+y^2=1$；　　　　　　　　　（2）$x^2-y^2=0$；

（3）$x^2+y^2+z^2=2az$；　　　　　　（4）$x^2=2az$；

（5）$\dfrac{x^2}{4}+\dfrac{y^2}{9}=1$；　　　　　　　　（6）$\dfrac{x^2}{1}-\dfrac{y^2}{9}=1$；

（7）$x^2-y^2=z^2$；　　　　　　　　（8）$z^2=3x^2+4y^2$.

41. 写出适合下列条件的旋转面的方程：

（1）曲线 $\begin{cases} x^2+z^2=1, \\ y=0 \end{cases}$ 绕 z 轴旋转一周；　（2）曲线 $\begin{cases} \dfrac{x^2}{9}+\dfrac{y^2}{4}=1, \\ z=0 \end{cases}$ 绕 x 轴旋转一周；

（3）曲线 $\begin{cases} y^2-z^2=1, \\ x=0 \end{cases}$ 绕 y 轴旋转一周；　（4）曲线 $\begin{cases} z^2=5x, \\ y=0 \end{cases}$ 绕 x 轴旋转一周.

42. 说明下列旋转面是如何形成的，并写出它的名称：

（1）$x^2+z^2-\dfrac{y^2}{4}=1$；　　　　　（2）$x^2+y^2=4z$；

（3）$\dfrac{z^2}{16}-\dfrac{x^2+y^2}{9}=1$；　　　　　（4）$x^2+y^2=4z^2$.

43. 指出下列方程表示的曲线：

（1）$\begin{cases} x^2+y^2+z^2=25, \\ x=3; \end{cases}$　　　　　（2）$\begin{cases} (x-1)^2+(y+4)^2+\left(\dfrac{z}{2}\right)^2=25, \\ y+1=0; \end{cases}$

(3) $\begin{cases} x^2 + \dfrac{y^2}{9} - \dfrac{z^2}{4} = 1, \\ x - 2 = 0. \end{cases}$

44. (1) 求曲线 $C:\begin{cases} x^2+y^2+z^2 = 16, \\ z = 2 \end{cases}$ 沿 z 轴方向的投影柱面及在 xOy 坐标平面上的投影曲线;

(2) 求曲面 $z = x^2 + y^2$ 与平面 $x + y + z = 1$ 的交线 C 沿 z 轴方向的投影柱面及在 xOy 坐标平面上的投影曲线.

45. (1) 分别求母线平行于 x 轴和 y 轴, 且通过曲线 $C:\begin{cases} 2x^2+y^2+z^2 = 16, \\ x^2+z^2-y^2 = 0 \end{cases}$ 的柱面方程;

(2) 求柱面 $z^2 = 2x$ 与锥面 $z = \sqrt{x^2+y^2}$ 所围立体在三坐标平面上的投影区域.

46. 把下列曲线 C 的参数方程化为一般式方程:

(1) $C:\begin{cases} x = \cos t, \\ y = 2\cos t - 1, \quad t \in [0, 2\pi]; \\ z = 3\sin t, \end{cases}$　(2) $C:\begin{cases} x = t+a, \\ y = \sqrt{a^2-t^2}, \qquad t \in [-a, a]. \\ z = \sqrt{2a(a-t)}, \end{cases}$

47. 试建立下列曲面的参数方程:

(1) 椭圆柱面: $\dfrac{(x-x_0)^2}{a^2} + \dfrac{(y-y_0)^2}{b^2} = 1$;

(2) 双曲柱面: $\dfrac{y^2}{a^2} - \dfrac{z^2}{b^2} = 1$;

(3) 双叶双曲面: $-\dfrac{x^2}{a^2} - \dfrac{y^2}{b^2} + \dfrac{z^2}{c^2} = 1$;

(4) 椭圆抛物面: $\dfrac{(x-x_0)^2}{a^2} + \dfrac{(y-y_0)^2}{b^2} = z - z_0$;

(5) 二次锥面: $\dfrac{x^2}{a^2} + \dfrac{y^2}{b^2} - \dfrac{z^2}{c^2} = 0$.

补充题

1. 设 AD 是 $\triangle ABC$ 的一条角平分线, D 在 BC 边上, 试用向量 $\overrightarrow{AB}$ 和 $\overrightarrow{AC}$ 表示向量 $\overrightarrow{AD}$.

2. 用向量方法证明三角形的三条高线交于一点.

3. 设向量 $\boldsymbol{a}, \boldsymbol{b}, \boldsymbol{c}$ 共面, 而 $\boldsymbol{a}, \boldsymbol{b}$ 不共线, 试将向量 $\boldsymbol{c}$ 表示为 $\boldsymbol{a}, \boldsymbol{b}$ 的线性组合.

4. 证明: (1) $\text{proj}_{\boldsymbol{a}}(\boldsymbol{b}+\boldsymbol{c}) = \text{proj}_{\boldsymbol{a}}\boldsymbol{b} + \text{proj}_{\boldsymbol{a}}\boldsymbol{c}$;

(2) $\text{proj}_{\boldsymbol{a}}(\lambda\boldsymbol{b}) = \lambda\,\text{proj}_{\boldsymbol{a}}\boldsymbol{b}$.

5. 证明：$a \times (b \times c) = (a \cdot c)b - (a \cdot b)c.$

6. 若 a,b,c 是不共面的三个向量，试将任一向量 d 表示成 a,b,c 的线性组合.

7. 设光线沿直线 $L:\begin{cases} x+y-3=0, \\ x+z-1=0 \end{cases}$ 投射到平面 $\pi:x+y+z+1=0$ 上，求反射光线所在的直线方程.

8. 验证三个平面：$x+y-2z-1=0, x+2y-z+1=0$ 以及 $4x+5y-7z-2=0$ 通过同一条直线，并写出该直线的标准式方程.

9. 已知直线 l_1 和 l_2 的方程分别为 $\dfrac{x+1}{1}=\dfrac{y}{1}=\dfrac{z-1}{2}$ 和 $\dfrac{x}{1}=\dfrac{y+1}{3}=\dfrac{z-2}{4}.$

　　（1）验证 l_1 和 l_2 是异面直线；

　　（2）求 z 轴上的点 P，使得过点 P 的任何一条直线与 l_1 和 l_2 都不同时相交.

10. 求过平面 $x+28y-2z+17=0$ 和平面 $5x+8y-z+1=0$ 的交线，且切于球面 $x^2+y^2+z^2=1$ 的平面.

11. 求由曲面 $z=x^2+y^2$ 和 $z=2\sqrt{x^2+y^2}$ 所围成立体的体积.

12. 求直线 $\begin{cases} x=a, \\ y=\dfrac{a}{c}z \end{cases} (ac \neq 0)$ 绕 z 轴旋转一周所得旋转面的方程，它表示什么曲面？

第 7 章

数字资源

第8章 多元函数的微分学

我们已经讨论了一元微积分及其应用,所研究的对象是依赖于单个变量的函数,即一元函数.而在各种科学问题和实际问题中更常见的是依赖于几个变量的函数,即多元函数,因此需要讨论多元函数的微积分.

多元微积分是一元微积分的推广和发展,当然它们有着很多相似之处,但是也有一些根本的不同.本章介绍的是多元函数微分学及其应用,主要包括多元函数及其极限和连续的有关概念,偏导数和全微分的概念和运算法则,多元微分学的应用.

为简单计,我们在多元函数微积分部分主要讨论二元或三元函数,读者不难将它们的有关讨论推广到 n 元函数.

8.1 多元函数的基本概念

8.1.1 n 维点集

与 $\mathbf{R}^3$ 空间类似,所有 n 元有序数组 $(x_1, x_2, \cdots, x_n)$ 的集合在赋予了加法和数乘运算后称为 n 维线性空间,记为 $\mathbf{R}^n$;$(x_1, x_2, \cdots, x_n)$ 称为 n 维向量,常记为
$$\boldsymbol{x} = (x_1, x_2, \cdots, x_n),$$
其中 $x_1, x_2, \cdots, x_n$ 称为向量 $\boldsymbol{x}$ 的坐标或分量;而定义
$$\| \boldsymbol{x} \| = \left(\sum_{i=1}^{n} x_i^2 \right)^{\frac{1}{2}}$$
为向量 $\boldsymbol{x}$ 的模.

在二维或三维的情况下,通过建立直角坐标系,可以将平面和空间的点与向量一一对应.在 n 维情况下,也同样可以通过起点在原点的向量(定位向量)来建立点与向量的一一对应关系,因此常将向量称为 $\mathbf{R}^n$ 中的点,记为 $P(x_1, x_2, \cdots, x_n)$,特别地,$O(0, 0, \cdots, 0)$ 称为原点.

设 $P(x_1,x_2,\cdots,x_n)$, $Q(y_1,y_2,\cdots,y_n)$ 是 $\mathbf{R}^n$ 中的任意两点, 则定义它们的距离为

$$d(P,Q)=\sqrt{(y_1-x_1)^2+(y_2-x_2)^2+\cdots+(y_n-x_n)^2}.$$

现在我们介绍 $\mathbf{R}^n$ 中的一些集合, 即 n 元点集.

设 $P_0\in\mathbf{R}^n$, $\delta>0$, 则称集合

$$U(P_0,\delta)=\{P\,|\,P\in\mathbf{R}^n,d(P_0,P)<\delta\}$$

为点 P_0 的 δ 邻域; 而称

$$\overset{\circ}{U}(P_0,\delta)=\{P\,|\,P\in\mathbf{R}^n,0<d(P_0,P)<\delta\}$$

为点 P_0 的去心 δ 邻域.

与一维的情况类似, 在不强调邻域的半径时, 将 P_0 的邻域和去心邻域简记为 $U(P_0)$ 和 $\overset{\circ}{U}(P_0)$.

在 $\mathbf{R}^2$ 中, 点 $P_0(x_0,y_0)$ 的 δ 邻域为圆域

$$\{(x,y)\,|\,\sqrt{(x-x_0)^2+(y-y_0)^2}<\delta\}.$$

在 $\mathbf{R}^3$ 中, 点 $P_0(x_0,y_0,z_0)$ 的 δ 邻域为球体域

$$\{(x,y,z)\,|\,\sqrt{(x-x_0)^2+(y-y_0)^2+(z-z_0)^2}<\delta\}.$$

设集合 $E\subset\mathbf{R}^n$, 若 $\exists\delta>0$, 使得

$$U(P_0,\delta)\subset E,$$

则称 P_0 是 E 的内点; 若 $\exists\delta>0$, 使得

$$U(P_0,\delta)\cap E=\varnothing,$$

则称 P_0 是 E 的外点; 若 $\forall\delta>0$, 在 $U(P_0,\delta)$ 内既有属于 E 的点又有不属于 E 的点, 则称 P_0 是 E 的边界点.

图 8.1 给出了二维平面集合 E 的内点 P_1、外点 P_2 和边界点 P_3 的示意图. 注意 E 的内点属于 E, 外点不属于 E, 而边界点可能属于 E 也可能不属于 E.

例如 $\mathbf{R}^2$ 中集合

$$E=\{(x,y)\,|\,1<x^2+y^2\leqslant 4\},$$

那么满足条件 $1<x_0^2+y_0^2<4$ 的点 (x_0,y_0) 都是 E 的内点, 满足 $x_1^2+y_1^2=1$ 或 $x_2^2+y_2^2=4$ 的点 (x_1,y_1) 和 (x_2,y_2) 都是 E 的边界点, 但 (x_1,y_1) 不属于 E, 而 (x_2,y_2) 属于 E.

设集合 $E\subset\mathbf{R}^n$, 若 E 中的点全是 E 的内点, 则称 E 是 $\mathbf{R}^n$ 中的开集; 又若差集 $\mathbf{R}^n-E$ 为开集, 则称 E 为闭集.

E 的所有边界点组成的集合称为 E 的边界, 记为 ∂E. 可以证明:

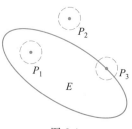

图 8.1

$$\partial E \subset E \Leftrightarrow E \text{ 是闭集}.$$

设 $D \subset \mathbf{R}^n$,若 D 中任意两点都能用完全属于 D 的折线联结起来,则称 D 是(折线)连通的,注意折线是由有限条直线段依次联结而成的,在 $\mathbf{R}^n$ 中由点 P_1 到 P_2 的直线段指集合

$$\overline{P_1 P_2} = \{P \mid P = tP_1 + (1-t)P_2, \quad t \in [0,1]\}.$$

连通的开集称为开区域,简称区域;区域连同其边界称为闭区域.

例如,在 $\mathbf{R}^2$ 中集合 $D_1 = \{(x,y) \mid 1 < x^2 + y^2 < 4\}$ 是区域,这是平面上的一个圆环,其边界为两个同心圆周 $\partial D_1 = \{(x,y) \mid x^2 + y^2 = 1 \text{ 或 } x^2 + y^2 = 4\}$,$D_1 \cup \partial D_1 = \{(x,y) \mid 1 \leqslant x^2 + y^2 \leqslant 4\}$ 为闭区域. 集合 $D_2 = \{(x,y) \mid xy > 0\}$ 是开集但并不连通,因此它不是区域.

设 $E \subset \mathbf{R}^n$,O 是 $\mathbf{R}^n$ 中原点,若 $\exists M > 0$, 使得 $E \subset U(O,M)$,则称 E 为 $\mathbf{R}^n$ 中的有界集,否则称 E 为无界集. 显然上面集合中的 D_1 为有界区域,$D_1 \cup \partial D_1$ 为有界闭区域,而 D_2 为无界集.

对于开区域和闭区域而言,既存在有界开区域、闭区域,也存在无界开区域、闭区域.例如,$D_1 = \{(x,y) \mid x^2 + y^2 < 1\}$ 是有界开区域,$D_2 = \{(x,y) \mid x^2 + y^2 \leqslant 4\}$ 是有界闭区域,$D_3 = \left\{(r,\theta) \mid 0 < \theta < \frac{\pi}{4}, 0 < r < +\infty\right\}$ 为无界开区域,$D_4 = \left\{(r,\theta) \mid 0 \leqslant \theta \leqslant \frac{\pi}{3}, 0 \leqslant r < +\infty\right\}$ 为无界闭区域.

8.1.2　多元函数的定义

在各种有着数量关系的问题中,经常遇到某个变量与多个变量存在着对应关系.

例如,对于一定量的理想气体,其压强 p、容积 V 和温度 T 之间有着如下关系:

$$p = R\frac{T}{V} \ (T > 0, V > 0, R \text{ 为常数}),$$

这个关系式反映了对于每一个二维点 (T,V),变量 p 有确定的值与之对应.

又如三角形面积 S 与三角形两边 b,c 以及这两边夹角 A 之间的关系式为

$$S = \frac{1}{2}bc\sin A \ (b > 0, c > 0, 0 < A < \pi),$$

这个关系式反映了对于每一个三维点 (b,c,A),变量 S 有确定的值与之对应.

从上面两个例子可以看出,与一元函数类似,n 元函数是定义在 n 维点集

（或者说 n 维向量集）上的映射.

定义 8.1 设 D 是 $\mathbf{R}^n$ 中的非空子集, f 是 $D \to \mathbf{R}$ 的映射, 则称 f 是定义在 D 上的 n 元函数, 记为

$$f : D \to \mathbf{R},$$

或

$$u = f(P), \quad P \in D.$$

映射 f 的定义域 $D(f)$ 和值域 $R(f)$ 分别称为函数 f 的定义域和值域. P 称为函数的自变量, 有时也将 P 的分量均称为自变量.

与一元函数相同, 多元函数概念也有两个基本要素, 即定义域和对应法则. 由解析式表示的函数, 其定义域通常是使解析式有意义的取值集合, 即自然定义域. 而有实际背景的函数, 定义域还受到实际条件的约束.

特别地, 若 $D \subset \mathbf{R}^2$, 二维点 P 的坐标记作 (x, y), 此时函数 f 称为二元函数, 常记为

$$z = f(x, y), \quad (x, y) \in D,$$

x, y 称为 f 的自变量, 当 $(x, y) = (x_0, y_0)$ 时, 对应的函数值记为

$$z \big|_{(x_0, y_0)} \text{ 或 } f(x_0, y_0).$$

如果不引进因变量 z, 二元函数 $f(x, y)$ 仅仅是二维点集 D 到实数集的一个映射. 引进因变量 z 后, 二元函数 $z = f(x, y)$ 是变量 x, y, z 的一个关系式. 我们将集合

$$\{(x, y, z) \mid z = f(x, y), (x, y) \in D\}$$

所对应的点集称为函数 $z = f(x, y)$ 的图形, 一般地, 它代表 $\mathbf{R}^3$ 中的一个曲面 S, 如图 8.2, 这就是二元函数的几何意义. 曲面 S 在 xOy 坐标平面上的投影区域 D 则给出了函数的定义域.

例 8.1 讨论函数 $z = 3 - \sqrt{4 - x^2 - y^2}$ 的定义域和图形.

解 由 $4 - x^2 - y^2 \geqslant 0$ 即得函数的定义域为

$$D = \{(x, y) \mid x^2 + y^2 \leqslant 4\},$$

它是坐标平面 $z = 0$ 上的闭圆域（圆周及其内部区域）. 由函数表达式可知, 满足这个函数关系的点即满足

$$x^2 + y^2 + (z - 3)^2 = 4 \ (z \leqslant 3),$$

故函数的图形为球心在 $(0, 0, 3)$、半径为 2 的下半球面（图 8.3）.

与一元初等函数类似, 可以定义多元初等函数, 它是指由不同的变量的一元基本初等函数经过有限次四则运算和复合而得到的函数. 例 8.1 中的函数 $z = 3 - \sqrt{4 - x^2 - y^2}$ 就是一个二元初等函数.

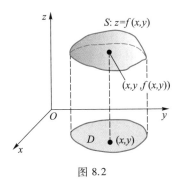

图 8.2

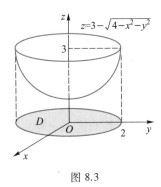

图 8.3

8.2 多元函数的极限与连续性

为了建立多元函数微积分,首先必须描述多元函数的极限与连续. 我们将以二元函数为例来进行讨论,二元以上的情况完全可以类似讨论.

8.2.1 二元函数的极限

定义 8.2 设二元函数 $f: \overset{\circ}{U}(P_0) \to \mathbf{R}$,若存在数 A,$\forall \varepsilon > 0$,$\exists \delta > 0$,使得当 $0 < d(P, P_0) < \delta$ 时,
$$|f(P) - A| = |f(x, y) - A| < \varepsilon,$$
则称当 $P(x, y) \to P_0(x_0, y_0)$ 时,$f(x, y)$ 的(二重)极限为 A,或 $f(x, y)$ 收敛于 A,有时也称 $f(x, y)$ 在 (x_0, y_0) 处的(二重)极限为 A,记为
$$\lim_{(x, y) \to (x_0, y_0)} f(x, y) = A,$$
或
$$\lim_{\substack{x \to x_0 \\ y \to y_0}} f(x, y) = A.$$

如果 P_0 的任何去心邻域中都有二元函数 $f(x, y)$ 定义域中的点和定义域外的点,那么上述定义修改为:

若存在数 A,$\forall \varepsilon > 0$,$\exists \delta > 0$,使得当 $0 < d(P, P_0) < \delta$ 且 $P \in D(f)$ 时,
$$|f(P) - A| = |f(x, y) - A| < \varepsilon,$$
则称当 $P(x, y) \to P_0(x_0, y_0)$ 时,$f(x, y)$ 的(二重)极限为 A,其他记号同上.

这是针对定义域 $D(f)$ 的边界点上的极限而言的,此时,当 $P(x, y) \to P_0(x_0, y_0)$ 时,要求 $P \in D(f)$.

从定义可以看出二元函数极限与一元函数极限在形式和内容上的相同之处.与一元函数极限一样,二元函数极限给出了动点 $P(x,y)$ 趋近定点 $P_0(x_0,y_0)$ 时函数 $f(P)$ 变化的定量趋势. 二元函数 $f(x,y)$ 的极限为 A 意味着:$f(x,y)$ 与 A 的距离 $|f(x,y)-A|$ 可以达到任意小的程度,前提是点 $P(x,y)$ 与 $P_0(x_0,y_0)$ 的距离充分小. 从这个定义也不难理解,一元函数极限的性质如唯一性、局部有界性、局部保号性和夹逼定理以及运算法则等都可以平行地移植到二元函数极限,我们均不再一一赘述.

例 8.2 求下列极限:

$$(1)\ \lim_{\substack{x\to0\\y\to0}}\frac{\sin(x^2+y^2)}{x^2+y^2};\qquad(2)\ \lim_{\substack{x\to0\\y\to0}}\frac{x^2y}{x^2+y^2}.$$

解 (1)利用复合函数求极限的法则,我们可以引进中间变量 $u=x^2+y^2$,则当 $x\to0,y\to0$ 时,$u\to0$,从而

$$\lim_{\substack{x\to0\\y\to0}}\frac{\sin(x^2+y^2)}{x^2+y^2}=\lim_{u\to0}\frac{\sin u}{u}=1.$$

(2)显然

$$0\leqslant\left|\frac{x^2y}{x^2+y^2}\right|\leqslant|y|,$$

利用夹逼定理,由于

$$\lim_{\substack{x\to0\\y\to0}}0=0,\ \lim_{\substack{x\to0\\y\to0}}|y|=0,$$

故得

$$\lim_{\substack{x\to0\\y\to0}}\frac{x^2y}{x^2+y^2}=0.$$

然而二元变量趋于一点的情况却比一元变量的相应情况远为复杂:在直线上的 $x\to x_0$ 仅有 x_0 的左侧和右侧两个方向,但在平面上的 $P(x,y)\to P_0(x_0,y_0)$ 则有无穷多个方向,而且采取的路径也是任意的,既可以是直线,也可以是曲线. $f(P)$ 的极限为 A 说明无论从何种方向或沿何种路径,只要点 P 与 P_0 的距离充分小,$|f(P)-A|$ 都必须充分小. 这种复杂性是二元函数极限与一元函数极限的一个根本区别.

例 8.3 讨论当 $(x,y)\to(0,0)$ 时,

$$f(x)=\frac{xy}{x^2+y^2}$$

是否存在二重极限.

解 令 $y = kx$，那么当 $x \to 0$ 时，$y \to 0$，从而

$$\lim_{\substack{x \to 0 \\ y = kx}} \frac{xy}{x^2 + y^2} = \lim_{x \to 0} \frac{kx^2}{x^2 + k^2 x^2} = \frac{k}{1 + k^2},$$

这意味着 (x, y) 沿直线 $y = kx$ 趋于 $(0, 0)$ 时，$f(x, y)$ 趋于 $\dfrac{k}{1+k^2}$；当 k 取不同值时，(x, y) 沿不同的直线趋于 $(0, 0)$，则 $f(x, y)$ 趋于不同的值，这破坏了极限的唯一性，故当 $(x, y) \to (0, 0)$ 时，$f(x, y) = \dfrac{xy}{x^2 + y^2}$ 的二重极限不存在.

例 8.3 给出了判定函数 $f(x, y)$ 在点 (x_0, y_0) 处极限不存在的一种方法，即当 (x, y) 沿不同的直线趋于 (x_0, y_0) 时函数 $f(x, y)$ 趋于不同的数值. 但是值得注意的是：即使 (x, y) 沿任一直线趋于 (x_0, y_0) 时，$f(x, y)$ 趋于相同的值，也不能断言 $f(x, y)$ 在 (x_0, y_0) 处有极限，下面是一个例子.

例 8.4 讨论当 $(x, y) \to (0, 0)$ 时，

$$f(x) = \frac{x^2 y}{x^4 + y^2}$$

是否存在二重极限.

解 令 $y = kx$，那么当 $x \to 0$ 时，$(x, y) \to (0, 0)$，从而

$$\lim_{\substack{x \to 0 \\ y = kx}} \frac{x^2 y}{x^4 + y^2} = \lim_{x \to 0} \frac{kx^3}{x^2(x^2 + k^2)} = \lim_{x \to 0} \frac{kx}{x^2 + k^2} = 0,$$

即当 (x, y) 沿任一直线 $y = kx$ 路径趋于 $(0, 0)$ 时，$f(x)$ 都趋于零. 然而令 $y = lx^2$，当 $x \to 0$ 时，仍有 $(x, y) \to (0, 0)$，但

$$\lim_{\substack{x \to 0 \\ y = lx^2}} \frac{x^2 y}{x^4 + y^2} = \lim_{x \to 0} \frac{lx^4}{x^4(1 + l^2)} = \frac{l}{1 + l^2},$$

说明点 (x, y) 沿不同的抛物线 $y = lx^2$ 路径趋于 $(0, 0)$ 时，$f(x)$ 趋于不同值 $\dfrac{l}{1+l^2}$，故极限 $\lim\limits_{\substack{x \to 0 \\ y \to 0}} \dfrac{x^2 y}{x^4 + y^2}$ 不存在.

二重极限 $\lim\limits_{\substack{x \to x_0 \\ y \to y_0}} f(x, y)$ 表达式中 $x \to x_0$，$y \to y_0$ 是指点 $P(x, y) \to P(x_0, y_0)$，而不是先 $x \to x_0$ 而后 $y \to y_0$（或先 $y \to y_0$ 而后 $x \to x_0$）. 一般地，

$$\lim_{\substack{x \to x_0 \\ y \to y_0}} f(x, y) \neq \lim_{y \to y_0} \left[\lim_{x \to x_0} f(x, y) \right] \quad (\text{或} \lim_{y \to y_0} \left[\lim_{x \to x_0} f(x, y) \right]),$$

左侧是二重极限，右侧称为二次极限或累次极限.

例如例 8.3 中函数

$$f(x)=\frac{xy}{x^2+y^2}$$

在点 $(0,0)$ 处的二重极限不存在,但它在这点的两个累次极限却存在. 由于 $y\to0$ 时, $y\neq0$,而当 $y\neq0$ 时, $\lim\limits_{x\to0}\dfrac{xy}{x^2+y^2}=0$,故有

$$\lim_{y\to0}\left(\lim_{x\to0}\frac{xy}{x^2+y^2}\right)=\lim_{y\to0}0=0,$$

同样有

$$\lim_{x\to0}\left(\lim_{y\to0}\frac{xy}{x^2+y^2}\right)=\lim_{x\to0}0=0.$$

在本小节的最后,我们指出:二重极限 $\lim\limits_{(x,y)\to(x_0,y_0)}f(x,y)$ 表达式中 $(x,y)\to(x_0,y_0)$ 是指动点 $P(x,y)$ 在 $f(x,y)$ 的定义域中趋于定点 $P(x_0,y_0)$.例如,求极限

$$\lim_{(x,y)\to(1,1)}\frac{\sin(x-y)}{x-y}$$

时,由于直线 $y=x$ 上的点不在函数 $\dfrac{\sin(x-y)}{x-y}$ 的定义域中,故

$$\lim_{(x,y)\to(1,1)}\frac{\sin(x-y)}{x-y}=\lim_{\substack{(x,y)\to(1,1)\\x\neq y}}\frac{\sin(x-y)}{x-y}=1.$$

8.2.2　二元函数的连续性

定义 8.3　设 f 是平面区域(或闭区域) D 上的二元函数, $(x_0,y_0)\in D$,若

$$\lim_{(x,y)\to(x_0,y_0)}f(x,y)=f(x_0,y_0),$$

则称函数 $f(x,y)$ 在 (x_0,y_0) 处连续,也称 (x_0,y_0) 是 $f(x,y)$ 的连续点;若 $f(x,y)$ 在 (x_0,y_0) 处不连续,则称 $f(x,y)$ 在 (x_0,y_0) 处间断,也称 (x_0,y_0) 是 $f(x,y)$ 的间断点.

若引进增量的概念,令 $\Delta x,\Delta y$ 分别为自变量 x 和 y 在 (x_0,y_0) 处的增量,相应地,函数有增量(称为全增量)

$$\Delta f=f(x_0+\Delta x,y_0+\Delta y)-f(x_0,y_0),$$

则函数 $f(x,y)$ 在 (x_0,y_0) 处连续即为

$$\lim_{\substack{\Delta x\to0\\\Delta y\to0}}\Delta f=0.$$

用" $\varepsilon\text{-}\delta$ "语言来描述 $f(x,y)$ 在 (x_0,y_0) 处连续,即

$$\forall \varepsilon > 0, \exists \delta > 0,$$ 使得当 $(x,y) \in D$ 且 $\sqrt{(x-x_0)^2+(y-y_0)^2} < \delta$ 时，
$$|f(x,y)-f(x_0,y_0)| < \varepsilon.$$

注意这个定义包含了当 (x_0,y_0) 是闭区域 D 的边界点时的情况，讨论边界点 (x_0,y_0) 的连续性时，(x,y) 的取值将仅仅考虑 (x_0,y_0) 邻域中属于 D 的点就可以了.

若二元函数 $f(x,y)$ 在平面区域（或闭区域）D 上每一点处都连续，则称 $f(x,y)$ 在 D 上连续，或者称 $f(x,y)$ 是 D 上的连续函数，记为 $f \in C(D)$.

二元函数连续的性质和一元函数完全类似，即有：

二元连续函数的和、差、积、商（分母不为零）仍是连续函数；二元函数的复合函数也仍是连续函数.

从而我们得到如下结论：

二元初等函数在其定义域内都是连续的.

从二元函数连续的定义可知，若 $f(x,y)$ 在 (x_0,y_0) 处间断，可能的情况是 $f(x,y)$ 在 (x_0,y_0) 处无定义或者 $f(x,y)$ 在 (x_0,y_0) 处的极限不存在，或者 $f(x,y)$ 在 (x_0,y_0) 处的极限不等于函数值 $f(x_0,y_0)$. 例如函数

$$f(x,y) = \frac{1}{x^2+y^2-4},$$

这是一个二元初等函数，它在定义域内处处连续，而在圆周 $x^2+y^2 = 4$ 上的点无定义（事实上极限也不存在），故在其上每点均间断. 由这个例子我们还看到二元函数的间断点可以形成间断曲线.

例 8.5 求下列函数的极限：

（1）$\displaystyle\lim_{\substack{x \to 1 \\ y \to 0}} \sin \frac{xy}{x^2+y^2}$；　　　　（2）$\displaystyle\lim_{\substack{x \to 0 \\ y \to 0}} \frac{\sqrt{x^2+y^2+1}-1}{x^2+y^2}$.

解　（1）$z = \sin \dfrac{xy}{x^2+y^2}$ 是初等函数，故在其定义域内点 $(1,0)$ 处连续，

$$\lim_{\substack{x \to 1 \\ y \to 0}} \sin \frac{xy}{x^2+y^2} = \sin 0 = 0.$$

（2）利用恒等变换和初等函数在定义域内的连续性，

$$\lim_{\substack{x \to 0 \\ y \to 0}} \frac{\sqrt{x^2+y^2+1}-1}{x^2+y^2} = \lim_{\substack{x \to 0 \\ y \to 0}} \frac{x^2+y^2+1-1}{(x^2+y^2)(\sqrt{x^2+y^2+1}+1)} = \lim_{\substack{x \to 0 \\ y \to 0}} \frac{1}{\sqrt{x^2+y^2+1}+1} = \frac{1}{2}.$$

有界闭区域上的二元连续函数与闭区间上的一元连续函数有类似的性质，即有：

有界性定理　若 $f(x,y)$ 在有界闭区域 D 上连续,则 $f(x,y)$ 在 D 上有界,即 $\exists M>0$,当 $(x,y)\in D$ 时,恒有

$$|f(x,y)|\leqslant M.$$

最值定理　若函数 $f(x,y)$ 在有界闭区域 D 上连续,则 $f(x,y)$ 在 D 上必取得最大值和最小值,即 $\exists (x_1,y_1),(x_2,y_2)\in D$,使得

$$f(x_1,y_1)=\max_D f(x,y),\quad f(x_2,y_2)=\min_D f(x,y).$$

零点存在定理　若函数 $f(x,y)$ 在有界闭区域 D 上连续,且 $f(x_1,y_1)f(x_2,y_2)\leqslant 0,(x_1,y_1),(x_2,y_2)\in D$,则存在 $(\xi,\eta)\in D$,使得

$$f(\xi,\eta)=0.$$

介值定理　若函数 $f(x,y)$ 在有界闭区域 D 上连续,M,m 分别是 f 在 D 上的最大值和最小值,$\mu\in(m,M)$,则 $\exists P(\xi,\eta)\in D$,使得

$$f(\xi,\eta)=\mu.$$

8.3　偏　导　数

与一元函数的情况类似,我们也要讨论多元函数的变化率,但多元函数的自变量多于一个,偏导数是指其对某一自变量的变化率.

8.3.1　偏导数的概念

我们仍以二元函数为例介绍偏导数的定义.

定义 8.4　设二元函数 $z=f(x,y)$ 在点 $P_0(x_0,y_0)$ 的某邻域 $U(P_0)$ 内有定义,仅给 x_0 以增量 Δx,相应地,函数有增量(称为函数对 x 的偏增量)

$$\Delta_x z=f(x_0+\Delta x,y_0)-f(x_0,y_0),$$

若极限

$$\lim_{\Delta x\to 0}\frac{\Delta_x z}{\Delta x}=\lim_{\Delta x\to 0}\frac{f(x_0+\Delta x,y_0)-f(x_0,y_0)}{\Delta x}$$

存在,则称此极限为二元函数 $z=f(x,y)$ 在点 $P_0(x_0,y_0)$ 处对 x 的偏导数,可记为

$$f_x(x_0,y_0),\quad \frac{\partial f}{\partial x}\bigg|_{(x_0,y_0)},\quad z_x(x_0,y_0)\text{或}\frac{\partial z}{\partial x}\bigg|_{(x_0,y_0)}.$$

类似地,相应于 $z=f(x,y)$ 对 y 的偏增量 $\Delta_y z=f(x_0,y_0+\Delta y)-f(x_0,y_0)$,若极限

$$\lim_{\Delta y\to 0}\frac{\Delta_y z}{\Delta y}=\lim_{\Delta y\to 0}\frac{f(x_0,y_0+\Delta y)-f(x_0,y_0)}{\Delta y}$$

存在,则称此极限值为 $z=f(x,y)$ 在 $P_0(x_0,y_0)$ 处对 y 的偏导数,记为

$$f_y(x_0,y_0), \quad \frac{\partial f}{\partial y}\bigg|_{(x_0,y_0)}, \quad z_y(x_0,y_0) \text{ 或 } \frac{\partial z}{\partial y}\bigg|_{(x_0,y_0)}.$$

若 $z=f(x,y)$ 在点 $P_0(x_0,y_0)$ 处的两个偏导数存在,则称函数 $z=f(x,y)$ 在 $P_0(x_0,y_0)$ 处是可偏导的.

从定义立即可知:偏导数 $f_x(x_0,y_0)$ 是函数 $z=f(x,y)$ 在点 (x_0,y_0) 处关于变量 x 的变化率;同样,偏导数 $f_y(x_0,y_0)$ 是函数 $z=f(x,y)$ 在点 (x_0,y_0) 处关于变量 y 的变化率.

如果二元函数 $z=f(x,y)$ 在区域 D 上每一点 (x,y) 处都存在偏导数,那么这些偏导数是 D 上的二元函数,称之为偏导函数,简称为偏导数,记为

$$f_x(x,y), \quad f_y(x,y), \quad \frac{\partial f}{\partial x}(x,y), \quad \frac{\partial f}{\partial y}(x,y),$$

或简记为

$$f_x, \quad f_y, \quad \frac{\partial f}{\partial x}, \quad \frac{\partial f}{\partial y},$$

也可在记号中将 f 换成 z.

若记 $\varphi(x)=f(x,y_0)$,则

$$\begin{aligned}
f_x(x_0,y_0) &= \lim_{\Delta x \to 0} \frac{f(x_0+\Delta x,y_0)-f(x_0,y_0)}{\Delta x} \\
&= \lim_{\Delta x \to 0} \frac{\varphi(x_0+\Delta x)-\varphi(x_0)}{\Delta x} \\
&= \varphi'(x_0).
\end{aligned}$$

这说明,二元函数 $z=f(x,y)$ 在点 (x_0,y_0) 处对 x 的偏导数 $f_x(x_0,y_0)$ 就是把 y 固定在常数 y_0 时一元函数 $\varphi(x)=f(x,y_0)$ 在 x_0 处的导数. 同样,偏导数 $f_y(x_0,y_0)$ 就是把 x 固定在常数 x_0 时一元函数 $\psi(y)=f(x_0,y)$ 在 y_0 处的导数. 因此,偏导函数 $f_x(x,y)$ 就是视 y 为常数而关于 x 求导得到的,而偏导函数 $f_y(x,y)$ 就是视 x 为常数而关于 y 求导得到的. 从而只要用一元函数的求导法就可以计算出偏导数 f_x, f_y.

例 8.6 设 $z=\dfrac{x}{\sqrt{x^2+y^2}}$,求 $z_x(0,1)$ 和 $z_y(0,1)$.

解 由 $z(x,1)=\dfrac{x}{\sqrt{x^2+1}}$,可知

$$z_x(0,1) = \frac{\mathrm{d}}{\mathrm{d}x}z(x,1)\bigg|_{x=0} = \frac{1}{\sqrt{(x^2+1)^3}}\bigg|_{x=0} = 1;$$

而由 $z(0,y)=0$ 立即可得 $z_y(0,1)=0$.

当然,我们也可以求出偏导函数

$$z_x(x,y)=\frac{y^2}{\sqrt{(x^2+y^2)^3}}, \quad z_y(x,y)=-\frac{xy}{\sqrt{(x^2+y^2)^3}},$$

然后得到点 $(0,1)$ 处的偏导数

$$z_x(0,1)=1, \quad z_y(0,1)=0.$$

下面两个例子是关于三元函数的偏导数,其定义和求法与二元函数完全类似.

例 8.7   设 $u=x^{\frac{z}{y}}(x>0,x\neq 1,y\neq 0)$,求 $\dfrac{\partial u}{\partial x},\dfrac{\partial u}{\partial y},\dfrac{\partial u}{\partial z}$.

解   将 y,z 视为常数,u 对变量 x 求导得

$$\frac{\partial u}{\partial x}=\frac{z}{y}x^{\frac{z}{y}-1},$$

类似地可求得

$$\frac{\partial u}{\partial y}=x^{\frac{z}{y}}\ln x\left(-\frac{z}{y^2}\right)=-\frac{z\ln x}{y^2}x^{\frac{z}{y}}, \quad \frac{\partial u}{\partial z}=x^{\frac{z}{y}}\ln x\cdot\left(\frac{1}{y}\right)=\frac{\ln x}{y}x^{\frac{z}{y}}.$$

例 8.8   理想气体的状态方程为 $pV=RT$ ($T>0,V>0,R$ 为常数),把 p,V,T 中任何一个变量看成其他两个变量的函数,求 $\dfrac{\partial p}{\partial V},\dfrac{\partial V}{\partial T},\dfrac{\partial T}{\partial p}$,并验证公式

$$\frac{\partial p}{\partial V}\cdot\frac{\partial V}{\partial T}\cdot\frac{\partial T}{\partial p}=-1.$$

解   由于

$$p=\frac{RT}{V}\Rightarrow\frac{\partial p}{\partial V}=-\frac{RT}{V^2},$$

$$V=\frac{RT}{p}\Rightarrow\frac{\partial V}{\partial T}=\frac{R}{p}, \quad T=\frac{pV}{R}\Rightarrow\frac{\partial T}{\partial p}=\frac{V}{R};$$

因此

$$\frac{\partial p}{\partial V}\cdot\frac{\partial V}{\partial T}\cdot\frac{\partial T}{\partial p}=-\frac{RT}{V^2}\cdot\frac{R}{p}\cdot\frac{V}{R}=-\frac{RT}{pV}=-1.$$

从此例可以看出,偏导数 $\dfrac{\partial p}{\partial V}$ 是一个整体记号而不能当作 ∂p 与 ∂V 之商.

我们知道,对一元函数而言,连续是可导的必要条件,但是在多元函数中,连续并非可偏导的必要条件.

例如,考察函数

$$f(x,y)=\begin{cases} \dfrac{xy}{x^2+y^2}, & (x,y)\neq(0,0),\\ 0, & (x,y)=(0,0),\end{cases}$$

由于它在$(0,0)$处极限不存在(例 8.3 已讨论),故在此点不连续,但是有

$$f_x(0,0)=\lim_{x\to0}\frac{f(x,0)-f(0,0)}{x}=0.$$

同理有$f_y(0,0)=0$. 于是函数$f(x,y)$在点$(0,0)$处可偏导.

再考察函数

$$f(x,y)=x+|y|,$$

显然

$$\lim_{\substack{x\to0\\y\to0}}f(x,y)=0=f(0,0),$$

故它在$(0,0)$处连续;而由

$$f(0,y)=|y|$$

易知$f_y(0,0)$不存在,故函数在点$(0,0)$处不是可偏导的.

从上面例子可以看出,二元函数$z=f(x,y)$在点(x_0,y_0)连续与它在点(x_0,y_0)处可偏导并无因果联系. $f(x,y)$在(x_0,y_0)处可偏导,不能导出$f(x,y)$在(x_0,y_0)处连续,原因是偏导数

$$f_x(x_0,y_0)=\lim_{x\to x_0}\frac{f(x,y_0)-f(x_0,y_0)}{x-x_0}$$

存在与否仅与函数f在直线$y=y_0$上点(x_0,y_0)附近的值有关,而偏导数

$$f_y(x_0,y_0)=\lim_{y\to y_0}\frac{f(x_0,y)-f(x_0,y_0)}{y-y_0}$$

存在与否也仅与函数f在直线$x=x_0$上点(x_0,y_0)附近的值有关. 所以,偏导数$f_x(x_0,y_0)$ $(f_y(x_0,y_0))$存在只能说明函数$f(x,y)$在直线$y=y_0(x=x_0)$上作为一元函数$f(x,y_0)$ $(f(x_0,y))$在点$x=x_0(y=y_0)$处连续,而不能说明$f(x,y)$在点(x_0,y_0)的邻域内沿其他路径趋于(x_0,y_0)时的任何情况,从而不能导出$f(x,y)$在点(x_0,y_0)处连续.

8.3.2 二元函数偏导数的几何意义

在空间直角坐标系中,二元函数$z=f(x,y),(x,y)\in D$的图形一般是个曲面,若取定$y=y_0$,则得到平面$y=y_0$和曲面$z=f(x,y)$的交线

$$\begin{cases}z=f(x,y),\\y=y_0,\end{cases}$$

它是平面 $y=y_0$ 上一条曲线 $z=f(x,y_0)$. 由一元函数的导数几何意义可知, $f_x(x_0,y_0)$ 是上述曲线在点 $M_0(x_0,y_0,z_0)$ 处的切线 l_1 关于 x 轴的斜率(图8.4). 同样, 容易理解 $f_y(x_0,y_0)$ 是 $x=x_0$ 平面上的一条曲线 $z=f(x_0,y)$ 在点 M_0 处的切线 l_2 关于 y 轴的斜率.

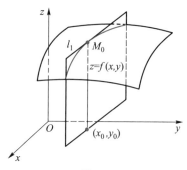

图 8.4

8.3.3　高阶偏导数

设函数 $z=f(x,y)$ 在点 $P(x,y)$ 的某邻域内有偏导函数 $f_x(x,y),f_y(x,y)$, 它们仍然是二元函数, 若它们在点 $P(x,y)$ 处关于自变量 x,y 的偏导数都存在, 则把这些偏导数称为 $z=f(x,y)$ 在点 $P(x,y)$ 处的二阶偏导数. 这样的二阶偏导数共有四个, 分别为

$$f_{xx}=\frac{\partial^2 f}{\partial x^2}=\frac{\partial}{\partial x}\left(\frac{\partial f}{\partial x}\right), \quad f_{xy}=\frac{\partial^2 f}{\partial x \partial y}=\frac{\partial}{\partial y}\left(\frac{\partial f}{\partial x}\right),$$

$$f_{yx}=\frac{\partial^2 f}{\partial y \partial x}=\frac{\partial}{\partial x}\left(\frac{\partial f}{\partial y}\right), \quad f_{yy}=\frac{\partial^2 f}{\partial y^2}=\frac{\partial}{\partial y}\left(\frac{\partial f}{\partial y}\right),$$

其中 $\dfrac{\partial^2 f}{\partial x \partial y}$ 和 $\dfrac{\partial^2 f}{\partial y \partial x}$ 称为二阶混合偏导数, 以上记号中的 f 也可换成 z.

类似地, 二阶偏导数的偏导数叫做三阶偏导数, 例如

$$f_{xxy}=\frac{\partial^3 f}{\partial x^2 \partial y}=\frac{\partial}{\partial y}\left(\frac{\partial^2 f}{\partial x^2}\right), \quad f_{xyy}=\frac{\partial^3 f}{\partial x \partial y^2}=\frac{\partial}{\partial y}\left(\frac{\partial^2 f}{\partial x \partial y}\right)$$

就是函数 f 的两个三阶偏导数, 它们也可分别记为 f_{x^2y}, f_{xy^2}.

一般地, $n-1$ 阶偏导函数的偏导数叫做 n 阶偏导数. 相应地, 将偏导数 $f_x(x,y),f_y(x,y)$ 叫做一阶偏导数, 二阶及二阶以上的偏导数称为高阶偏导数.

例 8.9　求函数 $z=y\sin x+x\mathrm{e}^y$ 的所有二阶偏导数.

解　由

$$z_x=y\cos x+\mathrm{e}^y, \quad z_y=\sin x+x\mathrm{e}^y,$$

可得

$$z_{xx}=-y\sin x, \quad z_{xy}=\cos x+\mathrm{e}^y,$$

$$z_{yx}=\cos x+\mathrm{e}^y, \quad z_{yy}=x\mathrm{e}^y.$$

在此例中混合偏导数 $z_{xy}=z_{yx}$, 即混合偏导数与求导的先后次序无关. 那么是否多元函数的混合偏导数总是与求导的先后次序无关呢? 我们来看下一例子.

例 8.10 设

$$f(x,y)=\begin{cases} xy, & |x|\geqslant|y|, \\ -xy, & |x|<|y|, \end{cases}$$

求 $f_{xy}(0,0),f_{yx}(0,0)$.

解 当 $y\neq0$ 时,

$$f_x(0,y)=\lim_{x\to0}\frac{f(x,y)-f(0,y)}{x}=\lim_{x\to0}\frac{-xy}{x}=-y,$$

而

$$f_x(0,0)=\lim_{x\to0}\frac{f(x,0)-f(0,0)}{x-0}=\lim_{x\to0}\frac{0}{x}=0,$$

从而对所有 y,都有

$$f_x(0,y)=-y;$$

类似地,易得

$$f_y(x,0)=x.$$

于是立即可得

$$f_{xy}(0,0)=-1, \quad f_{yx}(0,0)=1,$$

我们看到

$$f_{xy}(0,0)\neq f_{yx}(0,0).$$

通过例 8.9 和例 8.10,自然会提出这样的问题,在什么条件下混合偏导数才相等,即在什么条件下混合偏导数与求导次序无关呢?下面的定理回答了这个问题.

定理 8.1 若函数 $f(x,y)$ 的两个二阶混合偏导数在点 (x,y) 处连续,则

$$f_{xy}(x,y)=f_{yx}(x,y).$$

上述定理给出了二元函数混合偏导数相等的一个充分条件,证明从略(有兴趣的读者可参见[1]).

例 8.11 证明函数 $u=\dfrac{1}{\sqrt{x^2+y^2+z^2}}$ 满足拉普拉斯(Laplace,1749—1827,法国数学家)方程:

$$\Delta u=0,$$

其中 $\Delta\stackrel{\text{def}}{=\!=\!=}\dfrac{\partial^2}{\partial x^2}+\dfrac{\partial^2}{\partial y^2}+\dfrac{\partial^2}{\partial z^2}$ 是个运算符(算子),称为拉普拉斯算子.

证 由于 $\dfrac{\partial u}{\partial x}=-x(x^2+y^2+z^2)^{-\frac{3}{2}}$,于是

$$\frac{\partial^2 u}{\partial x^2}=-(x^2+y^2+z^2)^{-\frac{3}{2}}+3x^2(x^2+y^2+z^2)^{-\frac{5}{2}}=(2x^2-y^2-z^2)(x^2+y^2+z^2)^{-\frac{5}{2}}.$$

由函数对自变量的对称性,得

$$\frac{\partial^2 u}{\partial y^2} = (2y^2 - z^2 - x^2)(x^2 + y^2 + z^2)^{-\frac{5}{2}},$$

$$\frac{\partial^2 u}{\partial z^2} = (2z^2 - x^2 - y^2)(x^2 + y^2 + z^2)^{-\frac{5}{2}},$$

从而有

$$\Delta u = \frac{\partial^2 u}{\partial x^2} + \frac{\partial^2 u}{\partial y^2} + \frac{\partial^2 u}{\partial z^2} = 0.$$

8.4　全微分及其应用

8.4.1　全微分的概念

在一元微积分中,我们讨论过函数的微分,设 $f: U(x_0) \to \mathbf{R}$,若函数在 x_0 处的增量 Δf 可以表示为

$$\Delta f = A \cdot \Delta x + o(\Delta x),$$

其中 A 是与 Δx 无关的常数,那么线性主部 $A \cdot \Delta x$ 就是 f 在 x_0 处的微分.

对于多元函数,同样要讨论函数增量的线性主部,从而就导出全微分的概念.

定义 8.5　设函数 $z = f(x, y)$ 在 $P_0(x_0, y_0)$ 的某邻域内有定义,若它在 $P_0(x_0, y_0)$ 处的全增量

$$\Delta z = f(x_0 + \Delta x, y_0 + \Delta y) - f(x_0, y_0)$$

可以表示为

$$\Delta z = A \cdot \Delta x + B \cdot \Delta y + o(\rho),$$

其中 A, B 为与 $\Delta x, \Delta y$ 无关的常数,$\rho = \sqrt{(\Delta x)^2 + (\Delta y)^2}$($o(\rho)$ 是指在二重极限 $(\Delta x, \Delta y) \to (0, 0)$ 的过程下 ρ 的高阶无穷小),则称 f 在 $P_0(x_0, y_0)$ 处可微,而称 $A \cdot \Delta x + B \cdot \Delta y$ 为函数 f 在点 $P_0(x_0, y_0)$ 处的全微分,记为 $\mathrm{d}z\big|_{(x_0, y_0)}$ 或 $\mathrm{d}f\big|_{(x_0, y_0)}$,即

$$\mathrm{d}z\big|_{(x_0, y_0)} = \mathrm{d}f\big|_{(x_0, y_0)} = A \cdot \Delta x + B \cdot \Delta y.$$

由于

$$o(\sqrt{\Delta x^2 + \Delta y^2}) = \varepsilon_1 \Delta x + \varepsilon_2 \Delta y,$$

其中 $\varepsilon_1, \varepsilon_2$ 是 $(\Delta x, \Delta y) \to (0,0)$ 时的无穷小(读者可作为练习自行证明). 故可以看出,全微分

$$\left. \mathrm{d}z \right|_{(x_0, y_0)} = A \cdot \Delta x + B \cdot \Delta y$$

是函数 $z = f(x, y)$ 在点 $P_0(x_0, y_0)$ 处全增量 Δz 关于 $\Delta x, \Delta y$ 的线性近似.

从定义 8.5 可知,若函数 $z = f(x, y)$ 在点 (x_0, y_0) 处可微,则 $z = f(x, y)$ 在点 (x_0, y_0) 处连续. 事实上,我们有

$$\lim_{\substack{\Delta x \to 0 \\ \Delta y \to 0}} \Delta z = \lim_{\substack{\Delta x \to 0 \\ \Delta y \to 0}} (A \cdot \Delta x + B \cdot \Delta y + o(\rho)) = 0.$$

由此可知,二元函数连续是其可微的必要条件,也就是说:可微必连续.

8.4.2 可微与可偏导的关系

设函数 $z = f(x, y)$ 在点 (x_0, y_0) 处可微,则

$$\Delta z = A \cdot \Delta x + B \cdot \Delta y + o(\rho).$$

令 $\Delta y = 0$,那么偏增量

$$\Delta_x z = A \cdot \Delta x + o(|\Delta x|),$$

注意 $o(|\Delta x|) = o(\Delta x)$,于是

$$\lim_{\Delta x \to 0} \frac{\Delta_x z}{\Delta x} = \lim_{\Delta x \to 0} \left(A + \frac{o(\Delta x)}{\Delta x} \right) = A,$$

即 $f_x(x_0, y_0) = A$.

同理可得 $f_y(x_0, y_0) = B$.

于是我们得到如下定理.

定理 8.2 若函数 $z = f(x, y)$ 在点 (x_0, y_0) 处可微,即有

$$\Delta z = A \cdot \Delta x + B \cdot \Delta y + o(\rho), \quad \rho = \sqrt{(\Delta x)^2 + (\Delta y)^2},$$

则函数 f 在点 (x_0, y_0) 处的两个偏导数均存在,且

$$f_x(x_0, y_0) = A, \quad f_y(x_0, y_0) = B.$$

我们规定自变量 x 与 y 的微分为自变量的增量(注意这与一元的情况一致)

$$\mathrm{d}x = \Delta x, \quad \mathrm{d}y = \Delta y,$$

则函数在点 (x_0, y_0) 的全微分为

$$\left. \mathrm{d}z \right|_{(x_0, y_0)} = f_x(x_0, y_0) \mathrm{d}x + f_y(x_0, y_0) \mathrm{d}y.$$

若函数 f 在区域 D 每点处都可微,则称 f 是 D 内的可微函数.

由定理 8.2 可知,f 在区域 D 内可微时,f 在 D 内可偏导,且 f 在点 (x, y) 处的

全微分为

$$dz = df = f_x(x, y) dx + f_y(x, y) dy.$$

定理 8.2 告诉我们, 二元函数可微必定可偏导. 但是反过来, 可偏导并不一定可微. 这说明一元函数可微与可导等价的结论是不能推广到二元函数的. 事实上在 8.3.1 小节我们指出过, 二元函数在一点的偏导数存在却未必在该点连续, 从而可以推知它在该点也未必可微.

那么在什么情况下, 函数 $z = f(x, y)$ 在 (x_0, y_0) 处一定可微呢? 下面的定理给出了可微的一个充分条件.

定理 8.3   若函数 $z = f(x, y)$ 的两个一阶偏导数在点 (x_0, y_0) 连续, 则它在该点是可微的.

证   函数 $z = f(x, y)$ 在点 (x_0, y_0) 的全增量为

$$\Delta z = f(x_0 + \Delta x, y_0 + \Delta y) - f(x_0, y_0)$$
$$= [f(x_0 + \Delta x, y_0 + \Delta y) - f(x_0, y_0 + \Delta y)] + [f(x_0, y_0 + \Delta y) - f(x_0, y_0)].$$

由定理条件知, 函数在点 (x_0, y_0) 的某邻域内偏导数存在. 固定 $y_0 + \Delta y$, 对函数 $\varphi(x) = f(x, y_0 + \Delta y)$ 在以 $x_0, x_0 + \Delta x$ 为端点的区间上应用拉格朗日中值定理得

$$f(x_0 + \Delta x, y_0 + \Delta y) - f(x_0, y_0 + \Delta y) = f_x(x_0 + \theta_1 \Delta x, y_0 + \Delta y) \Delta x, \quad \theta_1 \in (0, 1),$$

记 $A = f_x(x_0, y_0)$, 由于偏导数在 (x_0, y_0) 处连续, 故有

$$\lim_{\substack{\Delta x \to 0 \\ \Delta y \to 0}} f_x(x_0 + \theta_1 \Delta x, y_0 + \Delta y) = A.$$

而当 $\rho = \sqrt{(\Delta x)^2 + (\Delta y)^2} \to 0$ 时, $(\Delta x, \Delta y) \to (0, 0)$, 所以有

$$\alpha = f_x(x_0 + \theta_1 \Delta x, y_0 + \Delta y) - A \to 0.$$

同理可得

$$f(x_0, y_0 + \Delta y) - f(x_0, y_0) = f_y(x_0, y_0 + \theta_2 \Delta y) \cdot \Delta y, \ \theta_2 \in (0, 1),$$

且当 $\rho \to 0$ 时,

$$\beta = f_y(x_0, y_0 + \theta_2 \Delta y) - B \to 0,$$

其中 $B = f_y(x_0, y_0)$.

这样就有

$$\Delta z = A \Delta x + B \Delta y + \alpha \Delta x + \beta \Delta y.$$

由于

$$\left| \frac{\alpha \Delta x + \beta \Delta y}{\rho} \right| \leqslant |\alpha| + |\beta| \to 0 \quad (\rho \to 0),$$

因此

$$\Delta z = A \Delta x + B \Delta y + o(\rho),$$

即函数在点 (x_0, y_0) 处可微.

综上所述,二元函数在一点连续和偏导数存在都是函数在该点可微的必要条件;而函数在一点偏导数连续则是函数在该点可微的充分条件,即它们有着如下的关系:

$$偏导数连续 \Rightarrow 可微 \Rightarrow \begin{cases} 连续 \\ 可偏导 \end{cases}$$

例 8.12 求函数 $z = x^y$ 在点 $(1,1)$ 的全微分.

解 $\dfrac{\partial z}{\partial x}\Big|_{(1,1)} = yx^{y-1}\Big|_{(1,1)} = 1, \dfrac{\partial z}{\partial y}\Big|_{(1,1)} = x^y \ln x\Big|_{(1,1)} = 0,$

故得

$$dz\big|_{(1,1)} = 1 \cdot dx + 0 \cdot dy = dx.$$

三元函数全微分的概念及有关结论与二元的情况是完全类似的.

例 8.13 求函数 $u = z\mathrm{e}^{\frac{y}{x}}$ 的全微分.

解 由于

$$u_x = -\frac{yz}{x^2}\mathrm{e}^{\frac{y}{x}}, \quad u_y = \frac{z}{x}\mathrm{e}^{\frac{y}{x}}, \quad u_z = \mathrm{e}^{\frac{y}{x}},$$

故得

$$du = u_x dx + u_y dy + u_z dz = \mathrm{e}^{\frac{y}{x}}\left(-\frac{yz}{x^2}dx + \frac{z}{x}dy + dz\right).$$

8.4.3 全微分的几何意义及应用

若函数 $z = f(x,y)$ 在 (x_0,y_0) 处可微,则它在点 (x_0,y_0) 处的全增量

$$\Delta z = f(x,y) - f(x_0,y_0)$$
$$= f_x(x_0,y_0) \cdot \Delta x + f_y(x_0,y_0) \cdot \Delta y + o(\rho),$$

其中 $\Delta x = x - x_0, \Delta y = y - y_0, \rho = \sqrt{(\Delta x)^2 + (\Delta y)^2}.$

而全微分

$$dz = f_x(x_0,y_0) \cdot \Delta x + f_y(x_0,y_0) \cdot \Delta y$$

是全增量 Δz 的线性近似,故当 $\Delta x, \Delta y$ 充分小时,$\Delta z \approx dz$,即有

$f(x,y) \approx f(x_0,y_0) + f_x(x_0,y_0) \cdot (x-x_0) + f_y(x_0,y_0) \cdot (y-y_0)$ $(\Delta x, \Delta y$ 充分小$)$,

这就是全微分的近似计算公式.

令 $z_0 = f(x_0,y_0)$,那么从几何上看,上式表明曲面 $S: z = f(x,y)$ 在 $M_0(x_0,y_0,z_0)$ 附近用平面

$$\pi: z = z_0 + f_x(x_0,y_0) \cdot (x-x_0) + f_y(x_0,y_0) \cdot (y-y_0)$$

来近似.

由偏导数的几何意义可知,曲面 S 与平面 $y=y_0$ 的交线 $z=f(x,y_0)$ $(y=y_0)$ 在点 $M_0(x_0,y_0,z_0)$ 的切线方程为

$$l_1:\begin{cases} z-z_0=f_x(x_0,y_0)\cdot(x-x_0), \\ y=y_0, \end{cases}$$

而曲面 S 与平面 $x=x_0$ 的交线 $z=f(x_0,y)$ $(x=x_0)$ 在点 $M_0(x_0,y_0,z_0)$ 的切线方程为

$$l_2:\begin{cases} z-z_0=f_y(x_0,y_0)\cdot(y-y_0), \\ x=x_0, \end{cases}$$

容易证明,由这两条相交切线 l_1,l_2 所确定的平面正是上述平面 π.

我们把平面 π 称为曲面 $S:z=f(x,y)$ 在 $M_0(x_0,y_0,z_0)$ 处的切平面(切平面的确切定义将在 8.7 节中给出).

这样我们得到全微分的几何意义:

若 $z=f(x,y)$ 在 (x_0,y_0) 处可微,则曲面 $S:z=f(x,y)$ 在 $M_0(x_0,y_0,z_0)$ 处的切平面 π 存在,且在点 M_0 附近,曲面 S 可以局部地用切平面 π 近似表示,如图 8.5.

利用全微分的近似计算公式可以进行近似计算及其误差估计.

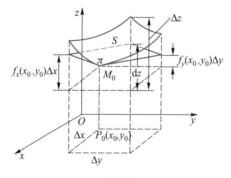

图 8.5

例 8.14 求 $1.04^{1.98}$ 的近似值.

解 考察函数 $z=f(x,y)=x^y$,为计算 $f(1.04,1.98)$,取 $x_0=1,y_0=2,\mathrm{d}x=\Delta x=0.04,\mathrm{d}y=\Delta y=-0.02$,由

$$f_x(1,2)=yx^{y-1}\bigg|_{(1,2)}=2, \qquad f_y(1,2)=x^y\ln x\bigg|_{(1,2)}=0,$$

故

$$1.04^{1.98}=f(1.04,1.98)\approx f(1,2)+2\mathrm{d}x+0\cdot\mathrm{d}y$$
$$=1+2\times0.04+0\times(-0.02)=1.08.$$

例 8.15　利用单摆测定重力加速度 g 的公式是 $g=\dfrac{4\pi^2 l}{T^2}$，现测得单摆摆长与摆动周期分别为 $l=(100\pm0.1)$ cm, $T=(2\pm0.004)$ s,问由于测定 l 与 T 的误差而引起 g 的最大绝对误差和最大相对误差各为多少?

解　记摆长与摆动周期的最大绝对误差分别为 δ_l 和 δ_T，由

$$\frac{\partial g}{\partial l}=\frac{4\pi^2}{T^2},\quad \frac{\partial g}{\partial T}=-\frac{8\pi^2 l}{T^3},$$

得到

$$|\Delta g|\approx|\mathrm{d}g|=\left|\frac{\partial g}{\partial l}\cdot\Delta l+\frac{\partial g}{\partial T}\cdot\Delta T\right|\leqslant\left|\frac{\partial g}{\partial l}\right||\Delta l|+\left|\frac{\partial g}{\partial l}\right||\Delta T|$$

$$\leqslant\left|\frac{\partial g}{\partial l}\right|\delta_l+\left|\frac{\partial g}{\partial T}\right|\delta_T=\frac{4\pi^2}{T^2}\left(\delta_l+\frac{2l}{T}\delta_T\right).$$

将 $l=100, T=2, \delta_l=0.1, \delta_T=0.004$ 代入,就有

$$|\Delta g|\leqslant\frac{4\pi^2}{2^2}\left(0.1+\frac{2\cdot100}{2}\cdot0.004\right)=0.5\pi^2=4.93(\mathrm{cm/s^2}),$$

$$\left|\frac{\Delta g}{g}\right|\leqslant\frac{0.5\pi^2\cdot2^2}{4\pi^2\cdot100}=0.5\%,$$

故所求 g 的最大绝对误差和最大相对误差分别为 4.93 cm/s² 和 0.5%.

8.5　多元复合函数的微分法

在一元函数微分学中,复合函数求导的链式法则起到了极其重要的作用,现在我们将这一重要法则推广到多元函数. 不失一般性,我们先讨论复合函数的两个中间变量均为二元函数的情况.

8.5.1　复合函数的偏导数

设函数 $u=u(x,y), v=v(x,y)$ 在点 (x,y) 处有一阶偏导数, $z=f(u,v)$ 在相应于 (x,y) 的点 (u,v) 处可微,考察复合函数 $z=f(u(x,y),v(x,y))$. 给 x 以增量 Δx,则变量 u,v 分别有偏增量

$$\Delta_x u=u(x+\Delta x,y)-u(x,y),$$
$$\Delta_x v=v(x+\Delta x,y)-v(x,y).$$

由于 $z=f(u,v)$ 在点 (u,v) 处可微,故有

$$\Delta z = \frac{\partial f}{\partial u}\Delta u + \frac{\partial f}{\partial v}\Delta v + o(\rho),$$

其中 $\rho = \sqrt{(\Delta u)^2 + (\Delta v)^2}$，从而

$$\Delta_x z = \frac{\partial f}{\partial u}\Delta_x u + \frac{\partial f}{\partial v}\Delta_x v + o(\rho),$$

此时 $\rho = \sqrt{(\Delta_x u)^2 + (\Delta_x v)^2}$，于是得到

$$\frac{\Delta_x z}{\Delta x} = \frac{\partial f}{\partial u} \cdot \frac{\Delta_x u}{\Delta x} + \frac{\partial f}{\partial v} \cdot \frac{\Delta_x v}{\Delta x} + \frac{o(\rho)}{\Delta x}.$$

因为 $\dfrac{\partial u}{\partial x}, \dfrac{\partial v}{\partial x}$ 存在，所以当 $\Delta x \to 0$ 时，

$$\frac{\Delta_x u}{\Delta x} \to \frac{\partial u}{\partial x}, \qquad \frac{\Delta_x v}{\Delta x} \to \frac{\partial v}{\partial x},$$

且有

$$\Delta_x u \to 0, \qquad \Delta_x v \to 0 \Rightarrow \rho \to 0 \Rightarrow \frac{o(\rho)}{\rho} \to 0,$$

这样就有

$$\frac{o(\rho)}{\Delta x} = \frac{o(\rho)}{\rho} \cdot \sqrt{\left(\frac{\Delta_x u}{\Delta x}\right)^2 + \left(\frac{\Delta_x v}{\Delta x}\right)^2} \cdot \frac{|\Delta x|}{\Delta x} \to 0.$$

在上面 $\dfrac{\Delta_x z}{\Delta x}$ 的等式中令 $\Delta x \to 0$，得到

$$\frac{\partial z}{\partial x} = \frac{\partial f}{\partial u} \cdot \frac{\partial u}{\partial x} + \frac{\partial f}{\partial v} \cdot \frac{\partial v}{\partial x},$$

同理可得

$$\frac{\partial z}{\partial y} = \frac{\partial f}{\partial u} \cdot \frac{\partial u}{\partial y} + \frac{\partial f}{\partial v} \cdot \frac{\partial v}{\partial y}.$$

这样我们得到如下的求多元函数偏导数的链式法则(简称链法则).

定理 8.4   设 $u = u(x,y), v = v(x,y)$ 在点 (x,y) 处具有一阶偏导数, 函数 $z = f(u,v)$ 在相应于 (x,y) 的点 (u,v) 处可微, 则复合函数 $z = f(u(x,y), v(x,y))$ 在点 (x,y) 处存在偏导数, 且

$$\frac{\partial z}{\partial x} = \frac{\partial f}{\partial u} \cdot \frac{\partial u}{\partial x} + \frac{\partial f}{\partial v} \cdot \frac{\partial v}{\partial x},$$

$$\frac{\partial z}{\partial y} = \frac{\partial f}{\partial u} \cdot \frac{\partial u}{\partial y} + \frac{\partial f}{\partial v} \cdot \frac{\partial v}{\partial y}.$$

所谓链式法则是由于求偏导数的公式反映了函数复合的链式结构,图 8.6 是 $z = f(u, v)$ 与 $u = u(x, y)$, $v = v(x, y)$ 复合的链式结构示意图:z 是 u, v 的函数,而 u, v 又都为 x, y 的函数. 从图上看,由 z 到 x 有两条链:

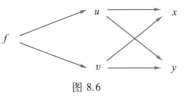

$$f \to u \to x, \quad f \to v \to x,$$

而求 z_x 的过程反映了由 z 到 x 的这两条链:

图 8.6

$$z_x = f_u u_x + f_v v_x.$$

类似地,求 z_y 的过程反映了由 z 到 y 的两条链:

$$z_y = f_u u_y + f_v v_y.$$

从定理 8.4 的证明不难看出:链式法则可以推广到中间变量多于两个,而中间变量又是多元函数的情形.

例 8.16 设 $z = \mathrm{e}^u \sin v$,而 $u = \dfrac{x^2}{y}$,$v = x^2 - xy + y^2$,求 z_x 及 z_y.

解 由复合函数的链式法则,得

$$
\begin{aligned}
z_x &= z_u u_x + z_v v_x \\
&= \mathrm{e}^u \sin v \cdot \frac{2x}{y} + \mathrm{e}^u \cos v \cdot (2x - y) \\
&= \mathrm{e}^{\frac{x^2}{y}} \left[\frac{2x}{y} \sin(x^2 - xy + y^2) + (2x - y) \cos(x^2 - xy + y^2) \right];
\end{aligned}
$$

$$
\begin{aligned}
z_y &= z_u u_y + z_v v_y \\
&= \mathrm{e}^u \sin v \left(-\frac{x^2}{y^2} \right) + \mathrm{e}^u \cos v (-x + 2y) \\
&= \mathrm{e}^{\frac{x^2}{y}} \left[-\frac{x^2}{y^2} \sin(x^2 - xy + y^2) + (2y - x) \cos(x^2 - xy + y^2) \right].
\end{aligned}
$$

例 8.17 设函数 $u = f(x, y, z)$ 可微,而 $x = x(t)$, $y = y(t)$, $z = z(t)$ 均可导,试求复合函数 $u = f(x(t), y(t), z(t))$ 对 t 的导数 $\dfrac{\mathrm{d}u}{\mathrm{d}t}$.

解 此题的中间变量 x, y, z 都是一元函数,函数复合结构如图 8.7 所示. 由链式法则立即可得

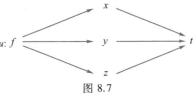

$$\frac{\mathrm{d}u}{\mathrm{d}t} = \frac{\partial f}{\partial x} \cdot \frac{\mathrm{d}x}{\mathrm{d}t} + \frac{\partial f}{\partial y} \cdot \frac{\mathrm{d}y}{\mathrm{d}t} + \frac{\partial f}{\partial z} \cdot \frac{\mathrm{d}z}{\mathrm{d}t},$$

这个函数 u 对 t 的导数称为全导数.

图 8.7

例 8.18 设函数 $z = f(x, y, u, v)$ 可

微,而 $u=u(x,y)$ 和 $v=v(x,y)$ 具有一阶偏导数,求 $\dfrac{\partial z}{\partial x}$ 和 $\dfrac{\partial z}{\partial y}$.

解 函数复合的链式结构如图 8.8 所示.

由 z 到 x 或 y 有三条链,由链式法则得

$$\frac{\partial z}{\partial x}=\frac{\partial f}{\partial x}+\frac{\partial f}{\partial u}\cdot\frac{\partial u}{\partial x}+\frac{\partial f}{\partial v}\cdot\frac{\partial v}{\partial x},$$

$$\frac{\partial z}{\partial y}=\frac{\partial f}{\partial y}+\frac{\partial f}{\partial u}\cdot\frac{\partial u}{\partial y}+\frac{\partial f}{\partial v}\cdot\frac{\partial v}{\partial y}.$$

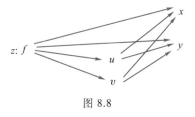

图 8.8

注意第一式左端的 $\dfrac{\partial z}{\partial x}$ 表示,z 通过复合

作为 x,y 的二元函数对 x 的偏导数,而右端的 $\dfrac{\partial f}{\partial x}$ 表示 f 作为 x,y,u,v 的四元函数

对 x 求偏导.同样地,读者不难理解第二式中 $\dfrac{\partial z}{\partial y}$ 和 $\dfrac{\partial f}{\partial y}$ 的确切含义.

例 8.19 设函数 $z=f(x,y)$ 可微,$x=r\cos\theta$,$y=r\sin\theta$,证明

$$\left(\frac{\partial z}{\partial r}\right)^2+\frac{1}{r^2}\left(\frac{\partial z}{\partial\theta}\right)^2=\left(\frac{\partial z}{\partial x}\right)^2+\left(\frac{\partial z}{\partial y}\right)^2.$$

证 z 作为 r,θ 的函数,其复合结构示意图如图 8.9,运用链式法则,于是得

$$\frac{\partial z}{\partial r}=\frac{\partial z}{\partial x}\cdot\frac{\partial x}{\partial r}+\frac{\partial z}{\partial y}\cdot\frac{\partial y}{\partial r}=\frac{\partial z}{\partial x}\cos\theta+\frac{\partial z}{\partial y}\sin\theta,$$

$$\frac{\partial z}{\partial\theta}=\frac{\partial z}{\partial x}\cdot\frac{\partial x}{\partial\theta}+\frac{\partial z}{\partial y}\cdot\frac{\partial y}{\partial\theta}=\frac{\partial z}{\partial x}(-r\sin\theta)+\frac{\partial z}{\partial y}r\cos\theta,$$

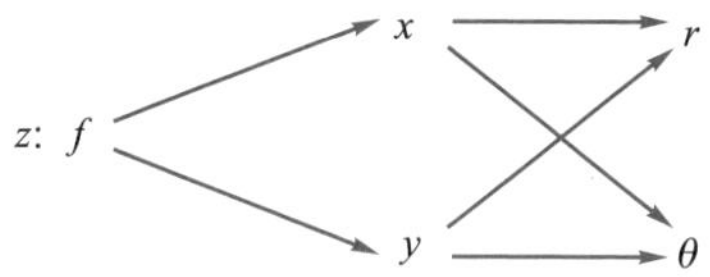

图 8.9

所以

$$\left(\frac{\partial z}{\partial r}\right)^2+\frac{1}{r^2}\left(\frac{\partial z}{\partial\theta}\right)^2=\left(\frac{\partial z}{\partial x}\cos\theta+\frac{\partial z}{\partial y}\sin\theta\right)^2+\frac{1}{r^2}\left(-r\sin\theta\frac{\partial z}{\partial x}+r\cos\theta\frac{\partial z}{\partial y}\right)^2$$

$$=\left(\frac{\partial z}{\partial x}\right)^2+\left(\frac{\partial z}{\partial y}\right)^2.$$

求复合函数的高阶偏导数同样可以用链式法则.

例 8.20 设函数 $z=f(u,v)$ 具有二阶连续偏导数,$u=u(x,y)$,$v=v(x,y)$ 具有二阶连续偏导数,试求 z 作为 x,y 的函数的二阶偏导数 z_{xx},z_{xy} 和 z_{yy}.

解 依链式法则有

$$z_x=f_uu_x+f_vv_x,\qquad z_y=f_uu_y+f_vv_y,$$

注意 f_u,f_v 仍然是 u,v 的二元可偏导函数,从而在求二阶偏导数时可继续用链式法则,结合四则运算法则有

$$z_{xx} = (f_{uu}u_x + f_{uv}v_x)u_x + f_u u_{xx} + (f_{vu}u_x + f_{vv}v_x)v_x + f_v v_{xx}$$
$$= f_{uu}u_x^2 + 2f_{uv}u_x v_x + f_{vv}v_x^2 + f_u u_{xx} + f_v v_{xx},$$

注意由于 $f(u,v)$ 具有二阶连续偏导数,在上式的整理中我们有 $f_{uv} = f_{vu}$.

类似地

$$z_{xy} = (f_{uu}u_y + f_{uv}v_y)u_x + f_u u_{xy} + (f_{vu}u_y + f_{vv}v_y)v_x + f_v v_{xy}$$
$$= f_{uu}u_x u_y + f_{uv}(u_x v_y + u_y v_x) + f_{vv}v_x v_y + f_u u_{xy} + f_v v_{xy},$$
$$z_{yy} = f_{uu}u_y^2 + 2f_{uv}u_y v_y + f_{vv}v_y^2 + f_u u_{yy} + f_v v_{yy}.$$

例 8.21 设 $z = f(x+y, xy, x^2 - y^2)$,$f$ 是可微函数,求 z_x, z_y.

解 引进中间变量 $u = x+y, v = xy, w = x^2 - y^2$,从而 $z = f(u,v,w)$,故

$$z_x = f_u(u,v,w) \cdot u_x + f_v(u,v,w) \cdot v_x + f_w(u,v,w) \cdot w_x$$
$$= f_u + yf_v + 2xf_w,$$
$$z_y = f_u(u,v,w) \cdot u_y + f_v(u,v,w) \cdot v_y + f_w(u,v,w) \cdot w_y$$
$$= f_u + xf_v - 2yf_w.$$

在求复合函数偏导数时,为方便起见(在不引起歧义的情况下),可将函数 f 对第 i 个分量的偏导数用 f_i 表示,而将函数 f 先对第 i 个分量,再对第 j 个分量的二阶偏导数用 f_{ij} 表示,等等. 在上例中,f_u, f_v, f_w 可记为 f_1, f_2, f_3,并且 f_1, f_2, f_3 仍然是与 f 具有类似复合结构的复合函数,例如

$$f_1 = f_u = f_u(u,v,w) = f_u(x+y, xy, x^2 - y^2).$$

从而利用上述记号,我们在求复合函数偏导数时可以不设中间变量,例如上例可以如下计算:

$$z_x = f_1 \cdot (x+y)'_x + f_2 \cdot (xy)'_x + f_3 \cdot (x^2 - y^2)'_x = f_1 + yf_2 + 2xf_3,$$
$$z_y = f_1 \cdot (x+y)'_y + f_2 \cdot (xy)'_y + f_3 \cdot (x^2 - y^2)'_y = f_1 + xf_2 - 2yf_3.$$

例 8.22 设 $z = f\left(x^2 y, \dfrac{x}{y^2}\right)$,其中 f 有连续二阶偏导数,求 $\dfrac{\partial^2 z}{\partial x^2}$ 及 $\dfrac{\partial^2 z}{\partial x \partial y}$.

解 令 $u = x^2 y, v = \dfrac{x}{y^2}$,由链式法则得

$$\frac{\partial z}{\partial x} = f_u u_x + f_v v_x = 2xyf_1 + \frac{1}{y^2}f_2.$$

再求二阶偏导数,注意 f_1, f_2 仍是 u, v 的二元函数,

$$\frac{\partial^2 z}{\partial x^2} = 2yf_1 + 2xy\left(f_{11} \cdot 2xy + f_{12} \cdot \frac{1}{y^2}\right) + \frac{1}{y^2}\left(f_{21} \cdot 2xy + f_{22} \cdot \frac{1}{y^2}\right)$$
$$= 2yf_1 + 4x^2 y^2 f_{11} + \frac{4x}{y}f_{12} + \frac{1}{y^4}f_{22},$$

$$\frac{\partial^2 z}{\partial x \partial y} = 2xf_1 + 2xy\left[f_{11}\cdot x^2 + f_{12}\left(-\frac{2x}{y^3}\right)\right] + \left(-\frac{2}{y^3}\right)f_2 + \frac{1}{y^2}\left[f_{21}\cdot x^2 + f_{22}\left(-\frac{2x}{y^3}\right)\right]$$

$$= 2xf_1 + 2x^3 yf_{11} - \frac{3x^2}{y^2}f_{12} - \frac{2}{y^3}f_2 - \frac{2x}{y^5}f_{22}.$$

例 8.23 设 $u = \phi(x-at) + \psi(x+at)$，其中 ϕ,ψ 均有二阶导数，证明

$$\frac{\partial^2 u}{\partial t^2} = a^2 \frac{\partial^2 u}{\partial x^2}.$$

证 令 $\xi = x - at, \eta = x + at$，则 $u = \phi(\xi) + \psi(\eta)$，由链式法则得

$$\frac{\partial u}{\partial t} = \frac{\partial u}{\partial \xi}\cdot\frac{\partial \xi}{\partial t} + \frac{\partial u}{\partial \eta}\cdot\frac{\partial \eta}{\partial t} = -a\phi'(\xi) + a\psi'(\eta),$$

再对 t 求导，得

$$\frac{\partial^2 u}{\partial t^2} = (-a)^2\phi''(\xi) + a^2\psi''(\eta).$$

类似地，

$$\frac{\partial u}{\partial x} = \frac{\partial u}{\partial \xi}\cdot\frac{\partial \xi}{\partial x} + \frac{\partial u}{\partial \eta}\cdot\frac{\partial \eta}{\partial x} = \phi'(\xi) + \psi'(\eta),$$

$$\frac{\partial^2 u}{\partial x^2} = \phi''(\xi) + \psi''(\eta),$$

于是有

$$\frac{\partial^2 u}{\partial t^2} = a^2[\phi''(\xi) + \psi''(\eta)] = a^2\frac{\partial^2 u}{\partial x^2}.$$

从上面的例子可以看到，求多元复合函数的偏导数的关键在于正确地使用链式法则. 首先弄清函数复合的结构：哪些变量是中间变量（有时需要适当地引入中间变量），哪些变量是自变量以及它们之间的关系；其次要明确对哪个自变量求导，此时其他自变量都被视为常数. 而在求高阶偏导数时要注意，偏导函数仍然是多元复合函数.

如果给定变量 x,y 与变量 u,v 的一种变换关系，我们可以把 z 关于 x,y 的（偏微分）方程转化为 z 关于 u,v 的（偏微分）方程，有时因变量 z 也可以一起变换，请看下面两例.

例 8.24 设 $x = r\cos\theta, y = r\sin\theta$，将下列两个（偏微分）方程

$$x\frac{\partial z}{\partial x} + y\frac{\partial z}{\partial y} = 0 \quad \text{和} \quad x\frac{\partial z}{\partial y} - y\frac{\partial z}{\partial x} = 0$$

变换为 z 关于 r,θ 的（偏微分）方程.

解 由链式法则，得

$$z_r = z_x x_r + z_y y_r = z_x \cos\theta + z_y \sin\theta, \quad z_\theta = z_x x_\theta + z_y y_\theta = -z_x r\sin\theta + z_y r\cos\theta,$$

从而得到

$$rz_r = z_x r\cos\theta + z_y r\sin\theta = xz_x + yz_y, \quad z_\theta = -yz_x + xz_y,$$

原来的两个方程转化为

$$rz_r = 0 \quad \text{和} \quad z_\theta = 0.$$

注 若 $z = z(x,y)$ 在 $\mathbf{R}^2$ 平面上满足方程 $x\dfrac{\partial z}{\partial y} - y\dfrac{\partial z}{\partial x} = 0$, 则由变换后的方程 $z_\theta = 0$ 得知, z 作为 r,θ 的函数时, z 中不含 θ, 即 z 只是 r 的函数. 故满足方程 $x\dfrac{\partial z}{\partial y} - y\dfrac{\partial z}{\partial x} = 0$ 的 $z(x,y)$ 具有形式

$$z(x,y) = g(r) = g(\sqrt{x^2 + y^2}).$$

例 8.25 设 $z = z(x,y)$ 满足方程 $y\dfrac{\partial^2 z}{\partial y^2} + 2\dfrac{\partial z}{\partial y} = 0$. 令 $w = xz - y$, 在变换 $u = \dfrac{x}{y}$, $v = x$ 下, 请将方程 $y\dfrac{\partial^2 z}{\partial y^2} + 2\dfrac{\partial z}{\partial y} = 0$ 表示为 w 关于 u,v 的方程.

分析 题中给定 z 是 x,y 的函数 $z(x,y)$, 而指明 w 是 u,v 的函数 $w(u,v)$, 在对等式

$$w(u,v) = x \cdot z(x,y) - y$$

关于 y 求偏导数时, 左边应用链式法则得到

$$(w(u,v))_y = w_u \cdot u_y + w_v \cdot v_y.$$

解 对等式 $xz - y = w$ 两边关于 y 求偏导, 得到

$$xz_y - 1 = w_u \cdot u_y + w_v \cdot v_y = -\frac{x}{y^2} w_u,$$

即得

$$z_y = -\frac{1}{y^2} w_u + \frac{1}{x}.$$

最后的等式再关于 y 求偏导, 得到

$$z_{yy} = \frac{2}{y^3} w_u - \frac{1}{y^2}\left(-\frac{x}{y^2} w_{uu}\right) = \frac{2}{y^3} w_u + \frac{x}{y^4} w_{uu}.$$

把 z_y, z_{yy} 代入方程 $yz_{yy} + 2z_y = 0$, 得

$$\frac{x}{y^3} w_{uu} + \frac{2}{x} = 0$$

$$\frac{u^3}{v^2} \cdot \frac{\partial^2 w}{\partial u^2} + \frac{2}{v} = 0,$$

即
$$u^3\frac{\partial^2 w}{\partial u^2}+2v=0.$$

8.5.2　一阶全微分形式的不变性

与一元函数微分相类似,多元函数全微分也有一阶全微分形式的不变性.当 u,v 是自变量时,二元函数 $z=f(u,v)$ 的全微分为
$$\mathrm{d}z=\frac{\partial f}{\partial u}\mathrm{d}u+\frac{\partial f}{\partial v}\mathrm{d}v.$$

若 u,v 又是 x,y 的可微函数:$u=u(x,y),v=v(x,y)$,则它们的全微分分别为
$$\mathrm{d}u=\frac{\partial u}{\partial x}\mathrm{d}x+\frac{\partial u}{\partial y}\mathrm{d}y,\qquad \mathrm{d}v=\frac{\partial v}{\partial x}\mathrm{d}x+\frac{\partial v}{\partial y}\mathrm{d}y.$$

而此时复合函数 $z=f(u(x,y),v(x,y))$ 的全微分为
$$\mathrm{d}z=\left(\frac{\partial f}{\partial u}\cdot\frac{\partial u}{\partial x}+\frac{\partial f}{\partial v}\cdot\frac{\partial v}{\partial x}\right)\mathrm{d}x+\left(\frac{\partial f}{\partial u}\cdot\frac{\partial u}{\partial y}+\frac{\partial f}{\partial v}\cdot\frac{\partial v}{\partial y}\right)\mathrm{d}y$$
$$=\frac{\partial f}{\partial u}\left(\frac{\partial u}{\partial x}\mathrm{d}x+\frac{\partial u}{\partial y}\mathrm{d}y\right)+\frac{\partial f}{\partial v}\left(\frac{\partial v}{\partial x}\mathrm{d}x+\frac{\partial v}{\partial y}\mathrm{d}y\right)$$
$$=\frac{\partial f}{\partial u}\mathrm{d}u+\frac{\partial f}{\partial v}\mathrm{d}v.$$

这意味着在二元函数 $z=f(u,v)$ 中,不管 u,v 是中间变量还是自变量,函数的一阶微分在形式上是一样的,我们把这一性质称为一阶全微分形式的不变性.

利用这一性质,立即得到多元函数全微分的与一元函数微分同样的运算法则:

(1) $\mathrm{d}(u\pm v)=\mathrm{d}u\pm\mathrm{d}v$;

(2) $\mathrm{d}(uv)=u\mathrm{d}v+v\mathrm{d}u$;

(3) $\mathrm{d}\left(\dfrac{u}{v}\right)=\dfrac{v\mathrm{d}u-u\mathrm{d}v}{v^2}\quad(v\neq 0).$

以上函数 u,v 均为可微的多元函数.

有时我们可以由一阶全微分形式的不变性通过求全微分来计算偏导数.

例 8.26　设 $z=\mathrm{e}^{xy}\arctan\dfrac{y}{x}$,求 $\dfrac{\partial z}{\partial x}$ 和 $\dfrac{\partial z}{\partial y}$.

解　$\mathrm{d}z=\arctan\dfrac{y}{x}\mathrm{d}(\mathrm{e}^{xy})+\mathrm{e}^{xy}\mathrm{d}\left(\arctan\dfrac{y}{x}\right)$
$$=\mathrm{e}^{xy}\arctan\frac{y}{x}\mathrm{d}(xy)+\mathrm{e}^{xy}\frac{1}{1+\left(\dfrac{y}{x}\right)^2}\mathrm{d}\left(\frac{y}{x}\right)$$

$$= e^{xy} \left[\arctan \frac{y}{x} (x\mathrm{d}y + y\mathrm{d}x) + \frac{x^2}{x^2 + y^2} \cdot \frac{x\mathrm{d}y - y\mathrm{d}x}{x^2} \right]$$

$$= e^{xy} \left[\left(y\arctan \frac{y}{x} - \frac{y}{x^2 + y^2} \right) \mathrm{d}x + \left(x\arctan \frac{y}{x} + \frac{x}{x^2 + y^2} \right) \mathrm{d}y \right],$$

故得

$$\frac{\partial z}{\partial x} = y e^{xy} \left(\arctan \frac{y}{x} - \frac{1}{x^2 + y^2} \right), \quad \frac{\partial z}{\partial y} = x e^{xy} \left(\arctan \frac{y}{x} + \frac{1}{x^2 + y^2} \right).$$

8.5.3 隐函数的偏导数

在一元微分学中,我们对由具体的二元方程 $F(x, y) = 0$ 所确定的隐函数 $y = y(x)$ 用链式法则进行求导的方法做过介绍,前提是假定该隐函数存在且可导. 在本小节中我们将讨论一般多元方程所确定的隐函数的求(偏)导问题.

首先我们给出如下的隐函数存在定理:

定理 8.5 设函数 $F(x, y)$ 在 (x_0, y_0) 的某邻域内具有连续偏导数,且

$$F(x_0, y_0) = 0, \quad F_y(x_0, y_0) \neq 0,$$

则方程 $F(x, y) = 0$ 在点 (x_0, y_0) 的某邻域内可确定唯一的函数 $y = y(x)$,满足

$$F(x, y(x)) \equiv 0, \quad y_0 = y(x_0),$$

且有连续导数

$$\frac{\mathrm{d}y}{\mathrm{d}x} = -\frac{F_x(x, y)}{F_y(x, y)}.$$

定理中存在性的证明从略(可参见[1]),这里仅对隐函数的导数公式做如下推导:

由于 $y = y(x)$ 满足等式

$$F(x, y(x)) \equiv 0,$$

将上式两端对 x 求导,应用复合函数求导的链式法则,得

$$F_x + F_y \frac{\mathrm{d}y}{\mathrm{d}x} = 0.$$

注意 $F_y(x_0, y_0) \neq 0$ 且 F_y 连续,故在 (x_0, y_0) 的一个邻域内 $F_y \neq 0$,于是解得

$$\frac{\mathrm{d}y}{\mathrm{d}x} = -\frac{F_x}{F_y}.$$

以下我们对定理 8.5 稍做解释:我们知道方程 $F(x, y) = 0$ 给出 xOy 坐标平面上的一条曲线(图 8.10),$F(x_0, y_0) = 0$ 说明点 (x_0, y_0) 在此曲线上,而 $F_y(x_0, y_0) \neq 0$ 和 F_y 的连续性意味着在 (x_0, y_0) 的某邻域内 F_y 保号,这保证了函数 F 在 x 固定时关于 y 单调,因此对一个 x 只有唯一的 y 使得 $F(x, y) = 0$ (即点 (x, y)

在曲线上),于是在此邻域中的每一个 x 都有唯一的 $y(x)$ 与之对应,这就是由方程 $F(x,y)=0$ 确定的隐函数.

定理 8.5 可以推广到多个自变量的隐函数的情况.

下面给出两个自变量的隐函数存在性定理及其偏导数公式.

定理 8.6 设函数 $F(x,y,z)$ 在点 $P_0(x_0,y_0,z_0)$ 的邻域内有连续的偏导数,且 $F(x_0,y_0,z_0)=0$, $F_z(x_0,y_0,z_0)\neq0$,则方程
$$F(x,y,z)=0$$
在 P_0 的某邻域内可确定唯一的函数 $z=z(x,y)$,满足
$$F(x,y,z(x,y))\equiv0,\quad z_0=z(x_0,y_0),$$
且有连续偏导数
$$\frac{\partial z}{\partial x}=-\frac{F_x(x,y,z)}{F_z(x,y,z)},\quad \frac{\partial z}{\partial y}=-\frac{F_y(x,y,z)}{F_z(x,y,z)}.$$

在求隐函数的偏导数时,可以直接用上述定理中的公式,也可以用求复合函数偏导数的链式法则这一基本方法.

例 8.27 设 $z=z(x,y)$ 是由方程 $z=(3x+y)^{z+x}$ 所确定的隐函数,求 $\dfrac{\partial z}{\partial x}$.

解 将方程改写为
$$\ln z=(z+x)\ln(3x+y),$$
记
$$F(x,y,z)=(z+x)\ln(3x+y)-\ln z,$$
那么
$$F_x=\ln(3x+y)+\frac{3(z+x)}{3x+y},\quad F_z=\ln(3x+y)-\frac{1}{z},$$
于是得
$$\frac{\partial z}{\partial x}=-\frac{F_x}{F_z}=-\frac{z\left[(3x+y)\ln(3x+y)+3z+3x\right]}{(3x+y)\left[z\ln(3x+y)-1\right]}.$$

或者用链式法则,即对改写后的恒等式关于 x 求偏导数(注意此时 z 是 x,y 的函数),得到
$$\frac{z_x}{z}=(z_x+1)\ln(3x+y)+\frac{3(z+x)}{3x+y},$$
从而解得

$$\frac{\partial z}{\partial x} = \frac{z\left[(3x+y)\ln(3x+y)+3z+3x\right]}{(3x+y)\left[1-z\ln(3x+y)\right]}.$$

注意这里运用两种方法求隐函数偏导数的区别:在用定理 8.6 中的公式时,z 与 x,y 同样都是函数 F 的自变量;而在直接采用链式法则时,z 则是作为 x,y 的函数.

例 8.28   设函数 $z=z(x,y)$ 是由方程 $\varphi(cx-az,cy-bz)=0$ 所确定的隐函数,其中 φ 有连续的偏导数,且 $a\varphi_1+b\varphi_2\neq 0$,证明

$$az_x+bz_y=c.$$

证   由于 z 是 x,y 的函数,在 $\varphi(cx-az,cy-bz)=0$ 中分别对 x,y 求偏导数,得

$$\varphi_1\cdot(c-az_x)+\varphi_2\cdot(-bz_x)=0,\qquad \varphi_1\cdot(-az_y)+\varphi_2\cdot(c-bz_y)=0,$$

解得

$$z_x=\frac{c\varphi_1}{a\varphi_1+b\varphi_2},\qquad z_y=\frac{c\varphi_2}{a\varphi_1+b\varphi_2}.$$

故

$$a\frac{\partial z}{\partial x}+b\frac{\partial z}{\partial y}=\frac{ac\varphi_1+bc\varphi_2}{a\varphi_1+b\varphi_2}=c.$$

例 8.29   设函数 $f(x,y)$ 有连续的偏导数,已知 $f(x,x^2)=x^3$,$f_x(x,x^2)=x^2-2x^4$,求 $f_y(x,x^2)$.

解   函数 $f(x,x^2)$ 是由 $f(x,y)$ 与 $y=x^2$ 复合而成的,利用求导的链式法则,对等式

$$f(x,x^2)=x^3$$

两端求导数,得到

$$f_x(x,x^2)+f_y(x,x^2)\cdot 2x=3x^2.$$

由 $f_x(x,x^2)=x^2-2x^4$,解得

$$f_y(x,x^2)=x+x^3.$$

使用链式法则同样可以求得隐函数的高阶偏导数.

例 8.30   设 $z=z(x,y)$ 是由方程 $\mathrm{e}^{-xy}-2z+\mathrm{e}^z=0$ 所确定的隐函数,求 $\dfrac{\partial^2 z}{\partial x\partial y}$.

解   由 z 是 x,y 的函数,在等式两端分别对 x 和 y 求偏导数,得

$$-y\mathrm{e}^{-xy}-2\frac{\partial z}{\partial x}+\mathrm{e}^z\frac{\partial z}{\partial x}=0,\qquad -x\mathrm{e}^{-xy}-2\frac{\partial z}{\partial y}+\mathrm{e}^z\frac{\partial z}{\partial y}=0,$$

解得

$$\frac{\partial z}{\partial x}=\frac{y\mathrm{e}^{-xy}}{\mathrm{e}^z-2},\quad \frac{\partial z}{\partial y}=\frac{x\mathrm{e}^{-xy}}{\mathrm{e}^z-2}.$$

在 $-y\mathrm{e}^{-xy}-2\dfrac{\partial z}{\partial x}+\mathrm{e}^z\dfrac{\partial z}{\partial x}=0$ 中,注意到 e^z 和 $\dfrac{\partial z}{\partial x}$ 仍是 x,y 的函数,两端对 y 求偏导数得

$$-\mathrm{e}^{-xy}+xy\mathrm{e}^{-xy}-2\frac{\partial^2 z}{\partial x\partial y}+\mathrm{e}^z\frac{\partial z}{\partial y}\cdot\frac{\partial z}{\partial x}+\mathrm{e}^z\frac{\partial^2 z}{\partial x\partial y}=0,$$

解得

$$\frac{\partial^2 z}{\partial x\partial y}=\frac{\mathrm{e}^{-xy}-xy\mathrm{e}^{-xy}-\mathrm{e}^z\dfrac{\partial z}{\partial x}\cdot\dfrac{\partial z}{\partial y}}{\mathrm{e}^z-2}.$$

将 $\dfrac{\partial z}{\partial x},\dfrac{\partial z}{\partial y}$ 的表达式代入上式,得

$$\frac{\partial^2 z}{\partial x\partial y}=\frac{\mathrm{e}^{-xy}\left[\,(1-xy)\,(\,\mathrm{e}^z-2\,)^2-xy\mathrm{e}^{z-xy}\,\right]}{(\,\mathrm{e}^z-2\,)^3}.$$

　　隐函数还可以由方程组来确定,我们以方程组

$$\begin{cases}F(x,y,u,v)=0,\\ G(x,y,u,v)=0\end{cases}$$

为例来讨论.如果从这两个方程可以解出 u,v 为 x,y 的表达式,不难理解此方程组确定了两个二元函数 $u=u(x,y),v=v(x,y)$,将它们代入方程组,得到

$$\begin{cases}F(x,y,u(x,y),v(x,y))\equiv 0,\\ G(x,y,u(x,y),v(x,y))\equiv 0.\end{cases}$$

在上面的恒等式两端对 x 求偏导数得

$$\begin{cases}F_x+F_u u_x+F_v v_x=0,\\ G_x+G_u u_x+G_v v_x=0.\end{cases}$$

这是一个关于 u_x,v_x 的线性方程组,可解得

$$u_x=-\frac{\begin{vmatrix}F_x & F_v\\ G_x & G_v\end{vmatrix}}{\begin{vmatrix}F_u & F_v\\ G_u & G_v\end{vmatrix}}=-\frac{F_x G_v-F_v G_x}{F_u G_v-F_v G_u},\quad v_x=-\frac{\begin{vmatrix}F_u & F_x\\ G_u & G_x\end{vmatrix}}{\begin{vmatrix}F_u & F_v\\ G_u & G_v\end{vmatrix}}=-\frac{F_u G_x-F_x G_u}{F_u G_v-F_v G_u}.$$

$\begin{vmatrix}F_u & F_v\\ G_u & G_v\end{vmatrix}$ 称为函数 F,G 关于 u,v 的雅可比(Jacobi,1804—1851,德国数学家)行

列式.记为

$$\frac{\partial(F,G)}{\partial(u,v)}=\begin{vmatrix} F_u & F_v \\ G_u & G_v \end{vmatrix}.$$

这样,上述结论可表示为

$$u_x=-\frac{\dfrac{\partial(F,G)}{\partial(x,v)}}{\dfrac{\partial(F,G)}{\partial(u,v)}}, \quad v_x=-\frac{\dfrac{\partial(F,G)}{\partial(u,x)}}{\dfrac{\partial(F,G)}{\partial(u,v)}}.$$

同理可得

$$u_y=-\frac{\dfrac{\partial(F,G)}{\partial(y,v)}}{\dfrac{\partial(F,G)}{\partial(u,v)}}, \quad v_y=-\frac{\dfrac{\partial(F,G)}{\partial(u,y)}}{\dfrac{\partial(F,G)}{\partial(u,v)}}.$$

由此我们得到方程组 $\begin{cases} F(x,y,u,v)=0, \\ G(x,y,u,v)=0 \end{cases}$ 在点 $P_0(x_0,y_0,u_0,v_0)$ 的一个邻域内存在

隐函数 $u=u(x,y),v=v(x,y)$ 的一个充分条件是

F,G 具有连续的偏导数,且 $F\big|_{P_0}=0,G\big|_{P_0}=0,J=\dfrac{\partial(F,G)}{\partial(u,v)}\bigg|_{P_0}\neq 0.$

在求这类偏导数问题时,通常直接用链式法则较为灵活、简单.

例 8.31   设 $\begin{cases} x^2+y^2-uv=0, \\ xy-u^2+v^2=0, \end{cases}$ 求 $\dfrac{\partial u}{\partial x},\dfrac{\partial v}{\partial x},\dfrac{\partial u}{\partial y}$ 及 $\dfrac{\partial v}{\partial y}.$

解 $u=u(x,y),v=v(x,y)$ 是由方程组确定的隐函数组,在等式两端分别对

x 求偏导数并移项,得到

$$\begin{cases} v\,\dfrac{\partial u}{\partial x}+u\,\dfrac{\partial v}{\partial x}=2x, \\[2mm] 2u\,\dfrac{\partial u}{\partial x}-2v\,\dfrac{\partial v}{\partial x}=y. \end{cases}$$

当系数行列式 $J=\begin{vmatrix} v & u \\ 2u & -2v \end{vmatrix}=-2(u^2+v^2)\neq 0$ 时,可得

$$\frac{\partial u}{\partial x}=\frac{4xv+yu}{2(u^2+v^2)}, \quad \frac{\partial v}{\partial x}=\frac{4xu-yv}{2(u^2+v^2)}.$$

同理可得

$$\frac{\partial u}{\partial y}=\frac{4yv+xu}{2(u^2+v^2)}, \quad \frac{\partial v}{\partial y}=\frac{4yu-xv}{2(u^2+v^2)}.$$

此例也可用一阶全微分形式不变性求解,过程更为简捷:在所给方程组两端求微分并移项,得到

$$\begin{cases} v\mathrm{d}u+u\mathrm{d}v=2x\mathrm{d}x+2y\mathrm{d}y, \\ 2u\mathrm{d}u-2v\mathrm{d}v=x\mathrm{d}y+y\mathrm{d}x. \end{cases}$$

解出

$$\mathrm{d}u=\frac{4xv+yu}{2(u^2+v^2)}\mathrm{d}x+\frac{4yv+xu}{2(u^2+v^2)}\mathrm{d}y,$$

$$\mathrm{d}v=\frac{4xu-yv}{2(u^2+v^2)}\mathrm{d}x+\frac{4yu-xv}{2(u^2+v^2)}\mathrm{d}y.$$

于是立即可得所求的 4 个偏导数,其结果与前面用链式法则所得结果相同.

8.6　方向导数与梯度

8.6.1　方向导数

我们已经知道,偏导数是多元函数对某个自变量的变化率,以二元函数 $z=f(x,y)$ 为例,偏导数 $\dfrac{\partial f}{\partial x}\Big|_{(x_0,y_0)}$, $\dfrac{\partial f}{\partial y}\Big|_{(x_0,y_0)}$ 分别是函数 $z=f(x,y)$ 在点 (x_0,y_0) 处沿 x 轴方向和 y 轴方向的变化率. 而在实际问题中,有时还要考虑函数在一点沿其他方向上的变化率,这就引出了方向导数的概念.

定义 8.6　设函数 $z=f(x,y)$ 在点 $P_0(x_0,y_0)$ 的邻域内有定义, l 为非零向量,其方向余弦为 $\cos\alpha,\cos\beta$,若极限

$$\lim_{t\to 0}\frac{f(x_0+t\cos\alpha,y_0+t\cos\beta)-f(x_0,y_0)}{t}$$

存在,则称此极限值为函数 $z=f(x,y)$ 在点 $P_0(x_0,y_0)$ 处沿方向 l 的方向导数,记作

$$\frac{\partial z}{\partial l}\Big|_{(x_0,y_0)}, \quad \text{或} \quad \frac{\partial f}{\partial l}\Big|_{(x_0,y_0)}.$$

显然,方向导数 $\dfrac{\partial f}{\partial l}\Big|_{(x_0,y_0)}$ 就是函数 $z=f(x,y)$ 在点 $P_0(x_0,y_0)$ 处沿方向 l 的变

化率.

若取 $l = i = (1, 0)$, 则 l 方向就是 x 轴的正方向, 此时方向导数

$$\frac{\partial f}{\partial i}\bigg|_{(x_0, y_0)} = \lim_{t \to 0} \frac{f(x_0 + t, y_0) - f(x_0, y_0)}{t}$$

就是 $f(x, y)$ 在点 $P_0(x_0, y_0)$ 处关于 x 的偏导数 $\dfrac{\partial f}{\partial x}\bigg|_{(x_0, y_0)}$. 同样有

$$\frac{\partial f}{\partial j}\bigg|_{(x_0, y_0)} = \frac{\partial f}{\partial y}\bigg|_{(x_0, y_0)}.$$

以下给出方向导数存在的充分条件和计算公式.

定理 8.7 若函数 $z = f(x, y)$ 在点 $P_0(x_0, y_0)$ 处可微, l 的方向余弦为 $\cos \alpha$, $\cos \beta$, 则函数 $z = f(x, y)$ 在点 $P_0(x_0, y_0)$ 处沿 l 的方向导数存在, 且

$$\frac{\partial z}{\partial l}\bigg|_{(x_0, y_0)} = f_x(x_0, y_0) \cos \alpha + f_y(x_0, y_0) \cos \beta.$$

证 由 $z = f(x, y)$ 在点 $P_0(x_0, y_0)$ 处可微, 有

$$f(x_0 + t\cos \alpha, y_0 + t\cos \beta) - f(x_0, y_0)$$
$$= f_x(x_0, y_0) t\cos \alpha + f_y(x_0, y_0) t\cos \beta + o(t),$$

从而

$$\frac{\partial z}{\partial l}\bigg|_{(x_0, y_0)} = \lim_{t \to 0} \frac{f(x_0 + t\cos \alpha, y_0 + t\cos \beta) - f(x_0, y_0)}{t}$$
$$= f_x(x_0, y_0) \cos \alpha + f_y(x_0, y_0) \cos \beta.$$

方向导数的定义和计算公式都可以推广到二元以上的多元函数. 例如三元函数 $u = f(x, y, z)$ 沿方向 l 的方向导数为

$$\frac{\partial u}{\partial l} = u_x \cos \alpha + u_y \cos \beta + u_z \cos \gamma,$$

其中 $\cos \alpha, \cos \beta, \cos \gamma$ 为 l 的方向余弦.

例 8.32 求函数 $u = 3x^2 + 2y^2 - z^2$ 在点 $M_0(1, 2, -1)$ 处沿方向 $l = (8, -1, 4)$ 的方向导数.

解 由 $u_x\big|_{M_0} = 6x\big|_{M_0} = 6, u_y\big|_{M_0} = 4y\big|_{M_0} = 8, u_z\big|_{M_0} = -2z\big|_{M_0} = 2$, 将 l 单位化得

$$l^0 = (\cos \alpha, \cos \beta, \cos \gamma) = \frac{1}{9}(8, -1, 4),$$

故所求方向导数为

$$\frac{\partial u}{\partial l}\bigg|_{M_0} = 6 \cdot \frac{8}{9} + 8\left(-\frac{1}{9}\right) + 2 \cdot \frac{4}{9} = \frac{48}{9}.$$

8.6.2 梯度

多元函数在一点的方向导数是依赖于方向的,那么很自然的问题是:函数沿何方向的方向导数最大? 为此我们先介绍梯度的概念.

定义 8.7 若函数 $f(x,y)$ 在点 $P_0(x_0,y_0)$ 处可微,则称向量

$$(f_x(x_0,y_0),f_y(x_0,y_0))$$

为函数 f 在点 $P_0(x_0,y_0)$ 的梯度,记为

$$\left.\mathrm{grad}\,f\right|_{(x_0,y_0)}, \ \mathrm{grad}\,f(x_0,y_0), \ \left.\nabla f\right|_{(x_0,y_0)}, \ \text{或}\,\nabla f(x_0,y_0),$$

这里 $\nabla = \left(\dfrac{\partial}{\partial x},\dfrac{\partial}{\partial y}\right)$ 是个算子,称为向量微分算子或哈密顿(Hamilton)算子.

由于函数 $z=f(x,y)$ 在点 $P_0(x_0,y_0)$ 的方向导数为

$$\left.\frac{\partial z}{\partial \boldsymbol{l}}\right|_{(x_0,y_0)} = f_x(x_0,y_0)\cos\alpha + f_y(x_0,y_0)\cos\beta$$

$$= (f_x(x_0,y_0),f_y(x_0,y_0))\cdot(\cos\alpha,\cos\beta),$$

利用梯度的符号,则方向导数可表示为

$$\frac{\partial f}{\partial \boldsymbol{l}} = \nabla f\cdot \boldsymbol{l}^0.$$

若记 $\varphi = (\widehat{\nabla f,\boldsymbol{l}^0}) = (\widehat{\nabla f,\boldsymbol{l}})$,那么由数量积定义

$$\frac{\partial f}{\partial \boldsymbol{l}} = \nabla f\cdot \boldsymbol{l}^0 = |\nabla f|\,|\boldsymbol{l}^0|\cos\varphi,$$

从而当且仅当 $\varphi=0$ 时,$\dfrac{\partial f}{\partial \boldsymbol{l}}$ 取得最大值 $|\nabla f|$,而当 $\varphi=\pi$ 时,$\dfrac{\partial f}{\partial \boldsymbol{l}}$ 取得最小值 $-|\nabla f|$.

故我们获知:梯度的方向是方向导数取最大值时的方向,也即函数变化率最大的方向,它的模是方向导数的最大值. 而与梯度方向相反的方向则是方向导数取最小值时的方向.

梯度的概念也可推广到二元以上的多元函数.

例 8.33   求函数 $u=3x^2+2y^2-z^2$ 在点 $M_0(1,2,-1)$ 处分别沿何方向时方向导数取最大值和最小值? 且求出最大值和最小值.

解 首先易得

$$\left.\nabla u\right|_{M_0} = \left.(6x,4y,-2z)\right|_{M_0} = (6,8,2),$$

于是函数沿向量 $(6,8,2)$ 的方向,方向导数取得最大值

$$\left|\left.\nabla u\right|_{M_0}\right| = \sqrt{6^2+8^2+2^2} = 2\sqrt{26};$$

而当函数沿 $\left.-\nabla u\right|_{M_0} = (-6,-8,-2)$ 的方向,方向导数取得最小值

$$-\left.|\nabla u|\right|_{M_0}=-2\sqrt{26}.$$

利用梯度的定义容易证明下列运算性质

$$\nabla(c_1 u+c_2 v)=c_1\nabla u+c_2\nabla v\ (c_1,c_2\ 是常数);$$

$$\nabla(uv)=v\nabla u+u\nabla v;\ \nabla\left(\frac{u}{v}\right)=\frac{v\nabla u-u\nabla v}{v^2}\ (v\neq 0);$$

$$\nabla(f(u))=f'(u)\nabla u;\quad \nabla(g(u,v))=g_u\nabla u+g_v\nabla v.$$

其中 f,g 分别为一元和二元的可微函数.

以下我们从另一个角度来考察梯度,考察在有较多物理背景的三维空间中进行.

许多物理量依赖于其在空间区域 Ω 的位置 $M(x,y,z)$ 以及时间 $t\in T$,实际上就是一个函数

$$u=u(M,t)=u(x,y,z,t),\ M\in\Omega,\ t\in T,$$

称其为这物理量的数量场;在物理量为向量时,我们就得到向量函数,例如

$$\boldsymbol{F}=(P(x,y,z,t),Q(x,y,z,t),R(x,y,z,t)),\ M\in\Omega,\ t\in T,$$

称其为这物理量的向量场. 数量场和向量场总称为场.

特别当函数 u 不依赖时间而为

$$u=u(M)=u(x,y,z),\quad M\in\Omega$$

或

$$\boldsymbol{F}=\boldsymbol{F}(M)=\boldsymbol{F}(x,y,z),\quad M\in\Omega$$

时称其为稳定场.

例如温度就是一个数量场,一般而言温度场不是稳定的,但在某个有界区域,温度场可能是稳定场. 又如流体的速度就是一个向量场,速度场同样可能是非稳定或者是稳定的.

对于数量场 u 可以定义它的梯度场:u 在点 M 的梯度是一个向量,其方向为 u 变化率最大的方向,而其大小为这最大变化率的值.

这里梯度的定义与梯度

$$\nabla u=(u_x,u_y,u_z)$$

的定义虽然不同,但由前面的讨论我们知道它们是一致的.

从梯度场的定义不难理解,梯度并不依赖于坐标系的选择,因为数量场在一点某方向的变化率显然与坐标轴的选取无关.

例 8.34 设位于原点的点电荷电量为 q,则在它周围任一点 $M(x,y,z)$ 的电位为

$$V=\frac{q}{4\pi\varepsilon r},$$

其中 ε 为介电常数,r 是定位向量 $\boldsymbol{r}=(x,y,z)$ 的模,即 $r=\sqrt{x^2+y^2+z^2}$,求此电位场的梯度场.

解 依梯度运算法则,得到电位场的梯度场为

$$\nabla V = \frac{\mathrm{d}V}{\mathrm{d}r}\nabla r = -\frac{q}{4\pi\varepsilon r^2}\cdot\frac{1}{r}(x,y,z)$$

$$= -\frac{q}{4\pi\varepsilon}\cdot\frac{\boldsymbol{r}}{r^3}.$$

从物理学知道,置于原点的点电荷 q,在周围一点所产生的电场强度为

$$\boldsymbol{E}=\frac{q}{4\pi\varepsilon}\cdot\frac{\boldsymbol{r}}{r^3},$$

于是得到

$$\boldsymbol{E}=-\nabla V.$$

由此我们知道电场强度方向是指向电位下降最快的方向.

8.7 多元微分学在几何中的应用

8.7.1 空间曲线的切线及法平面

首先我们将平面曲线的切线的概念推广到空间曲线,进而给出空间曲线的法平面的定义.

设 $M_0(x_0,y_0,z_0)$ 是空间曲线 Γ 上一点,在 Γ 上 M_0 近旁任取一点 $M(x,y,z)$,过 M_0,M 作 Γ 的割线(见图 8.11),若当点 M 沿曲线 Γ 趋于 M_0 时,割线 M_0M 的极限(直线)存在,则称此极限(直线)为曲线 Γ 在点 M_0 处的切线,即图 8.11 中的直线 L_T. 过 M_0 且与切线 L_T 垂直的平面称为曲线在点 M_0 处的法平面.

现在来建立空间曲线 Γ 在点 $M_0(x_0,y_0,z_0)$ 处的切线与法平面方程.

设空间曲线 Γ 的参数方程为

$$x=x(t),y=y(t),z=z(t),$$

其中 $x(t),y(t),z(t)$ 可导,且 $x'^2(t)+y'^2(t)+z'^2(t)\neq0$. 曲线 Γ 上点 $M_0(x_0,y_0,z_0)$ 对应的参数为 $t=t_0$,点 $M(x,y,z)$ 对应的参数 $t=t_0+\Delta t$,于是,割线 M_0M 方程为

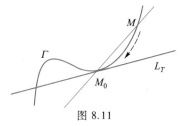

图 8.11

$$\frac{x-x_0}{x(t_0+\Delta t)-x(t_0)}=\frac{y-y_0}{y(t_0+\Delta t)-y(t_0)}=\frac{z-z_0}{z(t_0+\Delta t)-z(t_0)},$$

在上式中分母都除以 Δt, 当 $\Delta t \to 0$, 即 $M \to M_0$ 时, 得到割线 M_0M 的极限直线

$$\frac{x-x_0}{x'(t_0)}=\frac{y-y_0}{y'(t_0)}=\frac{z-z_0}{z'(t_0)},$$

这就是曲线 Γ 在点 M_0 处的切线方程. 而向量

$$\boldsymbol{\tau}=(x'(t_0),y'(t_0),z'(t_0))$$

称为曲线 Γ 在 M_0 的切向量.

从而我们得到曲线在点 M_0 处的法平面方程

$$x'(t_0)(x-x_0)+y'(t_0)(y-y_0)+z'(t_0)(z-z_0)=0.$$

另外值得注意, 由于

$$(\mathrm{d}x,\mathrm{d}y,\mathrm{d}z)=(x'(t),y'(t),z'(t))\mathrm{d}t /\!/ (x'(t),y'(t),z'(t)),$$

因此 $(\mathrm{d}x,\mathrm{d}y,\mathrm{d}z)$ 实际上也给出了一个切向量, 或者说它与切向量共线.

如果空间曲线 Γ 在其上每一点处都有切线, 而且切向量 $(x'(t),y'(t),z'(t))$ 是连续变化的, 我们称这样的曲线为光滑曲线.

若 $\boldsymbol{r}=(x,y,z)$ 为空间上点 (x,y,z) 的定位向量, 曲线 Γ 可表示为如下的向量式参数方程

$$\Gamma:\boldsymbol{r}=\boldsymbol{r}(t)=(x(t),y(t),z(t)),$$

则曲线 Γ 在点 $(x(t_0),y(t_0),z(t_0))$ 的切向量为

$$\boldsymbol{r}'(t_0)=(x'(t_0),y'(t_0),z'(t_0)),$$

该点的切线为

$$L_T:\boldsymbol{r}=\boldsymbol{r}(t_0)+t\boldsymbol{r}'(t_0),$$

即

$$L_T:\begin{pmatrix}x\\y\\z\end{pmatrix}=\begin{pmatrix}x(t_0)\\y(t_0)\\z(t_0)\end{pmatrix}+t\begin{pmatrix}x'(t_0)\\y'(t_0)\\z'(t_0)\end{pmatrix}.$$

若一质点在空间上的运动轨迹为

$$\boldsymbol{r}=\boldsymbol{r}(t)=(x(t),y(t),z(t)),$$

其运动方向是时间 t 增加的方向, 则此质点在点 $(x(t),y(t),z(t))$ 处的速度向量是

$$\boldsymbol{v}(t)=\boldsymbol{r}'(t)=(x'(t),y'(t),z'(t)).$$

由此我们知道, 质点运动的速度方向就是质点运动曲线的切线方向; 反之, 质点运动曲线的切线方向是质点的速度方向或速度方向的反方向.

例 **8.35**   求螺旋线 $x = a\cos t, y = a\sin t, z = bt$ (a, b 均正常数) 在任一点处的切线与法平面方程, 并证明曲线上任一点的切线与 z 轴的夹角为定角.

解   曲线上任一点 $M_0(x(t_0), y(t_0), z(t_0))$ 处的切向量为

$$\boldsymbol{\tau} = (x'(t_0), y'(t_0), z'(t_0)) = (-a\sin t_0, a\cos t_0, b) = (-y_0, x_0, b),$$

从而过该点的切线方程为

$$\frac{x-x_0}{-a\sin t_0} = \frac{y-y_0}{a\cos t_0} = \frac{z-z_0}{b};$$

法平面方程为

$$-a\sin t_0(x-x_0) + a\cos t_0(y-y_0) + b(z-z_0) = 0.$$

又 z 轴的方向向量为 $\boldsymbol{k} = (0,0,1)$, 故切线和 z 轴夹角 $(\widehat{\boldsymbol{\tau}, \boldsymbol{k}})$ 的余弦为

$$\cos(\widehat{\boldsymbol{\tau}, \boldsymbol{k}}) = \frac{|\boldsymbol{\tau} \cdot \boldsymbol{k}|}{|\boldsymbol{\tau}||\boldsymbol{k}|} = \frac{b}{\sqrt{(-a\sin t_0)^2 + (a\cos t_0)^2 + b^2}} = \frac{b}{\sqrt{a^2+b^2}},$$

故夹角为定角.

若空间曲线 Γ 以一般式

$$\begin{cases} F(x,y,z) = 0, \\ G(x,y,z) = 0 \end{cases}$$

给出, 只要满足隐函数存在定理的条件, 那么方程组在 M_0 的邻域内可确定唯一的隐函数组 $y = y(x), z = z(x)$, 此时可认为曲线方程是以 x 为参数的, 利用隐函数求导法可以求出曲线在 M_0 的切向量, 进而可得切线和法平面方程.

下面的例题将介绍利用全微分来求切向量, 这一方法在 8.5.3 小节对例 8.31 应用过.

例 **8.36**   求球面 $x^2+y^2+z^2 = 4a^2$ 及柱面 $x^2+y^2 = 2ay$ 的交线 (维维亚尼曲线) 在点 $M_0(a, a, \sqrt{2}a)$ 的切线及法平面方程.

解   对两个曲面方程求微分得

$$2x\,dx + 2y\,dy + 2z\,dz = 0, \quad 2x\,dx + (2y-2a)\,dy = 0,$$

特别在 $M_0(a, a, \sqrt{2}a)$ 处可得

$$dx + dy + \sqrt{2}\,dz = 0, \quad dx = 0,$$

这样导出

$$\frac{dx}{0} = \frac{dy}{\sqrt{2}} = \frac{dz}{-1} \Leftrightarrow (dx, dy, dz) \,/\!/\, (0, \sqrt{2}, -1),$$

于是曲线上 M_0 处的切向量为 $(0, \sqrt{2}, -1)$.

故所求切线方程为

$$\frac{x-a}{0}=\frac{y-a}{\sqrt{2}}=\frac{z-\sqrt{2}\,a}{-1},$$

法平面方程为

$$\sqrt{2}\,(y-a)-(z-\sqrt{2}\,a)=0, \quad 即\sqrt{2}\,y-z=0.$$

8.7.2 曲面的切平面与法线

设曲面 S 的方程为

$$F(x,y,z)=0,$$

点 $M_0(x_0,y_0,z_0)\in S$, 函数 $F(x,y,z)$ 在 M_0 的某邻域 $U(M_0)$ 内可微.

考察曲面 S 上任意一条过 M_0 的光滑曲线 (图 8.12)

$$\Gamma:\boldsymbol{r}=\boldsymbol{r}(t)=(x(t),y(t),z(t)),$$

点 M_0 对应于参数 t_0, 则 $x(t),y(t),z(t)$ 有连续导数且

$$x'^2(t)+y'^2(t)+z'^2(t)\neq0.$$

由于曲线 Γ 在 S 上, 所以

$$F(x(t),y(t),z(t))\equiv0,$$

在此等式两端对 t 求全导数, 并令 $t=t_0$, 得

$$F_x(x_0,y_0,z_0)x'(t_0)+$$

$$F_y(x_0,y_0,z_0)y'(t_0)+F_z(x_0,y_0,z_0)z'(t_0)=0,$$

即

$$\nabla F(M_0)\cdot(x'(t_0),y'(t_0),z'(t_0))=0,$$

这意味着向量 $\nabla F(M_0)$ 与曲线 Γ 在点 M_0 处的切向量

$$\boldsymbol{r}'(t_0)=(x'(t_0),y'(t_0),z'(t_0))$$

垂直.

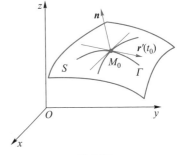

图 8.12

由光滑曲线 Γ 的任意性知, 所有过 M_0 的这些曲线在点 M_0 的切线都和 $\nabla F(M_0)$ 垂直, 因此这些切线都在同一平面上, 这平面过点 M_0 且以 $\nabla F(M_0)$ 为法向量.

这样我们就可以定义曲面 S 的切平面和法线:

由曲面 S 上所有过点 M_0 的光滑曲线在 M_0 的切线所组成的平面称为曲面 S 在 M_0 处的切平面. 而过点 M_0 与切平面垂直的直线称为曲面 S 在 M_0 处的法线.

根据上面的讨论立即得到曲面 S 在点 M_0 处切平面的法向量可取为

$$\boldsymbol{n}=\nabla F(M_0)=(F_x(x_0,y_0,z_0),F_y(x_0,y_0,z_0),F_z(x_0,y_0,z_0)),$$

从而 S 在 M_0 处的切平面方程为

$$F_x(x_0,y_0,z_0)(x-x_0)+F_y(x_0,y_0,z_0)(y-y_0)+F_z(x_0,y_0,z_0)(z-z_0)=0,$$

法线方程为

$$\frac{x-x_0}{F_x(x_0,y_0,z_0)}=\frac{y-y_0}{F_y(x_0,y_0,z_0)}=\frac{z-z_0}{F_z(x_0,y_0,z_0)}.$$

曲面 S 在 M_0 处切平面的法向量也称为 S 在 M_0 处的法向量.

类似于光滑曲线,对曲面

$$S:F(x,y,z)=0,$$

若 F 有连续偏导数,且 $F_x^2+F_y^2+F_z^2\neq0$,则 S 上的每点都有切平面,而且法向量

$$\boldsymbol{n}=\nabla F=(F_x,F_y,F_z)$$

是连续变化的,称这样的曲面为光滑曲面.

特别地,若曲面 S 的方程为

$$z=f(x,y),$$

其中 f 可微,只要令

$$F(x,y,z)=f(x,y)-z,$$

则 S 在点 $M_0(x_0,y_0,f(x_0,y_0))$ 处法向量为

$$\boldsymbol{n}=\nabla F(M_0)=(f_x(x_0,y_0),f_y(x_0,y_0),-1).$$

于是 S 在 M_0 处的切平面方程为

$$f_x(x_0,y_0)(x-x_0)+f_y(x_0,y_0)(y-y_0)-(z-z_0)=0,$$

这个切平面方程和我们在全微分几何意义中给出的方程完全一致.

而在 M_0 处的法线方程为

$$\frac{x-x_0}{f_x(x_0,y_0)}=\frac{y-y_0}{f_y(x_0,y_0)}=\frac{z-z_0}{-1}.$$

例 8.37 求曲面 $z=x^2+\dfrac{1}{4}y^2-1$ 上点 $(-1,-2,1)$ 处的切平面和法线方程.

解 曲面在点 $(-1,-2,1)$ 的法向量为

$$\boldsymbol{n}=\left(2x,\frac{1}{2}y,-1\right)\bigg|_{(-1,-2,1)}=(-2,-1,-1),$$

故所求切平面方程为

$$-2(x+1)-(y+2)-(z-1)=0,$$

即

$$2x+y+z+3=0;$$

所求法线方程为

$$\frac{x+1}{2}=\frac{y+2}{1}=\frac{z-1}{1}.$$

若空间曲线 $\varGamma$ 是曲面 $S_1:F(x,y,z)=0$ 和 $S_2:G(x,y,z)=0$ 的交线,它在其上一点 M_0 处的切线同时落在 S_1 和 S_2 在点 M_0 处的切平面上,所以曲线 $\varGamma$ 在点 M_0 处的切线就是 S_1 S_2 在点 M_0 处的切平面的交线,从而其方向垂直于这两个切平面的法向量.

以此思路我们回顾例 8.36,可以有下述解法:

球面 $S_1:x^2+y^2+z^2=4a^2$ 和柱面 $S_2:x^2+y^2=2ay$ 在点 $M_0(a,a,\sqrt{2}a)$ 的法向量分别为

$$\boldsymbol{n}_1=2a(1,1,\sqrt{2}),\boldsymbol{n}_2=2a(1,0,0),$$

故 S_1 和 S_2 的交线在点 $M_0(a,a,\sqrt{2}a)$ 处的切线为两个切平面的交线:

$$\begin{cases}(x-a)+(y-a)+\sqrt{2}(z-\sqrt{2}a)=0,\\ x-a=0,\end{cases} \quad 即 \begin{cases}x+y+\sqrt{2}z-4a=0,\\ x-a=0.\end{cases}$$

切线的方向向量为 $(1,1,\sqrt{2})\times(1,0,0)=(0,\sqrt{2},-1)$,此时切线方程可表示为

$$\frac{x-a}{0}=\frac{y-a}{\sqrt{2}}=\frac{z-\sqrt{2}a}{-1},$$

而法平面方程为

$$\sqrt{2}(y-a)-(z-\sqrt{2}a)=0,\quad 即\sqrt{2}y-z=0.$$

8.8 二元泰勒公式与多元函数的极值

8.8.1 二元函数的泰勒公式

这一小节我们将一元函数的泰勒公式推广到二元函数.

设二元函数 $f(x,y)$ 在 $P_0(x_0,y_0)$ 的邻域 $U(P_0)$ 内有 $n+1$ 阶连续偏导数,$P(x,y)\in U(P_0)$,其中 $(x,y)=(x_0+\Delta x,y_0+\Delta y)$,引进函数

$$F(t)=f(x_0+t\Delta x,y_0+t\Delta y),\quad t\in[0,1],$$

那么 $F(t)$ 在 $[0,1]$ 上具有 $n+1$ 阶连续导数,且

$$F(0)=f(x_0,y_0),\quad F(1)=f(x_0+\Delta x,y_0+\Delta y).$$

在一元函数 $F(t)$ 的泰勒公式

$$F(t)=F(0)+F'(0)t+\frac{1}{2!}F''(0)t^2+\cdots+\frac{1}{n!}F^{(n)}(0)t^n+\frac{1}{(n+1)!}F^{(n+1)}(\theta t)t^{n+1},\quad \theta\in(0,1)$$

中,取 $t=1$,得到

$$F(1) = F(0) + \frac{F'(0)}{1!} + \frac{F''(0)}{2!} + \cdots + \frac{F^{(n)}(0)}{n!} + \frac{F^{(n+1)}(\theta)}{(n+1)!}, \quad \theta \in (0,1).$$

由 $F(t)$ 的定义,利用复合函数的微分法,得到

$$F'(t) = \left(\Delta x \frac{\partial f}{\partial x} + \Delta y \frac{\partial f}{\partial y} \right) \Big|_{(x_0+t\Delta x,\, y_0+t\Delta y)}.$$

为简单计,采用运算符号

$$\left(\Delta x \frac{\partial}{\partial x} + \Delta y \frac{\partial}{\partial y} \right) f = \Delta x \frac{\partial f}{\partial x} + \Delta y \frac{\partial f}{\partial y},$$

那么

$$F'(t) = \left(\Delta x \frac{\partial}{\partial x} + \Delta y \frac{\partial}{\partial y} \right) f \Big|_{(x_0+t\Delta x,\, y_0+t\Delta y)};$$

$$F''(t) = \left[(\Delta x)^2 \frac{\partial^2 f}{\partial x^2} + 2\Delta x \Delta y \frac{\partial^2 f}{\partial x \partial y} + (\Delta y)^2 \frac{\partial^2 f}{\partial y^2} \right] \Big|_{(x_0+t\Delta x,\, y_0+t\Delta y)}$$

$$= \left(\Delta x \frac{\partial}{\partial x} + \Delta y \frac{\partial}{\partial y} \right)^2 f \Big|_{(x_0+t\Delta x,\, y_0+t\Delta y)}.$$

一般地,可得到

$$F^{(k)}(t) = \left(\Delta x \frac{\partial}{\partial x} + \Delta y \frac{\partial}{\partial y} \right)^k f \Big|_{(x_0+t\Delta x,\, y_0+t\Delta y)}, \quad k=0,1,\cdots,n+1.$$

特别当 $t=0$ 时有

$$F^{(k)}(0) = \left(\Delta x \frac{\partial}{\partial x} + \Delta y \frac{\partial}{\partial y} \right)^k f \Big|_{(x_0,\, y_0)}, \quad k=0,1,\cdots,n;$$

$$F^{(n+1)}(\theta) = \left(\Delta x \frac{\partial}{\partial x} + \Delta y \frac{\partial}{\partial y} \right)^{n+1} f \Big|_{(x_0+\theta\Delta x,\, y_0+\theta\Delta y)}, \quad \theta \in (0,1).$$

将上述结果代入上面以 $F(1)$ 为左端的关系式,就得到如下的二元函数的泰勒公式.

定理 8.8   设函数 $z=f(x,y)$ 在点 $P_0(x_0,y_0)$ 的某邻域 $U(P_0)$ 内具有 $n+1$ 阶连续偏导数,则

$$f(x_0+\Delta x, y_0+\Delta y) = \sum_{k=0}^{n} \frac{1}{k!} \left(\Delta x \frac{\partial}{\partial x} + \Delta y \frac{\partial}{\partial y} \right)^k f \Big|_{(x_0,\, y_0)} + R_n,$$

其中

$$R_n = \frac{1}{(n+1)!} \left(\Delta x \frac{\partial}{\partial x} + \Delta y \frac{\partial}{\partial y} \right)^{n+1} f \Big|_{(x_0+\theta\Delta x,\, y_0+\theta\Delta y)} \quad (0<\theta<1)$$

称为拉格朗日型余项,上述公式称为 $f(x,y)$ 在点 $P_0(x_0,y_0)$ 处的 n 阶泰勒公式.

特别地,当 $n=0$ 时,得到二元函数的拉格朗日中值定理:

$$f(x_0+\Delta x, y_0+\Delta y)-f(x_0, y_0)$$

$$=f_x(x_0+\theta\Delta x, y_0+\theta\Delta y)\Delta x+f_y(x_0+\theta\Delta x, y_0+\theta\Delta y)\Delta y \quad (0<\theta<1).$$

若在区域 D 内,二元函数 $f(x,y)$ 的两个偏导数恒等于 0,即

$$f_x(x,y)=f_y(x,y)=0,$$

则由以上拉格朗日中值定理推得

$$f(x_0+\Delta x, y_0+\Delta y)\equiv f(x_0, y_0),$$

即在区域 D 内,$f(x,y)$ 为常数.

若 $f(x,y)$ 在 $U(P_0)$ 内有 n 阶连续偏导数,则可以得到

$$R_n=o(\rho^n) \quad (\rho=\sqrt{(\Delta x)^2+(\Delta y)^2}),$$

这是二元函数泰勒公式的佩亚诺型余项.

在二元函数泰勒公式中,取 $x_0=0$, $y_0=0$ 便得到二元函数的麦克劳林公式

$$f(x,y)=\sum_{k=1}^{n}\frac{1}{k!}\left(x\frac{\partial}{\partial x}+y\frac{\partial}{\partial y}\right)^k f\bigg|_{(0,0)}+R_n,$$

其中

$$R_n=\frac{1}{(n+1)!}\left(x\frac{\partial}{\partial x}+y\frac{\partial}{\partial y}\right)^{n+1}f\bigg|_{(\theta x, \theta y)}, 0<\theta<1.$$

例 8.38 求函数 $f(x,y)=\ln(2+x-y)$ 在 $(1,0)$ 处的二阶泰勒公式.

解 由 $\quad f_x=-f_y=\dfrac{1}{2+x-y}$, $f_{xx}=-f_{xy}=f_{yy}=-\dfrac{1}{(2+x-y)^2}$,

$$f_{x^3}=-f_{x^2y}=f_{xy^2}=-f_{y^3}=\frac{2}{(2+x-y)^3},$$

故得

$$f(1,0)=\ln 3, \quad f_x(1,0)=\frac{1}{3}, \quad f_y(1,0)=-\frac{1}{3};$$

$$f_{xx}(1,0)=-\frac{1}{9}, \quad f_{xy}(1,0)=\frac{1}{9}, \quad f_{yy}(1,0)=-\frac{1}{9};$$

$$f_{x^3}(1+\theta(x-1), \theta y)=-f_{x^2y}(1+\theta(x-1), \theta y)$$

$$=f_{xy^2}(1+\theta(x-1), \theta y)$$

$$=-f_{y^3}(1+\theta(x-1), \theta y)$$

$$=\frac{2}{[3+\theta(x-1-y)]^3}, 0<\theta<1;$$

于是得

$$\ln(2+x-y)$$

$$=\ln 3+\frac{1}{3}(x-1)-\frac{1}{3}y+\frac{1}{2!}\left[-\frac{1}{9}(x-1)^2+\frac{2}{9}(x-1)y-\frac{1}{9}y^2\right]+$$

$$\frac{1}{3!}\frac{2}{[3+\theta(x-1-y)]^3}[(x-1)^3-3(x-1)^2y+3(x-1)y^2-y^3],0<\theta<1.$$

二元函数的泰勒公式可以推广到 n ($n>2$) 元函数.

8.8.2 多元函数的极值

我们仍以二元函数为例来进行讨论.

定义 8.8 设二元函数 $f(x,y)$ 在点 $P_0(x_0,y_0)$ 的某邻域 $U(P_0)$ 内有定义,若在此邻域内有

$$f(x,y)\leqslant f(x_0,y_0)\quad(\text{或} f(x,y)\geqslant f(x_0,y_0)),$$

则称函数 f 在 $P_0(x_0,y_0)$ 处取得极大值(或极小值)$f(x_0,y_0)$,而点 $P_0(x_0,y_0)$ 称为函数 f 的极大值点(或极小值点).

极大值、极小值统称为极值,极大值点、极小值点统称为极值点.

例如函数 $z=\dfrac{x^2}{2}+\dfrac{y^2}{4}-2$ 在 $(0,0)$ 处的值为 -2,而在 $(0,0)$ 处附近函数值恒大于 -2,因此函数在 $(0,0)$ 处取得极小值 -2,$(0,0)$ 为极小值点.

设 $f(x,y)$ 在点 (x_0,y_0) 处取得极值,且函数 f 在点 (x_0,y_0) 处的一阶偏导数存在,那么一元函数 $f(x,y_0)$ 在点 x_0 处也有极值,从而由可导的一元函数极值的必要条件得到

$$f_x(x_0,y_0)=0;$$

同理有 $f_y(x_0,y_0)=0$.

于是有如下的定理.

定理 8.9(二元函数极值的必要条件) 设二元函数 $z=f(x,y)$ 在点 $P_0(x_0,y_0)$ 处取得极值,且函数 f 在点 (x_0,y_0) 可微,则

$$f_x(x_0,y_0)=f_y(x_0,y_0)=0.$$

满足上式的点 (x_0,y_0) 称为二元函数 f 的驻点.

从定理 8.9 可知,若函数可微,则函数的极值点必定是它的驻点,因此如同一元函数那样,我们有:

二元函数的极值点存在于驻点或至少有一个偏导数不存在的点之中.

但是反过来,驻点未必是极值点.

例如函数 $z=xy$ 在点 $(0,0)$ 处有 $z_x\big|_{(0,0)}=z_y\big|_{(0,0)}=0$,故 $(0,0)$ 是驻点;但不难看出在 $(0,0)$ 的任何邻域内,z 既可取到正值,又可取到负值,故它显然不是极

值点.

定义 8.8 和定理 8.9 可以推广到 n（$n > 2$）元函数.

下面我们介绍二元函数极值的充分条件.

定理 8.10（二元函数极值的充分条件） 设二元函数 $z = f(x, y)$ 在点 $P_0(x_0, y_0)$ 的邻域 $U(P_0)$ 内有连续的二阶偏导数，且 $P_0(x_0, y_0)$ 是函数 $f(x, y)$ 的驻点，记

$$A = f_{xx}(x_0, y_0), \quad B = f_{xy}(x_0, y_0) = f_{yx}(x_0, y_0), \quad C = f_{yy}(x_0, y_0),$$

以及

$$H = AC - B^2,$$

则

（1）当 $H > 0$ 时，$f(x_0, y_0)$ 是函数 f 的极值.

若 $A > 0$，$f(x_0, y_0)$ 是极小值；若 $A < 0$，$f(x_0, y_0)$ 是极大值；

（2）当 $H < 0$ 时，$f(x_0, y_0)$ 不是函数 f 的极值.

证 由于 (x_0, y_0) 是 f 的驻点，利用二元函数的一阶泰勒公式可得

$$\Delta f = f(x_0 + \Delta x, y_0 + \Delta y) - f(x_0, y_0)$$

$$= \left(\Delta x \frac{\partial}{\partial x} + \Delta y \frac{\partial}{\partial y} \right) f \bigg|_{(x_0, y_0)} + \frac{1}{2} \left(\Delta x \frac{\partial}{\partial x} + \Delta y \frac{\partial}{\partial y} \right)^2 f \bigg|_{(x_0 + \theta \Delta x, y_0 + \theta \Delta y)}$$

$$= \frac{1}{2} \left[(\Delta x)^2 f_{xx} + 2\Delta x \Delta y f_{xy} + (\Delta y)^2 f_{yy} \right] \bigg|_{(x_0 + \theta \Delta x, y_0 + \theta \Delta y)},$$

其中 $\theta \in (0, 1)$.

以下我们在 (x_0, y_0) 的某个去心邻域内讨论 Δf，由于此时 $\Delta x, \Delta y$ 不全为零，不妨设 $\Delta y \neq 0$，令 $\mu = \dfrac{\Delta x}{\Delta y}$，则

$$\Delta f = \frac{1}{2} (\Delta y)^2 (f_{xx} \mu^2 + 2 f_{xy} \mu + f_{yy}) \bigg|_{(x_0 + \theta \Delta x, y_0 + \theta \Delta y)}.$$

注意上式右端方括弧中是一个关于 μ 的二次三项式，它的系数是 $f_{xx}, 2f_{xy}, f_{yy}$ 在点 $(x_0 + \theta \Delta x, y_0 + \theta \Delta y)$ 的值，下面我们来讨论其符号.

引进记号

$$\widetilde{H} = f_{xx} f_{yy} - f_{xy}^2,$$

则 $-4\widetilde{H} \bigg|_{(x_0 + \theta \Delta x, y_0 + \theta \Delta y)}$ 是 μ 的二次三项式的判别式. 因为 $\Delta x = 0, \Delta y = 0$ 时，$\widetilde{H} = H$，$f_{xx} = A$，且因 f 的二阶偏导数连续，故当 H 和 A 非零时，依极限保号性可知在 (x_0, y_0) 的某去心邻域内 $\widetilde{H}$ 与 H 同号，f_{xx} 与 A 同号，于是在这个去心邻域内：

（1）$H>0$ 时，$\tilde{H}>0$，从而 $-4\tilde{H}<0$，所以 Δf 与 f_{xx} 同号．故当 $A>0$ 时，有 $f_{xx}>0$，从而 $\Delta f>0$，(x_0,y_0) 是 f 的极小值点；当 $A<0$ 时，有 $f_{xx}<0$，从而 $\Delta f<0$，(x_0,y_0) 是 f 的极大值点；

（2）$H<0$ 时，$\tilde{H}<0$，因为 $-4\tilde{H}>0$，而在 (x_0,y_0) 的任意去心邻域内 μ 总可以取到一切实数，故 Δf 必定是变号的，从而 (x_0,y_0) 不是 f 的极值点．

定理 8.10 对 $H=0$ 的情况未给出确定的结论，事实上此时存在着各种可能．例如函数 $f(x,y)=x^4+y^4$，$g(x,y)=-(x^4+y^4)$，$h(x,y)=x^2y$，点 $(0,0)$ 都是它们的驻点，且 $H=0$，但 $f(0,0)$ 是极小值，$g(0,0)$ 是极大值，而 $h(0,0)$ 既不是极大值，也不是极小值．

例 8.39　求函数 $z=x^3+y^3-3xy$ 的极值．

解　$\dfrac{\partial z}{\partial x}=3x^2-3y$，$\dfrac{\partial z}{\partial y}=3y^2-3x$，令

$$\begin{cases}3x^2-3y=0,\\ 3y^2-3x=0,\end{cases}$$

解得驻点为 $(1,1)$ 和 $(0,0)$．

又由

$$\frac{\partial^2 z}{\partial x^2}=6x,\quad \frac{\partial^2 z}{\partial x\partial y}=-3,\quad \frac{\partial^2 z}{\partial y^2}=6y,$$

在点 $(1,1)$ 处，$A=6>0$，$B=-3$，$C=6$，$H=AC-B^2=36-9>0$，故 $(1,1)$ 是极小值点，极小值为 $f(1,1)=-1$．

在点 $(0,0)$ 处，$A=C=0$，$B=-3$，$AC-B^2<0$，故点 $(0,0)$ 不是极值点．

我们知道有界闭区域 D 上的连续函数 $f(x,y)$ 必定能取到最大值与最小值，若 f 在 D 的内点取得最大（小）值，则最大（小）值点一定是极大（小）值点，故它是 f 在 D 内的驻点或偏导数不存在的点．但 f 还可能在 D 的边界上取得最大（小）值，因此我们在求 D 上的连续函数的最大（小）值时，除了求出 f 在 D 内的驻点和偏导数不存在的点并比较 f 在这些点处函数值的大小，还需要考虑 f 的最大（小）值是否必定在 D 的内部取到，即还要与 f 在 D 的边界（曲线）上的最大（小）值进行比较．

在应用性问题中，由实际背景经常可知问题中函数在所考察区域内部必有最大值或最小值，且函数仅有唯一的驻点，那么此时驻点就是最大值点或最小值点．

例 8.40　试求函数 $f(x,y)=x^2+2y^2-2x-8y+5$ 在有界闭区域 $D=\{(x,y)\mid x^2+2y^2\leqslant 1\}$ 上的最大值和最小值．

解　由

$$\frac{\partial f}{\partial x}=2x-2=0\,,\qquad \frac{\partial f}{\partial y}=4y-8=0\,,$$

得到 f 的唯一驻点 $(1,2)$，但是 $(1,2)\notin D$，故连续函数 f 的最大值和最小值能且只能在 D 的边界 ∂D 上取得．

将 $\partial D:x^2+2y^2=1$ 表示为参数方程形式：

$$x=\cos\theta\,,\qquad y=\frac{1}{\sqrt{2}}\sin\theta\,,\qquad \theta\in[\,0,2\pi\,]\,,$$

则

$$f\left(\cos\theta,\frac{\sin\theta}{\sqrt{2}}\right)=6-2\cos\theta-4\sqrt{2}\sin\theta=6-6\sin(\theta+\phi_0)\,,$$

其中 $\phi_0=\arctan\dfrac{\sqrt{2}}{4}$，因此 f 在 ∂D 上的最大值是 12，最小值是 0．

所以 f 在有界闭区域 D 上的最大值是 12，最小值是 0．

例 8.41　一块宽为 24 cm 的矩形铁皮，把它的两边折起来做成一个截面积为等腰梯形的水槽，问怎样折法才能使水槽截面积最大？

解　设折起的边长为 x，其侧面与底面所在平面的夹角为 α，截面如图 8.13，则容易求得水槽的截面积为

图 8.13

$$S(x,\alpha)=\frac{1}{2}(24-2x+24-2x+2x\cos\alpha)\cdot x\sin\alpha$$

$$=24x\sin\alpha-2x^2\sin\alpha+x^2\sin\alpha\cos\alpha\,,$$

其中 $0<x<12,0<\alpha\leqslant\dfrac{\pi}{2}$．

由于

$$\frac{\partial S}{\partial x}=24\sin\alpha-4x\sin\alpha+2x\sin\alpha\cos\alpha\,,$$

$$\frac{\partial S}{\partial\alpha}=24x\cos\alpha-2x^2\cos\alpha+x^2(\cos^2\alpha-\sin^2\alpha)\,,$$

令 $\dfrac{\partial S}{\partial x}=\dfrac{\partial S}{\partial\alpha}=0$，且注意到 $x>0,\alpha>0$，得到

$$\begin{cases}12-2x+x\cos\alpha=0\,,\\24\cos\alpha-2x\cos\alpha+x(\cos^2\alpha-\sin^2\alpha)=0\,.\end{cases}$$

从而解出驻点为 $(x,\alpha)=\left(8,\dfrac{\pi}{3}\right)$，这是截面积 $S(x,\alpha)$ 在定义区域内的唯一驻点；而显然 $S(x,\alpha)$ 的最大值存在且必定在定义区域内部取到，所以 $\left(8,\dfrac{\pi}{3}\right)$ 必定是最大值点，于是当 $x=8,\alpha=\dfrac{\pi}{3}$ 时，水槽截面积最大.

例 8.42　一厂商通过电视和报纸两种方式做销售某种产品的广告，根据统计资料，销售收入 R（单位：万元）与电视广告费用 x（单位：万元）及报纸广告费用 y（单位：万元）之间的关系有如下的经验公式：
$$R=15+14x+32y-8xy-2x^2-10y^2,$$
试在广告费不限前提下，求最优广告策略（即如何分配两种不同传媒方式的广告费用，使产品的销售利润达到最大）.

解　设利润函数为 $L(x,y)$，则
$$L(x,y)=R-(x+y)=15+13x+31y-8xy-2x^2-10y^2,$$
从而
$$\frac{\partial L}{\partial x}=13-8y-4x,\qquad \frac{\partial L}{\partial y}=31-8x-20y.$$
由
$$\begin{cases}13-8y-4x=0,\\31-8x-20y=0,\end{cases}$$
解得唯一驻点为 $(0.75,1.25)$.

如何判定此驻点是否最大值点？

先求出此驻点上的函数值
$$L(0.75,1.25)=39.25,$$
再将其与定义域边界上（或边界附近）的函数值比较. 由于
$$L(x,0)=15+13x-2x^2=-2\left(x-\frac{13}{4}\right)^2+\frac{289}{8}\le 36.125,$$
$$L(0,y)=15+31y-10y^2=-10\left(y-\frac{31}{20}\right)^2+\frac{1\ 561}{40}\le 39.025,$$
又显然当 x,y 充分大时，$L(x,y)<0$.

所以 $L(x,y)$ 的最大值点必在 $(0.75,1.25)$，即当 $x=0.75$（万元），$y=1.25$（万元）时，厂商获取最大利润
$$L(0.75,1.25)=39.25（万元）.$$

在实际问题中，有时需要从一组测定数据

$$(x_1, y_1),\ (x_2, y_2),\ \cdots,\ (x_n, y_n)$$

中来寻求变量 x, y 之间的函数关系. 如果在 xOy
坐标平面上代表这些数据的点 $P_i(x_i, y_i)$ 大致分
布在某种类型曲线(例如直线、抛物线等)的附近
(图 8.14),当然我们希望求出这条近似曲线(或
称拟合曲线)的具体表达式,且使得产生的误差
尽可能地小,一种常用方法是设拟合曲线为

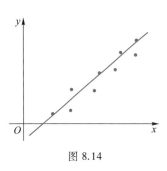

$$y = f(x),$$

$f(x)$ 是含有待定常数的某类函数(一次函数、二
次函数等),考虑函数

图 8.14

$$Q = \sum_{i=1}^{n} \left[f(x_i) - y_i \right]^2,$$

使 Q 取最小值来求出 $f(x)$ 表达式中的待定常数,从而得到 $f(x)$,这种方法称为
求拟合曲线的最小二乘法.

例 8.43 某种金属棒的长度 l 随着温度 t 变化,现测得一组数据如下表:

温度 $t/℃$	20	30	40	50	60
长度 l/mm	1 000.36	1 000.53	1 000.74	1 000.91	1 001.06

l 与 t 的关系估计为线性函数 $l = l_0(1 + ct)$,其中 l_0 表示 $0℃$ 时金属棒的长度,c 为
膨胀系数,试求出此函数.

解 令 $a = l_0, b = l_0 c$,则可将函数关系写成为

$$l = a + bt,$$

令

$$Q(a, b) = \sum_{i=1}^{5} \left[l_i - (a + bt_i) \right]^2,$$

由极值的必要条件得

$$\begin{cases} \dfrac{\partial Q}{\partial a} = -2 \sum_{i=1}^{5} (l_i - a - bt_i) = 0, \\ \dfrac{\partial Q}{\partial b} = -2 \sum_{i=1}^{5} (l_i - a - bt_i) t_i = 0, \end{cases}$$

经整理化简,得

$$\begin{cases} 5a + b \sum_{i=1}^{5} t_i = \sum_{i=1}^{5} l_i, \\ a \sum_{i=1}^{n} t_i + b \sum_{i=1}^{n} t_i^2 = \sum_{i=1}^{5} l_i t_i. \end{cases}$$

代入 t_i,l_i 的值,得方程组

$$\begin{cases} 5a+200b=5\ 003.60, \\ 200a+9\ 000b=200\ 161.8, \end{cases}$$

解得唯一驻点为 $(a,b)=(1\ 000.01,0.017\ 8)$,由问题的实际意义知 Q 在该点取最小值,故所求函数关系为

$$l=1\ 000.01+0.017\ 8t,$$

即

$$l=1\ 000.01(1+0.000\ 017\ 8t).$$

8.9　条件极值——拉格朗日乘数法

在上一节中我们讨论了多元函数的极值问题,讨论时函数各自变量在定义域内的变化未受任何条件的限制,可称这类极值问题为无条件(无约束)极值问题. 但是在许多极值问题中,函数自变量还要满足一定的条件,一般地,求 n 元函数

$$u=f(x_1,x_2,\cdots,x_n)$$

在 m 个条件 $\varphi_i(x_1,x_2,\cdots,x_n)=0\ (i=1,2,\cdots,m;m<n)$ 下的极值问题称为条件(约束)极值问题,通常将 $f(x_1,x_2,\cdots,x_n)$ 称为目标函数,$\varphi_i(x_1,x_2,\cdots,x_n)=0$ 称为约束(附加)条件.

下面我们以二元函数 $f(x,y)$ 在约束条件 $g(x,y)=0$ 下的条件极值(最值)问题引入几何解释.

先引入等值线的概念.对于常数 k,我们称曲线

$$C_k:\{(x,y)\,|\,f(x,y)=k,(x,y)\in D(f)\}$$

为函数 $f(x,y)$ 的等值线,即函数值 $f(x,y)$ 都等于 k 的点 (x,y) 形成的曲线,等值线简记为 $C_k:f(x,y)=k$.

不同的 k 对应不同的等值线,不同的等值线不会相交.例如,函数 $f(x,y)=x^2+4y^2$,对于常数 $1,4$,我们得到两条等值线,如图 8.15.

同样可以定义三元函数的等值面 $S_k:u(x,y,z)=k$.

由 8.7 节我们知道,等值面 $S_k:u(x,y,z)-k=0$ 上点 (x,y,z) 处的法向量为 $\nabla u|_{(x,y,z)}$,同样等值线 C_k: $f(x,y)-k=0$ 上点 (x,y) 处的法向量(垂直于切线)为 $\nabla f|_{(x,y)}$.

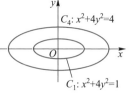

图 8.15

下面我们来给出条件极值(最值)处满足的必要条件的几何解释.设约束条件曲线 $g(x,y)=0$ 和目标函数的等值线 $f(x,y)=k$ 都是光滑曲线.

如图 8.16,我们在二维平面上先画出约束条件曲线 $g(x,y)=0$(蓝线),再画目标函数 $f(x,y)$ 的一些等值线 $C_i:f(x,y)=k_i(i=0,1,\cdots,4)$,其中 $k_0<k_1<\cdots<k_4$.

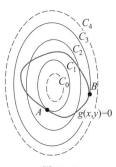

条件极值(最值)要求目标函数 $f(x,y)$ 的点 (x,y) 要满足约束条件,即 (x,y) 要在约束条件曲线上取,由此观察出 $f(x,y)$ 在约束条件曲线上的取值范围是 $[k_1,k_3]$,其中等值线 $C_1:f(x,y)=k_1$,$C_3:f(x,y)=k_3$ 与约束条件曲线相切,切点为 A,B,目标函数 $f(x,y)$ 分别在点 A,B 取到条件最小值 k_1,最大值 k_3.在点 A,B 处,等值线 $f(x,y)=$ $k_1,f(x,y)=k_3$ 与约束条件曲线 $g(x,y)=0$ 的切线相同,故

图 8.16

它们的法向量共线.所以 $\exists\,\lambda\in\mathbf{R}$,使得 $\nabla f+\lambda\cdot\nabla g=\mathbf{0}$,加上约束条件 $g(x,y)=0$,从而得到条件极值(最值)存在的必要条件是

$$\begin{cases}\nabla f+\lambda\cdot\nabla g=\mathbf{0},\\ g(x,y)=0.\end{cases}$$

图 8.16 中的等值线和约束条件曲线都是封闭曲线,若约束条件曲线不封闭,如图 8.17,则条件极值(最值)只在一点取到,当然还有其他可能的情况.

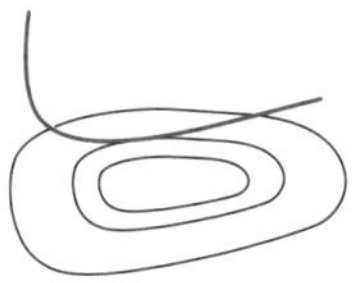

同理,三元函数 $f(x,y,z)$ 在约束条件 $\varphi(x,y,z)=0$ 下的条件极值(最值)存在的必要条件是

图 8.17

$$\begin{cases}\nabla f+\lambda\cdot\nabla\varphi=\mathbf{0},\\ \varphi(x,y,z)=0.\end{cases}$$

也可以用 $f(x,y,z)$ 的等值面与约束条件曲面 $\varphi(x,y,z)=0$ 相切处取得条件极值(最值)来理解.

下面用分析方法给出条件极值(最值)存在的必要条件.

一个自然的想法是从约束条件 $\varphi(x,y,z)=0$ 解出一个变量,例如 $z=z(x,y)$,再代入目标函数 $u=f(x,y,z)$,得到

$$u=f(x,y,z(x,y)),$$

于是条件极值问题就转化为二元函数 $u=f(x,y,z(x,y))$ 的无条件极值问题.但是在很多情况下,要从 $\varphi(x,y,z)=0$ 解出一个变量,往往是很困难甚至是不可能的,因此需要探求新的方法.

设函数 $\varphi(x,y,z)$ 的一阶偏导数连续,且 $\varphi_z\neq0$,于是方程 $\varphi(x,y,z)=0$ 确定了隐函数 $z=z(x,y)$,就得到复合隐函数

$$u = f(x, y, z(x, y)),$$

由极值的必要条件得

$$
\begin{cases}
\dfrac{\partial u}{\partial x} = f_x + f_z \cdot \dfrac{\partial z}{\partial x} = 0, \\[3mm]
\dfrac{\partial u}{\partial y} = f_y + f_z \cdot \dfrac{\partial z}{\partial y} = 0,
\end{cases}
$$

而由隐函数的微分法知

$$\frac{\partial z}{\partial x} = -\frac{\varphi_x}{\varphi_z}, \quad \frac{\partial z}{\partial y} = -\frac{\varphi_y}{\varphi_z},$$

将它们代入前一方程组得

$$
\begin{cases}
f_x \varphi_z - f_z \varphi_x = 0, \\
f_y \varphi_z - f_z \varphi_y = 0.
\end{cases}
$$

连同约束条件 $\varphi(x, y, z) = 0$, 可解得 (x_0, y_0, z_0) 为可能的极值点. 注意 $\dfrac{f_x}{\varphi_x} = \dfrac{f_y}{\varphi_y} = \dfrac{f_z}{\varphi_z}$, 若记 $-\lambda = \dfrac{f_z}{\varphi_z} \Big|_{(x_0, y_0, z_0)}$, 那么 x_0, y_0, z_0, λ 就满足方程组

$$
\begin{cases}
f_x + \lambda \varphi_x = 0, \\
f_y + \lambda \varphi_y = 0, \\
f_z + \lambda \varphi_z = 0, \\
\varphi(x, y, z) = 0.
\end{cases}
\qquad 即
\begin{cases}
\nabla f + \lambda \cdot \nabla \varphi = \mathbf{0}, \\
\varphi(x, y, z) = 0.
\end{cases}
$$

不难看出, 这个方程组就是函数

$$L(x, y, z, \lambda) = f(x, y, z) + \lambda \varphi(x, y, z)$$

在点 (x_0, y_0, z_0, λ) 取得无条件极值的必要条件 $L_x = L_y = L_z = L_\lambda = 0$.

这一通过作辅助函数将求条件极值驻点转化成求无条件极值驻点的方法称为拉格朗日乘数法, 函数 $L(x, y, z, \lambda)$ 称为拉格朗日函数, λ 称为拉格朗日乘数 (或乘子).

例 8.44   在抛物面 $z = (x+2)^2 + \dfrac{1}{4} y^2$ 上求到点 $(3, 0, -1)$ 的距离最近的点.

解   这是求距离函数

$$d = \sqrt{(x-3)^2 + y^2 + (z+1)^2}$$

在约束条件

$$(x+2)^2 + \frac{1}{4} y^2 - z = 0$$

下的最小值,也等价于求 d^2 在此约束下的最小值.

引进拉格朗日函数

$$F(x,y,z,\lambda) = (x-3)^2 + y^2 + (z+1)^2 + \lambda\left[(x+2)^2 + \frac{1}{4}y^2 - z\right],$$

据方程组

$$\begin{cases} F_x = 2(x-3) + 2\lambda(x+2) = 0, \\ F_y = 2y + \frac{1}{2}\lambda y = 0, \\ F_z = 2(z+1) - \lambda = 0, \\ F_\lambda = (x+2)^2 + \frac{1}{4}y^2 - z = 0, \end{cases}$$

得 F 的唯一驻点为

$$x = -1, \quad y = 0, \quad z = 1, \quad \lambda = 4.$$

由于原实际问题应有解,从而 $(-1,0,1)$ 就是所求抛物面上距点 $(3,0,-1)$ 最近的点.

例 8.45 求函数 $f(x,y) = 2x^2 + 6xy + y^2$ 在闭区域 $x^2 + 2y^2 \leqslant 3$ 上的最大值和最小值.

解 只要求出 $f(x,y)$ 在区域 $x^2 + 2y^2 < 3$ 内以及在区域边界 $x^2 + 2y^2 = 3$ 上的可能极值点,然后加以比较;前者是无条件极值,后者是条件极值.

在区域 $x^2 + 2y^2 < 3$ 内,由

$$\begin{cases} f_x = 4x + 6y = 0, \\ f_y = 6x + 2y = 0, \end{cases}$$

解得唯一驻点 $(0,0)$ 为可能极值点,此时 $f(0,0) = 0$.

在区域边界 $x^2 + 2y^2 = 3$ 上,作拉格朗日函数

$$L(x,y,\lambda) = 2x^2 + 6xy + y^2 + \lambda(x^2 + 2y^2 - 3),$$

由

$$\begin{cases} L_x = 4x + 6y + 2\lambda x = 0, \\ L_y = 6x + 2y + 4\lambda y = 0, \\ L_\lambda = x^2 + 2y^2 - 3 = 0, \end{cases}$$

解得 $\lambda = 1$ 或 $\lambda = -\dfrac{7}{2}$.

当 $\lambda = 1$ 时,得可能极值点 $(1,-1)$,$(-1,1)$,而 $f(1,-1) = f(-1,1) = -3$;

当 $\lambda = -\dfrac{7}{2}$ 时,得可能极值点 $\left(\sqrt{2}, \dfrac{\sqrt{2}}{2}\right)$,$\left(-\sqrt{2}, -\dfrac{\sqrt{2}}{2}\right)$,而

$$f\left(\sqrt{2},\frac{\sqrt{2}}{2}\right)=f\left(-\sqrt{2},-\frac{\sqrt{2}}{2}\right)=\frac{21}{2}.$$

比较 f 在以上所有的可能极值点的值,我们得到 $f(x,y)$ 在 $x^2+2y^2\leqslant 3$ 上最大值为 $\frac{21}{2}$,最小值为 -3.

拉格朗日乘数法可以推广到更一般的情形,即求函数
$$u=f(x_1,x_2,\cdots,x_n)$$
在 m 个约束条件
$$\varphi_i(x_1,x_2,\cdots,x_n)=0\,(i=1,2,\cdots,m\,;m<n)$$
下的极值.

此时拉格朗日函数的形式为
$$F(x_1,x_2,\cdots,x_n,\lambda_1,\lambda_2,\cdots,\lambda_m)=f(x_1,x_2,\cdots,x_n)+\sum_{i=1}^{m}\lambda_i\varphi_i(x_1,x_2,\cdots,x_n),$$
由 F 取得极值的必要条件
$$\frac{\partial F}{\partial x_j}=0,\ \frac{\partial F}{\partial \lambda_i}=0,\ j=1,2,\cdots,n,\ i=1,2,\cdots,m,$$
可解出 F 的驻点,其中 $(x_1,x_2,\cdots,x_n)$ 给出了 u 的可能极值点.

例 8.46   在椭球面 $\frac{x^2}{a^2}+\frac{y^2}{b^2}+\frac{z^2}{c^2}=1$ 的第 1 卦限部分上求一点,使该点的切平面与三个坐标平面所围成四面体的体积最小.

解   椭球面 $\frac{x^2}{a^2}+\frac{y^2}{b^2}+\frac{z^2}{c^2}=1$ 在点 (u,v,w) $(u>0,v>0,w>0)$ 处的法向量为
$$\left(\frac{2x}{a^2},\frac{2y}{b^2},\frac{2z}{c^2}\right)\Big|_{(u,v,w)}=\left(\frac{2u}{a^2},\frac{2v}{b^2},\frac{2w}{c^2}\right),$$
故在该点的切平面为
$$\frac{2u}{a^2}(x-u)+\frac{2v}{b^2}(y-v)+\frac{2w}{c^2}(z-w)=0,$$
即
$$\frac{x}{\frac{a^2}{u}}+\frac{y}{\frac{b^2}{v}}+\frac{z}{\frac{c^2}{w}}=1,$$
故该切平面与三个坐标平面所围四面体的体积为
$$V=\frac{1}{6}\cdot\frac{a^2b^2c^2}{uvw}.$$

求函数 V 在约束条件 $\dfrac{u^2}{a^2}+\dfrac{v^2}{b^2}+\dfrac{w^2}{c^2}=1$ 下的最小值等价于求

$$f(u,v,w)=uvw$$

在约束条件 $\dfrac{u^2}{a^2}+\dfrac{v^2}{b^2}+\dfrac{w^2}{c^2}-1=0$ 下的最大值.

作拉格朗日函数

$$L(u,v,w,\lambda)=uvw+\lambda\left(\dfrac{u^2}{a^2}+\dfrac{v^2}{b^2}+\dfrac{w^2}{c^2}-1\right),\quad u\in(0,a),\ v\in(0,b),\ w\in(0,c),$$

由

$$\begin{cases} L_u=vw+\dfrac{2\lambda u}{a^2}=0, \\[2mm] L_v=uw+\dfrac{2\lambda v}{b^2}=0, \\[2mm] L_w=uv+\dfrac{2\lambda w}{c^2}=0, \\[2mm] \dfrac{u^2}{a^2}+\dfrac{v^2}{b^2}+\dfrac{w^2}{c^2}=1, \end{cases}$$

解得

$$u=\dfrac{a}{\sqrt{3}},\quad v=\dfrac{b}{\sqrt{3}},\quad w=\dfrac{c}{\sqrt{3}},$$

由于在定义域上只有唯一可能极值点,而从问题的实际情况可知 f 确有最大值,故点 $\left(\dfrac{a}{\sqrt{3}},\dfrac{b}{\sqrt{3}},\dfrac{c}{\sqrt{3}}\right)$ 即为所求点.

习　题　8

1. 写出下列函数的解析表达式:

(1) 三角形的面积 S 看成其三边 x,y,z 的函数;

(2) 一帐幕下部为圆柱形,上部覆以圆锥形的篷顶.设 R,H 各为圆柱形的底半径及高,h 为圆锥形的高,且帐幕的容积为常数 V. 视帐幕用布面积 S 为 R,h 的函数.

2. 求下列各函数的定义域:

(1) $z=\dfrac{1}{\sqrt{x+y}}+\dfrac{1}{\sqrt{x-y}}$;
　　　　　(2) $z=\sqrt{\dfrac{x^2+y^2-x}{2x-x^2-y^2}}$;

（3）$z=\sqrt{x\sin y}$ ； （4）$z=\arcsin\dfrac{x}{y^2}+\arcsin(1-y)$ ；

（5）$z=\ln[x\ln(y-x)]$ ； （6）$u=\sqrt{R^2-x^2-y^2-z^2}+\dfrac{1}{\sqrt{x^2+y^2+z^2-r^2}}$ （$R>r>0$）.

3. 用不等式表示下列区域 D：

（1）D 由曲线 $y=0,y=2$，$y=\dfrac{1}{2}x$，$y=\dfrac{1}{2}x-1$ 围成，不包括边界；

（2）D 由抛物线 $y=x^2$，$y^2=x$ 围成，包括边界.

4. 根据已知条件，写出下列各函数的表达式：

（1）$f(x,y)=x^2+y^2-xy\tan\dfrac{x}{y}$，求 $f(tx,ty)$ ；

（2）$f(x,y,z)=x^z+z^{x+y}$，求 $f(x+y,x-y,xy)$ ；

（3）$f\left(x+y,\dfrac{y}{x}\right)=x^2-y^2$，求 $f(x,y)$ ；

（4）$z(x,y)=\sqrt{y}+f(\sqrt{x}-1)$，且当 $y=1$ 时 $z=x$，求 $f(x)$ 和 $z(x,y)$.

5. 若函数 $f(x,y)$ 恒满足关系式 $f(tx,ty)=t^k f(x,y)$，则称它为 k 次齐次函数.

证明 k 次齐次函数 $z=f(x,y)$（当 $x\neq0$ 时）能表示成 $z=x^k F\left(\dfrac{y}{x}\right)$ 的形式.

6. 求下列各极限：

（1）$\lim\limits_{(x,y)\to(0,0)}\dfrac{2-\sqrt{x+y+4}}{x+y}$ ； （2）$\lim\limits_{(x,y)\to(0,0)}\dfrac{(2+x)\ln(1+xy)}{xy}$ ；

（3）$\lim\limits_{(x,y)\to(0,1)}\dfrac{\sin(x^2+y^2)}{x^2+y^2}$ ； （4）$\lim\limits_{(x,y)\to(0,0)}\sqrt{x^2+y^2}\sin\dfrac{1}{\sqrt{x^2+y^2}}$.

7. 讨论下列函数当 $(x,y)\to(0,0)$ 时极限的存在性，若存在则求其值，若不存在则说明理由：

（1）$f(x,y)=\begin{cases}x\sin\dfrac{1}{y}+y\sin\dfrac{1}{x}, & xy\neq0,\\ 0, & xy=0;\end{cases}$

（2）$f(x,y)=\begin{cases}\dfrac{xy}{x+y}, & x+y\neq0,\\ 0, & x+y=0.\end{cases}$

8. 下列函数在何处是间断的？

（1）$z=\dfrac{1}{\sqrt{x^2+y^2}}$ ； （2）$z=\dfrac{1}{\sin\pi x}+\dfrac{1}{\sin\pi y}$ ；

（3）$z=\dfrac{2x+y^2}{2x-y^2}$；　　　　　　（4）$u=\dfrac{1}{xyz}$.

9. 求下列函数在指定点处的偏导数：

（1）$f(x,y)=x+y-\sqrt{x^2+y^2}$，求 $f_x(3,4)$；

（2）$z=\ln\left(x+\dfrac{y}{2x}\right)$，求 $\left.\dfrac{\partial z}{\partial x}\right|_{(1,0)}$；

（3）$z=(1+xy)^y$，求 $\left.\dfrac{\partial z}{\partial x}\right|_{(1,1)}$ 和 $\left.\dfrac{\partial z}{\partial y}\right|_{(1,1)}$；

（4）$f(x,y)=x+(y-1)\arcsin\sqrt{\dfrac{x}{y}}$，求 $f_x(x,1)$.

10. 求下列函数对每个自变量的偏导数：

（1）$z=\dfrac{x}{\sqrt{x^2+y^2}}$；　　　　　（2）$z=\left(\dfrac{1}{3}\right)^{-\frac{y}{x}}$；

（3）$z=\dfrac{x+y}{x-y}\sin\dfrac{x}{y}$；　　　　（4）$z=\dfrac{e^{xy}}{e^x+e^y}$；

（5）$z=\ln\tan\dfrac{x}{y}$；　　　　　　（6）$z=\arcsin(3-2xy)+\sin\left(3-\dfrac{2x}{y}\right)$；

（7）$z=\arctan\sqrt{x^y}$；　　　　　（8）$z=(1+xy)^{x+y}$；

（9）$u=x^{\frac{y}{z}}$；　　　　　　　（10）$u=e^{x(x^2+y^2+z^2)}$.

11. 利用偏导数的几何意义求解下列各题：

（1）求曲线 $\begin{cases}z=\dfrac{x^2+y^2}{4}\\y=4\end{cases}$，在点 $(2,4,5)$ 处的切线与 x 轴的夹角；

（2）求曲线 $\begin{cases}z=\sqrt{1+x^2+y^2}\\x=1\end{cases}$，在点 $(1,1,\sqrt{3})$ 处的切线及法平面方程；

（3）求曲面 $z=x^2+\dfrac{y^2}{6}$ 和 $z=\dfrac{x^2+y^2}{3}$ 被平面 $y=2$ 截得的两条平面曲线的夹角（即交点处切线的夹角）.

12. 求下列函数的二阶偏导数 $\dfrac{\partial^2 z}{\partial x^2},\dfrac{\partial^2 z}{\partial x\partial y},\dfrac{\partial^2 z}{\partial y^2}$：

（1）$z=\sin^2(ax+by)$（a,b 为常数）；　　（2）$z=\arctan\dfrac{x+y}{1-xy}$；

（3）$z=x^y$；　　　　　　　　（4）$z=y^{\ln x}$.

13. 计算下列函数的指定的偏导数:

(1) $z = x\ln(xy)$,求 $\dfrac{\partial^3 z}{\partial x^2 \partial y}, \dfrac{\partial^3 z}{\partial x \partial y^2}$;

(2) $z = \ln\sqrt{x^2+y^2}$,求 $\dfrac{\partial^2 z}{\partial x^2} + \dfrac{\partial^2 z}{\partial y^2}$;

(3) $u = x^3 + y^3 + z^3 - 3xyz$,求 $\left(\dfrac{\partial u}{\partial x}\right)^2 + \left(\dfrac{\partial u}{\partial y}\right)^2 + \left(\dfrac{\partial u}{\partial z}\right)^2$ 及 $\dfrac{\partial^2 u}{\partial x^2} + \dfrac{\partial^2 u}{\partial y^2} + \dfrac{\partial^2 u}{\partial z^2}$.

14. 验证下列所给函数满足指定的方程:

(1) $u = \dfrac{1}{\sqrt{x^2+y^2+z^2}}$,拉普拉斯方程 $\dfrac{\partial^2 u}{\partial x^2} + \dfrac{\partial^2 u}{\partial y^2} + \dfrac{\partial^2 u}{\partial z^2} = 0$;

(2) $u = \arctan\dfrac{y}{x} + \arctan\dfrac{z}{x}$,拉普拉斯方程 $\dfrac{\partial^2 u}{\partial x^2} + \dfrac{\partial^2 u}{\partial y^2} + \dfrac{\partial^2 u}{\partial z^2} = 0$;

(3) $z = \ln(e^x + e^y)$, $\dfrac{\partial^2 z}{\partial x^2} \cdot \dfrac{\partial^2 z}{\partial y^2} - \left(\dfrac{\partial^2 z}{\partial x \partial y}\right)^2 = 0$;

(4) $r = \sqrt{x^2+y^2+z^2}$,$\dfrac{\partial^2(\ln r)}{\partial x^2} + \dfrac{\partial^2(\ln r)}{\partial y^2} + \dfrac{\partial^2(\ln r)}{\partial z^2} = \dfrac{1}{r^2}$.

15. 求函数 $z = \dfrac{y}{x}$ 当 $x = 2, y = 1, \Delta x = 0.1, \Delta y = 0.2$ 时的全增量与全微分.

16. 求下列各函数的全微分:

(1) $z = \ln(x^2+y^2)$;   (2) $z = \dfrac{x}{\sqrt{x^2+y^2}}$;

(3) $z = \arctan\dfrac{y}{x}$;   (4) $u = \left(\dfrac{x}{y}\right)^{\frac{1}{z}}$.

17. 利用全微分求下列各数的近似值:

(1) $\sqrt{1.02^2+1.97^2}$;   (2) $10.1^{2.03}$.

18. 用水泥做成无盖长方体水池,它的外形尺寸为长 5 m,宽 4 m,高 3 m,它的四壁及底的厚度为 20 cm. 试求所需水泥量的近似值与精确值.

19. 扇形中心角 $\alpha = 60°$,半径 $R = 20$ m. 如果将中心角增加 $1°$,为了使扇形面积不变,应把扇形的半径减少多少(计算到小数点后三位)?

20. 利用全微分证明:

(1) 乘积的相对误差等于各因子的相对误差之和;

(2) 商的相对误差等于被除数与除数的相对误差之差.

21. 求下列复合函数的全导数:

（1）$z = e^{x-2y}$，$x = \sin t$，$y = t^3$；

（2）$z = \arccos(x-y)$，$x = 3t$，$y = 4t^2$；

（3）$u = \dfrac{e^{ax}(y-z)}{a^2+1}$，$y = a\sin x$，$z = \cos x$（$a$ 为常数）；

（4）$u = f(x,y,z)$，$x = t$，$y = \ln t$，$z = \tan t$.

22. 求下列复合函数的一阶偏导数：

（1）$z = u^2 \ln v$，$u = \dfrac{y}{x}$，$v = 3y - 2x$；   （2）$z = (x^2 + y^2) e^{\frac{x^2+y^2}{xy}}$；

（3）$z = (2x+y)^{2x+y}$；   （4）$z = x^{xy}$.

23. 求下列复合函数的一阶偏导数（f 是 C^1 类函数，即 f 有连续的一阶偏导数）：

（1）$z = f(x+y, x-y)$；   （2）$z = f(x^2 - y^2, e^{xy})$；

（3）$z = yf\left(\dfrac{y}{x}\right)$；   （4）$z = f(t, ts, tsr)$.

24. 验证下列函数满足所给的方程，其中 f 是 C^1 类函数：

（1）$z = yf(x^2 - y^2)$，证明 $\dfrac{1}{x} \cdot \dfrac{\partial z}{\partial x} + \dfrac{1}{y} \cdot \dfrac{\partial z}{\partial y} = \dfrac{z}{y^2}$；

（2）$u = x^k f\left(\dfrac{z}{x}, \dfrac{y}{x}\right)$，证明 $x \dfrac{\partial u}{\partial x} + y \dfrac{\partial u}{\partial y} + z \dfrac{\partial u}{\partial z} = ku$.

25. 证明柯西-黎曼（Cauchy-Riemann）方程 $\dfrac{\partial u}{\partial x} = \dfrac{\partial v}{\partial y}$，$\dfrac{\partial u}{\partial y} = -\dfrac{\partial v}{\partial x}$ 在极坐标 (r, θ) 下的形式为

$$\frac{\partial u}{\partial r} = \frac{1}{r} \cdot \frac{\partial v}{\partial \theta}, \quad \frac{\partial v}{\partial r} = -\frac{1}{r} \cdot \frac{\partial u}{\partial \theta}.$$

26.（1）设 $u = \ln\sqrt{x^2 + y^2}$，$v = \arctan \dfrac{y}{x}$. 若取 u, v 为新的自变量，试变换方程

$$(x+y) \frac{\partial z}{\partial x} - (x-y) \frac{\partial z}{\partial y} = 0.$$

（2）设 $u = x^2 + y^2$，$v = \dfrac{1}{x} + \dfrac{1}{y}$，$w = \ln z - (x+y)$. 取 u, v 为新的自变量，$w = w(u,v)$ 为新的因变量，试变换方程 $y \dfrac{\partial z}{\partial x} - x \dfrac{\partial z}{\partial y} = (y-x)z$.

27. 求下列函数的二阶偏导数 $\dfrac{\partial^2 z}{\partial x^2}, \dfrac{\partial^2 z}{\partial x \partial y}, \dfrac{\partial^2 z}{\partial y^2}$，其中 f 是 C^2 类函数（即 f 有二

阶连续偏导数）：

（1）$z=f(xy^2,x^2y)$；

（2）$z=f\left(x,\dfrac{x}{y}\right)$；

（3）$z=f(x^2+y^2)$；

（4）$z=f\left(x+y,xy,\dfrac{x}{y}\right)$.

28. 设 f 和 g 是 C^1 类函数，计算 $\dfrac{\partial^2 F}{\partial x\partial y}$，其中

（1）$F(x,y)=\displaystyle\int_1^x\left[\int_0^{yu}f(u)g\left(\dfrac{t}{u}\right)\mathrm{d}t\right]\mathrm{d}u$；

（2）$F(x,y)=\displaystyle\int_a^{x^2y}f(t,\mathrm{e}^t)\mathrm{d}t$（$a$ 为常数）.

29. 设 $u=u(x,y)$，$x=r\cos\theta$，$y=r\sin\theta$. 验证

$$\frac{\partial^2 u}{\partial x^2}+\frac{\partial^2 u}{\partial y^2}=\frac{\partial^2 u}{\partial r^2}+\frac{1}{r}\frac{\partial u}{\partial r}+\frac{1}{r^2}\frac{\partial^2 u}{\partial\theta^2}.$$

30. 设 $f(u)$ 具有二阶连续导数，而 $z=f(\mathrm{e}^x\sin y)$ 满足方程 $\dfrac{\partial^2 z}{\partial x^2}+\dfrac{\partial^2 z}{\partial y^2}=\mathrm{e}^{2x}z$，求 $f(u)$.

31. 根据所给变换，以 u,v 作为新的自变量变换下面的方程：

（1）设 $x=\mathrm{e}^u\cos v$，$y=\mathrm{e}^u\sin v$，变换方程 $\dfrac{\partial^2 z}{\partial x^2}+\dfrac{\partial^2 z}{\partial y^2}+m^2 z=0$；

（2）设 $u=xy$，$v=\dfrac{x}{y}$，变换方程 $x^2\dfrac{\partial^2 z}{\partial x^2}-y^2\dfrac{\partial^2 z}{\partial y^2}=0$.

32. 求下列各题中的常数 a,b，使得

（1）变换 $\begin{cases}u=x+ay,\\ v=x+by\end{cases}$（$a\neq b$）把方程 $\dfrac{\partial^2 z}{\partial x^2}+4\dfrac{\partial^2 z}{\partial x\partial y}+3\dfrac{\partial^2 z}{\partial y^2}=0$ 化为 $\dfrac{\partial^2 z}{\partial u\partial v}=0$；

（2）变换 $\begin{cases}u=x-2y,\\ v=x+ay\end{cases}$ 把方程 $6\dfrac{\partial^2 z}{\partial x^2}+\dfrac{\partial^2 z}{\partial x\partial y}-\dfrac{\partial^2 z}{\partial y^2}=0$ 化为 $\dfrac{\partial^2 z}{\partial u\partial v}=0$.

33. 求下列方程确定的隐函数的导数：

（1）$\sin xy-\mathrm{e}^{xy}-x^2y=0$，求 $\dfrac{\mathrm{d}y}{\mathrm{d}x}$；

（2）$\arctan\dfrac{y}{x}=\ln\sqrt{x^2+y^2}$，求 $\dfrac{\mathrm{d}y}{\mathrm{d}x}$；

（3）$y^x=x^y$，求 $\dfrac{\mathrm{d}y}{\mathrm{d}x}$；

（4）$\sin(xy)=\ln\dfrac{x+1}{y}+1$，求 $y'(0)$.

34. 求下列方程确定的隐函数 $z=z(x,y)$ 的偏导数或全微分：

（1）$\dfrac{x}{z}=\ln\sin\dfrac{z}{y}$，求 $\dfrac{\partial z}{\partial x}$ 和 $\dfrac{\partial z}{\partial y}$；

（2）$e^{z}-xyz=0$，求 $\dfrac{\partial z}{\partial x}$ 和 $\dfrac{\partial z}{\partial y}$；

（3）$e^{z}+xyz=e$，求 $z_{x}(0,0)$；

（4）$x^{2}+y^{2}+z^{2}=2z$，求全微分 dz；

（5）$F(x+xy,xyz)=0$，其中 F 具有一阶偏导数，求全微分 dz.

35. 求下列各函数的导数：

（1）设 $y=y(x)$，$z=z(x)$ 是由方程 $z=xf(x+y)$ 和 $F(x,y,z)=0$ 所确定的函数，其中 f 和 F 分别具有一阶连续导数和连续偏导数，求 $\dfrac{dz}{dx}$；

（2）设 $u=f(x,y,z)$，其中 $y=\sin x$，而 $z=z(x,y)$ 由方程 $\varphi(x^{2},e^{y},z)=0$ 所确定，f,φ 具有一阶连续偏导数，且 $\dfrac{\partial\varphi}{\partial z}\neq 0$，求 $\dfrac{du}{dx}$；

（3）设 $u=f(x,y,z)$ 具有一阶偏导数，又函数 $y=y(x)$ 和 $z=z(x)$ 分别由 $e^{xy}-xy=2$ 和 $e^{x}=\displaystyle\int_{0}^{x-z}\dfrac{\sin t}{t}dt$ 确定，求 $\dfrac{du}{dx}$.

36. 设 φ 是 C^{1} 类函数，验证隐函数 $z=z(x,y)$ 满足所给方程：

（1）设 $z=z(x,y)$ 由方程 $\varphi(cx-az,cy-bz)=0$ 确定，证明 $a\dfrac{\partial z}{\partial x}+b\dfrac{\partial z}{\partial y}=c$；

（2）设 $u=f(z)$，而 $z=z(x,y)$ 由方程 $z=x+y\varphi(z)$ 确定，证明 $\dfrac{\partial u}{\partial y}=\varphi(z)\dfrac{\partial u}{\partial x}$；

（3）设 $z=z(x,y)$ 由方程 $\varphi\left(\dfrac{x}{z},\dfrac{y}{z}\right)=0$ 确定，证明 $x\dfrac{\partial z}{\partial x}+y\dfrac{\partial z}{\partial y}=z$；

（4）设 $z=z(x,y)$ 由方程 $ax+by+cz=\varphi(x^{2}+y^{2}+z^{2})$ 确定，证明

$$(cy-bz)\dfrac{\partial z}{\partial x}+(az-cx)\dfrac{\partial z}{\partial y}=bx-ay.$$

37. 求下列方程所确定的隐函数 $z=z(x,y)$ 的指定二阶偏导数：

（1）$z^{3}-3xyz=a^{3}$，$\dfrac{\partial^{2}z}{\partial x^{2}}$；

（2）$e^{z}-xyz=0$，$\dfrac{\partial^{2}z}{\partial x\partial y}$；

（3）$x^2+y^2+z^2=4z, \dfrac{\partial^2 z}{\partial y^2}$;

（4）$z^5-xz^4+yz^3=1$, 且 $z(0,0)=1$, 求 $z_{xy}(0,0)$.

38. 设 $F\in C^2$, 且 $F_y\neq 0$, 验证由方程 $F(x,y)=0$ 所确定的隐函数 $y=y(x)$ 的二阶导数

$$\frac{\mathrm{d}^2 y}{\mathrm{d}x^2}=-\frac{F_{xx}(F_y)^2-2F_{xy}F_xF_y+F_{yy}(F_x)^2}{(F_y)^3}.$$

39. 求下列方程组确定的隐函数的导数或偏导数：

（1）$\begin{cases} z-x^2-y^2=0, \\ x^2+2y^2+3z^2=4, \end{cases}$ 求 $\dfrac{\mathrm{d}y}{\mathrm{d}x}$ 和 $\dfrac{\mathrm{d}z}{\mathrm{d}x}$;

（2）$\begin{cases} xu-yv=0, \\ yu+xv=1, \end{cases}$ 求 $\dfrac{\partial u}{\partial x}, \dfrac{\partial u}{\partial y}, \dfrac{\partial v}{\partial x}$ 和 $\dfrac{\partial v}{\partial y}$;

（3）$\begin{cases} u^3+xv=y, \\ v^3+yu=x, \end{cases}$ 求 $\dfrac{\partial u}{\partial x}, \dfrac{\partial v}{\partial x}, \dfrac{\partial u}{\partial y}$ 和 $\dfrac{\partial v}{\partial y}$;

（4）$\begin{cases} x=\mathrm{e}^u\cos v, \\ y=\mathrm{e}^u\sin v, \\ z=uv, \end{cases}$ 求 $\dfrac{\partial z}{\partial x}$ 和 $\dfrac{\partial z}{\partial y}$.

40. 计算下列函数在指定点 M_0 处沿指定方向 $\boldsymbol{l}$ 的方向导数：

（1）$z=x^2+y^2, M_0(1,2), \boldsymbol{l}=\boldsymbol{i}+\sqrt{3}\boldsymbol{j}$;

（2）$u=\sqrt{x^2+y^2+z^2}, M_0(1,0,1), \boldsymbol{l}=\boldsymbol{i}+2\boldsymbol{j}+2\boldsymbol{k}$;

（3）$u=x\arctan\dfrac{y}{z}, M_0(1,2,-2), \boldsymbol{l}=(1,1,-1)$;

（4）$u=xy+yz+zx, M_0(2,1,3), \boldsymbol{l}$ 为从点 M_0 到点 $(5,5,15)$ 的方向.

41. 计算下列函数的梯度：

（1）$u=x^2y^3z^4$;

（2）$u=3x^2-2y^2+3z^2$;

（3）$u=z^2\sqrt{x^2+2y^2}$, 在点 $\left(1,\dfrac{\sqrt{2}}{2},1\right)$.

42. 数量场 $u=x^2-2yz+y^2$ 在点 $M(-1,2,1)$ 处,

（1）沿哪个方向的方向导数最大？最大值为多少？

（2）沿哪个方向的方向导数最小？最小值为多少？

43. 证明：$\operatorname{grad} u$ 为常向量的充要条件是 u 为线性函数, 即 $u=ax+by+cz+d$（a,b,c,d 为常数）.

44. 求下列曲线在指定点处的切线与法平面方程：

(1) $\begin{cases} x = a\sin^2 t, \\ y = b\sin t\cos t, \\ z = c\cos^2 t \end{cases}$ 在对应于参数 $t = \dfrac{\pi}{4}$ 的点处；

(2) $\begin{cases} x^2 + z^2 = 10, \\ y^2 + z^2 = 10 \end{cases}$ 在 $(1,1,3)$ 处；

(3) $\begin{cases} x^2 + y^2 + z^2 - 3x = 0, \\ 2x - 3y + 5z - 4 = 0 \end{cases}$ 在 $(1,1,1)$ 处.

45. 证明曲线 $\begin{cases} x = \mathrm{e}^t\cos t, \\ y = \mathrm{e}^t\sin t, \\ z = \mathrm{e}^t \end{cases}$ 与圆锥面 $x^2 + y^2 = z^2$ 的所有母线相交成等角.

46. 求下列曲面在指定点处的切平面和法线方程：

(1) $z = \arctan\dfrac{y}{x}$ 在点 $\left(1,1,\dfrac{\pi}{4}\right)$ 处；

(2) $ax^2 + by^2 + cz^2 = 1$ 在点 (x_0, y_0, z_0) 处；

(3) $\mathrm{e}^{\frac{x}{z}} + \mathrm{e}^{\frac{y}{z}} = 4$ 在点 $(\ln 2, \ln 2, 1)$ 处.

47. 过直线 $\begin{cases} 4x + y - z - 3 = 0, \\ x + y - z = 0 \end{cases}$ 作曲面 $3x^2 + y^2 - z^2 = 3$ 的切平面, 求该切平面的方程.

48. 两曲面在交点处的切平面的交角称为曲面在该点的交角, 根据此定义,

(1) 求球面 $x^2 + y^2 + z^2 = 14$ 与椭球面 $3x^2 + y^2 + z^2 = 16$ 在点 $(-1, -2, 3)$ 处的交角；

(2) 证明曲面 $x^2 + y^2 + z^2 = ax$ 与 $x^2 + y^2 + z^2 = by$ 相互正交.

49. 证明：

(1) 曲面 $xyz = a^3$ 的切平面与坐标平面所围的四面体的体积为常数；

(2) 曲面 $x^{\frac{2}{3}} + y^{\frac{2}{3}} + z^{\frac{2}{3}} = a^{\frac{2}{3}}$ 上任意点处的切平面在各坐标轴截距的平方和等于 a^2；

(3) 曲面 $z = xf\left(\dfrac{y}{x}\right)$ 的所有切平面都相交于一点.

50. 求下列函数的极值：

(1) $f(x,y) = 4(x-y) - x^2 - y^2$；

(2) $f(x,y) = x^2 + xy + y^2 + x - y + 1$；

(3) $f(x,y) = (y - x^2)(y - x^4)$；

（4）$f(x,y)=xy+\dfrac{50}{x}+\dfrac{20}{y}$.

51. 求下列函数在闭区域 D 上的最值：

（1）$f(x,y)=x^2-y^2+2$，$D=\left\{(x,y)\left|x^2+\dfrac{y^2}{4}\leqslant 1\right.\right\}$；

（2）$f(x,y)=\sin x+\sin y-\sin(x+y)$，$D=\{(x,y)\,|x\geqslant 0,y\geqslant 0,x+y\leqslant 2\pi\}$.

52. 证明：圆的所有内接三角形中，以正三角形的面积为最大.

53. 在 xOy 面上求一点，使之到三直线 $x=0,y=0$ 和 $2x+y-16=0$ 的距离平方和最小.

54. 求下列隐函数的极值：

（1）方程 $x^2+2xy+2y^2=1$ 确定的隐函数 $y=y(x)$；

（2）方程 $2x^2+2y^2+z^2+8xz-z+8=0$ 确定的隐函数 $z=z(x,y)$.

55. 求下列函数在指定条件下的极值：

（1）$z=xy$ 在条件 $x+y=1$ 之下；

（2）$z=x^2+y^2$ 在条件 $\dfrac{x}{a}+\dfrac{y}{b}=1$ 之下；

（3）$f(x,y,z)=x-2y+2z$ 在条件 $x^2+y^2+z^2=1$ 之下.

56. 抛物面 $z=x^2+y^2$ 被平面 $x+y+z=1$ 截得一椭圆，求原点到此椭圆的最长距离和最短距离.

57. 求满足所给条件的点的坐标：

（1）在平面 $3x-2z=0$ 上，且与点 $A(1,1,1)$ 和 $B(2,3,4)$ 的距离平方和最小；

（2）在曲面 $z=2-x^2-y^2$ 位于第 1 卦限部分上，且该点的切平面与三个坐标平面围成的四面体体积最小；

（3）在球面 $x^2+y^2+z^2=5R^2$ 位于第 1 卦限部分上，且使函数 $u=xyz^3$ 取极大值.

58. 求下列曲线或曲面之间的最短距离：

（1）抛物线 $y=x^2$ 与直线 $x-y-2=0$ 之间；

（2）曲面 $4z=3x^2-2xy+3y^2$ 与平面 $x+y-4z=1$ 之间.

59. 要制造一个容积为 V 的无盖长方形水箱，问该水箱的长、宽、高为多少米时，用料最省？

60. 设生产某种产品必须投入两种要素，x_1 与 x_2 分别为两要素的投入量，Q 为产出量. 若生产函数为 $Q=2x_1^{\alpha}x_2^{\beta}$，其中 α,β 为正常数，且 $\alpha+\beta=1$. 假定两种要素的价格分别为 p_1 与 p_2. 试问当产出量为 12 时两要素各投入多少可使得投入的总费用最少？

补充题

1. 对于二元函数 $z=f(x,y)$ 来说,当点 $P(x,y)$ 沿任意直线趋于 $P_0(x_0,y_0)$ 时极限值都存在且相等,是否有 $\lim\limits_{\substack{x\to x_0 \\ y\to y_0}} f(x,y)$ 存在?考察函数

$$f(x,y)=\begin{cases}\dfrac{x^2 y}{x^4+y^2}, & x^2+y^2\neq 0, \\ 0, & x^2+y^2=0.\end{cases}$$

2. 证明函数 $f(x,y)=\begin{cases}\dfrac{x^5}{(y-x^2)^2+x^6}, & (x,y)\neq(0,0), \\ 0, & (x,y)=(0,0)\end{cases}$ 在点 $(0,0)$ 沿任意方向的方向导数都存在,但 $f(x,y)$ 在 $(0,0)$ 处不连续.

3. 证明函数 $f(x,y)=\begin{cases}(x^2+y^2)\sin\dfrac{1}{x^2+y^2}, & x^2+y^2\neq 0, \\ 0, & x^2+y^2=0\end{cases}$ 在点 $(0,0)$ 的邻域内 $f_x(x,y),f_y(x,y)$ 存在,它们在点 $(0,0)$ 不连续,且在点 $(0,0)$ 的任何邻域内无界,但 $f(x,y)$ 在点 $(0,0)$ 处可微.

4. 设 $f\in C[0,1]$, $z(x,y)=\displaystyle\int_0^1 f(t)\,|xy-t|\,\mathrm{d}t$ $(0\leqslant x,y\leqslant 1)$,求 $\dfrac{\partial^2 z}{\partial x^2}$.

5. 已知函数 $f(x,y)=x+2y+xy$,曲线 $C:x^2+y^2=1$,求 $f(x,y)$ 在曲线 C 上的最大方向导数.

6. 设 f,g,h 均为可微函数且 $\begin{vmatrix} f_u & f_v \\ g_u & g_v \end{vmatrix}\neq 0$,方程 $\begin{cases} x=f(u,v), \\ y=g(u,v), \\ z=h(u,v) \end{cases}$ 确定了隐函数 $z=z(x,y)$,求 $\dfrac{\partial z}{\partial x}$ 和 $\dfrac{\partial z}{\partial y}$.

7. 设 $y=y(x),z=z(x)$ 是方程 $\begin{cases} z=xf(x+y), \\ F(x,y,z)=0 \end{cases}$ 确定的隐函数,其中 f 和 F 是 C^1 类函数,求 $\dfrac{\mathrm{d}z}{\mathrm{d}x}$.

8. 设 $f(u,v)$ 为可微函数,证明曲面 $f\left(\dfrac{y-b}{x-a},\dfrac{z-c}{x-a}\right)=0$ 的所有切平面通过一个定点.

9. 设直线 $\begin{cases} x+y+b=0, \\ x+ay-z-3=0 \end{cases}$ 在平面 Π 上,而平面 Π 与曲面 $z=x^2+y^2$ 相切于点 $(1,-2,5)$,求 a, b 的值.

10. (1) 求函数 $f(x,y)=\ln x+3\ln y$ 在圆周 $x^2+y^2=4r^2$ $(r>0)$ 上的最大值,并由此证明:对任意正数 a,b,成立不等式

$$ab^3\leqslant 27\left(\dfrac{a+b}{4}\right)^4;$$

（2）求 $f(x,y)=\ln x+2\ln y+3\ln z$ 在球面 $x^2+y^2+z^2=6r^2\,(r>0)$ 上的最大值,并由此证明对任意正数 a,b,c,成立不等式

$$ab^2c^3\leqslant 108\left(\frac{a+b+c}{6}\right)^6.$$

11. 在圆锥面 $z=\dfrac{h}{R}\sqrt{x^2+y^2}$ 与平面 $z=h$ 所围成的锥体内作一个底面平行于 xOy 面的长方体,并使其体积最大.

12. 设 $x=x(u,v),y=y(u,v)$ 有连续的偏导数,且 $\dfrac{\partial(x,y)}{\partial(u,v)}\neq 0,u=u(x,y),v=v(x,y)$ 是 $x=x(u,v),y=y(u,v)$ 的反函数组. 证明

$$\frac{\partial(x,y)}{\partial(u,v)}\cdot\frac{\partial(u,v)}{\partial(x,y)}=1.$$

13. 设 $u=u(x,y)$ 存在二阶偏导数,且 $u\neq 0$. 证明 $u(x,y)=f(x)g(y)$ 的充要条件是

$$u\frac{\partial^2 u}{\partial x\partial y}=\frac{\partial u}{\partial x}\cdot\frac{\partial u}{\partial y}.$$

14. 已知 $\mathbf{R}^2$ 上定义的二元函数 $u(x,y)$ 满足

$$u_{xy}(x,y)=2x(y+1),\quad u_x(x,0)=xe^x,\quad u(0,y)=\cos y,$$

求 $u(x,y)$.

15. 已知 $z=z(x,y)$ 是定义在右半平面 $D=\{(x,y)\mid x>0\}$ 上的可微函数,证明:$z=z(x,y)$ 满足方程 $x\dfrac{\partial z}{\partial x}+y\dfrac{\partial z}{\partial y}=z$ 当且仅当 $z=xg\left(\dfrac{y}{x}\right)$,其中 g 是可导函数.

16. 设二元函数 $f(x,y)$ 具有连续偏导数,且 $f(1,0)=f(0,1)$,证明:等式 $x\dfrac{\partial f}{\partial y}-y\dfrac{\partial f}{\partial x}=0$ 至少在单位圆上某两点 $(x_1,y_1),(x_2,y_2)$ 处成立.

17. 设常数 $R>0$,$f(x,y)$ 在闭区域 $D=\{(x,y)\mid x^2+y^2\leqslant R^2\}$ 上具有连续的二阶偏导数,且 $f(0,0)=0,\dfrac{\partial^2 f}{\partial x^2}+\dfrac{\partial^2 f}{\partial y^2}=0,\dfrac{\partial^2 f}{\partial x\partial y}\neq 0$. 证明:$\forall r$ 满足 $0<r\leqslant R$,圆周 $C_r=\{(x,y)\mid x^2+y^2=r^2\}$ 上必存在点 (x_0,y_0),使得 $f(x_0,y_0)=0$.

第 8 章
数字资源

第 9 章　重　积　分

多元函数的积分学主要包括重积分、曲线积分和曲面积分等. 本章讨论二重积分和三重积分.

与定积分类似,重积分是解决分布在多元区域上的量(主要是连续量)的求总量问题. 我们先从求曲顶柱体的体积和非均匀密度物体的质量等实际问题引入二重积分和三重积分的概念,然后重点讨论这两类积分的计算:基本方法是化为逐次的定积分来计算,并分别讨论平面极坐标系、空间柱面坐标系和球面坐标系下重积分的计算方法. 此外,我们还简单介绍重积分一般的换元法.

重积分在数学理论与实际问题中有着广泛应用,本章将采用微元法介绍重积分在几何与物理中的某些应用.

9.1　重积分的概念和性质

9.1.1　二重积分和三重积分的概念

首先我们考察两个典型例子,然后从这些问题抽象出二重积分的定义.

1. 平面薄板的质量

设平面薄板位于 $\mathbf{R}^2$ 的有界区域 D 内,不计其厚度,薄板的面密度 $\mu = \mu(x,y)$,这里 $\mu(x,y) > 0$ 且 $\mu(x,y) \in C(D)$.我们来求其质量.

显然若面密度 μ 为常数,那么

$$质量 = \mu \times D \text{ 的面积},$$

但在 μ 是依赖 (x,y) 的变量时,我们不能这样计算,而将采用如同定积分那样的处理方法:

(1) 分划:用任意的曲线网将 D 分成 n 个小平面区域 $\Delta D_1, \Delta D_2, \cdots, \Delta D_n$,称为对 D 的一个分划,小区域 ΔD_i 的面积记为 $\Delta \sigma_i (i = 1, 2, \cdots, n)$.此时相应的薄

板分成 n 小块.

（2）求和：令

$$d_i = \max\{d(P_1, P_2) \mid P_1, P_2 \in \Delta D_i\}$$

为小区域 ΔD_i 的直径，在 d_i 很小时，近似地认为 ΔD_i 上小薄板的质量是均匀分布的，并任取 $(\xi_i, \eta_i) \in \Delta D_i (i=1,2,\cdots,n)$，则 ΔD_i 上的薄板质量 $\Delta m_i \approx \mu(\xi_i, \eta_i)$ $\Delta \sigma_i (i=1,2,\cdots,n)$，从而薄板 D 的质量的近似值为

$$m = \sum_{i=1}^{n} \Delta m_i \approx \sum_{i=1}^{n} \mu(\xi_i, \eta_i) \Delta \sigma_i.$$

显然，对 D 的分划越细，则用 $\mu(\xi_i, \eta_i)$ 近似作为小区域 ΔD_i 上薄板密度的误差越小，从而上述和式的近似精度越高.

（3）取极限：令 $\lambda = \max\limits_{1 \leqslant i \leqslant n} \{d_i\}$，当 $\lambda \to 0$ 时 $\Delta \sigma_i \to 0 \ (i=1,2,\cdots,n)$，这表示每个小区域 ΔD_i 收缩到一点，若此时上述质量的和式极限存在，就得到 D 上平面薄板的质量

$$m = \lim_{\lambda \to 0} \sum_{i=1}^{n} \mu(\xi_i, \eta_i) \Delta \sigma_i.$$

2. 曲顶柱体的体积

设 $z = f(x,y)$ 是 xOy 平面上有界闭区域 D 上的非负连续函数，其图形为曲面 S. 以区域 D 为底面，以 D 的边界为准线而母线平行于 z 轴的柱面为侧面，以曲面 S 为顶面所形成的立体称为**曲顶柱体**（如图 9.1），现在来考虑曲顶柱体体积 V 的求法.

由初等几何知道，若柱体顶部是平行于 xOy 平面的平面，则它的体积可按下列公式计算：

$$\text{体积} = \text{底面积} \times \text{高}.$$

但对于曲顶柱体，当 $(x,y) \in D$ 时，高度 $z = f(x,y)$ 是个变量，所以不能用初等几何的方法计算它的体积. 因此我们仍采用分划、求和、再取极限的方法求其体积.

（1）分划：将 D 作任意分划得小区域 $\Delta D_1, \Delta D_2, \cdots, \Delta D_n$，它们的面积记为 $\Delta \sigma_i (i=1,2,\cdots,n)$，相应地得到以 ΔD_i 为底，以曲面 $z = f(x,y) \ ((x,y) \in \Delta D_i)$ 为顶，母线平行于 z 轴的诸小曲顶柱体，记它们的体积为 $\Delta V_i (i=1,2,\cdots,n)$.

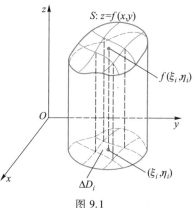

图 9.1

（2）求和：当 ΔD_i 的直径

$$d_i = \max\{d(P_1,P_2)\mid P_1,P_2 \in \Delta D_i\}$$

很小时，$f(x,y)$ 的值在 ΔD_i 上变化也很小，故任取 $(\xi_i,\eta_i) \in \Delta D_i (i=1,2,\cdots,n)$，可用 $f(\xi_i,\eta_i)\Delta\sigma_i$ 来近似小曲顶柱体的体积 ΔV_i，于是曲顶柱体的体积的近似值为

$$V \approx \sum_{i=1}^{n} f(\xi_i,\eta_i)\Delta\sigma_i.$$

显然当 D 的分划越来越细时，上式右边的和式就越来越接近曲顶柱体的体积 V.

（3）取极限：记 $\lambda = \max\limits_{1\le i\le n}\{d_i\}$，则当 $\lambda\to 0$ 时，若上述和式的极限存在，就是曲顶柱体的体积 V，即

$$V = \lim_{\lambda\to 0} \sum_{i=1}^{n} f(\xi_i,\eta_i)\Delta\sigma_i.$$

从以上两个问题看出，虽然它们的实际意义不同，但解决问题的方法是一样的，都是通过相同的步骤把所求的量归结为同一形式的和式极限，即归结为二元函数 $f(x,y)$ 在平面区域 D 上某种确定形式（函数值与小区域面积之积）的一个特殊和式的极限. 事实上，在数学、物理和工程技术问题中，有许多物理量和几何量都可以归结为这一类型的和式极限，因此，我们可将这些问题抽象成同一数学模型来表示，就得到二重积分的概念.

定义 9.1 设 D 是 $\mathbf{R}^2$ 中的一个有界闭区域，函数 $f(x,y)$ 为 D 上有界函数，若 $\exists I \in \mathbf{R}$，对区域 D 作任意分划：$\Delta D_1,\Delta D_2,\cdots,\Delta D_n$（即用任意曲线网将 D 分成小区域），以及 $\forall(\xi_i,\eta_i) \in \Delta D_i(i=1,2,\cdots,n)$，和式

$$\sum_{i=1}^{n} f(\xi_i,\eta_i)\Delta\sigma_i(\text{其中 }\Delta\sigma_i\text{ 表示 }\Delta D_i\text{ 的面积})$$

有极限

$$\lim_{\lambda\to 0} \sum_{i=1}^{n} f(\xi_i,\eta_i)\Delta\sigma_i = I,$$

其中 $\lambda = \max\limits_{1\le i\le n}\{d_i\}$（$d_i$ 为 ΔD_i 的直径），则称函数 $f(x,y)$ 在 D 上可积，记作 $f \in R(D)$；极限值 I 称为 $f(x,y)$ 在 D 上的二重积分，记作

$$\iint_D f(x,y)\mathrm{d}\sigma,$$

即

$$\iint_D f(x,y)\mathrm{d}\sigma = \lim_{\lambda\to 0} \sum_{i=1}^{n} f(\xi_i,\eta_i)\Delta\sigma_i,$$

其中 $\iint$ 是二重积分号，D 是积分区域，$f(x,y)$ 称为被积函数，$\mathrm{d}\sigma$ 称为面积微元

（或面积元素），$\sum_{i=1}^{n} f(\xi_i, \eta_i)\Delta\sigma_i$ 称为二重积分和,也称黎曼和.

从定义可知,二重积分 $\iint\limits_{D} f(x,y)\mathrm{d}\sigma$ 作为和式 $\sum_{i=1}^{n} f(\xi_i, \eta_i)\Delta\sigma_i$ 的极限,其存在性和数值与 D 的分划方式及点 $(\xi_i, \eta_i) \in \Delta D_i$ 的取法无关,只与被积函数及积分区域有关.

引进二重积分定义后,前面所求平面薄板的质量可表示成其密度函数 $\mu(x, y)$ 在 D 上的二重积分

$$m = \iint\limits_{D} \mu(x,y)\mathrm{d}\sigma,$$

从而这个典型例子给出了二重积分的物理意义.

同样,所求曲顶柱体的体积可表示成函数 $f(x,y)$ 在 D 上的二重积分

$$V = \iint\limits_{D} f(x,y)\mathrm{d}\sigma,$$

因此这个典型例子给出了二重积分的几何意义.

需要指出的是,在考虑以 D 为底,以 $z=f(x,y)$ 为顶的曲顶柱体的体积时,需要假定 $f(x,y) \geqslant 0$. 但当 $f(x,y)$ 变号时,二重积分则是相应的曲顶或曲底柱体体积的代数和,此时在 xOy 平面下方的柱体体积的代数值规定为负,这与一元函数定积分的情形是类似的.

在介绍了二重积分的概念以后,我们可以完全类似地介绍三重积分的概念.

相应的典型例子是求位于 $\mathbf{R}^3$ 中的有界区域 Ω 上密度为 $\mu=\mu(x,y,z)$ 的空间物体的质量. 套用求平面薄板质量的处理方法,显然仍然可以用分划、求和、取极限的步骤来求得空间物体的质量. 这里我们不再详细叙述这个过程,而直接给出如下的定义:

定义 9.2 设 Ω 是 $\mathbf{R}^3$ 中的有界闭区域,函数 $f(x,y,z)$ 在 Ω 上有界,若 $\exists I \in \mathbf{R}$,对 Ω 作任意的分划为 $\Delta\Omega_1, \Delta\Omega_2, \cdots, \Delta\Omega_n$,以及 $\forall (\xi_i, \eta_i, \zeta_i) \in \Delta\Omega_i (i=1, 2, \cdots, n)$,和式

$$\sum_{i=1}^{n} f(\xi_i, \eta_i, \zeta_i)\Delta V_i \quad (\Delta V_i \text{ 为 } \Delta\Omega_i \text{ 的体积})$$

有极限

$$\lim_{\lambda \to 0} \sum_{i=1}^{n} f(\xi_i, \eta_i, \zeta_i)\Delta V_i = I,$$

其中 $\lambda = \max_{1 \leqslant i \leqslant n}\{d_i\}$($d_i$ 是 $\Delta\Omega_i$ 的直径),则称函数 $f(x,y,z)$ 在 Ω 上可积,极限值 I 称为 $f(x,y,z)$ 在 Ω 上的三重积分,记作

$$\iiint\limits_{\Omega} f(x,y,z)\,\mathrm{d}V = I,$$

其中 $\iiint$ 是三重积分号, Ω 是积分区域, $f(x,y,z)$ 称为被积函数, $\mathrm{d}V$ 称为**体积微元**（或称**体积元素**）.

这样空间物体 Ω 的质量可表示成其体密度函数 $\mu(x,y,z)$ 在 Ω 上的三重积分

$$m = \iiint\limits_{\Omega} \mu(x,y,z)\,\mathrm{d}V,$$

这给出了三重积分的物理意义.

注意若被积函数 $f \equiv 1$ 时, 则二重积分的值等于积分区域 D 的面积:

$$A(D) = \iint\limits_{D} 1\,\mathrm{d}\sigma;$$

而当 $f \equiv 1$ 时, 三重积分的值就等于积分区域 Ω 的体积:

$$V(\Omega) = \iiint\limits_{\Omega} 1\,\mathrm{d}V.$$

多元函数可积性可与一元函数可积性类似地进行讨论, 在此我们不加证明地给出二重积分存在的一个充分条件, 对三重积分的存在性也有相同的结论.

定理 9.1 若函数 $f(x,y)$ 在有界闭区域 D 上连续, 则 $f(x,y) \in R(D)$.

函数的连续性仅仅是可积的充分条件, 事实上, 若 $f(x,y)$ 是有界闭区域 D 上的有界函数, 且其仅在 D 内有限条光滑曲线上间断, 而在 D 的其余部分均连续, 那么仍有 $f(x,y) \in R(D)$.

9.1.2 重积分的性质

从上一小节的讨论可知, 重积分与定积分在形成背景和定义方式上是完全相似的, 因此重积分具有一系列与定积分类似的性质, 其证明方法也是雷同的. 现以有界闭区域 D 上二重积分为例将有关性质叙述如下.

性质 1（线性性质） 若 $f(x,y) \in R(D)$, $g(x,y) \in R(D)$, α, β 为常数, 则 $\alpha f(x,y) + \beta g(x,y) \in R(D)$, 且

$$\iint\limits_{D} \left[\alpha f(x,y) + \beta g(x,y) \right]\,\mathrm{d}\sigma = \alpha \iint\limits_{D} f(x,y)\,\mathrm{d}\sigma + \beta \iint\limits_{D} g(x,y)\,\mathrm{d}\sigma.$$

性质 2（积分区域的可加性） 设 $D = D_1 \cup D_2$, 且区域 D_1 与 D_2 无公共内点, 则

$$f(x,y) \in R(D) \Leftrightarrow f(x,y) \in R(D_1) \text{ 和 } f(x,y) \in R(D_2),$$

且有

$$\iint_D f(x,y)\,\mathrm{d}\sigma = \iint_{D_1} f(x,y)\,\mathrm{d}\sigma + \iint_{D_2} f(x,y)\,\mathrm{d}\sigma.$$

性质 3(保序性)   若 $f(x,y) \in R(D), g(x,y) \in R(D)$,且

$$f(x,y) \leqslant g(x,y), \quad (x,y) \in D,$$

则

$$\iint_D f(x,y)\,\mathrm{d}\sigma \leqslant \iint_D g(x,y)\,\mathrm{d}\sigma.$$

推论 1   若 $f(x,y) \in R(D)$,且 $f(x,y) \geqslant 0, (x,y) \in D$,则

$$\iint_D f(x,y)\,\mathrm{d}\sigma \geqslant 0.$$

推论 2   若 $f(x,y) \in R(D)$,则 $|f(x,y)| \in R(D)$,且

$$\left| \iint_D f(x,y)\,\mathrm{d}\sigma \right| \leqslant \iint_D |f(x,y)|\,\mathrm{d}\sigma.$$

推论 3   若 $f(x,y) \in R(D)$,且 $m \leqslant f(x,y) \leqslant M, (x,y) \in D$,则

$$m A_D \leqslant \iint_D f(x,y)\,\mathrm{d}\sigma \leqslant M A_D,$$

其中 A_D 表示积分区域 D 的面积.

性质 4(积分中值定理)   若 $f(x,y) \in C(D), g(x,y) \in R(D)$,且 $g(x,y)$ 在 D 上不变号,则 $\exists (\xi, \eta) \in D$,使得

$$\iint_D f(x,y)g(x,y)\,\mathrm{d}\sigma = f(\xi, \eta) \iint_D g(x,y)\,\mathrm{d}\sigma.$$

特别地,当 $g(x,y) \equiv 1$ 时,有

$$\iint_D f(x,y)\,\mathrm{d}\sigma = f(\xi, \eta) A_D,$$

即

$$f(\xi, \eta) = \frac{\displaystyle\iint_D f(x,y)\,\mathrm{d}\sigma}{A_D}.$$

因此称 $f(\xi, \eta)$ 为 $f(x,y)$ 在区域 D 上的平均值.

例 9.1   试估计二重积分 $I = \displaystyle\iint_D \frac{\mathrm{d}\sigma}{100 + \cos^2 x + \cos^2 y}$ 的值所在范围,其中 $D = \{(x,y) \mid |x| + |y| \leqslant 10\}$.

解   因为 $f(x,y) = \dfrac{1}{100 + \cos^2 x + \cos^2 y}$ 在 D 上连续,所以由积分中值定理,

$\exists (\xi, \eta) \in D$,使得

$$I = \iint_D \frac{\mathrm{d}\sigma}{100+\cos^2 x+\cos^2 y} = \frac{1}{100+\cos^2 \xi+\cos^2 \eta} A_D,$$

又

$$\frac{1}{102} \leqslant \frac{1}{100+\cos^2 \xi+\cos^2 \eta} \leqslant \frac{1}{100}, \quad A_D = 200,$$

因此

$$\frac{100}{51} \leqslant I \leqslant 2.$$

9.2　二重积分的计算

与定积分类似,直接通过积分和式来计算二重积分,一般是相当复杂和困难的. 本节将略去严格的分析证明,而借助于二重积分的几何意义,把二重积分化为累次积分来计算,即将二重积分的计算转化为连续地计算两个定积分. 讨论将分别在直角坐标系和极坐标系中进行,并且研究如何通过变量代换实现在其他坐标系下对二重积分的计算.

9.2.1　直角坐标系下的计算

在二重积分存在时,对积分区域 D 的分划方式是任意的,因此,在直角坐标系中常用平行于坐标轴的直线网来划分 D,此时除了包含边界点的子区域,其余的子区域 ΔD_i 都是矩形区域. 如记矩形子区域 ΔD_i 的边长为 $\Delta x_i, \Delta y_i$,则 $\Delta \sigma_i = \Delta x_i \Delta y_i$.据此,二重积分的面积微元 $\mathrm{d}\sigma$ 可写成 $\mathrm{d}x\mathrm{d}y$ 的形式,即 $\mathrm{d}\sigma = \mathrm{d}x\mathrm{d}y$,于是二重积分可记为

$$\iint_D f(x,y)\mathrm{d}x\mathrm{d}y,$$

其中 $\mathrm{d}x\mathrm{d}y$ 称为直角坐标系中的面积微元.

为方便起见,在推导二重积分的计算公式时,假定被积函数 $f(x,y)$ 在区域 D 上是非负连续的,但所得结果对一般可积函数也成立.

首先讨论所谓正则区域上的二重积分. 若二重积分 $\iint_D f(x,y)\mathrm{d}x\mathrm{d}y$ 的积分区域 D 可表示为

$$D = \left\{ (x,y) \mid \varphi_1(x) \leqslant y \leqslant \varphi_2(x), a \leqslant x \leqslant b \right\},$$

其中 $\varphi_1,\varphi_2\in C[a,b]$,则称区域 D 是 x 型正则区域(如图 9.2). 这种区域的特点是:平行于 y 轴且穿过 D 内部的直线与 D 的边界的交点不多于两个.

由二重积分的几何意义,$\displaystyle\iint\limits_{D}f(x,y)\mathrm{d}x\mathrm{d}y$ 的值等于以 D 为底,以曲面 $z=f(x,y)$ 为顶的曲顶柱体的体积 V.

现在我们采用"切片法"(即求平行截面面积已知的立体体积的方法)来计算曲顶柱体的体积 V:任取 $x_0\in[a,b]$,用平面 $x=x_0$ 去截曲顶柱体所得的截面面积记为 $A(x_0)$,而该截面是平面 $x=x_0$ 上以区间 $[\varphi_1(x_0),\varphi_2(x_0)]$ 为底边,曲线 $z=f(x_0,y)$ 为曲边的曲边梯形(图 9.3),所以

$$A(x_0)=\int_{\varphi_1(x_0)}^{\varphi_2(x_0)}f(x_0,y)\mathrm{d}y.$$

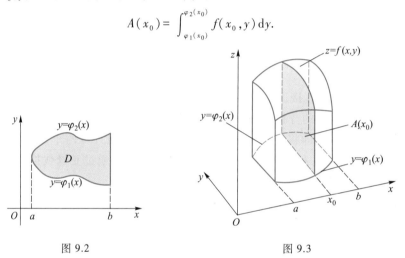

图 9.2   图 9.3

一般地,$\forall x\in[a,b]$,用平面 $x=x$ 去截曲顶柱体所得的截面面积为

$$A(x)=\int_{\varphi_1(x)}^{\varphi_2(x)}f(x,y)\mathrm{d}y,$$

于是,曲顶柱体的体积为

$$V=\int_a^b A(x)\mathrm{d}x=\int_a^b\left[\int_{\varphi_1(x)}^{\varphi_2(x)}f(x,y)\mathrm{d}y\right]\mathrm{d}x.$$

这样就有

$$\iint\limits_{D}f(x,y)\mathrm{d}x\mathrm{d}y=\int_a^b\left[\int_{\varphi_1(x)}^{\varphi_2(x)}f(x,y)\mathrm{d}y\right]\mathrm{d}x.$$

上式右端称为先对 y 后对 x 的累次积分(或二次积分),即先把 x 看作常数,对 y 求积分 $\displaystyle\int_{\varphi_1(x)}^{\varphi_2(x)}f(x,y)\mathrm{d}y$,所得的值是 x 的函数 $A(x)$,再对 $A(x)$ 计算在 $[a,b]$ 上的定积分. 为方便计,这个累次积分也常写成

$$\int_a^b \mathrm{d}x \int_{\varphi_1(x)}^{\varphi_2(x)} f(x,y)\,\mathrm{d}y.$$

如果二重积分的积分区域 D 是 y 型正则区域:

$$D = \{(x,y) \mid \psi_1(y) \leqslant x \leqslant \psi_2(y), c \leqslant y \leqslant d\},$$

其中 $\psi_1, \psi_2 \in C[c,d]$,类似地二重积分可化为先对 x 后对 y 的累次积分

$$\iint_D f(x,y)\,\mathrm{d}x\mathrm{d}y = \int_c^d \left[\int_{\psi_1(y)}^{\psi_2(y)} f(x,y)\,\mathrm{d}x \right] \mathrm{d}y = \int_c^d \mathrm{d}y \int_{\psi_1(y)}^{\psi_2(y)} f(x,y)\,\mathrm{d}x.$$

对于一般区域的二重积分,通常是将 D 划分成若干个除边界外无公共点的子区域,使得每个子区域都是正则区域(如图 9.4),然后利用重积分对区域的可加性,便可求得这类区域上的二重积分.

例 9.2 计算二重积分 $\displaystyle\iint_D (1+2x+2y)\,\mathrm{d}x\mathrm{d}y$,其中 D 是由直线 $2x+y=2$ 与坐标轴围成的区域.

解 积分区域是如图 9.5 的三角形域,可看作 x 型正则区域,那么

$$\iint_D (1+2x+2y)\,\mathrm{d}x\mathrm{d}y = \int_0^1 \mathrm{d}x \int_0^{2-2x} (1+2x+2y)\,\mathrm{d}y$$

$$= \int_0^1 \left[(2-2x) + 2x(2-2x) + (2-2x)^2 \right] \mathrm{d}x$$

$$= \int_0^1 (6-6x)\,\mathrm{d}x = 3.$$

D 也可看作 y 型正则区域,用先对 x 后对 y 的次序积分,可得

$$\iint_D (1+2x+2y)\,\mathrm{d}x\mathrm{d}y = \int_0^2 \mathrm{d}y \int_0^{1-\frac{1}{2}y} (1+2x+2y)\,\mathrm{d}x$$

$$= \int_0^2 \left[\left(1-\frac{1}{2}y\right) + \left(1-\frac{1}{2}y\right)^2 + 2y\left(1-\frac{1}{2}y\right) \right] \mathrm{d}y$$

$$= \int_0^2 \left(2+\frac{1}{2}y-\frac{3}{4}y^2\right) \mathrm{d}y = 3.$$

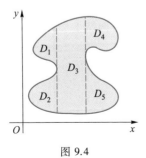

图 9.4   图 9.5

计算结果是相同的.

例 9.3 计算二重积分 $\iint\limits_{D} xy\mathrm{d}x\mathrm{d}y$,其中 D 是由抛物线 $y^2=x$ 与直线 $y=x-2$ 所围成的区域.

解 积分区域 D 如图 9.6 所示,联立方程组

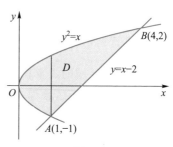

$$\begin{cases} y^2=x, \\ y=x-2, \end{cases}$$

解得 D 的两条边界线的交点为 $A(1,-1)$,$B(4,2)$,积分区域为 y 型正则区域

$$D=\{(x,y)\,|\,y^2\leqslant x\leqslant y+2,-1\leqslant y\leqslant 2\},$$

故选择先对 x 后对 y 的积分次序,得

图 9.6

$$\begin{aligned}
\iint\limits_{D} xy\mathrm{d}x\mathrm{d}y &= \int_{-1}^{2}\mathrm{d}y\int_{y^2}^{y+2}xy\mathrm{d}x \\
&= \int_{-1}^{2}\frac{1}{2}y\left[(y+2)^2-y^4\right]\mathrm{d}y \\
&= \frac{1}{2}\int_{-1}^{2}(4y+4y^2+y^3-y^5)\mathrm{d}y \\
&= \frac{1}{2}\left(2y^2+\frac{4}{3}y^3+\frac{1}{4}y^4-\frac{1}{6}y^6\right)\bigg|_{-1}^{2}=5\frac{5}{8}.
\end{aligned}$$

此题若采用先对 y 后对 x 的积分次序,必须用 $x=1$ 将 D 分成 D_1 和 D_2 两个 x 型正则区域,其中

$$D_1=\{(x,y)\,|\,-\sqrt{x}\leqslant y\leqslant\sqrt{x},0\leqslant x\leqslant 1\},D_2=\{(x,y)\,|\,x-2\leqslant y\leqslant\sqrt{x},1\leqslant x\leqslant 4\},$$

于是

$$\iint\limits_{D} xy\mathrm{d}x\mathrm{d}y=\iint\limits_{D_1} xy\mathrm{d}x\mathrm{d}y+\iint\limits_{D_2} xy\mathrm{d}x\mathrm{d}y=\int_{0}^{1}\mathrm{d}x\int_{-\sqrt{x}}^{\sqrt{x}}xy\mathrm{d}y+\int_{1}^{4}\mathrm{d}x\int_{x-2}^{\sqrt{x}}xy\mathrm{d}y.$$

读者可继续进行计算,结果将与先前所得的相同,但这样的做法显然较繁.

例 9.4 计算二重积分 $I=\iint\limits_{D} y\mathrm{e}^{xy}\mathrm{d}x\mathrm{d}y$,$D$ 由曲线 $y=\dfrac{1}{x}$,$x=2$,$y=2$ 围成.

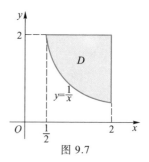

解 积分区域 D 如图 9.7 所示,若选择先 y 后 x 的积分次序,将 D 表示为

$$D=\left\{(x,y)\,\bigg|\,\frac{1}{x}\leqslant y\leqslant 2,\ \frac{1}{2}\leqslant x\leqslant 2\right\},$$

图 9.7

于是

$$I = \int_{\frac{1}{2}}^{2} dx \int_{\frac{1}{x}}^{2} y e^{xy} dy$$

$$= \int_{\frac{1}{2}}^{2} \frac{1}{x} \left(y e^{xy} - \frac{1}{x} e^{xy} \right) \Bigg|_{y=\frac{1}{x}}^{y=2} dx$$

$$= \int_{\frac{1}{2}}^{2} \left(\frac{2}{x} e^{2x} - \frac{1}{x^2} e^{2x} \right) dx$$

$$= \int_{\frac{1}{2}}^{2} \frac{2}{x} e^{2x} dx + \frac{e^{2x}}{x} \Bigg|_{\frac{1}{2}}^{2} - \int_{\frac{1}{2}}^{2} \frac{2}{x} e^{2x} dx = \frac{1}{2} e^4 - 2e.$$

若选择先 x 后 y 的积分次序,将 D 表示为

$$D = \left\{ (x,y) \,\middle|\, \frac{1}{y} \le x \le 2, \ \frac{1}{2} \le y \le 2 \right\},$$

则得

$$I = \int_{\frac{1}{2}}^{2} dy \int_{\frac{1}{y}}^{2} y e^{xy} dx = \int_{\frac{1}{2}}^{2} e^{xy} \Bigg|_{x=\frac{1}{y}}^{x=2} dy = \int_{\frac{1}{2}}^{2} (e^{2y} - e) dy = \frac{1}{2} e^4 - 2e.$$

显然用后一种积分次序比用前一种积分次序计算要简洁得多,而且前一计算过程中产生两个被积函数都没有初等函数作原函数的积分,幸好利用分部积分法,才把这种状况消除,求得最后结果.

例 9.5 计算二重积分 $I = \iint\limits_{D} \dfrac{\sin y}{y} dx dy$,其中 D 是由直线 $y = x$ 及抛物线 $x = y^2$ 所围成的区域(图 9.8).

分析 若用先 y 后 x 的积分次序,则 D 表示为

$$D = \{ (x,y) \,|\, x \le y \le \sqrt{x}, 0 \le x \le 1 \},$$

于是

$$I = \int_{0}^{1} dx \int_{x}^{\sqrt{x}} \frac{\sin y}{y} dy.$$

由于 $\dfrac{\sin y}{y}$ 的原函数不是初等函数,故积分

$\displaystyle\int_{x}^{\sqrt{x}} \dfrac{\sin y}{y} dy$ 无法用牛顿–莱布尼茨公式算出.

解 采用先 x 后 y 的积分次序,那么

$$D = \{ (x,y) \,|\, y^2 \le x \le y, \ 0 \le y \le 1 \},$$

则有

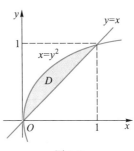

图 9.8

$$I = \int_0^1 \mathrm{d}y \int_{y^2}^y \frac{\sin y}{y} \mathrm{d}x$$

$$= \int_0^1 (\sin y - y\sin y)\mathrm{d}y = (-\cos y + y\cos y - \sin y)\big|_0^1 = 1 - \sin 1.$$

由上面例子可以看到,将二重积分化累次积分计算时,积分次序的选择非常重要,不仅要看积分区域的形状,还要考虑被积函数的特点. 只有这样,才能使二重积分的计算简便有效.

有时以累次积分形式给出的二重积分计算会很困难,甚至无法积分,这时可以考虑交换所给的积分次序来计算.

例 9.6   计算 $\int_0^{\frac{\pi^2}{4}} \mathrm{d}x \int_{\sqrt{x}}^{\frac{\pi}{2}} \sin \frac{x}{y}\mathrm{d}y.$

分析   由于 $\int \sin \frac{x}{y}\mathrm{d}y$ 无法求出,所以考虑交换积分次序.

解   由原积分次序知,积分区域 D 由曲线 $y=\sqrt{x}$,$y=\frac{\pi}{2}$,和 $x=0$ 所围成.作出此区域 D 的图形(图 9.9),再将 D 表示为 y 型正则区域

$$D = \left\{ (x,y) \,\middle|\, 0\leqslant x\leqslant y^2, 0\leqslant y\leqslant \frac{\pi}{2} \right\},$$

于是

$$I = \int_0^{\frac{\pi}{2}} \mathrm{d}y \int_0^{y^2} \sin \frac{x}{y}\mathrm{d}x$$

$$= \int_0^{\frac{\pi}{2}} \left(-y\cos \frac{x}{y}\right)\bigg|_{x=0}^{x=y^2} \mathrm{d}y$$

$$= \int_0^{\frac{\pi}{2}} (y - y\cos y)\mathrm{d}y$$

$$= \left(\frac{1}{2}y^2 - y\sin y - \cos y\right)\bigg|_0^{\frac{\pi}{2}}$$

$$= \frac{\pi^2}{8} - \frac{\pi}{2} + 1.$$

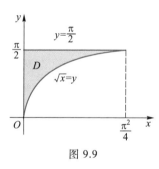

图 9.9

例 9.7   交换二次积分 $\int_0^1 \mathrm{d}y \int_0^{1-\sqrt{1-y^2}} f(x,y)\mathrm{d}x + \int_1^2 \mathrm{d}y \int_0^{2-y} f(x,y)\mathrm{d}x$ 的积分次序.

解   首先作出积分区域如图 9.10,由此可知 $D = D_1 \cup D_2$,且 D 可表示为

$$D = \left\{ (x,y) \,\middle|\, \sqrt{1-(x-1)^2}\leqslant y\leqslant 2-x, 0\leqslant x\leqslant 1 \right\},$$

故

$$\int_0^1 \mathrm{d}y \int_0^{1-\sqrt{1-y^2}} f(x,y)\,\mathrm{d}x + \int_1^2 \mathrm{d}y \int_0^{2-y} f(x,y)\,\mathrm{d}x$$

$$= \int_0^1 \mathrm{d}x \int_{\sqrt{1-(x-1)^2}}^{2-x} f(x,y)\,\mathrm{d}y.$$

当积分区域关于坐标轴或原点对称时,注意利用被积函数的奇偶性常常可使二重积分的计算变得较为简单.

例 **9.8** 计算二重积分

$$I = \iint\limits_{D} (y+x^3y^2)\,\mathrm{d}x\mathrm{d}y,$$

其中积分区域 $D = \{(x,y) \mid x^2+y^2 \leqslant 4, y \geqslant 0\}$ 是上半圆域(图 9.11).

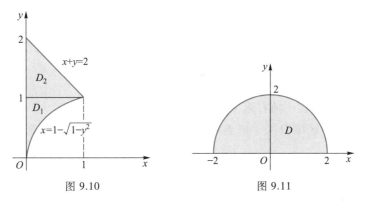

图 9.10   图 9.11

分析 将此积分视为两项积分的和,而对第二项积分可利用在对称区域上被积函数的奇偶性简化积分计算.

解 注意积分区域是关于 y 轴对称的,所以选择先关于变量 x 作积分,此时被积函数中的 y 视为常数,故 y 是偶函数,而 x^3y^2 是奇函数,所以

$$\iint\limits_{D} x^3y^2\mathrm{d}x\mathrm{d}y = 0.$$

因此积分可以仅在区域

$$D_1 = \{(x,y) \mid 0 \leqslant x \leqslant \sqrt{4-y^2}, 0 \leqslant y \leqslant 2\}$$

上进行,即有

$$I = 2\iint\limits_{D_1} y\mathrm{d}x\mathrm{d}y = 2\int_0^2 \mathrm{d}y \int_0^{\sqrt{4-y^2}} y\mathrm{d}x$$

$$= 2\int_0^2 y\sqrt{4-y^2}\,\mathrm{d}y = -\frac{2}{3}(4-y^2)^{\frac{3}{2}}\Big|_0^2 = \frac{16}{3}.$$

下面给出利用被积函数奇偶性计算对称区域上二重积分的一般结论：

（1）当积分区域 D 关于 x 轴对称时，若 $f(x,-y) = -f(x,y)$，则

$$\iint\limits_{D} f(x,y)\,\mathrm{d}\sigma = 0;$$

若 $f(x,-y) = f(x,y)$，则

$$\iint\limits_{D} f(x,y)\,\mathrm{d}\sigma = 2\iint\limits_{D_1} f(x,y)\,\mathrm{d}\sigma,$$

其中 D_1 是区域 D 在 x 轴上侧（或下侧）的部分.

（2）当积分区域 D 关于 y 轴对称时，若 $f(-x,y) = -f(x,y)$，则

$$\iint\limits_{D} f(x,y)\,\mathrm{d}\sigma = 0;$$

若 $f(-x,y) = f(x,y)$，则

$$\iint\limits_{D} f(x,y)\,\mathrm{d}\sigma = 2\iint\limits_{D_1} f(x,y)\,\mathrm{d}\sigma,$$

其中 D_1 是区域 D 在 y 轴右侧（或左侧）的部分.

（3）当积分区域 D 关于原点对称时，若 $f(-x,-y) = -f(x,y)$，则

$$\iint\limits_{D} f(x,y)\,\mathrm{d}\sigma = 0.$$

（4）当积分区域 D 关于 x 轴，y 轴都对称时，若 $f(-x,y) = f(x,y) = f(x,-y)$，则

$$\iint\limits_{D} f(x,y)\,\mathrm{d}\sigma = 4\iint\limits_{D_1} f(x,y)\,\mathrm{d}\sigma,$$

其中 D_1 是区域 D 在第 1 象限部分，即 $D_1 = \{(x,y)\in D \mid x\geqslant 0, y\geqslant 0\}$.

例 9.9　求由曲面 $z=xy, z=x+y, x+y=1$ 及 $x=0, y=0$ 围成立体的体积.

解　立体所占区域如图 9.12 所示，它在 xOy 平面上的投影区域 D 由直线 $x+y=1$ 及 $x=0, y=0$ 所围成（图 9.13），可表示为 x 型正则区域

$$D = \{(x,y) \mid 0\leqslant y\leqslant 1-x, 0\leqslant x\leqslant 1\}.$$

当 $(x,y)\in D$ 时，有 $x+y\geqslant x\geqslant xy$，故由二重积分的几何意义可知

$$V = \iint\limits_{D} [(x+y)-xy]\,\mathrm{d}x\mathrm{d}y = \int_0^1 \mathrm{d}x\int_0^{1-x} (x+y-xy)\,\mathrm{d}y$$

$$= \int_0^1 \left[x(1-x)+\frac{1}{2}(1-x)^3\right]\mathrm{d}x = \frac{7}{24}.$$

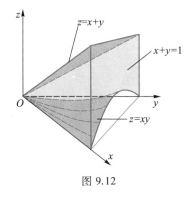

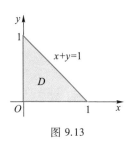

图 9.12 图 9.13

例 9.10 计算二重积分 $I = \iint\limits_{D} \sqrt{\,|\,y-x^2\,|\,}\,\mathrm{d}x\mathrm{d}y$,其中 D 是正方形域

$$\{(x,y)\,|\,0 \leqslant x \leqslant 1,\ 0 \leqslant y \leqslant 1\}.$$

解 由于被积函数中含 $|\,y-x^2\,|$,我们首先要去掉绝对值符号,令 $y-x^2=0$,这是抛物线,它将 D 分成两部分 D_1 和 D_2:

$$D_1 = \{(x,y)\,|\,x^2 \leqslant y \leqslant 1,\ 0 \leqslant x \leqslant 1\},\qquad D_2 = \{(x,y)\,|\,0 \leqslant y \leqslant x^2,\ 0 \leqslant x \leqslant 1\},$$

于是

$$I = \iint\limits_{D} \sqrt{\,|\,y-x^2\,|\,}\,\mathrm{d}x\mathrm{d}y = \iint\limits_{D_1} \sqrt{y-x^2}\,\mathrm{d}x\mathrm{d}y + \iint\limits_{D_2} \sqrt{x^2-y}\,\mathrm{d}x\mathrm{d}y$$

$$= \int_0^1 \mathrm{d}x \int_{x^2}^1 \sqrt{y-x^2}\,\mathrm{d}y + \int_0^1 \mathrm{d}x \int_0^{x^2} \sqrt{x^2-y}\,\mathrm{d}y$$

$$= \int_0^1 \frac{2}{3}(y-x^2)^{\frac{3}{2}}\,\Big|_{x^2}^1\,\mathrm{d}x + \int_0^1 \left[-\frac{2}{3}(x^2-y)^{\frac{3}{2}}\right]\,\Big|_0^{x^2}\,\mathrm{d}x$$

$$= \frac{2}{3}\int_0^1 (1-x^2)^{\frac{3}{2}}\,\mathrm{d}x + \frac{2}{3}\int_0^1 x^3\,\mathrm{d}x$$

$$= \frac{\pi}{8} + \frac{1}{6}.$$

9.2.2 极坐标系下的计算

在计算二重积分时,有时积分区域 D 的边界曲线用极坐标方程表示较为简单(如圆域、扇形域等),此时如果被积函数用极坐标变量 r,θ 表示的形式也较简单,就可以考虑用极坐标系来计算二重积分.

由于平面上点的直角坐标 (x,y) 与极坐标 (r,θ) 之间有变换关系

$$\begin{cases} x = r\cos\,\theta, \\ y = r\sin\,\theta, \end{cases}$$

所以被积函数 $f(x,y)$ 可写为极坐标形式:

$$f(x,y)=f(r\cos\,\theta,r\sin\,\theta).$$

对极坐标系下的积分区域,用圆心在极点 O,半径 r 为常数的同心圆族及极角 θ 为常数的射线族划分积分区域 D(如图 9.14),可将 D 分划成子区域,其中子区域 $\Delta\sigma$ 当 Δr 和 $\Delta\theta$ 充分小时,可近似地看作小矩形,其边长分别为 $\Delta r, r\Delta\theta$,从而其面积为

$$\Delta\sigma \approx r\Delta r\Delta\theta.$$

于是,当 $\lambda\to 0$ 时(λ 为子区域的最大直径),可得极坐标系下的面积元素

$$\mathrm{d}\sigma = r\mathrm{d}r\mathrm{d}\theta.$$

因此就得到变量从直角坐标变换为极坐标时的二重积分的变换公式

$$\iint\limits_{D} f(x,y)\mathrm{d}x\mathrm{d}y = \iint\limits_{D} f(r\cos\,\theta,r\sin\,\theta)r\mathrm{d}r\mathrm{d}\theta.$$

注意在上式的右边区域 D 应该由极坐标形式给出.

若 D 由射线 $\theta=\alpha,\theta=\beta$,曲线 $r=r_1(\theta),r=r_2(\theta)$($\alpha<\beta,r_1\leqslant r_2$)围成,则称 D 是 θ 型正则区域(图 9.15),即 D 可表示为

$$D=\{(r,\theta)\,|\,r_1(\theta)\leqslant r\leqslant r_2(\theta),\alpha\leqslant\theta\leqslant\beta\},$$

于是二重积分化为累次积分:

$$\iint\limits_{D} f(r\cos\,\theta,r\sin\,\theta)r\mathrm{d}r\mathrm{d}\theta = \int_{\alpha}^{\beta}\mathrm{d}\theta\int_{r_1(\theta)}^{r_2(\theta)} f(r\cos\,\theta,r\sin\,\theta)r\mathrm{d}r.$$

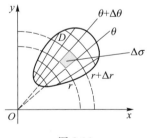

图 9.14

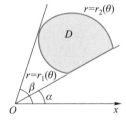

图 9.15

若 θ 型正则区域 D 中的 $r_1(\theta)=0$,即曲线 $r=r_1(\theta)$ 退缩为一点,则对应区域的形状如图 9.16 所示;又若同时还有 $\alpha=0,\beta=2\pi$,即两射线重合,此时对应区域形状如图 9.17,这是包含极点在内部的区域.

区域 $D=\{(r,\theta)\,|\,0\leqslant r\leqslant r(\theta),\alpha\leqslant\theta\leqslant\beta\}$(图 9.16)上二重积分为

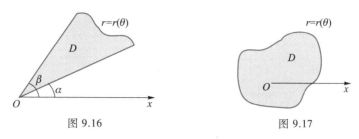

图 9.16   图 9.17

$$\iint\limits_D f(r\cos\,\theta,r\sin\,\theta)\,r\mathrm{d}r\mathrm{d}\theta = \int_\alpha^\beta \mathrm{d}\theta \int_0^{r(\theta)} f(r\cos\,\theta,r\sin\,\theta)\,r\mathrm{d}r,$$

而区域 $D = \{(r,\theta)\mid 0 \leqslant r \leqslant r(\theta),\ 0 \leqslant \theta \leqslant 2\pi\}$（图 9.17）上二重积分为

$$\iint\limits_D f(r\cos\,\theta,r\sin\,\theta)\,r\mathrm{d}r\mathrm{d}\theta = \int_0^{2\pi} \mathrm{d}\theta \int_0^{r(\theta)} f(r\cos\,\theta,r\sin\,\theta)\,r\mathrm{d}r.$$

在将二重积分由直角坐标化为极坐标来计算时,正确地用极坐标表示积分区域是十分重要的.

例 9.11 将二重积分

$$\iint\limits_D f(x,y)\,\mathrm{d}x\mathrm{d}y$$

在极坐标系下化为累次积分,其中 D

（1）由直线 $y=x$, $y=2x$ 及曲线 $x^2+y^2=4x$, $x^2+y^2=8x$ 所围成;

（2）由直线 $y=x$, $y=0$ 及 $x=1$ 所围成.

解 （1）D 的图形如图 9.18 所示,可表示为

$$D = \left\{(r,\theta)\ \middle|\ 4\cos\,\theta \leqslant r \leqslant 8\cos\,\theta, \frac{\pi}{4} \leqslant \theta \leqslant \arctan 2\right\},$$

所以

$$\iint\limits_D f(x,y)\,\mathrm{d}x\mathrm{d}y = \int_{\frac{\pi}{4}}^{\arctan 2} \mathrm{d}\theta \int_{4\cos\,\theta}^{8\cos\,\theta} f(r\cos\,\theta,r\sin\,\theta)\,r\mathrm{d}r.$$

（2）D 的图形如图 9.19 所示,可表示为

$$D = \left\{(r,\theta)\ \middle|\ 0 \leqslant r \leqslant \frac{1}{\cos\,\theta}, 0 \leqslant \theta \leqslant \frac{\pi}{4}\right\},$$

所以

$$\iint\limits_D f(x,y)\,\mathrm{d}x\mathrm{d}y = \int_0^{\frac{\pi}{4}} \mathrm{d}\theta \int_0^{\frac{1}{\cos\,\theta}} f(r\cos\,\theta,r\sin\,\theta)\,r\mathrm{d}r.$$

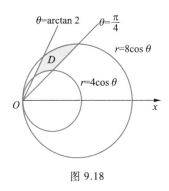

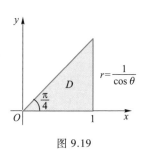

图 9.18   图 9.19

例 9.12   计算 $\displaystyle\iint\limits_{D}\sin\theta\mathrm{d}\sigma$,其中 D 是极坐标下位于射线 $\theta=0$ 之上且在曲线 $r=2$ 外又在心脏线 $r=2(1+\cos\theta)$ 内的那部分区域.

解   如图 9.20,区域 D 可以表示为

$$D=\left\{(r,\theta)\ \middle|\ 2\leqslant r\leqslant 2(1+\cos\theta),\quad 0\leqslant\theta\leqslant\frac{\pi}{2}\right\},$$

所以

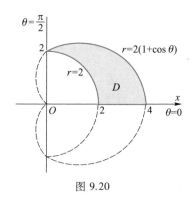

图 9.20

$$\begin{aligned}
\iint\limits_{D}\sin\theta\mathrm{d}\sigma &=\int_{0}^{\frac{\pi}{2}}\mathrm{d}\theta\int_{2}^{2(1+\cos\theta)}r\sin\theta\mathrm{d}r\\
&=\int_{0}^{\frac{\pi}{2}}\sin\theta\left(\frac{1}{2}r^{2}\right)\bigg|_{r=2}^{r=2(1+\cos\theta)}\mathrm{d}\theta\\
&=\int_{0}^{\frac{\pi}{2}}2\sin\theta(2\cos\theta+\cos^{2}\theta)\mathrm{d}\theta\\
&=-\left(2\cos^{2}\theta+\frac{2}{3}\cos^{3}\theta\right)\bigg|_{0}^{\frac{\pi}{2}}\\
&=\frac{8}{3}.
\end{aligned}$$

例 9.13   求球体 $x^{2}+y^{2}+z^{2}\leqslant R^{2}$ 被圆柱体 $x^{2}+y^{2}=Rx$ 所割下部分的体积 V.

解   由所求立体的对称性,只要求出在第 1 卦限内的部分体积,它的 4 倍即为所求立体的体积(图 9.21),在第 1 卦限内的立体是一个曲顶柱体,其底为区域(图 9.22)

$$D=\left\{(x,y)\ \middle|\ x^{2}+y^{2}\leqslant Rx,y\geqslant 0\right\},$$

曲顶为球面 $z=\sqrt{R^{2}-x^{2}-y^{2}}$,所以所求体积为

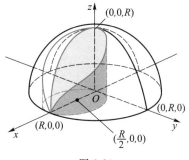

图 9.21

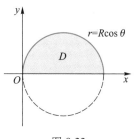

图 9.22

$$V = 4\iint\limits_{D} \sqrt{R^2-x^2-y^2}\,\mathrm{d}x\mathrm{d}y.$$

区域 D 在极坐标系下可表示为

$$D = \left\{ (r,\theta) \ \middle| \ 0 \le r \le R\cos\theta, 0 \le \theta \le \frac{\pi}{2} \right\}.$$

于是

$$V = 4\int_0^{\frac{\pi}{2}} \mathrm{d}\theta \int_0^{R\cos\theta} \sqrt{R^2-r^2}\,r\mathrm{d}r$$

$$= \frac{4}{3}R^3 \int_0^{\frac{\pi}{2}} (1-\sin^3\theta)\,\mathrm{d}\theta = \frac{4}{3}R^3\left(\frac{\pi}{2}-\frac{2}{3}\right).$$

由上式可知若用两个柱面 $x^2+y^2=\pm Rx$ 去截球体 $x^2+y^2+z^2 \le R^2$,则所截下部分的体积为 $2V$,而球体内所剩立体的体积

$$V_1 = \frac{4\pi}{3}R^3 - 2V = \frac{16}{9}R^3.$$

这个结果说明:一个由部分球面与部分圆柱面所围成的立体,其体积与 π 无关. 这否定了有球面作为组成曲面所围立体体积必与 π 有关的猜想,这个体积的发现者是意大利数学家维维亚尼.

例 9.14 设 D 是由闭曲线 $(x^2+y^2)^3 = a^2(x^4+y^4)$ $(a>0)$ 围成的区域(图 9.23),求 D 的面积 A.

解 在极坐标系中,区域 D 的边界曲线方程是 $r = a\sqrt{\cos^4\theta+\sin^4\theta}$,且原点 $(0,0)$ 在 D 的内部,因此区域 D 可表示为

$$D = \left\{ (r,\theta) \mid 0 \le r \le a\sqrt{\cos^4\theta+\sin^4\theta}, 0 \le \theta \le 2\pi \right\},$$

但注意到 D 的对称性,则 D 的面积

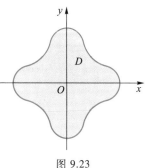

图 9.23

$$A = \iint\limits_{D} \mathrm{d}x\mathrm{d}y = 4\int_0^{\frac{\pi}{2}} \mathrm{d}\theta \int_0^{a\sqrt{\cos^4\theta+\sin^4\theta}} r\mathrm{d}r$$

$$= 2a^2 \int_0^{\frac{\pi}{2}} (\cos^4\theta+\sin^4\theta)\mathrm{d}\theta = \frac{3}{4}\pi a^2.$$

例 9.15　（1）计算二重积分 $\iint\limits_{D} \mathrm{e}^{-(x^2+y^2)}\mathrm{d}x\mathrm{d}y$,其中 D 是四分之一圆域：

$$x^2+y^2 \leqslant R^2(R>0), x\geqslant 0, y\geqslant 0;$$

（2）求积分 $\int_0^{+\infty} \mathrm{e}^{-x^2}\mathrm{d}x$ 的值.

解　（1）采用极坐标,区域 D 可表示为

$$D = \left\{ (r,\theta) \,\middle|\, 0\leqslant r\leqslant R, 0\leqslant\theta\leqslant\frac{\pi}{2} \right\},$$

于是

$$\iint\limits_{D} \mathrm{e}^{-(x^2+y^2)}\mathrm{d}x\mathrm{d}y = \int_0^{\frac{\pi}{2}} \mathrm{d}\theta \int_0^R \mathrm{e}^{-r^2}r\mathrm{d}r = \frac{\pi}{2}\left(-\frac{1}{2}\mathrm{e}^{-r^2} \right)\bigg|_0^R = \frac{\pi}{4}(1-\mathrm{e}^{-R^2}).$$

（2）记 $\widetilde{D}$ 为 xOy 平面上第 1 象限的区域,即

$$\widetilde{D} = \left\{ (r,\theta) \,\middle|\, 0\leqslant\theta\leqslant\frac{\pi}{2}, 0\leqslant r<+\infty \right\},$$

那么

$$\left(\int_0^{+\infty} \mathrm{e}^{-x^2}\mathrm{d}x \right)^2 = \left(\int_0^{+\infty} \mathrm{e}^{-x^2}\mathrm{d}x \right)\left(\int_0^{+\infty} \mathrm{e}^{-y^2}\mathrm{d}y \right)$$

$$= \int_0^{+\infty} \mathrm{d}x \int_0^{+\infty} \mathrm{e}^{-(x^2+y^2)}\mathrm{d}y = \iint\limits_{\widetilde{D}} \mathrm{e}^{-(x^2+y^2)}\mathrm{d}x\mathrm{d}y.$$

由于 $\widetilde{D}$ 是一个无界区域,故这里涉及反常二重积分的概念,对此我们不做深入讨论. 如一元函数反常积分那样,反常二重积分亦应作为二重积分的极限来理解,在计算上,则可仿照二重积分那样化为累次积分形式,并加上极限过程来求出其值：

$$\iint\limits_{\widetilde{D}} \mathrm{e}^{-(x^2+y^2)}\mathrm{d}x\mathrm{d}y = \lim_{R\to+\infty} \iint\limits_{D} \mathrm{e}^{-(x^2+y^2)}\mathrm{d}x\mathrm{d}y = \lim_{R\to+\infty} \frac{\pi}{4}(1-\mathrm{e}^{-R^2}) = \frac{\pi}{4},$$

所以

$$\int_0^{+\infty} \mathrm{e}^{-x^2}\mathrm{d}x = \frac{\sqrt{\pi}}{2}.$$

这个积分称为泊松（Poisson）积分,它在概率论中有着重要的应用.

9.2.3 二重积分的变量代换

换元法是定积分计算中十分重要和有效的方法.下面我们将一元函数的积分换元法推广到多元函数的积分中来,介绍在一般的坐标变换下计算二重积分的方法.

定理 9.2 设变换(映射)$T:x=x(u,v),y=y(u,v)$ 将 uOv 平面上的有界闭区域 D' 一对一地变换为 xOy 平面上的有界闭区域 D,且满足:

(1) $x(u,v),y(u,v) \in C^1(D')$ (在 D' 有连续一阶偏导数的函数集);

(2) $J = \dfrac{\partial(x,y)}{\partial(u,v)} \neq 0, (u,v) \in D'$;

(3) $f(x,y) \in C(D)$,

则有

$$\iint\limits_{D} f(x,y)\,\mathrm{d}\sigma = \iint\limits_{D'} f(x(u,v),y(u,v))\,|J|\,\mathrm{d}u\mathrm{d}v.$$

对于此定理,我们不作详细证明,而采用下面较为直观的方法来导出定理中二重积分的换元公式,这种方法在理论上并不严格,但其几何意义却是明显而直观的,其思想对我们解决类似问题也是有启发的.

首先我们简单介绍曲线坐标的概念.

由于函数组 $x=x(u,v),y=y(u,v)$ 在 D' 中取直线 $u=u_0$ 就相应得到 xOy 平面上的一条曲线

$$x=(u_0,v), \quad y=y(u_0,v),$$

我们称之为 v 曲线.同样在区域 D' 中取直线 $v=v_0$,就得到 xOy 平面上的 u 曲线

$$x=x(u,v_0), \quad y=y(u,v_0).$$

由于 $J \neq 0$,且变换 T 是一一对应的,因此 D 上任意点 P_0 的直角坐标(x_0,y_0)将与唯一的(u_0,v_0)对应,我们称 u 曲线和 v 曲线构成了曲线坐标网,称(u_0,v_0)为点 P_0 的曲线坐标,而称 T 为坐标变换(图 9.24).

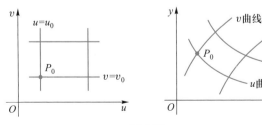

图 9.24

例如,在变换 $T:x=r\cos\theta,y=r\sin\theta$ 下,θ 曲线是一族以原点为圆心的同心圆;r 曲线是一族从原点出发的射线,它们构成了平面上的极坐标网,(r,θ) 是点 $P(x,y)$ 的极坐标,这里 T 为极坐标变换.

在 uOv 平面上分别用平行于 u 轴和 v 轴的直线族作 D' 的任意分划,将 D' 分成若干个小矩形. 取其中一个典型小矩形,其顶点的坐标分别为

$$M'(u,v)\,,\ N'(u+\Delta u,v)\,,\ P'(u+\Delta u,v+\Delta v)\,,\ Q'(u,v+\Delta v)\,,$$

它的面积为 $\Delta\sigma'=\Delta u\Delta v$.

此矩形在变换 $T:x=x(u,v),y=y(u,v)$ 下的像是由 xOy 平面中 D 上的 u 曲线,v 曲线围成的小曲线四边形,其相应的顶点为

$$M(x(u,v),y(u,v))\,,\qquad\qquad N(x(u+\Delta u,v),y(u+\Delta u,v))\,,$$
$$P(x(u+\Delta u,v+\Delta v),y(u+\Delta u,v+\Delta v))\,,\quad Q(x(u,v+\Delta v),y(u,v+\Delta v))\,,$$

其面积记为 $\Delta\sigma$(图 9.25).

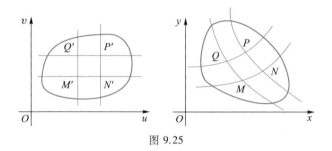

图 9.25

当 $\Delta u,\Delta v$ 很小时(即对 D' 的划分很细时),曲线四边形 $MNPQ$ 可近似地看作平行四边形,其相邻两边为 MN 和 MQ.

由于 $x(u,v),y(u,v)\in C^1(D')$,故

$$\overrightarrow{MN}=(x(u+\Delta u,v)-x(u,v))\,\boldsymbol{i}+(y(u+\Delta u,v)-y(u,v))\,\boldsymbol{j}$$
$$=(x_u(u,v)\Delta u+o(\Delta u))\,\boldsymbol{i}+(y_u(u,v)\Delta u+o(\Delta u))\,\boldsymbol{j}$$
$$\approx x_u(u,v)\Delta u\cdot\boldsymbol{i}+y_u(u,v)\Delta u\cdot\boldsymbol{j};$$

同理有

$$\overrightarrow{MQ}\approx x_v(u,v)\Delta v\cdot\boldsymbol{i}+y_v(u,v)\Delta v\cdot\boldsymbol{j}.$$

回顾上一章 7.3.2 小节,以 $\overrightarrow{MN},\overrightarrow{MQ}$ 为邻边的平行四边形的面积近似等于

$$\left|\begin{vmatrix}x_u(u,v)\Delta u & x_v(u,v)\Delta u\\ y_u(u,v)\Delta v & y_v(u,v)\Delta v\end{vmatrix}\right|=\left|\begin{vmatrix}x_u(u,v) & x_v(u,v)\\ y_u(u,v) & y_v(u,v)\end{vmatrix}\Delta u\Delta v\right|,$$

所以

$$\Delta\sigma\approx|J|\Delta u\Delta v,$$

于是

$$\mathrm{d}\sigma = |J|\mathrm{d}u\mathrm{d}v,$$

从而有

$$\iint\limits_{D} f(x,y)\mathrm{d}\sigma = \iint\limits_{D'} f(x(u,v),y(u,v))|J|\mathrm{d}u\mathrm{d}v.$$

注意上述二重积分代换公式中,当雅可比行列式 $J = \dfrac{\partial(x,y)}{\partial(u,v)}$ 仅在区域 D' 内

个别点上或个别曲线上为零时,利用极限理论可得,定理的结论仍然成立.

可以验证,在极坐标下,

$$\left| \frac{\partial(x,y)}{\partial(r,\theta)} \right| = r,$$

从而导出我们已知的直角坐标到极坐标的二重积分变量变换公式

$$\iint\limits_{D} f(x,y)\mathrm{d}\sigma = \iint\limits_{D^*} f(r\cos\theta,r\sin\theta)r\mathrm{d}r\mathrm{d}\theta.$$

注意在定理的条件下,变换 T 必有逆变换 $T^{-1}: u = u(x,y), v = v(x,y)$,且

$$\frac{\partial(x,y)}{\partial(u,v)} \cdot \frac{\partial(u,v)}{\partial(x,y)} = 1.$$

所以二重积分的变量变换公式中的雅可比行列式也可以由下式来得到:

$$J = \frac{1}{\dfrac{\partial(u,v)}{\partial(x,y)}}.$$

例 9.16 计算 $\iint\limits_{D} xy\mathrm{d}x\mathrm{d}y$,其中 D 为由曲线 $xy=1, xy=2, y=x$ 和 $y=4x$ 在第一

象限所围成的区域(图 9.26).

解 作变换 $T: u = xy$, $v = \dfrac{y}{x}$,则对应于 D 的 uOv

平面上的区域

$$D' = \{(u,v) \mid 1 \leqslant u \leqslant 2, 1 \leqslant v \leqslant 4\}.$$

由于

$$\frac{\partial(u,v)}{\partial(x,y)} = \begin{vmatrix} u_x & u_y \\ v_x & v_y \end{vmatrix} = \begin{vmatrix} y & x \\ -\dfrac{y}{x^2} & \dfrac{1}{x} \end{vmatrix} = \frac{2y}{x},$$

从而

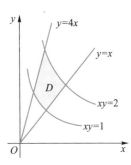

图 9.26

$$J = \frac{\partial(x, y)}{\partial(u, v)} = \left(\frac{\partial(u, v)}{\partial(x, y)} \right)^{-1} = \frac{x}{2y} = \frac{1}{2v},$$

故

$$\iint\limits_{D} xy \mathrm{d}x\mathrm{d}y = \iint\limits_{D'} u \cdot \frac{1}{2v} \mathrm{d}u\mathrm{d}v = \int_1^2 u \mathrm{d}u \int_1^4 \frac{1}{2v} \mathrm{d}v = \frac{3}{2}\ln 2.$$

坐标变换中变换函数的选择主要考虑两个因素:其一是使积分区域变得简单,其二是被积函数易于求出二重积分.

例 9.17   计算二重积分

$$I = \iint\limits_{D} |x| \mathrm{d}x\mathrm{d}y,$$

其中 D 是由曲线 $2x^2 - 2xy + y^2 = a^2 (a>0)$ 所围成的区域.

解   区域 D 是平面上的椭圆域(图 9.27),但按直角坐标积分相当困难,将椭圆方程改写为

$$x^2 + (x-y)^2 = a^2,$$

故作变换

$$u = x, \quad v = x - y,$$

那么

$$D' = \{ (u, v) \mid u^2 + v^2 \leqslant a^2 \},$$

且

$$\frac{\partial(u, v)}{\partial(x, y)} = \begin{vmatrix} 1 & 0 \\ 1 & -1 \end{vmatrix} = -1 \Rightarrow |J| = 1,$$

于是

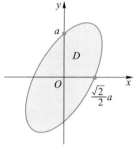

图 9.27

$$I = \iint\limits_{D'} |u| \mathrm{d}u\mathrm{d}v = 4 \int_0^{\frac{\pi}{2}} \mathrm{d}\theta \int_0^a (r\cos\theta) r \mathrm{d}r = \frac{4}{3} a^3.$$

例 9.18   求由椭圆柱体 $\dfrac{x^2}{a^2} + \dfrac{y^2}{b^2} = 1$ 和平面 $z = 0$ 及椭圆抛物面 $z = \dfrac{x^2}{p^2} + \dfrac{y^2}{q^2}$ 所围立体的体积.

解   所求体积为

$$V = \iint\limits_{D} \left(\frac{x^2}{p^2} + \frac{y^2}{q^2} \right) \mathrm{d}x\mathrm{d}y,$$

其中 $D = \left\{ (x, y) \;\middle|\; \dfrac{x^2}{a^2} + \dfrac{y^2}{b^2} \leqslant 1 \right\}.$

作广义极坐标变换 $T: x = ar\cos\theta, \; y = br\sin\theta$,则对应于 D 的 $rO\theta$ 平面上的区域

$$D' = \left\{ (r,\theta) \,\middle|\, 0 \leqslant \theta \leqslant 2\pi,\ 0 \leqslant r \leqslant 1 \right\},$$

由于

$$\frac{\partial(x,y)}{\partial(r,\theta)} = \begin{vmatrix} a\cos\theta & -ar\sin\theta \\ b\sin\theta & br\cos\theta \end{vmatrix} = abr,$$

故

$$
\begin{aligned}
V &= \iint\limits_{D} \left(\frac{x^2}{p^2} + \frac{y^2}{q^2} \right) \mathrm{d}x\mathrm{d}y \\
&= \int_0^{2\pi} \mathrm{d}\theta \int_0^1 \left(\frac{a^2 r^2 \cos^2\theta}{p^2} + \frac{b^2 r^2 \sin^2\theta}{q^2} \right) abr\,\mathrm{d}r \\
&= 4\int_0^{\frac{\pi}{2}} \mathrm{d}\theta \int_0^1 \left(\frac{a^2 r^2 \cos^2\theta}{p^2} + \frac{b^2 r^2 \sin^2\theta}{q^2} \right) abr\,\mathrm{d}r \\
&= ab \int_0^{\frac{\pi}{2}} \left(\frac{a^2 \cos^2\theta}{p^2} + \frac{b^2 \sin^2\theta}{q^2} \right) \mathrm{d}\theta \\
&= ab \left(\frac{a^2}{p^2} + \frac{b^2}{q^2} \right) \frac{1}{2} \cdot \frac{\pi}{2} = \frac{\pi ab}{4} \left(\frac{a^2}{p^2} + \frac{b^2}{q^2} \right).
\end{aligned}
$$

9.3 三重积分的计算

与二重积分的计算法相仿,三重积分也是通过化为累次积分(三次积分)来计算的. 我们将分别在空间直角坐标系、柱面坐标系和球面坐标系下介绍三重积分的计算方法.

9.3.1 直角坐标系下的计算

在空间直角坐标系下计算三重积分时,通常用平行于坐标平面的三组平面去划分区域 Ω,因此体积微元 $\mathrm{d}V$ 可表示为

$$\mathrm{d}V = \mathrm{d}x\mathrm{d}y\mathrm{d}z,$$

故三重积分可表示为

$$\iiint\limits_{\Omega} f(x,y,z)\,\mathrm{d}V = \iiint\limits_{\Omega} f(x,y,z)\,\mathrm{d}x\mathrm{d}y\mathrm{d}z.$$

以下我们将借助于三重积分的物理意义(由密度求质量),对空间有界闭区域 Ω 的两种类型分别讨论,把三重积分化为累次积分. 在讨论中假定被积函数 $f(x,y,z) \in C(\Omega)$.

1. 柱线法

设 Ω 是以曲面 $S_1 : z = z_1(x,y)$ 为底, 曲面 $S_2 : z = z_2(x,y)$ 为顶, 而侧面为母线平行于 z 轴的柱面所围成的区域, 那么若 Ω 在 xOy 平面上的投影区域为 D, 则 Ω 可表示为

$$\Omega = \{ (x,y,z) \mid z_1(x,y) \leqslant z \leqslant z_2(x,y), (x,y) \in D \},$$

称这样的区域为 xy 型正则区域(简称 xy 型区域)(图 9.28).

$\forall (x,y) \in D$, 将 $f(x,y,z)$ 在区间 $[z_1(x,y),$ $z_2(x,y)]$ 上作定积分, 得到

$$F(x,y) = \int_{z_1(x,y)}^{z_2(x,y)} f(x,y,z)\,\mathrm{d}z.$$

若 $f(x,y,z)$ 是密度函数, 则 $F(x,y)$ 给出了 Ω 内由 $z_1(x,y)$ 到 $z_2(x,y)$ 的线段上的质量分布, 从而 Ω 的总质量就是

$$\iint_D F(x,y)\,\mathrm{d}x\mathrm{d}y,$$

这样我们从物理意义的角度得到

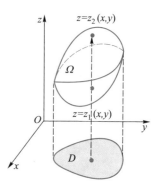

图 9.28

$$\iiint_\Omega f(x,y,z)\,\mathrm{d}x\mathrm{d}y\mathrm{d}z = \iint_D \left[\int_{z_1(x,y)}^{z_2(x,y)} f(x,y,z)\,\mathrm{d}z \right] \mathrm{d}x\mathrm{d}y,$$

上式的右端可写成

$$\iint_D \mathrm{d}x\mathrm{d}y \int_{z_1(x,y)}^{z_2(x,y)} f(x,y,z)\,\mathrm{d}z.$$

若平面区域 D 是 x 型正则区域, 即

$$D = \{ (x,y) \mid y_1(x) \leqslant y \leqslant y_2(x), a \leqslant x \leqslant b \},$$

就得到

$$\iiint_\Omega f(x,y,z)\,\mathrm{d}V = \int_a^b \mathrm{d}x \int_{y_1(x)}^{y_2(x)} \mathrm{d}y \int_{z_1(x,y)}^{z_2(x,y)} f(x,y,z)\,\mathrm{d}z.$$

于是三重积分就化成了上述 z, y, x 次序的累次(三次)积分, 其积分区域为

$$\Omega = \{ (x,y,z) \mid z_1(x,y) \leqslant z \leqslant z_2(x,y), y_1(x) \leqslant y \leqslant y_2(x), a \leqslant x \leqslant b \}.$$

类似地, 当 Ω 是 yz 型正则区域或 zx 型正则区域时, 都可以把三重积分按先"定积分"后"二重积分"的步骤来计算. 由于这种方法是先在穿过柱状区域内平行坐标轴的线段上积分, 然后再在 Ω 在坐标平面上的投影区域上积分, 故称该方法为柱线法或坐标平面投影法.

例 9.19 计算三重积分

$$I = \iiint_\Omega y\cos(x+z)\,\mathrm{d}x\mathrm{d}y\mathrm{d}z,$$

其中 Ω 是由抛物柱面 $y=\sqrt{x}$ 及平面 $y=0,z=0,x+z=\dfrac{\pi}{2}$ 所围成的区域(图 9.29).

解 区域 Ω 在 xOy 平面上的投影区域为

$$D=\left\{(x,y)\ \Big|\ 0\leqslant y\leqslant\sqrt{x},0\leqslant x\leqslant\dfrac{\pi}{2}\right\},$$

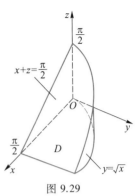

可知 Ω 是以 D 为底,以平面 $x+z=\dfrac{\pi}{2}$ 为顶的柱体,即

$$\Omega=\left\{(x,y,z)\ \Big|\ 0\leqslant z\leqslant\dfrac{\pi}{2}-x,0\leqslant y\leqslant\sqrt{x},0\leqslant x\leqslant\dfrac{\pi}{2}\right\},$$

于是

$$
\begin{aligned}
I&=\iint\limits_{D}\left[\int_{0}^{\frac{\pi}{2}-x}y\cos(x+z)\,\mathrm{d}z\right]\mathrm{d}x\mathrm{d}y\\
&=\int_{0}^{\frac{\pi}{2}}\mathrm{d}x\int_{0}^{\sqrt{x}}y\mathrm{d}y\int_{0}^{\frac{\pi}{2}-x}\cos(x+z)\,\mathrm{d}z\\
&=\int_{0}^{\frac{\pi}{2}}\mathrm{d}x\int_{0}^{\sqrt{x}}y(1-\sin x)\,\mathrm{d}y\\
&=\int_{0}^{\frac{\pi}{2}}\frac{1}{2}x(1-\sin x)\,\mathrm{d}x=\frac{\pi^{2}}{16}-\frac{1}{2}.
\end{aligned}
$$

图 9.29

例 9.20 计算抛物面 $y=x^{2}+z^{2}$ 与平面 $y+2z-8=0$ 所围成的立体 Ω 的体积.

解 抛物面 $y=x^{2}+z^{2}$ 与平面 $y+2z-8=0$ 的交线在 zOx 平面上的投影曲线为

$$
\begin{cases}
(x^{2}+z^{2})+2z-8=0,\\
y=0,
\end{cases}
$$

所以空间立体 Ω 在 zOx 平面上的投影区域为

$$D_{zx}=\{(x,z)\mid x^{2}+(z+1)^{2}\leqslant 9\}.$$

如图 9.30 所示,这是一个圆域. 我们用柱线法先对 y 积分,从而得到 Ω 的体积

$$
\begin{aligned}
V&=\iiint\limits_{\Omega}\mathrm{d}V=\iint\limits_{D_{zx}}\mathrm{d}z\mathrm{d}x\int_{x^{2}+z^{2}}^{8-2z}\mathrm{d}y\\
&=\iint\limits_{D_{zx}}\left[8-2z-(x^{2}+z^{2})\right]\mathrm{d}z\mathrm{d}x\\
&=\iint\limits_{D_{zx}}\left[9-x^{2}-(z+1)^{2}\right]\mathrm{d}z\mathrm{d}x.
\end{aligned}
$$

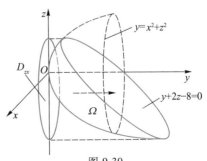

再作极坐标变换

$$x=r\cos\theta,\quad z+1=r\sin\theta,$$

那么

图 9.30

$$V = \int_0^{2\pi} \mathrm{d}\theta \int_0^3 (9-r^2) r\mathrm{d}r = \frac{81}{2}\pi.$$

例 9.21   计算三重积分

$$I = \iiint_{\Omega} \left(\frac{x}{a} + \frac{y}{b} + \frac{z}{c} \right) \mathrm{d}x\mathrm{d}y\mathrm{d}z,$$

其中 Ω 为四面体 $\dfrac{x}{a} + \dfrac{y}{b} + \dfrac{z}{c} \leq 1, x \geq 0, y \geq 0, z \geq 0$ $(a>0, b>0, c>0)$.

解   首先计算 $I_1 = \displaystyle\iiint_{\Omega} \frac{x}{a} \mathrm{d}x\mathrm{d}y\mathrm{d}z$.

容易得到积分区域 Ω 在 xOy 平面上投影区域为三角形区域

$$D = \left\{ (x,y) \;\middle|\; 0 \leq y \leq b\left(1 - \frac{x}{a}\right), 0 \leq x \leq a \right\},$$

所以有

$$
\begin{aligned}
I_1 &= \iint_{D} \frac{x}{a} \mathrm{d}x\mathrm{d}y \int_0^{c\left(1 - \frac{x}{a} - \frac{y}{b}\right)} \mathrm{d}z = \int_0^a \frac{x}{a} \mathrm{d}x \int_0^{b\left(1 - \frac{x}{a}\right)} \mathrm{d}y \int_0^{c\left(1 - \frac{x}{a} - \frac{y}{b}\right)} \mathrm{d}z \\
&= \int_0^a \frac{x}{a} \mathrm{d}x \int_0^{b\left(1 - \frac{x}{a}\right)} c\left(1 - \frac{x}{a} - \frac{y}{b}\right) \mathrm{d}y = \frac{bc}{2a} \int_0^a x \left(1 - \frac{x}{a}\right)^2 \mathrm{d}x \\
&= \frac{abc}{24},
\end{aligned}
$$

由对称性知

$$I_2 = \iiint_{\Omega} \frac{y}{b} \mathrm{d}x\mathrm{d}y\mathrm{d}z = \frac{abc}{24}, \quad I_3 = \iiint_{\Omega} \frac{z}{c} \mathrm{d}x\mathrm{d}y\mathrm{d}z = \frac{abc}{24},$$

于是

$$I = \iiint_{\Omega} \left(\frac{x}{a} + \frac{y}{b} + \frac{z}{c} \right) \mathrm{d}x\mathrm{d}y\mathrm{d}z = \frac{abc}{8}.$$

2. 截面法

设区域 Ω 在 z 轴上投影区间为 $[h_1, h_2]$, 即 Ω 介于两平面 $z = h_1$ 与 $z = h_2$ 之间(图 9.31), 且平面 $z = z$ $(h_1 \leq z \leq h_2)$ 交 Ω 所得截面区域为 D_z, 那么 Ω 可表示为

$$\Omega = \{ (x,y,z) \mid (x,y) \in D_z, h_1 \leq z \leq h_2 \},$$

称这样的区域为 z 型空间区域.

$\forall z \in [h_1, h_2]$, 我们先在 D_z 上作二重积分, 它是 z 的函数

$$F(z) = \iint_{D_z} f(x,y,z) \mathrm{d}x\mathrm{d}y,$$

若 $f(x,y,z)$ 是密度函数,则 $F(z)$ 就是 Ω 内的截面区域 D_z 上的质量分布,从而 Ω 的总质量为

$$\int_{h_1}^{h_2} F(z)\,\mathrm{d}z = \int_{h_1}^{h_2}\left(\iint_{D_z} f(x,y,z)\,\mathrm{d}x\mathrm{d}y\right)\mathrm{d}z,$$

上式右端也可写为

$$\int_{h_1}^{h_2}\mathrm{d}z \iint_{D_z} f(x,y,z)\,\mathrm{d}x\mathrm{d}y.$$

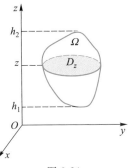

这样,从三重积分的物理意义可得

$$\iiint_{\Omega} f(x,y,z)\,\mathrm{d}V = \int_{h_1}^{h_2}\mathrm{d}z \iint_{D_z} f(x,y,z)\,\mathrm{d}x\mathrm{d}y.$$

图 9.31

同样,当 Ω 是 x 型空间区域或 y 型空间区域时,都可以把三重积分按先二重积分后定积分的次序来计算. 上述积分计算方法通常称为截面法或坐标轴投影法.

例 9.22 试用截面法重解例 9.21.

解 先求 $I_3 = \iiint_{\Omega}\dfrac{z}{c}\mathrm{d}x\mathrm{d}y\mathrm{d}z$,注意到被积函数仅与 z 有关,用平面 $z=z$ $(0\leqslant z\leqslant c)$ 截 Ω 所得截面区域 D_z(图 9.32)是三角形域,此时视 z 为常数,

$$D_z = \left\{(x,y)\;\middle|\; 0\leqslant y\leqslant b\left[\left(1-\frac{z}{c}\right)-\frac{x}{a}\right],\ 0\leqslant x\leqslant a\left(1-\frac{z}{c}\right)\right\},$$

所以

$$\begin{aligned}
I_3 &= \int_0^c \frac{z}{c}\mathrm{d}z \iint_{D_z}\mathrm{d}x\mathrm{d}y \\
&= \int_0^c \frac{z}{c}\cdot\frac{1}{2}\cdot a\left(1-\frac{z}{c}\right)\cdot b\left(1-\frac{z}{c}\right)\mathrm{d}z \\
&= \frac{ab}{2c}\int_0^c z\left(1-\frac{z}{c}\right)^2\mathrm{d}z = \frac{abc}{24}.
\end{aligned}$$

于是根据对称性得到

$$I = \iiint_{\Omega}\left(\frac{x}{a}+\frac{y}{b}+\frac{z}{c}\right)\mathrm{d}x\mathrm{d}y\mathrm{d}z = 3\times\frac{abc}{24} = \frac{abc}{8}.$$

例 9.23 求三重积分 $I = \iiint_{\Omega}(2x^2+2y^2+z)\mathrm{d}x\mathrm{d}y\mathrm{d}z$,

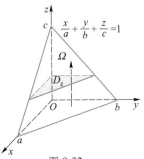

其中 Ω 是由锥面 $z=\sqrt{x^2+y^2}$ 及平面 $z=1$ 和 $z=3$ 围成的圆台.

解 区域 Ω 如图 9.33 所示,可表示为 z 型区域

图 9.32

$$\Omega = \left\{ (x,y,z) \mid (x,y) \in D_z, 1 \leq z \leq 3 \right\},$$

而其中

$$D_z = \left\{ (x,y) \mid x^2 + y^2 \leq z^2 \right\},$$

故有

$$I = \int_1^3 dz \iint_{D_z} (2x^2 + 2y^2 + z) dx dy.$$

利用极坐标可得

$$\iint_{D_z} (2x^2 + 2y^2 + z) dx dy = \int_0^{2\pi} d\theta \int_0^z (2r^2 + z) r dr$$

$$= 2\pi \left(\frac{2z^4}{4} + \frac{z^3}{2} \right) = \pi (z^4 + z^3),$$

从而

$$I = \pi \int_1^3 (z^4 + z^3) dz = \frac{342\pi}{5}.$$

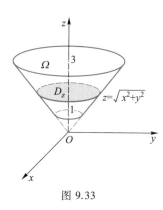

图 9.33

注意此题如果选择柱线法,那么 Ω 下方的底面必须分为平面和锥面两部分来考虑,相比截面法计算稍繁一些,读者可尝试作为练习.

例 9.24 计算三重积分

$$I = \iiint_{\Omega} (x+y+z)^2 dx dy dz,$$

其中 Ω 是椭球体

$$\frac{x^2}{a^2} + \frac{y^2}{b^2} + \frac{z^2}{c^2} \leq 1.$$

分析 由于积分区域 Ω 关于坐标面 $x=0, y=0, z=0$ 对称,被积函数中的项 $2xy, 2yz, 2zx$ 分别关于 x, y, z 是奇函数,故在 Ω 上积分均为 0,而对被积函数中的项 x^2, y^2, z^2 只要在 Ω 上计算其中一项积分,再由轮换对称性得到所求的三重积分.

解 由积分区域 Ω 的对称性知

$$\iiint_{\Omega} 2xy dx dy dz = 0, \quad \iiint_{\Omega} 2yz dx dy dz = 0, \quad \iiint_{\Omega} 2zx dx dy dz = 0,$$

于是

$$I = \iiint_{\Omega} (x^2 + y^2 + z^2) dx dy dz = \iiint_{\Omega} x^2 dV + \iiint_{\Omega} y^2 dV + \iiint_{\Omega} z^2 dV$$

$$= I_1 + I_2 + I_3.$$

先计算 I_3,被积函数仅与 z 有关,可用截面法,将 Ω 看作 z 型空间区域,那么

截面

$$D_z = \left\{ (x,y) \,\Big|\, \frac{x^2}{a^2} + \frac{y^2}{b^2} \leqslant 1 - \frac{z^2}{c^2} \right\}$$

是椭圆域,其面积为 $\pi ab\left(1 - \dfrac{z^2}{c^2}\right)$,于是利用对称性,可得

$$I_3 = \iiint\limits_{\Omega} z^2 \mathrm{d}V = 2\int_0^c z^2 \mathrm{d}z \iint\limits_{D_z} \mathrm{d}x\mathrm{d}y$$

$$= 2\int_0^c \pi ab\left(1 - \frac{z^2}{c^2}\right) z^2 \mathrm{d}z = \frac{4}{15}\pi abc^3.$$

同理

$$I_1 = \frac{4}{15}\pi a^3 bc, \qquad I_2 = \frac{4}{15}\pi ab^3 c,$$

故得

$$I = \frac{4}{15}\pi abc(a^2 + b^2 + c^2).$$

注意此例与例 9.21 都利用了积分区域和被积函数的对称性使得计算简化.

9.3.2　三重积分的变量代换

与二重积分一样,某些类型的三重积分作适当的变量变换后能使计算方便. 与二重积分变量代换的定理 9.2 类似,我们有如下的结论:

定理 9.3　设变换 $T: x = x(u,v,w), y = y(u,v,w), z = z(u,v,w)$ 将 uvw 空间中有界闭区域 Ω' 一对一地映射为 xyz 空间中的有界闭区域 Ω,且满足

(1) $x(u,v,w), y(u,v,w), z(u,v,w) \in C^1(\Omega')$;

(2) $J = \dfrac{\partial(x,y,z)}{\partial(u,v,w)} \neq 0, (u,v,w) \in \Omega'$;

(3) $f(x,y,z) \in C(\Omega)$,

则有

$$\iiint\limits_{\Omega} f(x,y,z)\mathrm{d}x\mathrm{d}y\mathrm{d}z = \iiint\limits_{\Omega'} f(x(u,v,w),y(u,v,w),z(u,v,w))\,|J|\,\mathrm{d}u\mathrm{d}v\mathrm{d}w,$$

其中

$$J = \frac{\partial(x,y,z)}{\partial(u,v,w)} = \begin{vmatrix} x_u & x_v & x_w \\ y_u & y_v & y_w \\ z_u & z_v & z_w \end{vmatrix}.$$

三重积分变量代换最常用的是把直角坐标变换为柱面坐标和球面坐标两种

情形,分别介绍如下.

9.3.3 柱面坐标系下的计算

设点 $M(x,y,z)\in\mathbf{R}^3$,M 在 xOy 平面上投影 P 的极坐标为 (r,θ)(图 9.34),则称 r,θ,z 为点 M 的柱面坐标,相应的坐标系称为柱面坐标系,若 r,θ,z 的取值范围规定为

$$0\leqslant r<+\infty,0\leqslant\theta\leqslant 2\pi\text{(或}-\pi\leqslant\theta\leqslant\pi\text{等)},-\infty<z<+\infty,$$

则有序数组 (r,θ,z) 与空间 $\mathbf{R}^3$ 中的点(除了 z 轴上的点)之间是一一对应的.

柱面坐标系中的 r,θ,z 有明确的几何意义:r 为常数表示以 z 轴为中心轴的圆柱面;θ 为常数表示过 z 轴的半平面;z 为常数表示垂直于 z 轴的平面(图 9.35).

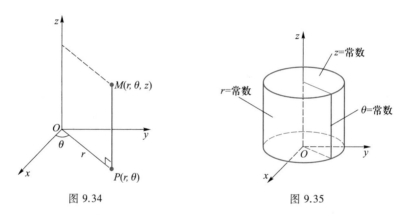

图 9.34 图 9.35

由柱面坐标定义,点的直角坐标与柱面坐标的关系是

$$\begin{cases}x=r\cos\theta,\\ y=r\sin\theta,\\ z=z,\end{cases}$$

称此为柱面坐标变换.

设上述变换将 $r\theta z$ 空间中有界闭区域 Ω' 变换成 xyz 空间中的有界闭区域 Ω. 由于

$$J=\frac{\partial(x,y,z)}{\partial(r,\theta,z)}=\begin{vmatrix}\cos\theta & -r\sin\theta & 0\\ \sin\theta & r\cos\theta & 0\\ 0 & 0 & 1\end{vmatrix}=r,$$

从而将三重积分化为柱面坐标系下的三重积分:

$$\iiint\limits_{\Omega}f(x,y,z)\,\mathrm{d}V=\iiint\limits_{\Omega'}f(r\cos\theta,r\sin\theta,z)r\mathrm{d}r\mathrm{d}\theta\mathrm{d}z.$$

上述变换公式中体积微元 $\mathrm{d}V = r\mathrm{d}r\mathrm{d}\theta\mathrm{d}z$ 可以给出几何解释:如果在柱面坐标系中分别用 r,θ,z 各取一组常数所表示的三组曲面将区域 Ω 分成若干个子区域,那么位于点 (r,θ,z) 处的小区域的体积可近似看作长方体体积(图 9.36),其体积即体积微元为

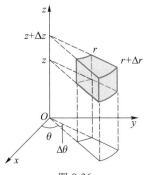

$$\mathrm{d}V = r\mathrm{d}r\mathrm{d}\theta\mathrm{d}z.$$

在使用柱面坐标计算三重积分时,仍需用柱线法或截面法来进行累次积分. 事实上读者不难看出,采用柱面坐标计算三重积分,只需将 x,y 换成极坐标,因此在计算时可以用柱线法先对 z 求定积分,然后再在投影区域 D 上用极坐标计算积分;也可以用截面法先在 D_z 上用极坐标计算积分,再对 z 求定积分. 即

图 9.36

$$\iiint\limits_{\Omega} f(x,y,z)\,\mathrm{d}V = \iint\limits_{D_{r\theta}} r\mathrm{d}r\mathrm{d}\theta \int_{z_1(r,\theta)}^{z_2(r,\theta)} f(r\cos\theta,r\sin\theta,z)\,\mathrm{d}z,$$

或者

$$\iiint\limits_{\Omega} f(x,y,z)\,\mathrm{d}V = \int_{c_1}^{c_2} \mathrm{d}z \iint\limits_{D_z} f(r\cos\theta,r\sin\theta,z) r\mathrm{d}r\mathrm{d}\theta.$$

例 9.25 计算 $I = \iiint\limits_{\Omega} z\mathrm{d}V$,其中 Ω 由曲面 $z=\sqrt{4-x^2-y^2}$ 与 $x^2+y^2=3z$ 围成.

解 积分区域 Ω 如图 9.37 所示,由

$$\begin{cases} z=\sqrt{4-x^2-y^2}, \\ x^2+y^2=3z, \end{cases}$$

可得两曲面交线方程为

$$\begin{cases} x^2+y^2=3, \\ z=1, \end{cases}$$

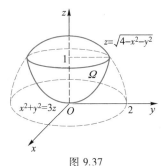

从而 Ω 在 xOy 平面上的投影区域为

$$D = \{(x,y) \mid x^2+y^2 \leqslant 3\}.$$

采用柱面坐标来计算,那么 D 变换成

$$D_{r\theta} = \left\{ (r,\theta) \mid 0 \leqslant \theta \leqslant 2\pi, 0 \leqslant r \leqslant \sqrt{3} \right\},$$

图 9.37

而 Ω 的顶面和底面方程则分别化为

$$z=\sqrt{4-r^2}, \qquad z=\frac{1}{3}r^2,$$

于是

$$I = \iint\limits_{D_{r\theta}} r\mathrm{d}r\mathrm{d}\theta \int_{\frac{r^2}{3}}^{\sqrt{4-r^2}} z\mathrm{d}z = \int_0^{2\pi} \mathrm{d}\theta \int_0^{\sqrt{3}} r\mathrm{d}r \int_{\frac{r^2}{3}}^{\sqrt{4-r^2}} z\mathrm{d}z$$

$$= 2\pi \int_0^{\sqrt{3}} \frac{r}{2}\left(4-r^2-\frac{r^4}{9}\right)\mathrm{d}r$$

$$= \pi\left(2r^2-\frac{1}{4}r^4-\frac{1}{54}r^6\right)\Big|_0^{\sqrt{3}} = \frac{13}{4}\pi.$$

也可采用截面法计算如下：

$$I = \iiint\limits_{\Omega_1} z\mathrm{d}V + \iiint\limits_{\Omega_2} z\mathrm{d}V = \int_0^1 z\mathrm{d}z \iint\limits_{D_z}\mathrm{d}x\mathrm{d}y + \int_1^2 z\mathrm{d}z \iint\limits_{D_z}\mathrm{d}x\mathrm{d}y$$

$$= \int_0^1 z\pi \cdot 3z\mathrm{d}z + \int_1^2 z\pi(4-z^2)\mathrm{d}z = \frac{13}{4}\pi.$$

例 9.26 计算 $I = \iiint\limits_{\Omega}(x^2+y^2)\mathrm{d}V$，其中 Ω 是曲线 $\begin{cases} y^2=2z \\ x=0 \end{cases}$ 绕 z 轴旋转一周而得到的曲面与平面 $z=2, z=8$ 围成的空间区域.

解 旋转曲面为 $x^2+y^2=2z$，从而 Ω 可表示为

$$\Omega = \{(x,y,z) \mid x^2+y^2 \leq 2z, 2 \leq z \leq 8\},$$

用柱面坐标计算，那么

$$D_z = \{(r,\theta) \mid 0 \leq r \leq \sqrt{2z}, 0 \leq \theta \leq 2\pi\},$$

于是

$$I = \int_2^8 \mathrm{d}z \iint\limits_{D_z} r^3\mathrm{d}r\mathrm{d}\theta = \int_2^8 \mathrm{d}z \int_0^{2\pi}\mathrm{d}\theta \int_0^{\sqrt{2z}} r^3\mathrm{d}r$$

$$= \int_2^8 2\pi \frac{(2z)^2}{4}\mathrm{d}z = 336\pi.$$

9.3.4 球面坐标系下的计算

设点 $M(x,y,z) \in \mathbf{R}^3$，则点 M 可用三个有序实数 ρ, φ, θ 来确定，其中 $\rho = |\overrightarrow{OM}|$，$\varphi$ 为 $\overrightarrow{OM}$ 与 z 轴正向的夹角，θ 为定位向量 $\overrightarrow{OM}$ 在 xOy 平面上投影向量 $\overrightarrow{OP}$ 与 x 轴正向的夹角（图 9.38），称 (ρ,φ,θ) 为点 M 的球面坐标，相应的坐标系称为球面坐标系. 若规定 ρ, φ, θ 的取值范围为

$$0 \leq \rho < +\infty, \quad 0 \leq \varphi \leq \pi, \quad 0 \leq \theta \leq 2\pi \ (\text{或} -\pi \leq \theta \leq \pi \ \text{等}),$$

则有序数组 (ρ,φ,θ) 与空间 $\mathbf{R}^3$ 中的点（除了原点）之间是一一对应的.

球面坐标系中的 ρ 为常数表示中心位于原点的球面；φ 为常数表示以原点为顶点，z 轴为对称轴的圆锥面；θ 为常数则表示过 z 轴的半平面（图 9.39）.

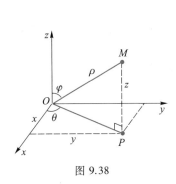

图 9.38

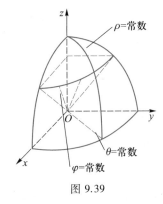

图 9.39

点的直角坐标与球面坐标之间关系为

$$\begin{cases} x = \rho \sin \varphi \cos \theta, \\ y = \rho \sin \varphi \sin \theta, \\ z = \rho \cos \varphi, \end{cases}$$

称此为球面坐标变换.

设上述变换将 $\rho\varphi\theta$ 空间中的有界闭区域 Ω' 变成 xyz 空间中的有界闭区域 Ω, 由于

$$\frac{\partial(x,y,z)}{\partial(\rho,\varphi,\theta)} = \begin{vmatrix} \sin\varphi\cos\theta & \rho\cos\varphi\cos\theta & -\rho\sin\varphi\sin\theta \\ \sin\varphi\sin\theta & \rho\cos\varphi\sin\theta & \rho\sin\varphi\cos\theta \\ \cos\varphi & -\rho\sin\varphi & 0 \end{vmatrix} = \rho^2\sin\varphi,$$

故可将三重积分化为球面坐标系下的三重积分:

$$\iiint\limits_{\Omega} f(x,y,z)\,\mathrm{d}V = \iiint\limits_{\Omega'} f(\rho\sin\varphi\cos\theta, \rho\sin\varphi\sin\theta, \rho\cos\varphi)\rho^2\sin\varphi\,\mathrm{d}\rho\,\mathrm{d}\varphi\,\mathrm{d}\theta.$$

上述变换公式中体积微元 $\mathrm{d}V = \rho^2\sin\varphi\,\mathrm{d}\rho\,\mathrm{d}\varphi\,\mathrm{d}\theta$ 也可以给出几何解释: 如果在球面坐标系中分别用 ρ, φ, θ 各取一组常数所表示的三组曲面将区域 Ω 分成若干个子区域, 那么位于 ρ, φ, θ 点处的小区域 (图 9.40) 可近似看作边长分别为 $\mathrm{d}\rho, \rho\mathrm{d}\varphi, \rho\sin\varphi\mathrm{d}\theta$ 的长方体, 于是球面坐标系下的体积微元为

$$\mathrm{d}V = \rho^2\sin\varphi\,\mathrm{d}\rho\,\mathrm{d}\varphi\,\mathrm{d}\theta.$$

当然, 在采用球面坐标以后, 需要将积分区域用球面坐标变量 ρ, φ, θ 表示出来, 然后将三重积分化为对球面坐标变量 ρ, φ, θ 的累次积分来计算.

例如当 Ω' 可以表示为

$$\Omega' = \{(\rho, \varphi, \theta) \mid \rho_1(\varphi, \theta) \leqslant \rho \leqslant \rho_2(\varphi, \theta),$$
$$\varphi_1(\theta) \leqslant \varphi \leqslant \varphi_2(\theta), \alpha \leqslant \theta \leqslant \beta\}$$

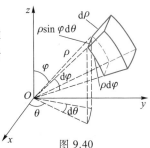

图 9.40

时,球面坐标系下的三重积分可化为先对 ρ 后对 φ 再对 θ 的三次积分,即

$$\int_\alpha^\beta \mathrm{d}\theta \int_{\varphi_1(\theta)}^{\varphi_2(\theta)} \mathrm{d}\varphi \int_{\rho_1(\varphi,\theta)}^{\rho_2(\varphi,\theta)} f(\rho\sin\varphi\cos\theta, \rho\sin\varphi\sin\theta, \rho\cos\varphi)\rho^2\sin\varphi\mathrm{d}\rho.$$

例 9.27   计算 $I = \iiint\limits_\Omega \sqrt{x^2+y^2+z^2}\,\mathrm{d}V$,其中 Ω 是由球面 $x^2+y^2+z^2 = 2z$ 与 $z =$ $\sqrt{x^2+y^2}$ 围成的包含 z 轴部分的区域.

解   积分区域如图 9.41 所示,在球面坐标中可表示为

$$\Omega' = \left\{ (\rho,\varphi,\theta) \;\middle|\; 0 \leqslant \rho \leqslant 2\cos\varphi, 0 \leqslant \varphi \leqslant \frac{\pi}{4}, 0 \leqslant \theta \leqslant 2\pi \right\},$$

所以

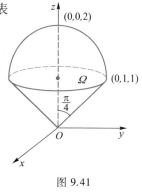

图 9.41

$$\begin{aligned}
I &= \iiint\limits_\Omega \sqrt{x^2+y^2+z^2}\,\mathrm{d}V \\
&= \int_0^{2\pi} \mathrm{d}\theta \int_0^{\frac{\pi}{4}} \mathrm{d}\varphi \int_0^{2\cos\varphi} \rho\cdot\rho^2\sin\varphi\mathrm{d}\rho \\
&= 2\pi \int_0^{\frac{\pi}{4}} \frac{1}{4}(2\cos\varphi)^4\sin\varphi\mathrm{d}\varphi \\
&= \frac{\sqrt{2}}{5}\pi(4\sqrt{2}-1).
\end{aligned}$$

通常当被积函数表达式或积分区域表达式中含有 $x^2+y^2+z^2$ 的形式时,适合用球面坐标来计算三重积分,但有时表达式中的平方项的系数同号而不相等,在作变换时需要把这种因素考虑进去.

例 9.28   求几何体 $\Omega = \left\{ (x,y,z) \;\middle|\; \left(\dfrac{x^2}{a^2}+\dfrac{y^2}{b^2}+\dfrac{z^2}{c^2}\right)^2 \leqslant ax\,(a,b,c\;\text{均为正}$ 数$)\right\}$ 的体积.

解   几何体 Ω 由曲面 $\left(\dfrac{x^2}{a^2}+\dfrac{y^2}{b^2}+\dfrac{z^2}{c^2}\right)^2 = ax$ 围成,作坐标变量代换(称为广义球面坐标变换):

$$\begin{cases} x = a\rho\sin\varphi\cos\theta, \\ y = b\rho\sin\varphi\sin\theta, \\ z = c\rho\cos\varphi, \end{cases}$$

在新坐标系下曲面方程为

$$\rho^3 = a^2\sin\varphi\cos\theta, \; 0 \leqslant \varphi \leqslant \pi, \; -\frac{\pi}{2} \leqslant \theta \leqslant \frac{\pi}{2},$$

从而

$$\Omega' = \left\{ (\rho, \varphi, \theta) \ \middle| \ 0 \leqslant \rho \leqslant (a^2 \sin \varphi \cos \theta)^{\frac{1}{3}}, 0 \leqslant \varphi \leqslant \pi, -\frac{\pi}{2} \leqslant \theta \leqslant \frac{\pi}{2} \right\}.$$

又因

$$J = \left| \frac{\partial(x,y,z)}{\partial(\rho,\varphi,\theta)} \right| = abc\rho^2 \sin \varphi,$$

所以几何体体积为

$$V = \iiint\limits_{\Omega'} abc\rho^2 \sin \varphi \mathrm{d}\rho \mathrm{d}\varphi \mathrm{d}\theta = abc \int_{-\frac{\pi}{2}}^{\frac{\pi}{2}} \mathrm{d}\theta \int_0^{\pi} \sin \varphi \mathrm{d}\varphi \int_0^{\sqrt[3]{a^2\sin \varphi \cos \theta}} \rho^2 \mathrm{d}\rho$$

$$= \frac{1}{3} a^3 bc \int_{-\frac{\pi}{2}}^{\frac{\pi}{2}} \cos \theta \mathrm{d}\theta \int_0^{\pi} \sin^2 \varphi \mathrm{d}\varphi = \frac{1}{3} \pi a^3 bc.$$

例 9.29 求极限

$$\lim_{t \to 0^+} \frac{1}{t^4} \iiint\limits_{x^2+y^2+z^2 \leqslant t^2} f(\sqrt{x^2+y^2+z^2}) \mathrm{d}x \mathrm{d}y \mathrm{d}z,$$

其中 f 在 $[0,1]$ 上连续，$f(0) = 0, f'(0) = 1$.

解 利用球面坐标变换，得

$$\iiint\limits_{x^2+y^2+z^2 \leqslant t^2} f(\sqrt{x^2+y^2+z^2}) \mathrm{d}x \mathrm{d}y \mathrm{d}z$$

$$= \int_0^{2\pi} \mathrm{d}\theta \int_0^{\pi} \mathrm{d}\varphi \int_0^t f(\rho) \rho^2 \sin \varphi \mathrm{d}\rho = 4\pi \int_0^t f(\rho) \rho^2 \mathrm{d}\rho.$$

于是

$$\text{原极限式} = \lim_{t \to 0^+} \frac{4\pi \int_0^t f(\rho) \rho^2 \mathrm{d}\rho}{t^4}$$

$$= \lim_{t \to 0^+} \frac{4\pi t^2 f(t)}{4t^3} = \pi \lim_{t \to 0^+} \frac{f(t) - f(0)}{t - 0} = \pi f'(0) = \pi.$$

除了可以把直角坐标变换为柱面坐标和球面坐标（以及广义球面坐标），有时我们还采用一些特殊的坐标变换，变换主要根据积分区域和被积函数的表示形式来确定，目的是使得计算式变得更简单.

例 9.30 计算三重积分

$$I = \iiint\limits_{\Omega} (x+y+z) \cos(x+y+z)^2 \mathrm{d}x \mathrm{d}y \mathrm{d}z,$$

其中
$$\Omega = \left\{ (x,y,z) \mid 0 \leq x-y \leq 1, 0 \leq x-z \leq 1, 0 \leq x+y+z \leq 1 \right\}.$$

解   作变换 T:
$$u = x-y, \quad v = x-z, \quad w = x+y+z,$$
那么 T 将 Ω 一一映射为
$$\Omega' = \left\{ (u,v,w) \mid 0 \leq u \leq 1, 0 \leq v \leq 1, 0 \leq w \leq 1 \right\},$$
且
$$\frac{\partial(u,v,w)}{\partial(x,y,z)} = \begin{vmatrix} 1 & -1 & 0 \\ 1 & 0 & -1 \\ 1 & 1 & 1 \end{vmatrix} = 3 \quad \Rightarrow \quad |J| = \frac{1}{3},$$

故得
$$I = \frac{1}{3} \int_0^1 \mathrm{d}u \int_0^1 \mathrm{d}v \int_0^1 w\cos w^2 \,\mathrm{d}w = \frac{1}{6}\sin 1.$$

9.4   重积分的应用

从前面讨论可知,运用重积分可求平面图形的面积、空间立体的体积以及空间物体的质量. 本节再运用微元法讨论重积分在几何和物理中的某些应用,包括曲面面积、质心、转动惯量和引力等问题.

9.4.1   曲面面积

我们先简单介绍二重积分的微元法,它与(一元)定积分的微元法是类似的.

设某个量 F 分布在区域 D,由于 F 在点 (x,y) 处的微小区域 $\Delta\sigma$ 上几乎是均匀的,从而重积分的微元法在于寻求 F 在 $\Delta\sigma$ 上的部分量 ΔF 的表达式 $\Delta F \approx f(x,y)\Delta\sigma$,或者等价地写出微元 $\mathrm{d}F$ 的表达式
$$\mathrm{d}F = f(x,y)\,\mathrm{d}\sigma,$$
使得 ΔF 与 $\mathrm{d}F = f(x,y)\mathrm{d}\sigma$ 之差是 $\Delta\sigma$ 的高阶无穷小.这样我们就可以得到
$$F = \iint_D f(x,y)\,\mathrm{d}\sigma.$$

三重积分的微元法是类似的.

下面我们用微元法来导出曲面 S 的面积计算公式.

设空间有界曲面 S 的方程为

$$S:z=f(x,y),(x,y)\in D,$$

其中 D 是曲面 S 在 xOy 平面上的投影区域,$f(x,y)$ 在 D 上具有连续的一阶偏导数,即曲面 S 是光滑的.

用平行坐标轴的直线族作 D 的分划,将 D 分成若干子区域,它们为一些小矩形(除了含边界的子区域),任取一个典型矩形子区域 $d\sigma$,其面积元素为 $d\sigma = dxdy$,以该矩形子区域 $d\sigma$ 的边界为准线,作母线平行于 z 轴的柱面,在曲面上截下小曲边四边形,其面积为 ΔS. 过小曲边四边形的一顶点 $P(x,y,z)$ 作切平面,它被柱面截下的是一个小平行四边形 $PQRT$,其面积记为 dS(见图 9.42),由于 dx,dy 很小,故用平行四边形面积 dS 近似代替小曲边四边形面积 ΔS,即 $\Delta S \approx dS$.

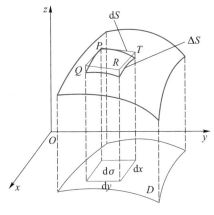

图 9.42

由多元函数的微分学知,曲面 $z=f(x,y)$ 在点 P 处切平面的一个法向量为 $\boldsymbol{n}=(z_x,z_y,-1)$,而单位法向量

$$\boldsymbol{n}^0=(\cos\alpha,\cos\beta,\cos\gamma)=\frac{1}{\sqrt{1+z_x^2+z_y^2}}(z_x,z_y,-1).$$

由于小块切平面面积 dS 与它在 xOy 平面上的投影区域 ΔD 的面积 $d\sigma$ 满足关系:

$$d\sigma=dS|\cos\gamma|\ (见图\ 9.43),$$

从而

$$dS=\frac{1}{|\cos\gamma|}d\sigma=\sqrt{1+z_x^2+z_y^2}\,dxdy,$$

称 $dS=\sqrt{1+z_x^2+z_y^2}\,dxdy$ 为曲面 S 的面积微元.

将曲面面积记为 S,故有曲面面积公式

$$S = \iint\limits_{D} \mathrm{d}S = \iint\limits_{D} \sqrt{1+z_x^2+z_y^2}\, \mathrm{d}x\mathrm{d}y.$$

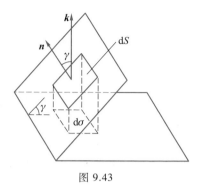

图 9.43

类似地,当曲面方程为 $x = x(y,z)$ 或 $y = y(z,x)$ 时,可分别把曲面投影到 yOz 平面上(投影区域记为 D_{yz})或 zOx 平面上(投影区域记为 D_{zx}),得到

$$S = \iint\limits_{D_{yz}} \sqrt{1+x_y^2+x_z^2}\, \mathrm{d}y\mathrm{d}z \ \text{或}\ S = \iint\limits_{D_{zx}} \sqrt{1+y_z^2+y_x^2}\, \mathrm{d}z\mathrm{d}x.$$

若曲面 S 的方程为双参数形式

$$\begin{cases} x = x(u,v), \\ y = y(u,v), \\ z = z(u,v), \end{cases} \quad (u,v) \in D_{uv},$$

写成向量形式为

$$\boldsymbol{r} = \boldsymbol{r}(u,v) = (x(u,v),y(u,v),z(u,v)), \quad (u,v) \in D_{uv},$$

其中 x,y,z 对 u,v 具有连续偏导数,且 $\dfrac{\partial(y,z)}{\partial(u,v)}, \dfrac{\partial(z,x)}{\partial(u,v)}, \dfrac{\partial(x,y)}{\partial(u,v)}$ 至少有一个不等于零,此时称参数式表示的曲面 S 是光滑曲面.

若在参数方程中固定 v,此时以 u 为参数的方程给出曲面 S 上的一条曲线,故

$$\boldsymbol{r}_u = (x_u, y_u, z_u)$$

是此曲线的切向量,也是曲面 S 的一个切向量. 同理可得

$$\boldsymbol{r}_v = (x_v, y_v, z_v)$$

是曲面 S 的另一个切向量,于是曲面 S 的一个法向量为

$$\boldsymbol{n} = \boldsymbol{r}_u \times \boldsymbol{r}_v = \left(\frac{\partial(y,z)}{\partial(u,v)}, \frac{\partial(z,x)}{\partial(u,v)}, \frac{\partial(x,y)}{\partial(u,v)} \right).$$

记

$$A = \frac{\partial(y,z)}{\partial(u,v)} = \begin{vmatrix} y_u & y_v \\ z_u & z_v \end{vmatrix}, \quad B = \frac{\partial(z,x)}{\partial(u,v)} = \begin{vmatrix} z_u & z_v \\ x_u & x_v \end{vmatrix}, \quad C = \frac{\partial(x,y)}{\partial(u,v)} = \begin{vmatrix} x_u & x_v \\ y_u & y_v \end{vmatrix},$$

那么

$$\boldsymbol{n} = (A, B, C),$$

于是

$$|\cos\gamma| = \frac{|C|}{\sqrt{A^2+B^2+C^2}}.$$

当 $C = \dfrac{\partial(x,y)}{\partial(u,v)} \neq 0$ 时,由二重积分变量代换,得

$$d\sigma = dxdy = |C|dudv,$$

从而曲面 S 的面积微元为

$$dS = \frac{1}{|\cos\gamma|}dxdy = \sqrt{A^2+B^2+C^2}\,dudv,$$

于是就有

$$S = \iint\limits_{D_{uv}} \sqrt{A^2+B^2+C^2}\,dudv.$$

例 9.31 计算半径为 a 的球面 $x^2+y^2+z^2=a^2$ 的球面面积.

解 由于球面是关于三个坐标平面对称的,球面的面积 S 是球面在第 1 卦限部分面积的 8 倍. 球面在第 1 卦限的方程是

$$z = \sqrt{a^2-x^2-y^2},$$

它在 xOy 平面上的投影区域为

$$D = \{(x,y)\mid x^2+y^2 \leq a^2,\ x\geq 0, y\geq 0\}.$$

由于

$$z_x = \frac{-x}{\sqrt{a^2-x^2-y^2}},\qquad z_y = \frac{-y}{\sqrt{a^2-x^2-y^2}},$$

于是曲面面积为

$$S = 8\iint\limits_{D}\sqrt{1+z_x^2+z_y^2}\,dxdy = 8a\iint\limits_{D}\frac{dxdy}{\sqrt{a^2-x^2-y^2}}$$

$$= 8a\int_0^{\frac{\pi}{2}}d\theta\int_0^a\frac{r}{\sqrt{a^2-r^2}}dr = 4\pi a\int_0^a\frac{r}{\sqrt{a^2-r^2}}dr = 4\pi a^2.$$

此例也可以用球面的双参数方程来计算. 将球面方程写成

$$x = a\sin\varphi\cos\theta,\quad y = a\sin\varphi\sin\theta,\quad z = a\cos\varphi,$$

参数 φ,θ 的取值范围为

$$D = \{(\varphi,\theta)\mid 0\leq\varphi\leq\pi, 0\leq\theta\leq 2\pi\},$$

由于

$$\frac{\partial(y,z)}{\partial(\varphi,\theta)}=a^2\sin^2\varphi\cos\theta, \quad \frac{\partial(z,x)}{\partial(\varphi,\theta)}=a^2\sin^2\varphi\sin\theta, \quad \frac{\partial(x,y)}{\partial(\varphi,\theta)}=a^2\sin\varphi\cos\varphi,$$

所以

$$\sqrt{A^2+B^2+C^2}=a^2\sin\varphi,$$

故此球面面积为

$$S=\iint\limits_{D}a^2\sin\varphi\mathrm{d}\varphi\mathrm{d}\theta=\int_0^{2\pi}\mathrm{d}\theta\int_0^{\pi}a^2\sin\varphi\mathrm{d}\varphi=4\pi a^2.$$

例 9.32　求由圆柱面 $x^2+y^2=1$,平面 $y+z=1$ 和 $z=0$ 所围成立体 Ω 的表面积.

解　Ω 的表面积由三部分构成(图 9.44),分别为

底面 $S_1:z=0$ $(x^2+y^2\leqslant1)$,顶面 $S_2:z=1-y$ $(x^2+y^2\leqslant1)$ 和侧面

$$S_3:x=\pm\sqrt{1-y^2}\quad(0\leqslant z\leqslant1-y,-1\leqslant y\leqslant1).$$

仍用 S_1,S_2,S_3 表示它们的面积,则有

$$S_1=\pi,\quad S_2=\frac{S_1}{\cos\dfrac{\pi}{4}}=\sqrt2\,\pi,$$

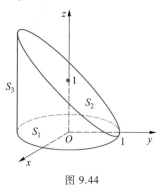

图 9.44

$$\begin{aligned}
S_3&=2\iint\limits_{D_{yz}}\sqrt{1+x_y^2+x_z^2}\,\bigg|_{S_3^*}\,\mathrm{d}y\mathrm{d}z\\
&=2\iint\limits_{D_{yz}}\sqrt{1+\left(\frac{-y}{\sqrt{1-y^2}}\right)^2}\,\mathrm{d}y\mathrm{d}z\\
&=2\int_{-1}^1\mathrm{d}y\int_0^{1-y}\frac{1}{\sqrt{1-y^2}}\mathrm{d}z\\
&=\int_{-1}^1\frac{2-2y}{\sqrt{1-y^2}}\mathrm{d}y=4\arcsin y\,\bigg|_0^1=2\pi,
\end{aligned}$$

所以此立体的表面积

$$S_{表}=S_1+S_2+S_3=\pi+\sqrt2\,\pi+2\pi=(3+\sqrt2\,)\pi.$$

例 9.33　求锥面 $z^2=x^2+y^2$ 被柱面 $z^2=2y$ 所截部分的面积.

解　由

$$\begin{cases}z^2=x^2+y^2,\\ z^2=2y,\end{cases}$$

可知此两曲面的交线在 xOy 平面上的投影曲
线为(图 9.45)
$$x^2+y^2=2y\ (z=0),$$
从而所求曲面在 xOy 平面上的投影区域为
$$D=\{(x,y)\,|\,x^2+(y-1)^2\leqslant 1\}.$$
由锥面方程得到

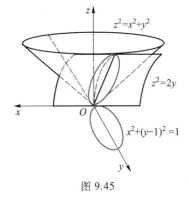

图 9.45

$$2zz_x=2x,2zz_y=2y\quad\Rightarrow\quad z_x=\frac{x}{z},z_y=\frac{y}{z},$$
于是
$$\sqrt{1+z_x^2+z_y^2}=\sqrt{1+\frac{x^2}{z^2}+\frac{y^2}{z^2}}=\sqrt{2}\,,$$
由所截得曲面的对称性得
$$S=2\iint\limits_{D}\sqrt{1+z_x^2+z_y^2}\,\mathrm{d}x\mathrm{d}y=2\iint\limits_{D}\sqrt{2}\,\mathrm{d}x\mathrm{d}y=2\sqrt{2}\,A_D=2\sqrt{2}\,\pi.$$

例 9.34 计算球面 $x^2+y^2+z^2=R^2$ 被两个柱面 $x^2+y^2-Rx=0,x^2+y^2+Rx=0$ 所截得部分的曲面面积.

解 我们已介绍过这种维维亚尼曲面,利用对称性,设上半球面 $z=\sqrt{R^2-x^2-y^2}$ 被 $x^2+y^2-Rx=0$ 所截得的曲面在第 1 卦限部分的面积为 A_1,那么所求面积为 $8A_1$.

因为这部分曲面在 xOy 平面上的投影区域为
$$D=\{(x,y)\,|\,x^2+y^2\leqslant Rx,y\geqslant 0\},$$
于是
$$8A_1=8\iint\limits_{D}\sqrt{1+z_x^2+z_y^2}\,\mathrm{d}x\mathrm{d}y=8\iint\limits_{D}\frac{R}{\sqrt{R^2-x^2-y^2}}\mathrm{d}x\mathrm{d}y$$
$$=8R\int_0^{\frac{\pi}{2}}\mathrm{d}\theta\int_0^{R\cos\theta}\frac{r}{\sqrt{R^2-r^2}}\mathrm{d}r$$
$$=8R^2\int_0^{\frac{\pi}{2}}(1-\sin\theta)\mathrm{d}\theta=4R^2(\pi-2).$$

由此可知,球面被柱面截下后所剩下部分面积为
$$S=4\pi R^2-4R^2(\pi-2)=8R^2,$$
它与 π 无关,从而也否定了有球面组成的曲面其面积必与 π 有关的猜想.

9.4.2 重积分的物理应用

在前面引进重积分概念时,已经涉及求平面薄片和空间物体的质量的问题.

下面将进一步讨论重积分在物理中的应用问题,包括求平面薄片及空间物体的质心、转动惯量和它们对质点的引力等问题.

1. 物体的质心

设有一平面薄片占有 xOy 平面上的有界闭区域 D,它的面密度函数为 $\mu(x, y)$,这里 $\mu(x,y) > 0$. 在点 (x,y) 处取薄片的面积微元 $\mathrm{d}\sigma$,则 $\mathrm{d}\sigma$ 的质量微元为

$$\mathrm{d}m = \mu(x,y)\mathrm{d}\sigma,$$

而此质量微元关于 x 轴和 y 轴的一阶静力矩分别为

$$\mathrm{d}M_x = y\mu(x,y)\mathrm{d}\sigma, \quad \mathrm{d}M_y = x\mu(x,y)\mathrm{d}\sigma,$$

所以整个平面薄片关于 x 轴,y 轴的静力矩分别为

$$M_x = \iint\limits_{D} y\mu(x,y)\mathrm{d}\sigma, \quad M_y = \iint\limits_{D} x\mu(x,y)\mathrm{d}\sigma.$$

设平面薄片的质心(重心)位置在 $(\bar{x}, \bar{y})$,则由静力矩定律知

$$m\bar{x} = M_y, \quad m\bar{y} = M_x.$$

而薄片的质量为

$$m = \iint\limits_{D} \mu(x,y)\mathrm{d}\sigma,$$

于是得到质心位置的计算式

$$\bar{x} = \frac{M_y}{m} = \frac{\iint\limits_{D} x\mu(x,y)\mathrm{d}\sigma}{\iint\limits_{D} \mu(x,y)\mathrm{d}\sigma}, \quad \bar{y} = \frac{M_x}{m} = \frac{\iint\limits_{D} y\mu(x,y)\mathrm{d}\sigma}{\iint\limits_{D} \mu(x,y)\mathrm{d}\sigma}.$$

特别地,当平面薄片的质量均匀分布即面密度 $\mu(x,y)$ 为常数时,薄片的质心称为其所占区域 D 的形心,其坐标 $(\bar{x}, \bar{y})$ 为

$$\bar{x} = \frac{1}{A_D} \iint\limits_{D} x\mathrm{d}\sigma, \quad \bar{y} = \frac{1}{A_D} \iint\limits_{D} y\mathrm{d}\sigma,$$

其中 A_D 是区域 D 的面积.

类似可得,若占据空间区域 Ω 的物体的体密度为 $\mu(x,y,z)$,则物体的质心(重心)坐标 $(\bar{x}, \bar{y}, \bar{z})$ 的计算公式为

$$\bar{x} = \frac{1}{m} \iiint\limits_{\Omega} x\mu(x,y,z)\mathrm{d}V, \quad \bar{y} = \frac{1}{m} \iiint\limits_{\Omega} y\mu(x,y,z)\mathrm{d}V, \quad \bar{z} = \frac{1}{m} \iiint\limits_{\Omega} z\mu(x,y,z)\mathrm{d}V,$$

其中

$$m = \iiint\limits_{\Omega} \mu(x,y,z)\mathrm{d}V$$

是物体的质量.

同样,当体密度 $\mu(x,y,z)$ 为常数时,容易由上述公式导出空间区域 Ω 的形心坐标 $(\bar{x},\bar{y},\bar{z})$ 的计算式.

例 9.35 设 D 是心脏线 $r=a(1+\cos\theta)$ 所围的区域,求 D 的形心.

解 由于心脏线 $r=a(1+\cos\theta)$ 关于极轴对称,故其形心 $(\bar{x},\bar{y})$ 位于 x 轴上,即 $\bar{y}=0$. 而 D 的面积

$$A_D = \iint\limits_D \mathrm{d}\sigma = 2\int_0^\pi \mathrm{d}\theta \int_0^{a(1+\cos\theta)} r\mathrm{d}r = \int_0^\pi a^2(1+\cos\theta)^2\mathrm{d}\theta$$

$$= \int_0^\pi a^2\left(1+2\cos\theta+\frac{1+\cos 2\theta}{2}\right)\mathrm{d}\theta = \frac{3}{2}\pi a^2.$$

又有

$$\iint\limits_D x\mathrm{d}\sigma = 2\int_0^\pi \mathrm{d}\theta \int_0^{a(1+\cos\theta)} r^2\cos\theta\mathrm{d}r$$

$$= \frac{2}{3}a^3\int_0^\pi (1+\cos\theta)^3\cos\theta\mathrm{d}\theta = \frac{5}{4}\pi a^3.$$

由形心位置公式得

$$\bar{x} = \frac{1}{A_D}\iint\limits_D x\mathrm{d}\sigma = \frac{5a}{6},$$

所以 D 的形心位置在直角坐标下为 $\left(\dfrac{5a}{6},0\right)$,用极坐标表示则为

$$(\theta,r) = \left(0,\frac{5a}{6}\right).$$

例 9.36 设有一半径为 R 的球体,P_0 是球表面上的一个定点,球体上任一点的密度与该点到 P_0 距离的平方成正比(比例常数 $k>0$),求此球体的质心位置.

解 取球体的中心为坐标原点 O,点 P_0 位于 x 轴正半轴上,则 P_0 的坐标为 $(R,0,0)$,球体上任意一点 $P(x,y,z)$ 的密度函数为

$$\mu = k[(x-R)^2+y^2+z^2].$$

设质心坐标为 $(\bar{x},\bar{y},\bar{z})$,由对称性知,$\bar{y}=\bar{z}=0$,而

$$\bar{x} = \frac{1}{m}\iiint\limits_\Omega \mu x\mathrm{d}V.$$

注意区域的对称性和被积函数的奇偶性.

$$m = \iiint\limits_\Omega k[(x-R)^2+y^2+z^2]\mathrm{d}V$$

$$= k\iiint\limits_\Omega (x^2+y^2+z^2)\mathrm{d}V - 2kR\iiint\limits_\Omega x\mathrm{d}V + kR^2\iiint\limits_\Omega \mathrm{d}V,$$

$$= 8k \int_0^{\frac{\pi}{2}} \mathrm{d}\theta \int_0^{\frac{\pi}{2}} \mathrm{d}\varphi \int_0^R \rho^4 \sin\varphi \mathrm{d}\rho - 0 + kR^2 \cdot \frac{4}{3}\pi R^3$$

$$= \frac{4}{5}k\pi R^5 + \frac{4}{3}k\pi R^5 = \frac{32}{15}k\pi R^5,$$

$$\iiint\limits_{\Omega} \mu x \mathrm{d}V = k\iiint\limits_{\Omega} \left[(x-R)^2 + y^2 + z^2 \right] x \mathrm{d}V = -2kR\iiint\limits_{\Omega} x^2 \mathrm{d}V$$

$$= -\frac{2kR}{3}\iiint\limits_{\Omega}(x^2+y^2+z^2)\mathrm{d}V = -\frac{2kR}{3} \cdot \frac{4}{5}\pi R^5 = -\frac{8}{15}k\pi R^6,$$

从而

$$\bar{x} = -\frac{R}{4}.$$

故所求球体的质心位置坐标为 $\left(-\dfrac{R}{4}, 0, 0 \right)$，即在过 P_0 的直径上且在球内与 P_0

相距 $\dfrac{5R}{4}$ 处.

例 9.37   在半径为 R 的下半球体上接一个和它半径相同的直圆柱体, 设半球体和圆柱体是用相同的均匀材料制成的, 试问圆柱体的高 h 为多少时, 方可使整个物体的质心位于球心的位置?

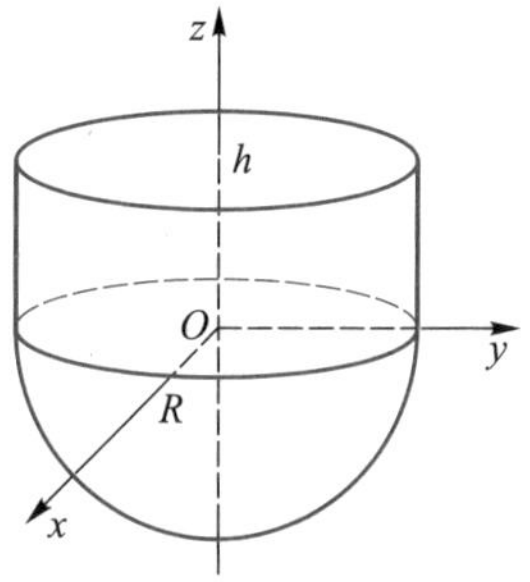

解   如图 9.46 所示, 以半球体的平面为 xOy 平面, 球心为原点建立坐标系. 由对称性知 $\bar{x} = \bar{y} = 0$, 据题意,

$$\bar{z} = \frac{1}{V}\iiint\limits_{\Omega} z \mathrm{d}V = 0.$$

设圆柱体部分的区域为 Ω_1, 半球体部分的区域为 Ω_2, 则

图 9.46

$$\iiint\limits_{\Omega} z \mathrm{d}V = \iiint\limits_{\Omega_1} z \mathrm{d}V + \iiint\limits_{\Omega_2} z \mathrm{d}V$$

$$= \int_0^{2\pi} \mathrm{d}\theta \int_0^R r \mathrm{d}r \int_0^h z \mathrm{d}z +$$

$$\int_0^{2\pi} \mathrm{d}\theta \int_{\frac{\pi}{2}}^{\pi} \mathrm{d}\varphi \int_0^R \rho\cos\varphi \rho^2 \sin\varphi \mathrm{d}\rho$$

$$= 2\pi \cdot \frac{R^2}{2} \cdot \frac{h^2}{2} + 2\pi \cdot \frac{1}{2}\sin^2\varphi \Big|_{\frac{\pi}{2}}^{\pi} \cdot \frac{\rho^4}{4} \Big|_0^R$$

$$= \frac{1}{2}\pi R^2 h^2 - \frac{1}{4}\pi R^4 = 0.$$

从最后的等式解得 $h = \frac{R}{\sqrt{2}}$，即圆柱体的高为 $\frac{R}{\sqrt{2}}$.

2. 转动惯量

若平面薄片占据 xOy 平面上的有界闭区域 D，面密度为 $\mu(x,y)$，薄片绕 x 轴, y 轴及坐标原点 O 旋转的转动惯量 I_x, I_y, I_0 分别是它关于 x 轴, y 轴及坐标原点 O 的二阶矩, 类似于一阶矩, 容易得到 I_x, I_y, I_0 的重积分表达式

$$I_x = \iint\limits_{D} y^2 \mu(x,y)\,\mathrm{d}\sigma, \quad I_y = \iint\limits_{D} x^2 \mu(x,y)\,\mathrm{d}\sigma,$$

$$I_0 = \iint\limits_{D} (x^2 + y^2)\mu(x,y)\,\mathrm{d}\sigma = I_x + I_y.$$

同样, 占据区域 Ω, 体密度为 $\mu(x,y,z)$ 的空间物体对三个坐标轴及坐标原点的转动惯量分别为

$$I_x = \iiint\limits_{\Omega} (y^2 + z^2)\mu(x,y,z)\,\mathrm{d}V, \quad I_y = \iiint\limits_{\Omega} (z^2 + x^2)\mu(x,y,z)\,\mathrm{d}V,$$

$$I_z = \iiint\limits_{\Omega} (x^2 + y^2)\mu(x,y,z)\,\mathrm{d}V, \quad I_0 = \iiint\limits_{\Omega} (x^2 + y^2 + z^2)\mu(x,y,z)\,\mathrm{d}V.$$

例 9.38 求由平面

$$\frac{x}{a} + \frac{y}{b} + \frac{z}{c} = 1 \quad (a>0, b>0, c>0)$$

及 $x=0, y=0, z=0$ 所围成的均匀物体对坐标原点的转动惯量.

解 物体所占空间闭区域 Ω 如图 9.47 所示. 又设体密度为 μ（常数）, 由于 Ω 在 xOy 平面上的投影区域为

$$D = \left\{ (x,y) \,\middle|\, 0 \leqslant y \leqslant b\left(1 - \frac{x}{a}\right), 0 \leqslant x \leqslant a \right\},$$

故得

$$\iiint\limits_{\Omega} \mu z^2\,\mathrm{d}V = \iint\limits_{D} \mathrm{d}\sigma \int_0^{c\left(1 - \frac{x}{a} - \frac{y}{b}\right)} \mu z^2\,\mathrm{d}z$$

$$= \frac{\mu c^3}{3} \iint\limits_{D} \left(1 - \frac{x}{a} - \frac{y}{b}\right)^3 \mathrm{d}\sigma$$

$$= \frac{\mu c^3}{3} \int_0^a \mathrm{d}x \int_0^{b\left(1 - \frac{x}{a}\right)} \left(1 - \frac{x}{a} - \frac{y}{b}\right)^3 \mathrm{d}y$$

$$= \frac{\mu b c^3}{12} \int_0^a \left(1 - \frac{x}{a}\right)^4 \mathrm{d}x = \frac{\mu a b c^3}{60},$$

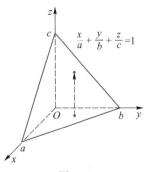

图 9.47

由对称性可推得

$$\iiint_{\Omega} \mu x^2 \, \mathrm{d}V = \frac{\mu a^3 bc}{60}, \qquad \iiint_{\Omega} \mu y^2 \, \mathrm{d}V = \frac{\mu a b^3 c}{60},$$

从而对坐标原点的转动惯量为

$$I_O = \iiint_{\Omega} \mu (x^2 + y^2 + z^2) \, \mathrm{d}V = \frac{\mu abc}{60} (a^2 + b^2 + c^2).$$

例 9.39 求半径为 R、高为 H 的均匀圆柱体对底面直径的转动惯量.

解 以圆柱体的底面为 xOy 平面,圆柱体的对称轴为 z 轴建立坐标系,那么

$$I_x = \mu \iiint_{\Omega} (y^2 + z^2) \, \mathrm{d}V, \qquad I_y = \mu \iiint_{\Omega} (x^2 + z^2) \, \mathrm{d}V,$$

由于 $I_x = I_y = I$,故

$$I = \frac{1}{2}(I_x + I_y) = \frac{1}{2} \mu \iiint_{\Omega} (x^2 + y^2 + 2z^2) \, \mathrm{d}V$$

$$= \frac{\mu}{2} \iiint_{\Omega} (x^2 + y^2) \, \mathrm{d}V + \mu \iiint_{\Omega} z^2 \, \mathrm{d}V$$

$$= \frac{\mu}{2} \int_0^{2\pi} \mathrm{d}\theta \int_0^R r^3 \, \mathrm{d}r \int_0^H \mathrm{d}z + \mu \int_0^H z^2 \, \mathrm{d}z \iint_{D_z} \mathrm{d}x \mathrm{d}y$$

$$= \frac{\pi \mu R^4 H}{4} + \frac{\pi \mu R^2 H^3}{3}.$$

3. 引力

设一物体占据空间闭区域 Ω,其体密度为 $\mu(x, y, z)$,Ω 外有一质点 $M_0(x_0, y_0, z_0)$,其质量为 m_0,讨论物体对质点 M_0 的引力.

考虑任一体积元素 $\mathrm{d}V$,其上的质量微元为

$$\mathrm{d}m = \mu(x, y, z) \, \mathrm{d}V,$$

记从 M_0 到 $M(x, y, z)$ 的向量为 $\boldsymbol{r}$,那么 $\mathrm{d}V$ 对质点 M_0 的引力微元为

$$\mathrm{d}\boldsymbol{F} = G \frac{m_0 \mathrm{d}m}{r^2} \boldsymbol{r}^0 = G \frac{m_0 \mu(x, y, z) \mathrm{d}V}{r^3} \boldsymbol{r}$$

$$= G \frac{m_0 \mu(x, y, z)}{r^3} \mathrm{d}V \cdot (x - x_0, y - y_0, z - z_0),$$

其中 G 为引力常数.于是物体对质点 M_0 的引力为

$$\boldsymbol{F} = (F_x, F_y, F_z),$$

而

$$F_x = \iiint_{\Omega} \frac{G m_0 \mu(x, y, z)(x - x_0)}{r^3} \mathrm{d}V, \qquad F_y = \iiint_{\Omega} \frac{G m_0 \mu(x, y, z)(y - y_0)}{r^3} \mathrm{d}V,$$

$$F_z = \iiint\limits_{\Omega} \frac{Gm_0\mu(x,y,z)(z-z_0)}{r^3} \mathrm{d}V.$$

例 9.40 设半径为 R 的均匀球体 Ω(密度为常数 μ),求 Ω 对球外一单位质点 P(质量为 1)的引力.

解 设球体为 $x^2+y^2+z^2 \leqslant R^2$,球外一质点 P 位于 z 轴$(0,0,a)$处$(R<a)$,由对称性知 $F_x = F_y = 0$,由上述公式得

$$\begin{aligned}
F_z &= \iiint\limits_{\Omega} \frac{G\mu(z-a)}{[x^2+y^2+(z-a)^2]^{3/2}} \mathrm{d}x\mathrm{d}y\mathrm{d}z \\
&= G\mu \int_{-R}^{R} (z-a)\,\mathrm{d}z \iint\limits_{D_z} \frac{\mathrm{d}x\mathrm{d}y}{[x^2+y^2+(z-a)^2]^{3/2}},
\end{aligned}$$

其中 $D_z = \{(x,y) \mid x^2+y^2 \leqslant R^2-z^2\}$.采用柱面坐标计算,得到

$$\begin{aligned}
F_z &= G\mu \int_{-R}^{R} (z-a)\,\mathrm{d}z \int_0^{2\pi}\mathrm{d}\theta \int_0^{\sqrt{R^2-z^2}} \frac{r}{[r^2+(z-a)^2]^{3/2}}\mathrm{d}r \\
&= 2\pi G\mu \int_{-R}^{R} \left(-1 - \frac{z-a}{\sqrt{R^2-2az+a^2}}\right)\mathrm{d}z \\
&= 2\pi G\mu \left[-2R + \frac{1}{a}\int_{-R}^{R} (z-a)\,\mathrm{d}\sqrt{R^2-2az+a^2}\right] \\
&= 2\pi G\mu \left[-2R + \frac{1}{a}\left((z-a)\sqrt{R^2-2az+a^2}\right)\Big|_{-R}^{R} - \frac{1}{a}\int_{-R}^{R} \sqrt{R^2-2az+a^2}\,\mathrm{d}z\right] \\
&= 2\pi G\mu \left[-2R + \frac{1}{a}\cdot 4aR + \frac{1}{a}\cdot\frac{1}{3a}(R^2-2az+a^2)^{\frac{3}{2}}\Big|_{-R}^{R}\right] \\
&= 2\pi G\mu \left[-2R + 4R + \frac{1}{3a^2}(-6a^2R-2R^3)\right] = -\frac{4}{3a^2}\pi R^3 G\mu \\
&= -G\frac{M\cdot 1}{a^2}.
\end{aligned}$$

这个结果表明球体对质点 P 的引力等于将球体的全部质量 $M = \frac{4}{3}\pi R^3 \mu$ 集中于球心时对质点的引力.

习 题 9

1. 利用二重积分的几何意义,求下列积分的值:

(1) $\displaystyle\iint\limits_{D} h\mathrm{d}\sigma$,其中 h 为常数,D 为圆形闭区域$\{(x,y) \mid x^2+y^2 \leqslant 1\}$;

(2) $\iint\limits_{D} \sqrt{1 - x^2 - y^2}\,\mathrm{d}\sigma$，其中 D 为圆形闭区域 $\{(x,y) \mid x^2 + y^2 \leqslant 1\}$；

(3) $\iint\limits_{D} \sqrt{9 - y^2}\,\mathrm{d}\sigma$，其中 $D = [0,4] \times [0,3]$.

2. 用重积分表示下列物理量：

(1) 位于 xOy 平面上，占有闭区域 D，电荷连续分布（面密度为 $\mu(x,y)$）的带电薄板上的全部电荷 Q；

(2) 铅直浸没于水中，占有 xOy 平面上闭区域 D（其中 x 轴铅直向下，y 轴位于水平面上）的薄板一侧所受到的水压力 F；

(3) 半径为 R 的非均匀球体（其上任一点的密度与球心到该点的距离成正比）的质量 m.

3. 利用二重积分性质，比较下列各组二重积分的大小：

(1) $I_1 = \iint\limits_{D} (x + y)^2\,\mathrm{d}\sigma$ 与 $I_2 = \iint\limits_{D} (x + y)^3\,\mathrm{d}\sigma$.

(a) D 是由 x 轴，y 轴及直线 $x + y = 1$ 所围成的闭区域；

(b) D 是由圆周 $(x - 2)^2 + (y - 1)^2 = 2$ 所围成的闭区域.

(2) $I_1 = \iint\limits_{D} \mathrm{e}^{xy}\,\mathrm{d}\sigma$ 与 $I_2 = \iint\limits_{D} \mathrm{e}^{2xy}\,\mathrm{d}\sigma$.

(a) D 是矩形区域 $0 \leqslant x \leqslant 1, 0 \leqslant y \leqslant 1$；

(b) D 是矩形区域 $-1 \leqslant x \leqslant 0, 0 \leqslant y \leqslant 1$.

(3) $I_1 = \iint\limits_{D} \sin^2(x + y)\,\mathrm{d}\sigma$ 与 $I_2 = \iint\limits_{D} (x + y)^2\,\mathrm{d}\sigma$，其中 D 是任一平面有界闭区域.

4. 利用二重积分性质，估计下列积分的值：

(1) $I = \iint\limits_{D} xy(x + y)\,\mathrm{d}\sigma$，其中 $D = \{(x,y) \mid 0 \leqslant x \leqslant 1, 0 \leqslant y \leqslant 1\}$；

(2) $I = \iint\limits_{D} \sin(x^2 + y^2)\,\mathrm{d}\sigma$，其中 $D = \left\{(x,y) \;\middle|\; \dfrac{\pi}{4} \leqslant x^2 + y^2 \leqslant \dfrac{3\pi}{4}\right\}$；

(3) $I = \iint\limits_{D} \dfrac{\mathrm{d}\sigma}{\ln(4 + x + y)}$，其中 $D = \left\{(x,y) \;\middle|\; 0 \leqslant x \leqslant 4, 0 \leqslant y \leqslant 8\right\}$；

(4) $I = \iint\limits_{D} \mathrm{e}^{x^2+y^2}\,\mathrm{d}\sigma$，其中 $D = \left\{(x,y) \;\middle|\; x^2 + y^2 \leqslant \dfrac{1}{4}\right\}$.

5. 设函数 $f(x,y)$ 在区域 D 内连续，又 $D_r = \{(x,y) \mid (x - x_0)^2 + (y - y_0)^2 \leqslant r^2\}$，其中 (x_0, y_0) 是 D 内的一个点.试求极限

$$\lim_{r \to 0^+} \frac{1}{\pi r^2} \iint_{D_r} f(x,y) \, \mathrm{d}\sigma.$$

6. 设函数 $f(x,y)$ 在有界闭区域 D 上连续且非负.证明:

(1) 若 $f(x,y)$ 不恒为零,则 $\iint_D f(x,y) \, \mathrm{d}\sigma > 0$;

(2) 若 $\iint_D f(x,y) \, \mathrm{d}\sigma = 0$,则 $f(x,y) \equiv 0$.

7. 将二重积分 $\iint_D f(x,y) \, \mathrm{d}\sigma$ 化为两种不同次序的二次积分,其中 D 是

(1) 由曲线 $y = \ln x$,直线 $x = 2$ 及 x 轴所围成的闭区域;
(2) 由抛物线 $y = x^2$ 与直线 $2x + y = 3$ 所围成的闭区域;
(3) 由曲线 $y = \sin x \, (0 \leqslant x \leqslant \pi)$ 与 x 轴所围成的闭区域;
(4) 由曲线 $y = x^3$ 与直线 $x = -1$ 及 $y = 1$ 所围成的闭区域.

8. 计算下列二重积分:

(1) $\iint_D (x^2 + y^2) \, \mathrm{d}x \mathrm{d}y$,其中 $D = \{(x,y) \mid |x| \leqslant 1, |y| \leqslant 1\}$;

(2) $\iint_D (xy^2 + e^{x+2y}) \, \mathrm{d}x \mathrm{d}y$,其中 $D = \{(x,y) \mid -1 \leqslant x \leqslant 1, 0 \leqslant y \leqslant 1\}$;

(3) $\iint_D xy e^{xy^2} \, \mathrm{d}x \mathrm{d}y$,其中 $D = \{(x,y) \mid 0 \leqslant x \leqslant 1, 0 \leqslant y \leqslant 1\}$;

(4) $\iint_D x^2 y \sin(xy^2) \, \mathrm{d}x \mathrm{d}y$,其中 $D = \left\{(x,y) \,\middle|\, 0 \leqslant x \leqslant \dfrac{\pi}{2}, 0 \leqslant y \leqslant 2\right\}$;

(5) $\iint_D \dfrac{x^2}{y^2} \, \mathrm{d}x \mathrm{d}y$,$D$ 是由曲线 $x = 2, y = x, xy = 1$ 所围成的闭区域;

(6) $\iint_D x \cos(x + y) \, \mathrm{d}x \mathrm{d}y$,$D$ 是顶点为 $(0,0)$,$(\pi,0)$,(π,π) 的三角形闭区域;

(7) $\iint_D xy \, \mathrm{d}x \mathrm{d}y$,$D$ 是由抛物线 $y^2 = x$ 与直线 $y = x - 2$ 所围成的闭区域;

(8) $\iint_D \sin\left(\dfrac{x}{y}\right) \, \mathrm{d}x \mathrm{d}y$,$D$ 是由直线 $y = x, y = 2$ 与曲线 $x = y^3$ 所围成的闭区域.

9. 设 $D = [a,b] \times [c,d]$,证明:

$$\iint_D f(x) g(y) \, \mathrm{d}x \mathrm{d}y = \left[\int_a^b f(x) \, \mathrm{d}x\right] \left[\int_c^d g(y) \, \mathrm{d}y\right].$$

10. 交换下列二次积分的次序(假定 $f(x,y)$ 为连续函数):

（1）$\displaystyle\int_0^1 \mathrm{d}y \int_y^{\sqrt{y}} f(x,y)\,\mathrm{d}x$；

（2）$\displaystyle\int_0^1 \mathrm{d}x \int_0^{x^2} f(x,y)\,\mathrm{d}y + \int_1^2 \mathrm{d}x \int_0^{2-x} f(x,y)\,\mathrm{d}y$；

（3）$\displaystyle\int_{-2}^1 \mathrm{d}y \int_{y^2}^{2-y} f(x,y)\,\mathrm{d}x$；

（4）$\displaystyle\int_0^2 \mathrm{d}x \int_{\sqrt{2x-x^2}}^{\sqrt{4-x^2}} f(x,y)\,\mathrm{d}y$．

11. 通过交换积分次序计算下列二次积分：

（1）$\displaystyle\int_0^1 \mathrm{d}y \int_{y^{1/3}}^1 \sqrt{1-x^4}\,\mathrm{d}x$；

（2）$\displaystyle\int_0^\pi \mathrm{d}x \int_x^\pi \frac{\sin y}{y}\,\mathrm{d}y$；

（3）$\displaystyle\int_0^1 \mathrm{d}y \int_{3y}^3 \mathrm{e}^{x^2}\,\mathrm{d}x$；

（4）$\displaystyle\int_0^2 \mathrm{d}x \int_x^2 2y^2 \sin(xy)\,\mathrm{d}y$；

（5）$\displaystyle\int_0^1 \mathrm{d}y \int_{\arcsin y}^{\frac{\pi}{2}} \cos x \sqrt{1+\cos^2 x}\,\mathrm{d}x$；

（6）$\displaystyle\int_0^\pi \mathrm{d}x \int_x^{\sqrt{\pi x}} \frac{\sin y}{y}\,\mathrm{d}y$．

12. 利用积分区域的对称性和被积函数关于 x 或 y 的奇偶性，计算下列二重积分：

（1）$\displaystyle\iint_D |xy|\,\mathrm{d}x\mathrm{d}y$，其中 $D = \{(x,y)\,|\,x^2+y^2 \leqslant R^2\}$；

（2）$\displaystyle\iint_D (x^2\tan x + y^3 + 4)\,\mathrm{d}x\mathrm{d}y$，其中 $D = \{(x,y)\,|\,x^2+y^2 \leqslant 4\}$；

（3）$\displaystyle\iint_D (1+x+x^2)\arcsin\frac{y}{R}\,\mathrm{d}x\mathrm{d}y$，其中 $D = \{(x,y)\,|\,(x-R)^2+y^2 \leqslant R^2\}$；

（4）$\displaystyle\iint_D (|x|+|y|)\,\mathrm{d}x\mathrm{d}y$，其中 $D = \{(x,y)\,|\,|x|+|y| \leqslant 1\}$．

13. 将二重积分 $\displaystyle\iint_D f(x,y)\,\mathrm{d}\sigma$ 化为极坐标形式下的二次积分，其中积分区域 D 为

（1）$x^2+y^2 \leqslant ax \quad (a>0)$；

（2）$1 \leqslant x^2+y^2 \leqslant 4$；

（3）$0 \leqslant x \leqslant 1, 0 \leqslant y \leqslant 1 - x$；

（4）$x^2 + y^2 \leqslant 2(x + y)$；

（5）$2x \leqslant x^2 + y^2 \leqslant 4$.

14. 利用极坐标计算下列二重积分：

（1）$\displaystyle\iint\limits_{D} \sqrt{R^2 - x^2 - y^2}\,\mathrm{d}x\mathrm{d}y$，其中 $D = \{(x,y) \mid x^2 + y^2 \leqslant Rx\}$；

（2）$\displaystyle\iint\limits_{D} \arctan \frac{y}{x}\,\mathrm{d}x\mathrm{d}y$，其中 $D = \{(x,y) \mid 1 \leqslant x^2 + y^2 \leqslant 4, y \geqslant 0, y \leqslant x\}$；

（3）$\displaystyle\iint\limits_{D} (x^2 + y^2)\,\mathrm{d}x\mathrm{d}y$，其中 $D = \{(x,y) \mid (x^2 + y^2)^2 \leqslant a^2(x^2 - y^2)\}$；

（4）$\displaystyle\iint\limits_{D} \sqrt{\frac{1 - x^2 - y^2}{1 + x^2 + y^2}}\,\mathrm{d}x\mathrm{d}y$，其中 $D = \{(x,y) \mid x^2 + y^2 \leqslant 1, x \geqslant 0, y \geqslant 0\}$；

（5）$\displaystyle\iint\limits_{D} xy\,\mathrm{d}x\mathrm{d}y$，其中 $D = \{(x,y) \mid x^2 + y^2 \geqslant 1, x^2 + y^2 \leqslant 2x, x \geqslant 0, y \geqslant 0\}$；

（6）$\displaystyle\iint\limits_{D} (x^2 + y^2)\,\mathrm{d}x\mathrm{d}y$，其中 D 是第一象限中由圆周 $x^2 + y^2 = 2y, x^2 + y^2 = 4y$ 及

直线 $x = \sqrt{3}\,y, y = \sqrt{3}\,x$ 所围成的闭区域.

15. 设 r, θ 为极坐标，交换下列二次积分的次序：

（1）$\displaystyle\int_{-\frac{\pi}{2}}^{\frac{\pi}{2}} \mathrm{d}\theta \int_0^{2a\cos\theta} f(r,\theta)\,\mathrm{d}r \ (a > 0)$；

（2）$\displaystyle\int_0^{\frac{\pi}{2}} \mathrm{d}\theta \int_0^{a\sqrt{\sin 2\theta}} f(r,\theta)\,\mathrm{d}r \ (a > 0)$；

（3）$\displaystyle\int_0^a \mathrm{d}\theta \int_0^{\theta} f(r,\theta)\,\mathrm{d}r \ (0 < a < 2\pi)$.

16. 将下列二次积分化为极坐标形式的二次积分，并计算积分值：

（1）$\displaystyle\int_0^1 \mathrm{d}x \int_0^{\sqrt{1-x^2}} \mathrm{e}^{x^2+y^2}\,\mathrm{d}y$；

（2）$\displaystyle\int_0^{\sqrt{2}/2} \mathrm{d}y \int_y^{\sqrt{1-y^2}} \arctan \frac{y}{x}\,\mathrm{d}x$；

（3）$\displaystyle\int_0^2 \mathrm{d}y \int_{-\sqrt{4-y^2}}^{\sqrt{4-y^2}} x^2 y^2\,\mathrm{d}x$；

（4）$\displaystyle\int_0^2 \mathrm{d}x \int_0^{\sqrt{2x-x^2}} \sqrt{x^2 + y^2}\,\mathrm{d}y$；

（5）$\displaystyle\int_{\sqrt{2}/2}^1 \mathrm{d}x \int_{\sqrt{1-x^2}}^x xy\,\mathrm{d}y + \int_1^{\sqrt{2}} \mathrm{d}x \int_0^x xy\,\mathrm{d}y + \int_{\sqrt{2}}^2 \mathrm{d}x \int_0^{\sqrt{4-x^2}} xy\,\mathrm{d}y$；

(6) $\int_0^1 dy \int_{\sqrt{2y-y^2}}^{1+\sqrt{1-y^2}} e^{\frac{xy}{x^2+y^2}} dx$.

17. 作适当的变量代换,计算下列二重积分:

(1) $\iint\limits_{D} \sin(9x^2+4y^2) dxdy$,其中 D 是椭圆形闭区域 $9x^2+4y^2 \leqslant 1$ 位于第 1 象限内的部分;

(2) $\iint\limits_{D} x^2y^2 dxdy$,其中 D 是由双曲线 $xy=1,xy=2$ 与直线 $x=y,x=4y$ 所围成的位于第 1 象限的闭区域;

(3) $\iint\limits_{D} \left(\dfrac{x^2}{a^2} + \dfrac{y^2}{b^2}\right) dxdy$,其中 D 是椭圆形闭区域 $\dfrac{x^2}{a^2} + \dfrac{y^2}{b^2} \leqslant 1$;

(4) $\iint\limits_{D} e^{x+y} dxdy$,其中 D 是闭区域 $|x|+|y| \leqslant 1$;

(5) $\iint\limits_{D} (x+y)^3 \cos^2(x-y) dxdy$,其中 D 是以 $(\pi,0),(3\pi,2\pi),(2\pi,3\pi),(0,\pi)$ 为顶点的平行四边形闭区域.

18. 利用两种给定的变换:

(1) $u=x+y,v=x-y$;   (2) $u=x^2+y^2,v=xy$,

计算二重积分 $\iint\limits_{D} (x^2-y^2) e^{(x+y)^2} dxdy$,其中 $D = \left\{ (x,y) \,\middle|\, y \leqslant x \leqslant \sqrt{1-y^2}, 0 \leqslant y \leqslant \dfrac{\sqrt{2}}{2} \right\}$.

19. 求下列平面闭区域 D 的面积:

(1) D 由曲线 $y=e^x,y=e^{-x}$ 及 $x=1$ 围成;

(2) D 由曲线 $y=x+1,y^2=-x-1$ 围成;

(3) D 由双纽线 $(x^2+y^2)^2 = 4(x^2-y^2)$ 围成;

(4) $D = \{(r\cos\theta, r\sin\theta) \mid 2 \leqslant r \leqslant 4\sin\theta\}$;

(5) $D = \left\{ (r\cos\theta, r\sin\theta) \,\middle|\, \dfrac{1}{2} \leqslant r \leqslant 1+\cos\theta \right\}$;

(6) D 由曲线 $(x^2+y^2)^2 = 2ax^3 (a>0)$ 围成;

(7) D 由椭圆 $(2x+3y+4)^2 + (5x+6y+7)^2 = 9$ 围成;

(8) D 是由曲线 $y=x^3,y=4x^3,x=y^3,x=4y^3$ 所围成的位于第 1 象限内的部分.

20. 利用二重积分计算下列各题中立体 Ω 的体积:

(1) Ω 为第 1 卦限中由圆柱面 $y^2+z^2=4$ 与平面 $x=2y,x=0,z=0$ 所围成;

(2) Ω 由平面 $y = 0, z = 0, y = x$ 及 $6x + 2y + 3z = 6$ 围成;

(3) $\Omega = \{(x,y,z) \mid x^2 + y^2 \leqslant z \leqslant 1 + \sqrt{1 - x^2 - y^2}\}$;

(4) $\Omega = \{(x,y,z) \mid x^2 + y^2 \leqslant 1 + z^2, -1 \leqslant z \leqslant 1\}$;

(5) Ω 由平面 $x = 0, y = 0, z = 0, x + y = 1$ 及抛物面 $x^2 + y^2 = 6 - z$ 围成.

21. 设平面薄片所占的闭区域是由直线 $x + y = 2, y = x$ 和 x 轴所围成,它的面密度 $\rho(x,y) = x^2 + y^2$,求该薄片的质量.

22. 在一半径为 R 的球体内,以某条直径为中心轴用半径为 r 的圆柱形钻孔机打一个孔 $(r < R)$,求剩余部分的体积.若圆柱形孔的侧面高为 h,证明所求体积只与 h 有关,而与 r 和 R 无关.

23. 用至少三种积分次序计算积分 $\iiint\limits_{\Omega} (x^2 + yz)\mathrm{d}V$,其中 $\Omega = [0,2] \times [-3,0] \times [-1,1]$.

24. 将三重积分 $\iiint\limits_{\Omega} f(x,y,z)\mathrm{d}V$ 化为三次积分,其中积分区域 Ω 分别是

(1) $x^2 + y^2 + z^2 \leqslant R^2, z \geqslant 0$;

(2) 由圆柱面 $x^2 + y^2 = 4$ 与平面 $z = 0, z = x + y + 10$ 所围成的闭区域;

(3) $x^2 + y^2 + z^2 \leqslant 2, z \geqslant x^2 + y^2$;

(4) 由双曲抛物面 $z = xy$ 及平面 $x + y - 1 = 0, z = 0$ 所围成的闭区域.

25. 计算下列三重积分:

(1) $\iiint\limits_{\Omega} y\mathrm{d}V$,其中 Ω 是位于平面 $z = x + 2y$ 下方,xOy 平面上由 $y = x^2, y = 0$ 及 $x = 1$ 围成的平面区域上方的闭区域;

(2) $\iiint\limits_{\Omega} \mathrm{e}^{x+y+z}\mathrm{d}V$,其中 Ω 是由平面 $x + y + z = 1$ 与 3 个坐标面围成的闭区域;

(3) $\iiint\limits_{\Omega} xy\mathrm{d}V$,其中 Ω 是半空间 $z \geqslant 0$ 上平面 $y = 0, y = z$ 与柱面 $x^2 + z^2 = 1$ 围成的闭区域;

(4) $\iiint\limits_{\Omega} \dfrac{xyz}{1 + x^2 + y^2 + z^2}\mathrm{d}V$,其中 $\Omega = \{(x,y,z) \mid x \geqslant 0, z \geqslant 0, x^2 + y^2 + z^2 \leqslant 1\}$;

(5) $\iiint\limits_{\Omega} \sin z\mathrm{d}x\mathrm{d}y\mathrm{d}z$,其中 Ω 是由锥面 $z = \sqrt{x^2 + y^2}$ 和平面 $z = \pi$ 围成的闭区域;

(6) $\iiint\limits_{\Omega} x\sin(y + z)\mathrm{d}x\mathrm{d}y\mathrm{d}z$,其中 $\Omega = \left\{(x,y,z) \mid 0 \leqslant x \leqslant \sqrt{y}, 0 \leqslant z \leqslant \dfrac{\pi}{2} - y\right\}$;

（7）$\iiint\limits_{\Omega} z \mathrm{d}x\mathrm{d}y\mathrm{d}z$，其中 Ω 是第 1 卦限中由曲面 $y^2 + z^2 = 9$ 与平面 $x = 0, y = 3x$ 和 $z = 0$ 所围成的闭区域；

（8）$\iiint\limits_{\Omega} x \mathrm{d}x\mathrm{d}y\mathrm{d}z$，其中 Ω 是由抛物面 $x = 4y^2 + 4z^2$ 与平面 $x = 4$ 围成的闭区域.

26. 利用柱面坐标计算下列三重积分：

（1）$\iiint\limits_{\Omega} (x^2 + y^2) \mathrm{d}x\mathrm{d}y\mathrm{d}z$，其中 $\Omega = \{(x,y,z) \mid x^2 + y^2 \leqslant 4, -1 \leqslant z \leqslant 2\}$；

（2）$\iiint\limits_{\Omega} (x^3 + xy^2) \mathrm{d}x\mathrm{d}y\mathrm{d}z$，其中 Ω 由柱面 $x^2 + (y-1)^2 = 1$ 及平面 $z = 0, z = 2$ 所围成；

（3）$\iiint\limits_{\Omega} y \mathrm{d}x\mathrm{d}y\mathrm{d}z$，其中 $\Omega = \{(x,y,z) \mid 1 \leqslant y^2 + z^2 \leqslant 4, 0 \leqslant x \leqslant z + 2\}$；

（4）$\iiint\limits_{\Omega} \sqrt{x^2 + y^2} \mathrm{d}x\mathrm{d}y\mathrm{d}z$，其中 $\Omega = \{(x,y,z) \mid 0 \leqslant z \leqslant 9 - x^2 - y^2\}$.

27. 利用球面坐标计算下列三重积分：

（1）$\iiint\limits_{\Omega} \mathrm{e}^{\sqrt{x^2+y^2+z^2}} \mathrm{d}V$，其中 Ω 为球体 $x^2 + y^2 + z^2 \leqslant a^2$；

（2）$\iiint\limits_{\Omega} x \mathrm{e}^{(x^2+y^2+z^2)^2} \mathrm{d}V$，其中 Ω 是第 1 卦限中球面 $x^2 + y^2 + z^2 = 1$ 与球面 $x^2 + y^2 + z^2 = 4$ 之间的部分；

（3）$\iiint\limits_{\Omega} y^2 \mathrm{d}V$，其中 Ω 是单位球体在第 5 卦限部分；

（4）$\iiint\limits_{\Omega} \dfrac{z\ln(1 + x^2 + y^2 + z^2)}{1 + x^2 + y^2 + z^2} \mathrm{d}V$，其中 Ω 是上半单位球体 $0 \leqslant z \leqslant \sqrt{1 - x^2 - y^2}$；

（5）$\iiint\limits_{\Omega} \sqrt{x^2 + y^2 + z^2} \mathrm{d}V$，其中 Ω 是锥面 $\varphi = \dfrac{\pi}{6}$ 上方，上半球面 $\rho = 2$ 下方部分；

（6）$\iiint\limits_{\Omega} z^2 \mathrm{d}V$，其中 Ω 是两个球体 $x^2 + y^2 + z^2 \leqslant R^2$ 与 $x^2 + y^2 + z^2 \leqslant 2Rz$ 的公共部分.

28. 选择适当方法计算下列三重积分：

（1）$\iiint\limits_{\Omega} 2z \mathrm{d}V$，其中 Ω 由柱面 $x^2 + y^2 = 8$，椭圆锥面 $z = \sqrt{x^2 + 2y^2}$ 及平面 $z = 0$

所围成;

(2) $\iiint\limits_{\Omega}(x+y)\mathrm{d}V$, 其中 $\Omega=\left\{(x,y,z)\mid 1\leqslant z\leqslant 1+\sqrt{1-x^2-y^2}\right\}$;

(3) $\iiint\limits_{\Omega}z\mathrm{d}V$, 其中 Ω 由曲面 $2z=x^2+y^2$, $(x^2+y^2)^2=x^2-y^2$ 及平面 $z=0$ 所围成;

(4) $\iiint\limits_{\Omega}\left(\sqrt{x^2+y^2+z^2}+\dfrac{1}{x^2+y^2+z^2}\right)\mathrm{d}V$, 其中 Ω 由曲面 $z^2=x^2+y^2$, $z^2=3x^2+3y^2$ 及平面 $z=1$ 所围成;

(5) $\iiint\limits_{\Omega}\sqrt{1-\left(\dfrac{x^2}{a^2}+\dfrac{y^2}{b^2}+\dfrac{z^2}{c^2}\right)^{3/2}}\mathrm{d}V$, 其中 $\Omega=\left\{(x,y,z)\,\middle|\,\dfrac{x^2}{a^2}+\dfrac{y^2}{b^2}+\dfrac{z^2}{c^2}\leqslant1\right\}$;

(6) $\iiint\limits_{\Omega}(x^2+y^2+z^2)\mathrm{d}V$, 其中 $\Omega=\left\{(x,y,z)\mid(x-a)^2+(y-b)^2+(z-c)^2\leqslant R^2\right\}$.

29. 选择适当坐标计算下列三次积分:

(1) $\displaystyle\int_{-1}^{1}\mathrm{d}x\int_{-\sqrt{1-x^2}}^{\sqrt{1-x^2}}\mathrm{d}y\int_{x^2+y^2}^{2-x^2-y^2}(x^2+y^2)^{3/2}\mathrm{d}z$;

(2) $\displaystyle\int_{0}^{1}\mathrm{d}y\int_{0}^{\sqrt{1-y^2}}\mathrm{d}x\int_{x^2+y^2}^{\sqrt{x^2+y^2}}xyz\mathrm{d}z$;

(3) $\displaystyle\int_{-3}^{3}\mathrm{d}x\int_{-\sqrt{9-x^2}}^{\sqrt{9-x^2}}\mathrm{d}y\int_{0}^{\sqrt{9-x^2-y^2}}z\sqrt{x^2+y^2+z^2}\mathrm{d}z$;

(4) $\displaystyle\int_{0}^{3}\mathrm{d}y\int_{0}^{\sqrt{9-y^2}}\mathrm{d}x\int_{\sqrt{x^2+y^2}}^{\sqrt{18-x^2-y^2}}(x^2+y^2+z^2)\mathrm{d}z$.

30. 利用三重积分求所给立体 Ω 的体积:

(1) Ω 是由柱面 $x=y^2$ 和平面 $z=0$ 及 $x+z=1$ 所围成的立体;

(2) Ω 是由抛物面 $z=x^2+y^2$ 和 $z=18-x^2-y^2$ 所围成的立体;

(3) Ω 为圆柱体 $r\leqslant a\cos\theta$ 内被球心在原点、半径为 a 的球所割下的部分;

(4) Ω 是由单叶双曲面 $x^2+y^2-z^2=R^2$ 和平面 $z=0,z=H$ 围成的立体;

(5) Ω_1 是 $Oxyz$ 坐标系中体积为 5 的立体,Ω 为 Ω_1 在变换
$$u=4x+4y+8z,\quad v=2x+7y+4z,\quad w=x+4y+3z$$
下的像.

31. 已知物体 Ω 的底面是 xOy 平面上的圆域 $\{(x,y)\mid x^2+y^2\leqslant R^2\}$, 当用垂

直于 x 轴的平面截 Ω 均得到正三角形，Ω 的体密度函数为 $\rho(x,y,z) = 1 + \dfrac{x}{R}$，试求其质量.

32. 计算下列曲面的面积：

（1）平面 $6x + 3y + 2z = 12$ 位于第 1 卦限部分的曲面；

（2）正弦曲线的一拱 $y = \sin x (0 \leq x \leq \pi)$ 绕 x 轴旋转一周生成的曲面；

（3）球面 $x^2 + y^2 + z^2 = a^2$ 含在圆柱面 $x^2 + y^2 = ax$ 内部的曲面；

（4）曲面 $2z = x^2 + y^2$ 被柱面 $(x^2 + y^2)^2 = x^2 - y^2$ 所截下部分的曲面；

（5）抛物面 $z = y^2 - x^2$ 夹在圆柱面 $x^2 + y^2 = 1$ 和 $x^2 + y^2 = 4$ 之间部分的曲面；

（6）球面 $x^2 + y^2 + z^2 = 3a^2 (z > 0)$ 和抛物面 $x^2 + y^2 = 2az (a > 0)$ 所围成立体的表面；

（7）圆柱面 $x^2 + y^2 = 9$，平面 $4y + 3z = 12$ 和 $4y - 3z = 12$ 所围成立体的表面；

（8）两个底面半径都为 R，轴相互正交的圆柱所围立体的表面.

33. 求占有下列区域 D，面密度为 $\mu(x,y)$ 的平面薄片的质量与质心：

（1）D 是以 $(0,0)$，$(2,1)$，$(0,3)$ 为顶点的三角形闭区域，$\mu(x,y) = x + y$；

（2）D 是第 1 象限中由抛物线 $y = x^2$ 与直线 $y = 1$ 围成的闭区域，$\mu(x,y) = xy$；

（3）D 是由心脏线 $r = 1 + \sin\theta$ 所围成的闭区域，$\mu(x,y) = 2$；

（4）$D = \{(x,y) \mid x^2 + (y-1)^2 \leq 1\}$，$\mu(x,y) = y + |y - 1|$.

34. 计算下列立体 Ω 的体积和形心：

（1）$\Omega = \{(x,y,z) \mid x^2 + y^2 \leq z \leq 36 - 3x^2 - 3y^2\}$；

（2）$\Omega = \left\{(x,y,z) \;\middle|\; \dfrac{x^2}{a^2} + \dfrac{y^2}{b^2} \leq z \leq 1\right\}$；

（3）Ω 位于锥面 $\varphi = \dfrac{\pi}{3}$ 上方，球面 $\rho = 4\cos\varphi$ 下方.

35. 若半径为 R 的半球体上任一点密度与该点到底面之距离成正比（比例系数为 k），求其质量与质心.

36. 求下列平面薄片或物体对指定轴的转动惯量：

（1）均匀薄片 $D = \{(r\cos\theta, r\sin\theta) \mid 2\sin\theta \leq r \leq 4\sin\theta\}$（面密度为 1）对极轴；

（2）底长为 a，高为 h 的等腰三角形均匀薄片（面密度为 1）对其高；

（3）质量为 M，半径为 R 的非均匀球体（其上任一点的密度与球心到该点的距离成正比）对其直径；

（4）密度为 1 的均匀物体 $x^2 + y^2 + z^2 \leq 2$，$x^2 + y^2 \geq z^2$ 对 z 轴.

37. 设物体 Ω 占有的区域为 $\{(x,y,z)\,|\,x^2+y^2\leqslant R^2,|z|\leqslant H\}$,其密度为常数. 已知 Ω 关于 x 轴及 z 轴的转动惯量相等. 证明 $H:R=\sqrt{3}:2$.

38. 求下列密度为 1 的均匀物体对指定质点的引力(引力常数为 G):

(1) 高为 h,半顶角为 α 的圆锥体对位于其顶点的单位质量质点;

(2) 柱体 $x^2+y^2\leqslant R^2(0\leqslant z\leqslant h)$ 对位于点 $M_0(0,0,a)(a>h)$ 处的单位质量质点;

(3) 半径为 R 的球体对球内的单位质量质点 P.

补充题

1. (1) 设函数 $f(x,y)$ 在由 $x=b,y=a,y=x(0<a<b)$ 围成的闭区域上连续. 证明

$$\int_a^b \mathrm{d}x \int_a^x f(x,y)\,\mathrm{d}y = \int_a^b \mathrm{d}y \int_y^b f(x,y)\,\mathrm{d}x;$$

(2) 若函数 $f(x)$ 在 $[a,b]$ 上连续,证明 $\displaystyle\int_a^b \mathrm{d}x \int_a^x f(y)\,\mathrm{d}y = \int_a^b (b-y)f(y)\,\mathrm{d}y$.

2. 计算下列二重积分:

(1) $\displaystyle\iint_D \mathrm{e}^x \sin(x+y)\,\mathrm{d}\sigma$,其中 $D=\left\{(x,y)\,\middle|\,|x|\leqslant\dfrac{\pi}{4},0\leqslant y\leqslant\dfrac{\pi}{2}\right\}$;

(2) $\displaystyle\iint_D xy\,\mathrm{d}\sigma$,其中 D 是由曲线 $y^2=x^3$ 与直线 $y=x$ 围成的闭区域;

(3) $\displaystyle\iint_D \dfrac{x+y}{x^2+y^2}\,\mathrm{d}\sigma$,其中 $D=\{(x,y)\,|\,x^2+y^2\leqslant 1,x+y\geqslant 1\}$;

(4) $\displaystyle\iint_D y\sqrt{|x-y^2|}\,\mathrm{d}x\mathrm{d}y$,其中 $D=[0,4]\times[0,1]$;

(5) $\displaystyle\iint_D |\sin(x-y)|\,\mathrm{d}x\mathrm{d}y$,其中 $D=\{(x,y)\,|\,0\leqslant x\leqslant y\leqslant 2\pi\}$;

(6) $\displaystyle\iint_{x^2+y^2\leqslant \mathrm{e}^2} f(x,y)\,\mathrm{d}x\mathrm{d}y$,其中 $f(x,y)=\begin{cases}\ln(x^2+y^2), & x^2+y^2\geqslant 1,\\ \sqrt{1-x^2-y^2}, & x^2+y^2<1;\end{cases}$

(7) $\displaystyle\iint_D x[1+yf(x^2+y^2)]\,\mathrm{d}x\mathrm{d}y$,其中 $f(t)$ 是连续函数,D 是由曲线 $y=x^3$ 与直线 $y=1,x=-1$ 围成的闭区域.

3. 在曲线族 $y=c(1-x^2)(c>0)$ 中选一条曲线,使该曲线和它在 $(-1,0)$ 及 $(1,0)$ 两点处的法线所围成的图形面积最小.

4. 设 D 是顶点为 $(1,0),(2,0),(0,2)$ 和 $(0,1)$ 的梯形闭区域. 证明

$$\iint_D \cos\dfrac{y-x}{y+x}\,\mathrm{d}x\mathrm{d}y = \dfrac{3}{2}\sin 1.$$

5. 设 $f(x) \in C[0,1]$，D 是以点 $(0,0)$，$(1,0)$，$(0,1)$ 为顶点的三角形闭区域. 证明

$$\iint_D f(x+y)\mathrm{d}x\mathrm{d}y = \int_0^1 uf(u)\mathrm{d}u.$$

6. 设 $f(x)$ 为连续函数. 证明：

(1) $\displaystyle\iint_{x^2+y^2\leqslant 1} f(x+y)\mathrm{d}x\mathrm{d}y = \int_{-\sqrt{2}}^{\sqrt{2}} f(u)\sqrt{2-u^2}\,\mathrm{d}u$；

(2) $\displaystyle\iint_{|x|\leqslant \frac{A}{2},|y|\leqslant \frac{A}{2}} f(x-y)\mathrm{d}x\mathrm{d}y = \int_{-A}^{A} f(t)(A-|t|)\mathrm{d}t.$

7. 设 $f(x)$ 在 $[a,b]$ 上连续.

(1) 证明 $\displaystyle\left[\int_a^b f(x)\mathrm{d}x\right]^2 \leqslant (b-a)\int_a^b f^2(x)\mathrm{d}x$；

(2) 若 $f(x) > 0$，则有 $\displaystyle\int_a^b f(x)\mathrm{d}x\int_a^b \frac{1}{f(x)}\mathrm{d}x \geqslant (b-a)^2.$

8. 设 $f(x)$ 在 $[0,1]$ 上连续，且单调增加.

(1) 证明 $\dfrac{\displaystyle\int_0^1 [f(x)]^3\mathrm{d}x}{\displaystyle\int_0^1 [f(x)]^2\mathrm{d}x} \leqslant \dfrac{\displaystyle\int_0^1 x[f(x)]^3\mathrm{d}x}{\displaystyle\int_0^1 x[f(x)]^2\mathrm{d}x}$；

(2) 若 $g(x)$ 也在 $[0,1]$ 上连续，且单调增加，则有

$$\left[\int_0^1 f(x)\mathrm{d}x\right]\left[\int_0^1 g(x)\mathrm{d}x\right] \leqslant \int_0^1 f(x)g(x)\mathrm{d}x.$$

9. 设 $f(t)$ 在 $[0,1]$ 上连续，且 $\displaystyle\int_0^1 f(t)\mathrm{d}t = A$，计算：

(1) $\displaystyle\int_0^1 \mathrm{d}x\int_x^1 f(x)f(y)\mathrm{d}y$；

(2) $\displaystyle\int_0^1 \mathrm{d}x\int_x^1 \mathrm{d}y\int_x^y f(x)f(y)f(z)\mathrm{d}z.$

10. 求一空间闭区域 Ω，使得积分 $\displaystyle\iiint_{\Omega}(1-x^2-4y^2-9z^2)\mathrm{d}x\mathrm{d}y\mathrm{d}z$ 的值最大.

11. 证明抛物面 $z = x^2+y^2+1$ 上任意点处的切平面与抛物面 $z = x^2+y^2$ 所围立体的体积为定值.

12. 求曲面 $\sqrt{x}+\sqrt{y}+\sqrt{z} = 1$ 和坐标面围成的立体之体积.

13. 计算积分 $\displaystyle\iiint_{\Omega}\frac{\mathrm{d}V}{(x^2+y^2+z^2)^{n/2}}$，其中 n 为整数，$\Omega = \{(x,y,z) \mid r^2 \leqslant x^2+y^2+z^2 \leqslant R^2\}$. 当 n 取何值时，上述积分值当 $r \to 0^+$ 时极限存在？

14. 设 $f(u)$ 是连续函数，求 $F'(t)$，其中

(1) $\displaystyle F(t) = \iiint_{x^2+y^2+z^2\leqslant t^2} f(x^2+y^2+z^2)\mathrm{d}x\mathrm{d}y\mathrm{d}z$；

(2) $F(t) = \iiint\limits_{\Omega} [z^2 + f(x^2 + y^2)]\mathrm{d}x\mathrm{d}y\mathrm{d}z, \Omega = \{(x,y,z) \mid 0 \leqslant z \leqslant h, x^2 + y^2 \leqslant t^2\}$.

15. 求极限 $\lim\limits_{t \to +\infty} \dfrac{1}{t^4} \iiint\limits_{x^2+y^2+z^2 \leqslant t^2} \sqrt{x^2 + y^2 + z^2}\,\mathrm{d}x\mathrm{d}y\mathrm{d}z$.

16. 设半径为 R 的球面 Σ 的球心在定球面 $x^2 + y^2 + z^2 = a^2 (a > 0)$ 上,问当 R 取何值时,球面 Σ 位于定球面内的那部分面积最大?

17. 在研究山脉的形成时,地质学家要计算从海平面耸起一座山所做的功.假定山的形状是一个直圆锥形,点 P 附近物质的密度是 $f(P)$,高是 $h(P)$.

(1) 用积分来表示山脉形成过程中所做的总功 W;

(2) 假定某座山形如一个半径为 19 km,高为 4 km 的直圆锥,密度为常数 3 200 kg/m³,那么从最初的海平面上一块陆地变为现在的这座山需做多少功?

18. 在半径为 R 的半圆形均匀薄片的直径上,要接上一个一边与直径等长的同样材料的均匀矩形薄片.为了使整个均匀薄片的质心恰好落在圆心上,问接上去的均匀矩形薄片另一边的长度应是多少?

19. 求底面半径为 a,高为 h,密度为 1 的直立圆锥的形心及关于其对称轴的转动惯量.

第 9 章

数字资源

第 10 章　曲线积分和曲面积分

　　上一章重积分的概念是把积分范围从数轴上一个区间推广到平面或空间内一个有界区域.本章将把积分概念推广到积分范围是一段曲线弧或一张曲面的情形,从而建立曲线积分和曲面积分的概念并给出它们的计算方法.另外还将介绍三个重要公式:格林(Green)公式,高斯(Gauss)公式及斯托克斯(Stokes)公式.

10.1　第一类曲线积分和第一类曲面积分

10.1.1　第一类曲线积分的概念

首先看两个实际例子.

1. 曲线形质线的质量

在工程技术的某些实际问题中,有时需要计算曲线形构件的质量,当构件非常细时,可视其为一条质线,其质量依赖于线密度(单位弧长的质量).设质线曲线为 xOy 平面上的曲线 C,其在点 (x,y) 处的线密度为 $\mu(x,y)$,且 $\mu(x,y)$ 在 C 上连续,就可以按如下方法来计算其质量.

记曲线 C 的端点为 A,B,在其上从点 A 到点 B 依次插入 $n-1$ 个分点:$A_1,A_2,\cdots,A_{n-1}$,并记 $A_0=A,A_n=B$,这样把 C 分成 n 个小弧段(图10.1).记第 i 个小弧段 $\widehat{A_{i-1}A_i}$ 的长度为 Δs_i.由于线密度 $\mu(x,y)$ 连续变化,可在小弧段 $\widehat{A_{i-1}A_i}$ 上任取一点 (ξ_i,η_i),并以 $\mu(\xi_i,\eta_i)$ 代替这小弧段上其他点的线密度,由此得到该小弧段的近似质量

$$\Delta m_i \approx \mu(\xi_i,\eta_i)\Delta s_i,$$

从而整条曲线形质线的质量

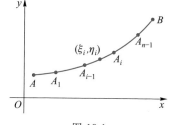

图 10.1

$$m \approx \sum_{i=1}^{n} \mu(\xi_i, \eta_i) \Delta s_i.$$

显然当小弧段的弧长 Δs_i 越小,用上式右端来近似质线的质量 m 的误差就越小.令 $\lambda = \max_{1 \leqslant i \leqslant n} \{\Delta s_i\} \to 0$,上述和式的极限就成为质线 C 的质量的精确值,即

$$m = \lim_{\lambda \to 0} \sum_{i=1}^{n} \mu(\xi_i, \eta_i) \Delta s_i.$$

下一个是几何的例子.

2. 柱面的面积

设 S 是一张母线平行于 z 轴,以 xOy 平面内的曲线 C 为准线的柱面的一部分(图 10.2),其高度为 $h(x,y)$ $((x,y) \in C)$. 现在来计算 S 的面积.

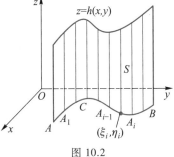

图 10.2

类似于计算曲边梯形面积的方法,在曲线 C 上任意插入 $n-1$ 个分点:$A_1, A_2, \cdots,$ A_{n-1},并记 $A_0 = A, A_n = B$,把 C 分成 n 个小弧段,在每一分点处作 z 轴的平行线,就把柱面 S 分为 n 个小柱面.记第 i 个小弧段 $\overset{\frown}{A_{i-1}A_i}$ 的长度为 Δs_i,并在小弧段 $\overset{\frown}{A_{i-1}A_i}$ 上任取一点 (ξ_i, η_i),以 $h(\xi_i, \eta_i)$ 作为第 i 个小柱面底边上各点的高度,则该小柱面的面积

$$\Delta A_i \approx h(\xi_i, \eta_i) \Delta s_i.$$

从而柱面 S 的面积

$$A \approx \sum_{i=1}^{n} h(\xi_i, \eta_i) \Delta s_i.$$

令 $\lambda = \max_{1 \leqslant i \leqslant n} \{\Delta s_i\} \to 0$,取上式右端的极限,就得到柱面 S 的面积的精确值

$$A = \lim_{\lambda \to 0} \sum_{i=1}^{n} h(\xi_i, \eta_i) \Delta s_i.$$

读者必定发现上面两个问题的处理方法与引出定积分概念的实际问题的处理方法几乎完全相同,都归结为一类和式的极限,不过这里和式中的每一项都是函数值与小弧段弧长的乘积,而定积分概念和式中的每一项是函数值与自变量数轴上小区间(直线段)长的乘积.对这类问题我们需要引进以下定义.

定义 10.1 设 C 是 xOy 平面内以 A, B 为端点的光滑曲线,函数 $f(x,y)$ 在 C 上有界.在 C 上任意插入分点 $A = A_0, A_1, \cdots, A_{n-1}, A_n = B$,将其分成 n 个小弧段,记第 i 个小弧段 $\overset{\frown}{A_{i-1}A_i}$ 的弧长为 Δs_i,$\lambda = \max_{1 \leqslant i \leqslant n} \{\Delta s_i\}$.任取 $(\xi_i, \eta_i) \in \overset{\frown}{A_{i-1}A_i}$ $(i = 1,$

$2, \cdots, n$),作和

$$\sum_{i=1}^{n} f(\xi_i, \eta_i) \Delta s_i.$$

若当 $\lambda \to 0$ 时,上述和式的极限存在,则称 $f(x,y)$ 在曲线 C 上可积,并将此极限称为数量值函数 $f(x,y)$ 在曲线 C 上的曲线积分,或称为第一类曲线积分,记作 $\int_C f(x,y) \mathrm{d}s$,即

$$\int_C f(x,y) \mathrm{d}s = \lim_{\lambda \to 0} \sum_{i=1}^{n} f(\xi_i, \eta_i) \Delta s_i.$$

其中 $f(x,y)$ 称为被积函数,C 称为积分路径,$\mathrm{d}s$ 称为弧长微元(或弧长元素).

第一类曲线积分 $\int_C f(x,y) \mathrm{d}s$ 也称为函数 $f(x,y)$ 对弧长的曲线积分.

这样,以 $\mu(x,y)$ 为线密度的质线 C 的质量可表示为

$$m = \int_C \mu(x,y) \mathrm{d}s.$$

以曲线 C 为准线,高度为 $h(x,y)$ 的柱面 S 的面积可表示为

$$A = \int_C h(x,y) \mathrm{d}s.$$

这就是第一类曲线积分的物理意义和几何意义.

由定义可知,当 $f(x,y) \equiv 1$ 时,

$$\int_C \mathrm{d}s = s_C,$$

其中 s_C 表示曲线 C 的弧长.

如果 C 为封闭曲线,即 C 的两个端点重合,这时常将 $f(x,y)$ 在 C 上的第一类曲线积分记为

$$\oint_C f(x,y) \mathrm{d}s.$$

类似于定积分的存在条件,当函数 $f(x,y)$ 在光滑曲线 C 上连续,或者 $f(x,y)$ 在 C 上有界并且只有有限多个间断点时,曲线积分 $\int_C f(x,y) \mathrm{d}s$ 存在.

从定义可以看出,第一类曲线积分与积分路径的方向无关,即若 $f(x,y)$ 在曲线 $C = \widehat{AB}$ 上可积,那么

$$\int_{\widehat{AB}} f(x,y) \mathrm{d}s = \int_{\widehat{BA}} f(x,y) \mathrm{d}s.$$

此外,第一类曲线积分还有类似于定积分和重积分的性质.例如:

性质 1(线性性) 若 f, g 均在曲线 C 上可积,则对常数 α, β,函数 $\alpha f + \beta g$ 在 C 上也可积,且有

$$\int_C [\alpha f(x,y) + \beta g(x,y)] \,\mathrm{d}s = \alpha \int_C f(x,y) \,\mathrm{d}s + \beta \int_C g(x,y) \,\mathrm{d}s.$$

性质 2(路径可加性) 设曲线 C 由 C_1 与 C_2 首尾相接而成,则 f 在 C 上可积等价于 f 在 C_1 与 C_2 上同时可积,且有

$$\int_C f(x,y) \,\mathrm{d}s = \int_{C_1} f(x,y) \,\mathrm{d}s + \int_{C_2} f(x,y) \,\mathrm{d}s.$$

性质 3(中值定理) 设函数 f 在光滑曲线 C 上连续,则 $\exists (\xi, \eta) \in C$,使得

$$\int_C f(x,y) \,\mathrm{d}s = f(\xi, \eta) s_C.$$

10.1.2 第一类曲线积分的计算

设曲线 C 的参数方程为

$$\begin{cases} x = x(t), \\ y = y(t), \end{cases} \quad t \in [\alpha, \beta],$$

其中 $x(t), y(t)$ 具有连续导数,且 $x'^2(t) + y'^2(t) \neq 0$(即 C 为光滑曲线),那么 C 是可求长的,且我们知道弧长为

$$s = \int_\alpha^\beta \sqrt{x'^2(t) + y'^2(t)} \,\mathrm{d}t.$$

以下的定理给出第一类曲线积分的计算法.

定理 10.1 设 C 为光滑曲线,函数 $f(x,y)$ 在 C 上连续,则 $f(x,y)$ 在 C 上的第一类曲线积分存在,且

$$\int_C f(x,y) \,\mathrm{d}s = \int_\alpha^\beta f(x(t), y(t)) \sqrt{x'^2(t) + y'^2(t)} \,\mathrm{d}t \quad (\alpha < \beta).$$

证 在曲线 C 上依次任意插入分点 $A_i(x(t_i), y(t_i))$ $(i = 1, 2, \cdots, n-1)$,并记 $A_0 = (x(\alpha), y(\alpha))$,$A_n = (x(\beta), y(\beta))$.注意,这时相应地有区间 $[\alpha, \beta]$ 的分划:

$$\alpha = t_0 < t_1 < \cdots < t_n = \beta.$$

记小弧段 $\overparen{A_{i-1}A_i}$ 的长度为 Δs_i 及 $\Delta t_i = t_i - t_{i-1}$ $(i = 1, 2, \cdots, n)$.根据弧长公式并应用定积分中值定理得到

$$\Delta s_i = \int_{t_{i-1}}^{t_i} \sqrt{x'^2(t) + y'^2(t)} \,\mathrm{d}t = \sqrt{x'^2(t_i^*) + y'^2(t_i^*)} \,\Delta t_i,$$

其中 $t_i^* \in [t_{i-1}, t_i]$. 记小弧段 $\overset{\frown}{A_{i-1}A_i}$ 上对应参数值 t_i^* 的点为 (ξ_i, η_i)，则有

$$\sum_{i=1}^n f(\xi_i, \eta_i) \Delta s_i = \sum_{i=1}^n f(x(t_i^*), y(t_i^*)) \sqrt{x'^2(t_i^*) + y'^2(t_i^*)} \Delta t_i.$$

由于 $f(x, y)$ 在 C 上连续，故 f 在 C 上的曲线积分存在. 又 $x'(t), y'(t)$ 在 $[\alpha, \beta]$ 上连续，故函数 $f(x(t), y(t)) \sqrt{x'^2(t) + y'^2(t)}$ 在区间 $[\alpha, \beta]$ 上可积. 令 $\lambda = \max\limits_{1 \leqslant i \leqslant n} \{\Delta s_i\} \to 0$（此时 $\lambda' = \max\limits_{1 \leqslant i \leqslant n} \{\Delta t_i\} \to 0$），则上式两端极限存在，且左端的极限即为 f 在曲线 C 上的曲线积分 $\int_C f(x, y) \mathrm{d}s$，右端的极限即

$$f(x(t), y(t)) \sqrt{x'^2(t) + y'^2(t)}$$

在区间 $[\alpha, \beta]$ 上的定积分，故

$$\int_C f(x, y) \mathrm{d}s = \int_\alpha^\beta f(x(t), y(t)) \sqrt{x'^2(t) + y'^2(t)} \, \mathrm{d}t.$$

上述公式表明，计算第一类曲线积分 $\int_C f(x, y) \mathrm{d}s$，只需把 x, y 和弧长微元 $\mathrm{d}s$ 分别换为 $x(t), y(t)$ 和 $\sqrt{x'^2(t) + y'^2(t)} \, \mathrm{d}t$，然后在 $[\alpha, \beta]$ 上求定积分.

值得强调的是：定积分的下限一定要小于上限. 这是因为小弧段的弧长 $\Delta s_i > 0$，从而要求 $\Delta t_i > 0$.

特别地，当曲线 C 的方程为 $y = y(x), x \in [a, b]$ 时，有

$$\int_C f(x, y) \mathrm{d}s = \int_a^b f(x, y(x)) \sqrt{1 + y'^2(x)} \, \mathrm{d}x \quad (a < b).$$

例 10.1   计算曲线积分 $\int_C (x + \sqrt{y}) \mathrm{d}s$，其中 C 是抛物线 $y = x^2$ 上介于点 $(0,0)$ 与点 $(1,1)$ 间的那一段弧（图 10.3）.

解   积分路径 C 的方程为 $y = x^2 (0 \leqslant x \leqslant 1)$，从而

$$\int_C (x + \sqrt{y}) \mathrm{d}s = \int_0^1 (x + \sqrt{x^2}) \sqrt{1 + (2x)^2} \, \mathrm{d}x$$

$$= 2 \int_0^1 x \sqrt{1 + 4x^2} \, \mathrm{d}x$$

$$= \frac{1}{6} (1 + 4x^2)^{\frac{3}{2}} \Big|_0^1 = \frac{5\sqrt{5} - 1}{6}.$$

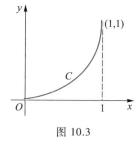

图 10.3

例 10.2   计算曲线积分 $\int_C (x^2 + y^2) \mathrm{d}s$，其中 C 是圆心在 $(R, 0)$，半径为 $R (R > 0)$ 的上半圆周 $x^2 + y^2 = 2Rx (y \geqslant 0)$.

解　由于积分在曲线 C 上,所以被积函数中的 x,y 满足 C 的方程,即有 $x^2 + y^2 = 2Rx$,从而得到

$$\int_C (x^2+y^2)\,\mathrm{d}s = 2R\int_C x\,\mathrm{d}s,$$

直接用直角坐标计算较为烦琐,以圆心角 t 为参数,如图 10.4(a),导出 C 的参数方程为

$$\begin{cases} x = R(1+\cos t), \\ y = R\sin t \end{cases} \quad (t \in [0,\pi]),$$

于是 $\mathrm{d}s = \sqrt{(-R\sin t)^2 + (R\cos t)^2}\,\mathrm{d}t = R\mathrm{d}t$,故

$$\int_C (x^2+y^2)\,\mathrm{d}s = 2R\int_C x\,\mathrm{d}s = 2R\int_0^{\pi} R(1+\cos t)\cdot R\mathrm{d}t = 2\pi R^3.$$

本例也可以采用极坐标方程来计算. C 的极坐标方程为

$$r = 2R\cos\theta \left(0 \leqslant \theta \leqslant \frac{\pi}{2}\right),$$

如图 10.4(b). 由于 $\mathrm{d}s = \sqrt{r^2(\theta) + r'^2(\theta)}\,\mathrm{d}\theta = \sqrt{(2R\cos\theta)^2 + (-2R\sin\theta)^2} = 2R\mathrm{d}\theta$,从而

$$\int_C (x^2+y^2)\,\mathrm{d}s = \int_C r^2\,\mathrm{d}s = 4R^2\int_0^{\frac{\pi}{2}} \cos^2\theta\cdot 2R\mathrm{d}\theta$$

$$= 8R^3\int_0^{\frac{\pi}{2}} \cos^2\theta\mathrm{d}\theta = 2\pi R^3.$$

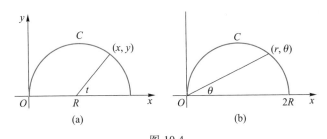

图 10.4

对于空间光滑曲线 $L:x=x(t),y=y(t),z=z(t),t\in[\alpha,\beta]$,可类似地给出 $f(x,y,z)$ 在 L 上的第一类曲线积分 $\int_L f(x,y,z)\,\mathrm{d}s$ 的定义,且有相应的计算公式

$$\int_L f(x,y,z)\,\mathrm{d}s = \int_\alpha^\beta f(x(t),y(t),z(t))\sqrt{x'^2(t)+y'^2(t)+z'^2(t)}\,\mathrm{d}t \quad (\alpha<\beta).$$

例 10.3   计算曲线积分 $\int_L (x^2+y^2+z^2)\,\mathrm{d}s$,其中曲线 L 是曲面 $x^2+y^2+z^2=4$ 与平面 $x+z=2$ 的交线.

分析   积分曲线 L 的方程以一般式给出,需将其化为参数式.为此,可将空间曲线 L 向 xOy 平面投影,先得到投影曲线的参数式方程,进而得到曲线 L 的参数式方程.

解   由 $\begin{cases} x^2+y^2+z^2=4, \\ x+z=2, \end{cases}$ 可得 $\begin{cases} (x-1)^2+\dfrac{y^2}{2}=1, \\ x+z=2, \end{cases}$ 从而曲线 L 也可看成椭圆柱面

$(x-1)^2+\dfrac{y^2}{2}=1$ 与平面 $x+z=2$ 的交线,其在 xOy 平面上的投影曲线为椭圆 $(x-1)^2+\dfrac{y^2}{2}=1$.因此 L 的参数方程为

$$\begin{cases} x=1+\cos\theta, \\ y=\sqrt{2}\sin\theta, \\ z=1-\cos\theta \end{cases} (\theta\in[0,2\pi]),$$

于是 $\mathrm{d}s=\sqrt{(-\sin\theta)^2+(\sqrt{2}\cos\theta)^2+\sin^2\theta}\,\mathrm{d}\theta=\sqrt{2}\,\mathrm{d}\theta$,故

$$\int_L (x^2+y^2+z^2)\,\mathrm{d}s=\int_L 4\,\mathrm{d}s=4\int_0^{2\pi}\sqrt{2}\,\mathrm{d}\theta=8\sqrt{2}\,\pi.$$

例 10.4   一形如上半圆周的质线 C,圆心在原点,半径为 1,其线密度 $\mu(x,y)=k(1-y)$,其中 k 为常数,求该质线的质心坐标.

解   类似于重积分应用中物体质心的计算公式,质线 C 的质心公式为

$$\bar{x}=\frac{1}{m}\int_C x\mu(x,y)\,\mathrm{d}s, \quad \bar{y}=\frac{1}{m}\int_C y\mu(x,y)\,\mathrm{d}s,$$

其中 m 是质线 C 的质量.

由对称性知 $\bar{x}=0$,又因为 C 的参数方程为

$$x=\cos t, \quad y=\sin t \quad (t\in[0,\pi]),$$

从而

$$m=\int_C k(1-y)\,\mathrm{d}s=k\int_0^\pi (1-\sin t)\sqrt{(-\sin t)^2+\cos^2 t}\,\mathrm{d}t=k(\pi-2),$$

$$\int_C y\mu(x,y)\,\mathrm{d}s=\int_C ky(1-y)\,\mathrm{d}s=k\int_0^\pi (\sin t-\sin^2 t)\,\mathrm{d}t=k\left(2-\frac{\pi}{2}\right),$$

故

$$\bar{y} = \frac{1}{k(\pi-2)} \cdot k\left(2 - \frac{\pi}{2}\right) = \frac{4-\pi}{2(\pi-2)},$$

于是质线的质心坐标为 $\left(0, \dfrac{4-\pi}{2(\pi-2)}\right)$.

质线绕坐标轴的转动惯量也有相应的计算公式,读者不难通过练习加以掌握.

10.1.3 第一类曲面积分的概念

第一类曲面积分与第一类曲线积分类似,所不同的是定义的区域是空间曲面.

在 10.1.1 关于如何计算曲线形质线的质量的讨论中,如果把曲线换为曲面,并把连续的线密度函数 $\mu(x,y)$ 改为连续的面密度函数 $\mu(x,y,z)$,小曲线段的长度 Δs_i 改为小曲面片的面积 ΔS_i,同时把第 i 个小弧段上的任取点 (ξ_i, η_i) 改为第 i 块小曲面片上的任取点 (ξ_i, η_i, ζ_i),那么曲面的质量为

$$m = \lim_{\lambda \to 0} \sum_{i=1}^{n} \mu(\xi_i, \eta_i, \zeta_i) \Delta S_i,$$

其中 $\lambda = \max\limits_{1 \leqslant i \leqslant n} \{d_i\}$($d_i$ 为第 i 块小曲面片的直径,也即其上任意两点间距离的最大值).

由此我们引入

定义 10.2 设函数 $f(x,y,z)$ 是定义在光滑曲面 Σ 上的有界函数,用曲线网将曲面 Σ 分割成 n 块小曲面片 $\Delta \Sigma_i (i = 1, 2, \cdots, n)$.记第 i 块小曲面片的面积为 ΔS_i,$\lambda = \max\limits_{1 \leqslant i \leqslant n} \{d_i\}$($d_i$ 为 $\Delta \Sigma_i$ 的直径),任取点 $(\xi_i, \eta_i, \zeta_i) \in \Delta \Sigma_i$,作和式

$$\sum_{i=1}^{n} f(\xi_i, \eta_i, \zeta_i) \Delta S_i.$$

若当 $\lambda \to 0$ 时,上述和式的极限存在,则称此极限为数量值函数 $f(x,y,z)$ 在曲面 Σ 上的曲面积分,或称为第一类曲面积分,记作 $\iint\limits_{\Sigma} f(x,y,z)\,\mathrm{d}S$,即

$$\iint\limits_{\Sigma} f(x,y,z)\,\mathrm{d}S = \lim_{\lambda \to 0} \sum_{i=1}^{n} f(\xi_i, \eta_i, \zeta_i) \Delta S_i,$$

其中 $f(x,y,z)$ 称为被积函数,Σ 称为积分曲面,$\mathrm{d}S$ 称为曲面面积微元(或曲面面积元素).

函数 $f(x,y,z)$ 的第一类曲面积分也称为 $f(x,y,z)$ 对面积的曲面积分.

这样,面密度是 $\mu(x,y,z)$ 的物质曲面 Σ 的质量为

$$m = \iint\limits_{\Sigma} \mu(x,y,z)\,\mathrm{d}S.$$

这给出了第一类曲面积分的物理意义.

由定义可知,当 $f(x,y,z) \equiv 1$ 时,

$$\iint\limits_{\Sigma} \mathrm{d}S = S_{\Sigma},$$

其中 S_{Σ} 是曲面 Σ 的面积.

当 Σ 为封闭曲面时,曲面积分常写成

$$\oiint\limits_{\Sigma} f(x,y,z)\,\mathrm{d}S.$$

与曲线积分存在性类似,当函数 $f(x,y,z)$ 在光滑(或分片光滑)曲面 Σ 上连续时,曲面积分 $\iint\limits_{\Sigma} f(x,y,z)\,\mathrm{d}S$ 一定存在.

由定义可以推出,第一类曲面积分具有与第一类曲线积分类似的性质,包括线性性和积分曲面的可加性,这里我们不再赘述.

10.1.4   第一类曲面积分的计算

只要稍加修改,就可以把定理 10.1 的推导过程用于建立第一类曲面积分的计算方法,因此对下面的定理不再予以证明.

定理 10.2   设光滑曲面 Σ 的参数方程为

$$\begin{cases} x = x(u,v), \\ y = y(u,v), \qquad (u,v) \in D_{uv}, \\ z = z(u,v), \end{cases}$$

这里 D_{uv} 是 uOv 平面上的有界区域. 如果函数 $f(x,y,z)$ 在 Σ 上连续,那么 f 在曲面 Σ 上的第一类曲面积分存在,且有计算公式

$$\iint\limits_{\Sigma} f(x,y,z)\,\mathrm{d}S = \iint\limits_{D_{uv}} f\left[x(u,v),y(u,v),z(u,v)\right]\sqrt{A^2+B^2+C^2}\,\mathrm{d}u\mathrm{d}v,$$

其中

$$A = \frac{\partial(y,z)}{\partial(u,v)}, \quad B = \frac{\partial(z,x)}{\partial(u,v)}, \quad C = \frac{\partial(x,y)}{\partial(u,v)}.$$

上述公式表明,第一类曲面积分可化为区域 D 上的二重积分来计算,且只需将 x,y,z 换为参数形式,曲面面积微元 $\mathrm{d}S$ 换为 $\sqrt{A^2+B^2+C^2}\,\mathrm{d}u\mathrm{d}v$,并确定 Σ 的参数取值区域 D_{uv}.

若曲面 Σ 用双参数的定位向量形式表示为

$$\boldsymbol{r}=\boldsymbol{r}(u,v)=(x(u,v),y(u,v),z(u,v)),\quad(u,v)\in D_{uv},$$

那么

$$(A,B,C)=\boldsymbol{r}_u\times\boldsymbol{r}_v,\quad \mathrm{d}S=|\boldsymbol{r}_u\times\boldsymbol{r}_v|\,\mathrm{d}u\mathrm{d}v,$$

这就是上一章得到的曲面面积微元公式.

特别地,若曲面 Σ 的方程为显式方程

$$z=z(x,y),\quad(x,y)\in D_{xy},$$

即

$$\boldsymbol{r}=\boldsymbol{r}(x,y)=(x,y,z(x,y)),\quad(x,y)\in D_{xy},$$

其中 D_{xy} 是 Σ 在 xOy 平面上的投影区域,则有

$$\mathrm{d}S=|\boldsymbol{r}_x\times\boldsymbol{r}_y|\,\mathrm{d}x\mathrm{d}y=\sqrt{1+z_x^2+z_y^2}\,\mathrm{d}x\mathrm{d}y,$$

于是得到计算公式

$$\iint_{\Sigma}f(x,y,z)\,\mathrm{d}S=\iint_{D_{xy}}f(x,y,z(x,y))\sqrt{1+z_x^2+z_y^2}\,\mathrm{d}x\mathrm{d}y.$$

例 10.5　计算曲面积分 $I=\iint_{\Sigma}(x+y+z)\,\mathrm{d}S$,其中 Σ 为上半球面

$$z=\sqrt{R^2-x^2-y^2}\quad(R>0).$$

解　用直角坐标来计算,则上半球面 Σ 在 xOy 平面上的投影区域为

$$D_{xy}=\{(x,y)\mid x^2+y^2\leqslant R^2\}.$$

又由于

$$z_x=\frac{-x}{\sqrt{R^2-x^2-y^2}},\quad z_y=\frac{-y}{\sqrt{R^2-x^2-y^2}},$$

于是

$$\mathrm{d}S=\sqrt{1+z_x^2+z_y^2}\,\mathrm{d}x\mathrm{d}y=\frac{R\mathrm{d}x\mathrm{d}y}{\sqrt{R^2-x^2-y^2}},$$

从而得到

$$I=\iint_{D_{xy}}(x+y+\sqrt{R^2-x^2-y^2})\frac{R\mathrm{d}x\mathrm{d}y}{\sqrt{R^2-x^2-y^2}}$$

$$=R\iint_{D_{xy}}\left(\frac{x+y}{\sqrt{R^2-x^2-y^2}}+1\right)\mathrm{d}x\mathrm{d}y.$$

由二重积分区域的对称性和被积函数的奇偶性知

$$\iint_{D_{xy}}\frac{x\mathrm{d}x\mathrm{d}y}{\sqrt{R^2-x^2-y^2}}=\iint_{D_{xy}}\frac{y\mathrm{d}x\mathrm{d}y}{\sqrt{R^2-x^2-y^2}}=0,$$

故

$$I = R \iint\limits_{D_{xy}} \mathrm{d}x\mathrm{d}y = \pi R^3.$$

此题也可用参数方程形式的计算公式. 利用球面坐标可以把上半球面表示为

$$\boldsymbol{r}(\varphi,\theta) = (R\sin\varphi\cos\theta, R\sin\varphi\sin\theta, R\cos\varphi)\ \left(0 \leqslant \theta \leqslant 2\pi, 0 \leqslant \varphi \leqslant \frac{\pi}{2}\right),$$

从而有

$$\begin{aligned}
\mathrm{d}S &= |\boldsymbol{r}_\varphi \times \boldsymbol{r}_\theta|\,\mathrm{d}\varphi\mathrm{d}\theta \\
&= |(R^2\sin^2\varphi\cos\theta, R^2\sin^2\varphi\sin\theta, R^2\sin\varphi\cos\varphi)|\,\mathrm{d}\varphi\mathrm{d}\theta \\
&= R^2\sin\varphi\mathrm{d}\varphi\mathrm{d}\theta,
\end{aligned}$$

于是

$$\begin{aligned}
I &= \iint\limits_{\Sigma} z\mathrm{d}S = \int_0^{2\pi}\mathrm{d}\theta\int_0^{\frac{\pi}{2}} R\cos\varphi \cdot R^2\sin\varphi\mathrm{d}\varphi \\
&= 2\pi R^3\int_0^{\frac{\pi}{2}}\cos\varphi\sin\varphi\mathrm{d}\varphi = \pi R^3.
\end{aligned}$$

注意这例题用直角坐标计算时积分区域的对称性和被积函数的奇偶性使得积分计算大为简化. 一般地, 我们有如下结论:

若光滑 (或分片光滑) 曲面 Σ 关于 yOz 平面对称, 则

$$\iint\limits_{\Sigma} f(x,y,z)\mathrm{d}S = \begin{cases} 0, & f(-x,y,z) = -f(x,y,z), \\ 2\iint\limits_{\Sigma_{\text{半}}} f(x,y,z)\mathrm{d}S, & f(-x,y,z) = f(x,y,z), \end{cases}$$

其中 $\Sigma_{\text{半}}$ 表示 Σ 位于 yOz 平面前方 (或后方) 的部分曲面. 当曲面 Σ 关于其他坐标平面对称时, 读者可以写出类似的结论, 这里不再列出.

例 10.6 计算曲面积分 $I = \oiint\limits_{\Sigma}(x^2+y^2)\mathrm{d}S$, 其中 Σ 为锥面 $z = \sqrt{x^2+y^2}$ 与 $z = 1$ 所围成锥体 (图 10.5) 的整个边界.

解 锥体在 xOy 平面上的投影区域为

$$D_{xy} = \{(x,y) \mid x^2+y^2 \leqslant 1\},$$

锥体的边界由以下两部分组成:

$$\Sigma_1 : z = \sqrt{x^2+y^2}, \quad \Sigma_2 : z = 1, (x,y) \in D_{xy}.$$

在 Σ_1 上有

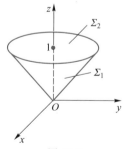

图 10.5

$$z_x = \frac{x}{\sqrt{x^2 + y^2}}, \quad z_y = \frac{y}{\sqrt{x^2 + y^2}},$$

从而

$$\mathrm{d}S = \sqrt{1 + z_x^2 + z_y^2}\,\mathrm{d}x\mathrm{d}y = \sqrt{2}\,\mathrm{d}x\mathrm{d}y.$$

而在 Σ_2 上有

$$z_x = z_y = 0 \quad \Rightarrow \quad \mathrm{d}S = \mathrm{d}x\mathrm{d}y.$$

于是可得

$$
\begin{aligned}
I &= \iint\limits_{\Sigma_1}(x^2 + y^2)\,\mathrm{d}S + \iint\limits_{\Sigma_2}(x^2 + y^2)\,\mathrm{d}S \\
&= \iint\limits_{D_{xy}}(x^2 + y^2)\sqrt{2}\,\mathrm{d}x\mathrm{d}y + \iint\limits_{D_{xy}}(x^2 + y^2)\,\mathrm{d}x\mathrm{d}y = (\sqrt{2} + 1)\iint\limits_{D_{xy}}(x^2 + y^2)\,\mathrm{d}x\mathrm{d}y \\
&= (\sqrt{2} + 1)\int_0^{2\pi}\mathrm{d}\theta\int_0^1 r^3\,\mathrm{d}r = \frac{\sqrt{2} + 1}{2}\pi.
\end{aligned}
$$

例 10.7 计算曲面积分 $I = \iint\limits_{\Sigma} z\,\mathrm{d}S$,其中 Σ 是螺旋面(图 10.6)的一部分

$$
\begin{cases}
x = \rho\cos\theta, \\
y = \rho\sin\theta, \quad (0 \le \rho \le a, 0 \le \theta \le 2\pi). \\
z = \theta
\end{cases}
$$

解 由于 $\boldsymbol{r} = (\rho\cos\theta, \rho\sin\theta, \theta)$,从而

$$
\begin{aligned}
\mathrm{d}S &= |\boldsymbol{r}_\rho \times \boldsymbol{r}_\theta|\,\mathrm{d}\rho\mathrm{d}\theta \\
&= |(\cos\theta, \sin\theta, 0) \times \\
&\quad (-\rho\sin\theta, \rho\cos\theta, 1)|\,\mathrm{d}\rho\mathrm{d}\theta \\
&= |(\sin\theta, -\cos\theta, \rho)|\,\mathrm{d}\rho\mathrm{d}\theta \\
&= \sqrt{1 + \rho^2}\,\mathrm{d}\rho\mathrm{d}\theta,
\end{aligned}
$$

于是

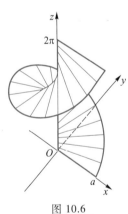

图 10.6

$$
\begin{aligned}
I &= \iint\limits_{[0,a] \times [0,2\pi]} \theta\sqrt{1 + \rho^2}\,\mathrm{d}\rho\mathrm{d}\theta = \int_0^{2\pi}\theta\mathrm{d}\theta\int_0^a \sqrt{1 + \rho^2}\,\mathrm{d}\rho \\
&= 2\pi^2 \cdot \frac{1}{2}\Big[\rho\sqrt{1 + \rho^2} + \ln(\rho + \sqrt{1 + \rho^2})\Big]\Big|_0^a \\
&= \pi^2(a\sqrt{1 + a^2} + \ln(a + \sqrt{1 + a^2})).
\end{aligned}
$$

10.2   第二类曲线积分和第二类曲面积分

10.2.1   第二类曲线积分的概念

本小节我们讨论向量值函数(即函数的值域为二维或三维向量)的曲线积分,所涉及的曲线是光滑或逐段光滑的曲线.由于向量值函数的曲线积分与曲线的走向有关,故先要对曲线的定向做一些说明.

当动点沿着曲线向前连续移动时,就形成了曲线的走向.一条曲线通常有两种走向,如果选定其中一种走向为曲线的正向,那么另一种走向就是曲线的负向.规定了走向的曲线称为定向曲线.我们常把起点为 A,终点为 B 的定向曲线表示为 $\overset{\frown}{AB}$,把规定正向的曲线 C 记为 C^+,而规定负向的曲线 C 记为 C^-.

注意,曲线的正、负向是相对的.在定向曲线范畴内,C^+ 和 C^- 表示不同的曲线.

我们先来考察变力沿曲线所做功的问题.

设有一个质点在连续变化的力场

$$\boldsymbol{F}(x,y)=P(x,y)\boldsymbol{i}+Q(x,y)\boldsymbol{j}$$

的作用下从点 A 沿光滑平面曲线 C 移动到点 B.下面来计算上述移动过程中变力 $\boldsymbol{F}$ 所做的功.

取曲线上任意点 $M(x,y)$ 处开始且与 $\overset{\frown}{AB}$ 方向一致的弧段微元 $\mathrm{d}s$,考察力 $\boldsymbol{F}$ 把质点移动弧段微元 $\mathrm{d}s$ 所做的功 $\mathrm{d}W$(图 10.7).记曲线 C 在点 M 处与 $\overset{\frown}{AB}$ 方向一致的单位切向量为 $\boldsymbol{e}_\tau(M)$.由于 $\boldsymbol{F}(M)$ 即 $\boldsymbol{F}(x,y)$ 连续,而 $\mathrm{d}s$ 又很微小,因此在 $\mathrm{d}s$ 上可近似地认为质点受力恒为 $\boldsymbol{F}(M)$,运动方向为 $\boldsymbol{e}_\tau(M)$,位移为 $\mathrm{d}s$,利用数量积来表示,就得到力 $\boldsymbol{F}$ 所做功的微元

$$\mathrm{d}W=\boldsymbol{F}(M)\cdot[\boldsymbol{e}_\tau(M)\mathrm{d}s]=[\boldsymbol{F}(M)\cdot\boldsymbol{e}_\tau(M)]\mathrm{d}s,$$

于是由微元法得到变力 $\boldsymbol{F}(M)$ 所做的功为

$$W=\int_C[\boldsymbol{F}(M)\cdot\boldsymbol{e}_\tau(M)]\mathrm{d}s.$$

把上述力场做功的物理问题加以抽象,就得到如下概念:

定义 10.3   设 $C=\overset{\frown}{AB}$ 是 xOy 平面上一条光滑定向

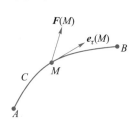

图 10.7

曲线, 向量值函数

$$\boldsymbol{F}(x,y) = P(x,y)\boldsymbol{i} + Q(x,y)\boldsymbol{j}$$

在 C 上有界, $\boldsymbol{e}_\tau(x,y)$ 为曲线 C 在点 $M(x,y)$ 处与 $\overset{\frown}{AB}$ 方向一致的单位切向量. 如果曲线积分

$$\int_C \left[\boldsymbol{F}(x,y) \cdot \boldsymbol{e}_\tau(x,y) \right] \mathrm{d}s$$

存在, 则称之为向量值函数 $\boldsymbol{F}(x,y)$ 在定向曲线 C 上的曲线积分, 或称为第二类曲线积分, 也记为

$$\int_C \boldsymbol{F}(x,y) \cdot \mathrm{d}\boldsymbol{r},$$

其中 $\boldsymbol{r} = \overrightarrow{OM}$ 即 $\boldsymbol{r} = (x,y)$, $\mathrm{d}\boldsymbol{r} = \boldsymbol{e}_\tau(x,y)\mathrm{d}s$ 称为定向弧微分.

若 $\boldsymbol{e}_\tau(x,y) = (\cos\alpha, \cos\beta)$, 则有

$$\mathrm{d}\boldsymbol{r} = \boldsymbol{e}_\tau(x,y)\mathrm{d}s = (\cos\alpha\mathrm{d}s, \cos\beta\mathrm{d}s) = (\mathrm{d}x, \mathrm{d}y),$$

故得到第二类曲线积分的坐标形式, 也是最常见的形式

$$\int_C P(x,y)\mathrm{d}x + Q(x,y)\mathrm{d}y.$$

第二类曲线积分

$$\int_C P(x,y)\mathrm{d}x + Q(x,y)\mathrm{d}y$$

也称为函数 $\boldsymbol{F} = (P(x,y), Q(x,y))$ 对坐标的曲线积分, 它是一种组合积分, 即

$$\int_C P(x,y)\mathrm{d}x + Q(x,y)\mathrm{d}y = \int_C P(x,y)\mathrm{d}x + \int_C Q(x,y)\mathrm{d}y,$$

上式右端有明显的物理意义: $\int_C P(x,y)\mathrm{d}x$ 表示力 $\boldsymbol{F}(x,y)$ 在 x 轴方向的分力 $P(x,y)\boldsymbol{i}$ 在 x 轴方向产生位移而做的功; $\int_C Q(x,y)\mathrm{d}y$ 表示力 $\boldsymbol{F}(x,y)$ 在 y 轴方向的分力 $Q(x,y)\boldsymbol{j}$ 在 y 轴方向产生位移而做的功. 由定义可知

$$\int_C \boldsymbol{F}(x,y) \cdot \mathrm{d}\boldsymbol{r} = \int_C \left[\boldsymbol{F}(x,y) \cdot \boldsymbol{e}_\tau(x,y) \right] \mathrm{d}s,$$

或者

$$\int_C P(x,y)\mathrm{d}x + Q(x,y)\mathrm{d}y = \int_C \left[P(x,y)\cos\alpha + Q(x,y)\cos\beta \right] \mathrm{d}s,$$

这就是两类曲线积分之间的关系.

虽然第二类曲线积分是通过第一类曲线积分来定义的, 但是由于点 $M(x,y)$ 处的单位切向量的选择依赖于曲线的定向, 因此二者之间是有区别的. 主要区别

是:第一类曲线积分与曲线的方向无关,而第二类曲线积分与曲线的方向有关,即

$$\int_{C^+} \boldsymbol{F}(x,y) \cdot \mathrm{d}\boldsymbol{r} = -\int_{C^-} \boldsymbol{F}(x,y) \cdot \mathrm{d}\boldsymbol{r},$$

或者写成

$$\int_{C^+} P(x,y)\mathrm{d}x + Q(x,y)\mathrm{d}y = -\int_{C^-} P(x,y)\mathrm{d}x + Q(x,y)\mathrm{d}y.$$

此外,第二类曲线积分还具有线性性和对定向积分路径的可加性等性质.这里不再详述.

若 C 为定向封闭曲线,则与第一类曲线积分一样可把积分号写成 $\oint_C$ 的形式.

10.2.2 第二类曲线积分的计算

下面我们讨论第二类曲线积分的计算法.设平面光滑曲线 C 的参数方程为

$$\begin{cases} x = x(t), \\ y = y(t), \end{cases} \quad t: \alpha \to \beta,$$

这里 $t: \alpha \to \beta$ 表示起点对应的参数为 α,终点对应的参数为 β.当参数 t 从 α 变化到 β 时,就确定了曲线 C 的方向.注意,此处 α 未必小于 β.

定理 10.3 设平面光滑曲线 C 的方程如上,又向量值函数

$$\boldsymbol{F}(x,y) = P(x,y)\boldsymbol{i} + Q(x,y)\boldsymbol{j}$$

在 C 上连续,则有公式

$$\int_C \boldsymbol{F}(x,y) \cdot \mathrm{d}\boldsymbol{r} = \int_C P(x,y)\mathrm{d}x + Q(x,y)\mathrm{d}y$$

$$= \int_\alpha^\beta \{ P[x(t), y(t)]x'(t) + Q[x(t), y(t)]y'(t) \} \mathrm{d}t,$$

其中定积分的下限是起点参数 α,上限是终点参数 β.

证 先设参数 $\alpha < \beta$,这时 C 的方向是参数 t 增加的方向,故 C 上任一点 $(x(t), y(t))$ 处的切向量 $(x'(t), y'(t))$ 就是 $\boldsymbol{e}_\tau$ 的方向,从而有

$$\boldsymbol{e}_\tau = \frac{1}{\sqrt{x'^2(t) + y'^2(t)}} (x'(t), y'(t)),$$

又因为

$$\mathrm{d}s = \sqrt{x'^2(t) + y'^2(t)}\, \mathrm{d}t,$$

所以由定理 10.1 得到

$$\int_C \boldsymbol{F}(x,y) \cdot \mathrm{d}\boldsymbol{r} = \int_C P(x,y)\mathrm{d}x + Q(x,y)\mathrm{d}y$$

$$= \int_C \left[\boldsymbol{F}(x,y) \cdot \boldsymbol{e}_\tau(x,y)\right]\mathrm{d}s$$

$$= \int_\alpha^\beta \{P[x(t),y(t)]x'(t) + Q[x(t),y(t)]y'(t)\}\mathrm{d}t.$$

若参数 $\alpha>\beta$，则由第二类曲线积分的方向性和已证情形有

$$\int_C P(x,y)\mathrm{d}x + Q(x,y)\mathrm{d}y = -\int_{C^-} \left[\boldsymbol{F}(x,y) \cdot \boldsymbol{e}_\tau(x,y)\right]\mathrm{d}s$$

$$= -\int_\beta^\alpha \{P[x(t),y(t)]x'(t) + Q[x(t),y(t)]y'(t)\}\mathrm{d}t$$

$$= \int_\alpha^\beta \{P[x(t),y(t)]x'(t) + Q[x(t),y(t)]y'(t)\}\mathrm{d}t,$$

这里 C^- 表示与曲线 C 方向相反的定向曲线.

从上面的公式可见，对坐标的曲线积分中 $\mathrm{d}x,\mathrm{d}y$ 仍然具有微分的意义.在把对坐标的曲线积分化为定积分时，只需将被积函数中的 x,y 换为 $x(t),y(t)$，并将 $\mathrm{d}x,\mathrm{d}y$ 按微分公式换成 $x'(t)\mathrm{d}t,y'(t)\mathrm{d}t$，再用曲线 C 起点对应的参数 α 作积分下限，终点对应的参数 β 作积分上限，就将第二类曲线积分化为了定积分.

特别地，如果平面光滑曲线 C 的直角坐标方程为 $y=y(x),x:a\to b$，向量值函数

$$\boldsymbol{F}(x,y) = P(x,y)\boldsymbol{i} + Q(x,y)\boldsymbol{j}$$

在 C 上连续，那么把 x 看成参数，得到

$$\int_C P(x,y)\mathrm{d}x + Q(x,y)\mathrm{d}y = \int_a^b \left[P(x,y(x)) + Q(x,y(x))y'(x)\right]\mathrm{d}x,$$

其中定积分的下限是起点的横坐标 a，上限是终点的横坐标 b.

在第二类曲线积分中，当 C 是平行于 x 轴的定向直线段时，由于 $y'(x)=0$，据上面公式可知 $\int_C Q(x,y)\mathrm{d}y=0$.同样地，当 C 是平行于 y 轴的定向直线段时，有 $\int_C P(x,y)\mathrm{d}x=0$.

例 10.8 计算曲线积分 $\int_C xy\mathrm{d}x + x\mathrm{d}y$，其中 C 为曲线 $y=x^3$ 上从点 $A(-1,-1)$ 到点 $B(1,1)$ 的一段定向弧.

解 定向曲线 C 的方程为 $y=x^3,x:-1\to1$，故

$$\int_C xy\mathrm{d}x + x\mathrm{d}y = \int_{-1}^1 (x \cdot x^3 + x \cdot 3x^2)\mathrm{d}x = \int_{-1}^1 (x^4 + 3x^3)\mathrm{d}x = \frac{2}{5}.$$

例 **10.9** 计算曲线积分 $\int_C y^2 \mathrm{d}x$,其中 C 为自点 $(R,0)$ 到点 $(-R,0)$ 的如下定

向曲线:

(1) 圆心在原点,半径为 R 的上半圆周;

(2) x 轴上的直线段(图 10.8).

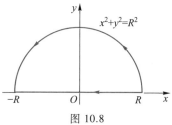

图 10.8

解 (1) 上半圆周的参数方程为

$$x = R\cos t, y = R\sin t, t:0 \to \pi,$$

因此

$$\int_C y^2 \mathrm{d}x = \int_0^\pi R^2 \sin^2 t \cdot (-R\sin t)\,\mathrm{d}t$$

$$= -2R^3 \int_0^{\frac{\pi}{2}} \sin^3 t\,\mathrm{d}t = -\frac{4}{3}R^3.$$

(2) 直线段 C 的方程为

$$y = y(x) = 0, \quad x:R \to -R,$$

因此

$$\int_C y^2 \mathrm{d}x = \int_R^{-R} 0^2 \,\mathrm{d}x = 0.$$

例 **10.10** 计算曲线积分

$$I = \int_C (2x^2 + y)\,\mathrm{d}x + (x - 3y)\,\mathrm{d}y,$$

其中 C 为从点 $A(1,0)$ 到点 $B(-1,0)$ 的如下定向曲线:

(1) x 轴上的直线段;

(2) 上半圆周 $x^2 + y^2 = 1 (y \geq 0)$;

(3) 由 $x+y=1$ 与 $y-x=1$ 组成的折线段(图 10.9).

解 (1) 直线段 C 的方程为

$$y = y(x) = 0, x:1 \to -1,$$

因此

$$I = \int_1^{-1} (2x^2 + 0)\,\mathrm{d}x = -\frac{4}{3}.$$

(2) 上半圆周的参数方程:$x = \cos t, y = \sin t, t:0 \to \pi$,从而

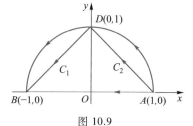

图 10.9

$$I = \int_0^\pi \left[(2\cos^2 t + \sin t)(-\sin t) + (\cos t - 3\sin t)\cos t \right]\mathrm{d}t$$

$$= \int_0^\pi (-2\cos^2 t \sin t - \sin^2 t + \cos^2 t - 3\sin t \cos t)\,\mathrm{d}t$$

$$= \left(\frac{2}{3}\cos^3 t + \frac{1}{2}\sin 2t - \frac{3}{2}\sin^2 t \right) \Big|_0^\pi = -\frac{4}{3}.$$

（3）将定向曲线 C 分为 AD 和 DB 两段，其中 AD 的方程为 $y=1-x,x:1\rightarrow 0$，而 DB 的方程为 $y=x+1,x:0\rightarrow -1$，因此

$$I = \int_{AD} (2x^2 + y)\,dx + (x - 3y)\,dy + \int_{DB} (2x^2 + y)\,dx + (x - 3y)\,dy$$

$$= \int_1^0 \{ [2x^2+(1-x)] + [x-3(1-x)] \cdot (-1) \}\,dx +$$

$$\int_0^{-1} \{ [2x^2+(x+1)] + [x-3(x+1)] \cdot 1 \}\,dx$$

$$= \int_1^0 (2x^2-5x+4)\,dx + \int_0^{-1} (2x^2-x-2)\,dx = -\frac{4}{3}.$$

从例 10.9 可见,沿着具有相同起点和终点的不同路径,曲线积分的值可能是不相等的.但从例 10.10 也可看到另一种情况:只要起点和终点相同,尽管沿不同的积分路径,曲线积分的值却还是相等的,这时我们称曲线积分与路径无关.对于这一问题,我们将在下一节深入讨论.

例 10.11 设平面上点 (x,y) 处力 $\boldsymbol{F}(x,y)$ 的大小为 $\sqrt{x^2+y^2}$,方向指向坐标原点.求其使质点沿曲线 $\sqrt{x}+\sqrt{y}=\sqrt{a}\,(a>0)$ 从点 $A(a,0)$ 移动到点 $B(0,a)$ 所做的功 W.

解 由于 $\boldsymbol{F}(x,y)$ 的方向指向坐标原点,因此其方向与向量 $-(x,y)$ 的方向相同,故可设

$$\boldsymbol{F}(x,y) = -k(x,y) \quad (k>0).$$

再由 $\boldsymbol{F}(x,y)$ 的大小为 $\sqrt{x^2+y^2}$ 可得 $k=1$,从而 $\boldsymbol{F}(x,y)=-(x,y)$.根据第二类曲线积分的物理意义知所求的功

$$W = \int_{\overset{\frown}{AB}} \boldsymbol{F}(x,y) \cdot d\boldsymbol{r} = -\int_{\overset{\frown}{AB}} x\,dx+y\,dy.$$

因为定向曲线 $\overset{\frown}{AB}$ 的参数方程为 $x=a\cos^4 t,y=a\sin^4 t,t:0\rightarrow \frac{\pi}{2}$,所以

$$W = -\int_0^{\frac{\pi}{2}} a\cos^4 t\,d(a\cos^4 t) + a\sin^4 t\,d(a\sin^4 t)$$

$$= -\frac{a^2}{2}(\cos^8 t+\sin^8 t) \Big|_0^{\frac{\pi}{2}} = 0.$$

对于三维向量值函数

$$\boldsymbol{F}(x,y,z) = P(x,y,z)\boldsymbol{i}+Q(x,y,z)\boldsymbol{j}+R(x,y,z)\boldsymbol{k},$$

我们可以类似地定义在空间定向光滑曲线 L 上的第二类曲线积分,并把它记为

$$\int_L \boldsymbol{F}(x,y,z) \cdot \mathrm{d}\boldsymbol{r},$$

或者

$$\int_L P(x,y,z)\,\mathrm{d}x + Q(x,y,z)\,\mathrm{d}y + R(x,y,z)\,\mathrm{d}z.$$

完全类似于平面的情形:若定向光滑曲线 L 的参数方程为

$$\begin{cases} x = x(t), \\ y = y(t), \qquad t:\alpha \to \beta, \\ z = z(t), \end{cases}$$

且 $\boldsymbol{F}(x,y,z)$ 在 L 上连续,则有

$$\int_L P(x,y,z)\,\mathrm{d}x + Q(x,y,z)\,\mathrm{d}y + R(x,y,z)\,\mathrm{d}z$$

$$= \int_\alpha^\beta \{ P[x(t),y(t),z(t)]x'(t) + Q[x(t),y(t),z(t)]y'(t) +$$

$$R[x(t),y(t),z(t)]z'(t) \} \,\mathrm{d}t.$$

因此无论是平面还是空间的情形,第二类曲线积分的计算公式都可以写成向量形式

$$\int_{\widehat{AB}} \boldsymbol{F} \cdot \mathrm{d}\boldsymbol{r} = \int_\alpha^\beta (\boldsymbol{F} \cdot \boldsymbol{r}')\,\mathrm{d}t,$$

其中 α 是起点 A 对应的参数,β 是终点 B 对应的参数,$\boldsymbol{r}' = \boldsymbol{r}'(t)$ 在平面与空间时分别为曲线上对应参数值为 t 的点处的切向量

$$(x'(t),y'(t)) \quad \text{或} \quad (x'(t),y'(t),z'(t)).$$

例 10.12 视太阳和地球是质量分别为 M 和 m 的两个质点.已知太阳对地球的引力

$$\boldsymbol{F} = -G\frac{mM}{r^3}\boldsymbol{r},$$

其中 $\boldsymbol{r}$ 是从质点 M 指向质点 m 的定位向量,$r = |\boldsymbol{r}|$.求地球从位置 A 运动到位置 B 时引力所做的功.

解 以质点 M(太阳)的位置为坐标原点.设质点 m(地球)从位置 A 运动到位置 B 的轨迹 L 的参数方程为

$$\boldsymbol{r} = \boldsymbol{r}(t) = x(t)\boldsymbol{i} + y(t)\boldsymbol{j} + z(t)\boldsymbol{k}, \quad t:t_A \to t_B,$$

那么引力所做的功

$$W = \int_L \boldsymbol{F} \cdot \mathrm{d}\boldsymbol{r} = -GmM\int_L \frac{1}{r^3}\boldsymbol{r} \cdot \mathrm{d}\boldsymbol{r}$$

$$= -GmM \int_L \frac{x\mathrm{d}x + y\mathrm{d}y + z\mathrm{d}z}{r^3}$$

$$= -\frac{GmM}{2} \int_{t_A}^{t_B} \frac{\mathrm{d}r^2(t)}{r^3(t)} = -GmM \int_{t_A}^{t_B} \frac{\mathrm{d}r(t)}{r^2(t)}$$

$$= GmM \left[\frac{1}{r(t_B)} - \frac{1}{r(t_A)} \right],$$

其中 $r(t_A)$ 和 $r(t_B)$ 分别表示质点 m 在位置 A 以及位置 B 时到质点 M 的距离.

上述结果表明:引力场 F 所做的功只与质点 m 的起点位置 A 及终点位置 B 有关,而与质点 m 从起点位置 A 到达终点位置 B 的轨迹无关.

10.2.3 第二类曲面积分的概念

第二类曲面积分与积分在曲面的哪一侧进行有关,因此有必要对曲面的定侧(或定向)做一些说明.

设 Σ 是一张光滑曲面,P 是 Σ 上任一点(图 10.10).在点 P 处曲面有两个方向相反的法向量 $\boldsymbol{n}$ 和 $-\boldsymbol{n}$,选定其中的 $\boldsymbol{n}$.当点 $P(x,y)$ 在 Σ 上连续变动时,相应地,法向量 $\boldsymbol{n}(x,y)$ 也随之连续变动.若点 P 沿 Σ 上任何不越过曲面边界的连续闭曲线移动后回到起始位置时,法向量 $\boldsymbol{n}$ 保持原来的指向,则称 Σ 为双侧曲面.

并非所有曲面都是双侧曲面,著名的默比乌斯(Möbius)带就是一个非双侧曲面的例子(图 10.11).

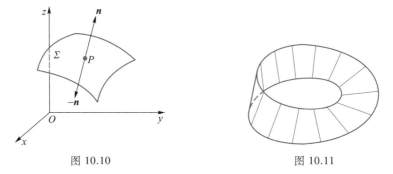

图 10.10   图 10.11

对于光滑的双侧曲面 Σ,当动点 $P(x,y)$ 在 Σ 上连续变动时,得到两组连续变化的法向量 $\{\boldsymbol{n}(x,y)\}$ 和 $\{-\boldsymbol{n}(x,y)\}$,由这两组法向量确定了曲面 Σ 的两个侧向,这种由连续变化的法向量组确定了侧向的曲面被称为定侧曲面.如果把法向量组 $\{\boldsymbol{n}(x,y)\}$ 定侧的一侧曲面记为 Σ^+,那么就把法向量组 $\{-\boldsymbol{n}(x,y)\}$ 定侧的一侧曲面记为 Σ^-.

曲面 Σ 的法向量可用其方向余弦组成的单位向量 $\boldsymbol{n}^0 = (\cos\alpha, \cos\beta, \cos\gamma)$

来表示.当光滑曲面 Σ 以显式方程 $z = z(x, y),(x, y) \in D_{xy}$ 给出时,

$$\boldsymbol{n}^0 = \frac{\pm 1}{\sqrt{1 + z_x^2 + z_y^2}}(-z_x, -z_y, 1).$$

若取正号,则 $\cos \gamma > 0$,这时 $\boldsymbol{n}^0$ 与 z 轴成锐角,故这些法向量的指向朝上,这意味着选取的是 Σ 的上侧.通常把选取了上侧的曲面 Σ 记为 Σ^+,而取下侧的曲面 Σ 记为 Σ^-.

由上面的讨论知道,曲面的所谓上、下侧是由其法向量与 z 轴的夹角给出的,或者说是该曲面相对于 xOy 平面而言的.类似地,还可以讨论曲面的前、后侧和左、右侧.此外,对于封闭曲面 Σ 还有内、外侧之分,习惯上把选取了外侧的 Σ 记为 Σ^+.

以下首先讨论引出第二类曲面积分概念的典型例子.

设有不可压缩的稳定流体,它具有连续的速度场

$$\boldsymbol{v}(x, y, z) = P(x, y, z)\boldsymbol{i} + Q(x, y, z)\boldsymbol{j} + R(x, y, z)\boldsymbol{k}.$$

我们来求其在单位时间内通过定侧曲面 Σ 的(体积)流量 Φ.

如果 Σ 是一张面积为 S 的平面,其定侧的单位法向量为 $\boldsymbol{n}^0$,且流速场为常向量 $\boldsymbol{v}$,那么流体单位时间内通过 Σ 流向其定侧的流量 $\Phi = (\boldsymbol{v} \cdot \boldsymbol{n}^0)S$.

由于现在考虑的 Σ 不是平面而是一般的曲面,流速场也不是常向量,故所求流量 Φ 不能直接用上述方法计算.下面我们采用微元法来计算它.

在 Σ 上任取一小片包含点 $M(x, y, z)$ 的曲面微元 $\mathrm{d}S$,记点 M 处与 Σ 定侧一致的单位法向量为 $\boldsymbol{n}^0(M)$.由于 $\boldsymbol{v}(x, y, z)$ 连续,而 $\mathrm{d}S$ 又很微小,故可将其近似看作平面,且流体在 $\mathrm{d}S$ 上的速度近似为常向量 $\boldsymbol{v}(M)$.这样,单位时间内流体通过 $\mathrm{d}S$ 流向 Σ 定侧的流量微元(图 10.12)

$$\mathrm{d}\Phi = [\boldsymbol{v}(M) \cdot \boldsymbol{n}^0(M)]\mathrm{d}S,$$

从而流体通过 Σ 流向定侧的流量为

$$\Phi = \iint\limits_{\Sigma} [\boldsymbol{v}(M) \cdot \boldsymbol{n}^0(M)]\mathrm{d}S.$$

若把 $\boldsymbol{v}(M)$ 换成电场强度或磁场强度,则上述曲面积分表示单位时间内通过定向曲面 Σ 的电通量或磁通量.

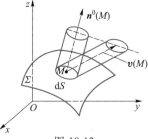

图 10.12

若把这些物理量的例子加以抽象,就有如下定义.

定义 10.4　设 Σ 是光滑(或分片光滑)的定侧曲面,向量值函数

$$\boldsymbol{F}(x, y, z) = P(x, y, z)\boldsymbol{i} + Q(x, y, z)\boldsymbol{j} + R(x, y, z)\boldsymbol{k}$$

在 Σ 上有界,$\boldsymbol{n}^0(x, y, z)$ 为定侧曲面 Σ 在点 (x, y, z) 处的单位法向量.若曲面积分

$$\iint\limits_{\Sigma} \left[\boldsymbol{F}(x,y,z) \cdot \boldsymbol{n}^0(x,y,z) \right] \mathrm{d}S$$

存在,则称之为向量值函数 $\boldsymbol{F}(x,y,z)$ 在定侧曲面 Σ 上的曲面积分,或称为第二类曲面积分,也称为通量积分.

若引进记号

$$\mathrm{d}\boldsymbol{S} = \boldsymbol{n}^0 \mathrm{d}S,$$

则第二类曲面积分可记为

$$\iint\limits_{\Sigma} \boldsymbol{F}(x,y,z) \cdot \mathrm{d}\boldsymbol{S},$$

其中 $\mathrm{d}\boldsymbol{S}$ 称为定侧曲面微元.

由于

$$\mathrm{d}\boldsymbol{S} = \boldsymbol{n}^0 \mathrm{d}S = (\cos\alpha \mathrm{d}S, \cos\beta \mathrm{d}S, \cos\gamma \mathrm{d}S) = (\mathrm{d}y\mathrm{d}z, \mathrm{d}z\mathrm{d}x, \mathrm{d}x\mathrm{d}y),$$

这里 $\mathrm{d}y\mathrm{d}z, \mathrm{d}z\mathrm{d}x$ 和 $\mathrm{d}x\mathrm{d}y$ 是 $\mathrm{d}\boldsymbol{S}$ 的坐标,即 $\mathrm{d}\boldsymbol{S}$ 分别在 yOz 平面, zOx 平面和 xOy 平面上的投影.于是第二类曲面积分也记为

$$\iint\limits_{\Sigma} P(x,y,z)\mathrm{d}y\mathrm{d}z + Q(x,y,z)\mathrm{d}z\mathrm{d}x + R(x,y,z)\mathrm{d}x\mathrm{d}y.$$

上述积分表示三个坐标面上积分的组合,即为

$$\iint\limits_{\Sigma} P(x,y,z)\mathrm{d}y\mathrm{d}z + \iint\limits_{\Sigma} Q(x,y,z)\mathrm{d}z\mathrm{d}x + \iint\limits_{\Sigma} R(x,y,z)\mathrm{d}x\mathrm{d}y,$$

因此第二类曲面积分也称为对坐标的曲面积分.

由定义可知

$$\iint\limits_{\Sigma} \boldsymbol{F}(x,y,z) \cdot \mathrm{d}\boldsymbol{S} = \iint\limits_{\Sigma} \boldsymbol{F}(x,y,z) \cdot \boldsymbol{n}^0(x,y,z)\mathrm{d}S$$

或者

$$\iint\limits_{\Sigma} P(x,y,z)\mathrm{d}y\mathrm{d}z + Q(x,y,z)\mathrm{d}z\mathrm{d}x + R(x,y,z)\mathrm{d}x\mathrm{d}y$$

$$= \iint\limits_{\Sigma} \left[P(x,y,z)\cos\alpha + Q(x,y,z)\cos\beta + R(x,y,z)\cos\gamma \right]\mathrm{d}S.$$

这就是两类曲面积分之间的关系.

与两类曲线积分的区别类似,由于第二类曲面积分的定义中点 (x,y,z) 处的单位法向量的选择依赖于曲面的定侧,而第一类曲面积分不涉及此因素,因此第一类曲面积分与曲面的侧无关,而第二类曲面积分与曲面的侧有关,即

$$\iint\limits_{\Sigma^+} \boldsymbol{F}(x,y,z) \cdot \mathrm{d}\boldsymbol{S} = - \iint\limits_{\Sigma^-} \boldsymbol{F}(x,y,z) \cdot \mathrm{d}\boldsymbol{S},$$

或者写成

$$\iint\limits_{\Sigma^+} P\mathrm{d}y\mathrm{d}z+Q\mathrm{d}z\mathrm{d}x+R\mathrm{d}x\mathrm{d}y = -\iint\limits_{\Sigma^-} P\mathrm{d}y\mathrm{d}z+Q\mathrm{d}z\mathrm{d}x+R\mathrm{d}x\mathrm{d}y.$$

此外,第二类曲面积分同样具有线性性和对定侧积分曲面分块的可加性.

若 Σ 为定侧封闭曲面,则积分号可写成 $\oiint\limits_{\Sigma}$ 的形式.

10.2.4   第二类曲面积分的计算

设定侧光滑曲面 Σ 的参数方程为

$$x=x(u,v),y=y(u,v),z=z(u,v),(u,v)\in D,$$

其中 D 为 uOv 平面上具有分段光滑边界的有界区域.

我们已经知道,Σ 在对应参数为 (u,v) 的点处的法向量为

$$(A,B,C)=\left(\frac{\partial(y,z)}{\partial(u,v)},\frac{\partial(z,x)}{\partial(u,v)},\frac{\partial(x,y)}{\partial(u,v)}\right).$$

定理 10.4   设定侧光滑曲面 Σ 的方程如上,向量值函数

$$\boldsymbol{F}(x,y,z)=P(x,y,z)\boldsymbol{i}+Q(x,y,z)\boldsymbol{j}+R(x,y,z)\boldsymbol{k}$$

在 Σ 上连续,则有公式

$$\iint\limits_{\Sigma}\boldsymbol{F}(x,y,z)\cdot\mathrm{d}\boldsymbol{S}=\pm\iint\limits_{D}(PA+QB+RC)\,\mathrm{d}u\mathrm{d}v,$$

其中积分号前正负号的选取应与曲面 Σ 的定侧相对应.

证   回顾在 10.1 节中,我们曾指出曲面面积微元

$$\mathrm{d}S=\sqrt{A^2+B^2+C^2}\,\mathrm{d}u\mathrm{d}v.$$

又因为

$$\boldsymbol{n}^0=\frac{\pm 1}{\sqrt{A^2+B^2+C^2}}(A,B,C),$$

所以由第一类曲面积分的计算公式得到

$$\iint\limits_{\Sigma}\boldsymbol{F}(x,y,z)\cdot\mathrm{d}\boldsymbol{S}=\iint\limits_{\Sigma}(\boldsymbol{F}\cdot\boldsymbol{n}^0)\,\mathrm{d}S=\pm\iint\limits_{D}(PA+QB+RC)\,\mathrm{d}u\mathrm{d}v.$$

定理 10.4 把第二类曲面积分化成了二重积分.在应用这个公式时,右端的符号由曲面 Σ 指定的侧决定,即当 (A,B,C) 是 Σ 指定侧的法向量时取正号,否则就取负号.

特别地,如果定侧光滑曲面 Σ 以显式方程

$$z=z(x,y),(x,y)\in D_{xy}$$

给出,其中 D_{xy} 是曲面 Σ 在 xOy 平面上的投影区域.那么可视 x,y 为曲面 Σ 的参数,此时法向量为

$$(A,B,C)=(-z_x,-z_y,1).$$

因此有

$$\iint\limits_{\Sigma} P\mathrm{d}y\mathrm{d}z+Q\mathrm{d}z\mathrm{d}x+R\mathrm{d}x\mathrm{d}y=\pm\iint\limits_{D_{xy}}(-Pz_x-Qz_y+R)\,\mathrm{d}x\mathrm{d}y,$$

其中积分号前的符号当 Σ 取上侧时为正,当 Σ 取下侧时为负,而被积函数中的 z 为 $z(x,y)$.此时积分于曲面在 xOy 平面上的投影区域 D_{xy} 进行,称为合一投影法.

当 $P=Q=0$ 时,就有

$$\iint\limits_{\Sigma} R(x,y,z)\mathrm{d}x\mathrm{d}y=\pm\iint\limits_{D_{xy}} R(x,y,z(x,y))\,\mathrm{d}x\mathrm{d}y.$$

类似地,当定侧曲面 Σ 表示为 $x=x(y,z)$,$(y,z)\in D_{yz}$ 时,有

$$\iint\limits_{\Sigma} P(x,y,z)\mathrm{d}y\mathrm{d}z=\pm\iint\limits_{D_{yz}} P(x(y,z),y,z)\,\mathrm{d}y\mathrm{d}z,$$

当定侧曲面 Σ 表示为 $y=y(z,x)$,$(z,x)\in D_{zx}$ 时,有

$$\iint\limits_{\Sigma} Q(x,y,z)\mathrm{d}z\mathrm{d}x=\pm\iint\limits_{D_{zx}} Q(x,y(z,x),z)\,\mathrm{d}z\mathrm{d}x.$$

读者不难给出上述两式中±选取的规则.

注意这样我们给出了计算第二类曲面积分的另一种方法,即可以在三个坐标面的投影区域上分别求

$$\iint\limits_{D_{yz}} P(x,y,z)\mathrm{d}y\mathrm{d}z,\ \iint\limits_{D_{zx}} Q(x,y,z)\mathrm{d}z\mathrm{d}x,\ \iint\limits_{D_{xy}} R(x,y,z)\mathrm{d}x\mathrm{d}y,$$

然后计算它们的和.

在计算第二类曲面积分时,如果 Σ 是母线平行于 z 轴的定侧光滑柱面(Σ 在 xOy 平面上的投影为光滑曲线),那么其法向量 (A,B,C) 平行于 xOy 平面,即 $C=0$,因此有

$$\iint\limits_{\Sigma} R(x,y,z)\mathrm{d}x\mathrm{d}y=0.$$

同样地,若 Σ 是母线分别平行于 x 轴或 y 轴的定侧光滑柱面,则有

$$\iint\limits_{\Sigma} P(x,y,z)\mathrm{d}y\mathrm{d}z=0\quad\text{或}\quad\iint\limits_{\Sigma} Q(x,y,z)\mathrm{d}z\mathrm{d}x=0.$$

例 10.13　计算曲面积分 $\iint\limits_{\Sigma} xyz\mathrm{d}x\mathrm{d}y$,其中 Σ 是球面 $x^2+y^2+z^2=R^2(R>0)$ 的外侧并满足 $x\geqslant0,y\geqslant0$ 的部分(图 10.13).

解　采用显式方程 $z=z(x,y)$ 来表示 Σ,此时需将 Σ 分为上、下两块定侧曲面.上块 $\Sigma_{上}$ 的方程为

$$z=\sqrt{R^2-x^2-y^2}\,,(x,y)\in D_{xy},$$

其中

$$D_{xy}=\{(x,y)\mid x^2+y^2\leqslant R^2,x\geqslant 0,y\geqslant 0\}.$$

下块 $\Sigma_{\text{下}}$ 的方程为

$$z=-\sqrt{R^2-x^2-y^2}\,,(x,y)\in D_{xy}.$$

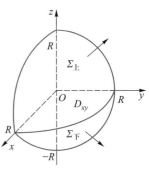

由于 Σ 取外侧,所以 $\Sigma_{\text{上}}$ 应取上侧,而 $\Sigma_{\text{下}}$ 取下侧.根据显式方程的计算公式得

$$\iint\limits_{\Sigma}xyz\,\mathrm{d}x\mathrm{d}y=\iint\limits_{\Sigma_{\text{上}}}xyz\,\mathrm{d}x\mathrm{d}y+\iint\limits_{\Sigma_{\text{下}}}xyz\,\mathrm{d}x\mathrm{d}y$$

图 10.13

$$=\iint\limits_{D_{xy}}xy\sqrt{R^2-x^2-y^2}\,\mathrm{d}x\mathrm{d}y-\iint\limits_{D_{xy}}xy\left(-\sqrt{R^2-x^2-y^2}\right)\mathrm{d}x\mathrm{d}y$$

$$=2\iint\limits_{D_{xy}}xy\sqrt{R^2-x^2-y^2}\,\mathrm{d}x\mathrm{d}y$$

$$=2\int_0^{\frac{\pi}{2}}\mathrm{d}\theta\int_0^R(r\cos\theta)(r\sin\theta)\sqrt{R^2-r^2}\cdot r\mathrm{d}r$$

$$=2\int_0^{\frac{\pi}{2}}\sin\theta\cos\theta\mathrm{d}\theta\int_0^R r^3\sqrt{R^2-r^2}\,\mathrm{d}r=\frac{2}{15}R^5.$$

例 10.14　计算曲面积分

$$\iint\limits_{\Sigma}\boldsymbol{F}(x,y,z)\cdot\mathrm{d}\boldsymbol{S},$$

其中函数 $\boldsymbol{F}(x,y,z)=(y,x,z)$,而 Σ 为平面 $\dfrac{x}{2}+\dfrac{y}{3}+\dfrac{z}{6}=1$ 位于第 1 卦限部分的上侧(图10.14).

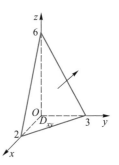

解　平面 Σ 的显式方程为

$$z=6-3x-2y,(x,y)\in D_{xy},$$

其中 D_{xy} 是 xOy 平面上由直线 $x=0,y=0$ 和 $3x+2y=6$ 围成的三角形域.因

$$(-z_x,-z_y,1)=(3,2,1),$$

图 10.14

且 Σ 指向上侧,故得

$$\iint\limits_{\Sigma}\boldsymbol{F}(x,y,z)\cdot\mathrm{d}\boldsymbol{S}=\iint\limits_{D_{xy}}\left[3y+2x+1\cdot(6-3x-2y)\right]\mathrm{d}x\mathrm{d}y$$

$$=\iint\limits_{D_{xy}}(6-x+y)\mathrm{d}x\mathrm{d}y$$

$$= \int_0^2 \mathrm{d}x \int_0^{3-\frac{3}{2}x} (6-x+y)\,\mathrm{d}y = 19.$$

在此例和下例中我们采用的方法是合一投影法,读者也可以尝试把 Σ 向三个坐标平面分别投影来进行计算.

例 10.15 计算曲面积分

$$I = \iint_\Sigma 3x\mathrm{d}y\mathrm{d}z - y\mathrm{d}z\mathrm{d}x - 2z\mathrm{d}x\mathrm{d}y,$$

其中 Σ 是旋转抛物面 $z=x^2+y^2$ 被平面 $z=2y$ 所截下部分的下侧(图 10.15).

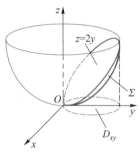

图 10.15

解 联立方程 $\begin{cases} z=x^2+y^2 \\ z=2y \end{cases}$,得到 $x^2+(y-1)^2=1$,故曲面 Σ 在 xOy 平面上的投影区域

$$D_{xy} = \{(x,y) \mid x^2+(y-1)^2 \leqslant 1\}.$$

故曲面 Σ 的显式方程为

$$z=x^2+y^2, \quad (x,y) \in D_{xy}.$$

因为

$$(-z_x, -z_y, 1) = (-2x, -2y, 1),$$

从而

$$I = -\iint_{D_{xy}} \left[3x \cdot (-2x) - y \cdot (-2y) - 2(x^2+y^2) \right] \mathrm{d}x\mathrm{d}y$$

$$= 8\iint_{D_{xy}} x^2 \mathrm{d}x\mathrm{d}y = 8\int_0^{2\pi} \mathrm{d}\theta \int_0^1 r^2\cos^2\theta \cdot r\mathrm{d}r = 2\pi.$$

例 10.16 计算曲面积分

$$I = \iint_\Sigma \frac{x\mathrm{d}y\mathrm{d}z + y\mathrm{d}z\mathrm{d}x + z\mathrm{d}x\mathrm{d}y}{(x^2+y^2+z^2)^{\frac{3}{2}}},$$

其中 Σ 是球面 $x^2+y^2+z^2=R^2$ $(R>0)$ 的外侧.

解 先计算

$$I_3 = \iint_\Sigma \frac{z\mathrm{d}x\mathrm{d}y}{(x^2+y^2+z^2)^{\frac{3}{2}}}.$$

将 Σ 分为上、下两块. $\Sigma_{\text{上}}$ 为上半球面 $z=\sqrt{R^2-x^2-y^2}$ 的上侧,$\Sigma_{\text{下}}$ 为下半球面 $z=-\sqrt{R^2-x^2-y^2}$ 的下侧.它们在 xOy 平面上的投影区域均为 $D_{xy} = \{(x,y) \mid x^2+y^2 \leqslant R^2\}$.注意到 Σ 上的点 (x,y,z) 适合方程 $x^2+y^2+z^2=R^2$,则有

$$I_3 = \frac{1}{R^3} \iint_\Sigma z\mathrm{d}x\mathrm{d}y = \frac{1}{R^3} \left(\iint_{\Sigma_{\text{上}}} z\mathrm{d}x\mathrm{d}y + \iint_{\Sigma_{\text{下}}} z\mathrm{d}x\mathrm{d}y \right)$$

$$= \frac{1}{R^3} \left(\iint\limits_{D_{xy}} \sqrt{R^2-x^2-y^2}\,\mathrm{d}x\mathrm{d}y - \iint\limits_{D_{xy}} \left(-\sqrt{R^2-x^2-y^2}\,\right) \mathrm{d}x\mathrm{d}y \right)$$

$$= \frac{2}{R^3} \iint\limits_{D_{xy}} \sqrt{R^2-x^2-y^2}\,\mathrm{d}x\mathrm{d}y = \frac{2}{R^3} \int_0^{2\pi} \mathrm{d}\theta \int_0^R \sqrt{R^2-r^2}\cdot r\mathrm{d}r$$

$$= \frac{4\pi}{R^3} \left[-\frac{1}{3}(R^2-r^2)^{\frac{3}{2}} \right] \Bigg|_0^R = \frac{4\pi}{3}.$$

根据对称性知 $I=3I_3=4\pi$.

此例也可利用球面的参数方程来计算. Σ 的方程为

$$x=R\sin\varphi\cos\theta,\quad y=R\sin\varphi\sin\theta,\quad z=R\cos\varphi,\quad (\varphi,\theta)\in D_{\varphi\theta},$$
$$D_{\varphi\theta}=\{0\leqslant\varphi\leqslant\pi,0\leqslant\theta\leqslant2\pi\}.$$

经计算得法向量

$$(A,B,C)=\left(\frac{\partial(y,z)}{\partial(\varphi,\theta)}, \frac{\partial(z,x)}{\partial(\varphi,\theta)}, \frac{\partial(x,y)}{\partial(\varphi,\theta)} \right)$$
$$=(R^2\sin^2\varphi\cos\theta, R^2\sin^2\varphi\sin\theta, R^2\sin\varphi\cos\varphi).$$

由于 (A,B,C) 恰为球面外侧的法向量,故

$$I=\iint\limits_{D_{\varphi\theta}} \frac{(R^3\sin^3\varphi\cos^2\theta+R^3\sin^3\varphi\sin^2\theta+R^3\sin\varphi\cos^2\varphi)}{R^3}\mathrm{d}\varphi\mathrm{d}\theta$$

$$=\iint\limits_{D_{\varphi\theta}} (\sin^3\varphi+\sin\varphi\cos^2\varphi)\mathrm{d}\varphi\mathrm{d}\theta = \iint\limits_{D_{\varphi\theta}} \sin\varphi\mathrm{d}\varphi\mathrm{d}\theta$$

$$=\int_0^{2\pi}\mathrm{d}\theta\int_0^\pi \sin\varphi\mathrm{d}\varphi=4\pi.$$

10.3　格林公式及其应用

以英国数学家格林(1793—1841)的名字命名的公式揭示了平面区域上的二重积分与在其边界曲线上的第二类曲线积分之间的联系,这个公式是牛顿-莱布尼茨公式在二维情况下的推广.另外,它不但提供了计算第二类曲线积分的一种新方法,而且揭示了曲线积分与路径无关的条件.

10.3.1　格林公式

在介绍格林公式之前,我们先给出一些与平面区域及其边界曲线有关的概念.

设 D 为平面区域,若区域 D 内的任意一条封闭曲线所围成的区域都落在 D 内,则称区域 D 为单连通的,否则称 D 为复连通的(图 10.16).

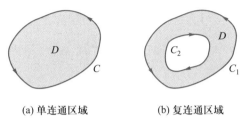

(a) 单连通区域   (b) 复连通区域

图 10.16

当动点沿区域 D 的边界 C 向一个方向行进时,其邻近处的 D 总是在它的左侧,将此方向规定为闭曲线 C 的正向,赋予了正向的边界曲线记为 C^+,与 C^+ 方向相反的有向边界曲线记为 C^-.

例如,如图 10.16(a)所示的单连通区域 D,其正向边界曲线为沿逆时针方向的曲线 C.对于 10.16(b)所示的复连通区域 D,其边界曲线由 C_1 和 C_2 构成,按照规定,D 的正向边界 C^+ 是由沿逆时针方向的 C_1 和沿顺时针方向的 C_2 共同组成的.

定理 10.5(格林公式)   设 D 为平面有界闭区域,其边界 C 由分段光滑曲线组成,若函数 $P(x,y),Q(x,y)$ 在 D 上有连续的偏导数,则有公式

$$\oint_{C^+} P\mathrm{d}x + Q\mathrm{d}y = \iint_D \left(\frac{\partial Q}{\partial x} - \frac{\partial P}{\partial y}\right)\mathrm{d}x\mathrm{d}y.$$

证   先证

$$\oint_{C^+} P\mathrm{d}x = -\iint_D \frac{\partial P}{\partial y}\mathrm{d}x\mathrm{d}y.$$

假设区域 D 是 x 型正则区域,那么它可表示为

$$D = \{(x,y) \mid y_1(x) \leqslant y \leqslant y_2(x), a \leqslant x \leqslant b\},$$

如图 10.17 所示.由二重积分计算法可得

$$\iint_D \frac{\partial P}{\partial y}\mathrm{d}x\mathrm{d}y = \int_a^b \mathrm{d}x \int_{y_1(x)}^{y_2(x)} \frac{\partial P}{\partial y}\mathrm{d}y$$

$$= \int_a^b \{P[x,y_2(x)] - P[x,y_1(x)]\}\mathrm{d}x.$$

另一方面,注意到 $\displaystyle\int_{\overline{BB'}} P\mathrm{d}x = 0 = \int_{\overline{A'A}} P\mathrm{d}x$,由第二类曲线积分的性质和计算法可得

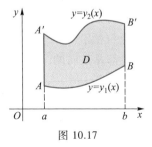

图 10.17

$$\oint_{C^+} P\mathrm{d}x = \int_{\overparen{AB}} P\mathrm{d}x + \int_{\overline{BB'}} P\mathrm{d}x + \int_{\overparen{B'A'}} P\mathrm{d}x + \int_{\overline{A'A}} P\mathrm{d}x$$

$$= \int_a^b P[x,y_1(x)]\mathrm{d}x + \int_b^a P[x,y_2(x)]\mathrm{d}x$$

$$= \int_a^b \{P[x,y_1(x)] - P[x,y_2(x)]\}\mathrm{d}x,$$

比较可得

$$\oint_{C^+} P\mathrm{d}x = -\iint_D \frac{\partial P}{\partial y}\mathrm{d}x\mathrm{d}y.$$

若 D 为一般的区域(如图 10.18 所示),通常可作一些辅助线把区域 D 划分成若干 x 型正则区域 $D_i(i=1,2,\cdots,k)$,例如在图 10.18 的情况下 $k=3$).由已证结论知在每个 D_i 上成立

图 10.18

$$\oint_{C_i^+} P\mathrm{d}x = -\iint_{D_i} \frac{\partial P}{\partial y}\mathrm{d}x\mathrm{d}y \quad (i=1,2,\cdots,k).$$

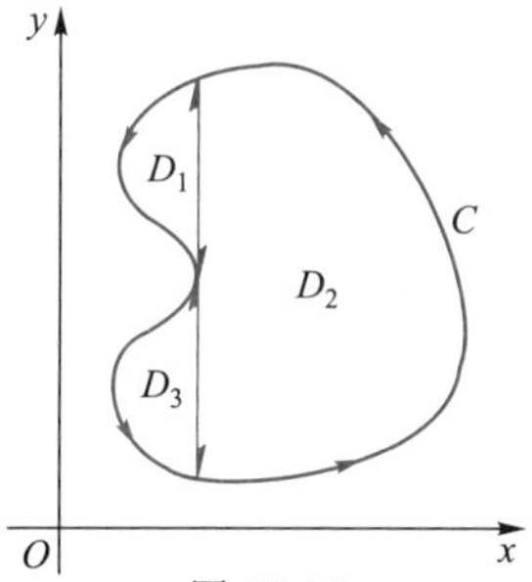

将所有这些等式相加,根据二重积分的区域可加性,其右端之和恰为整个区域 D 上的二重积分 $-\iint_D \frac{\partial P}{\partial y}\mathrm{d}x\mathrm{d}y$.

而根据第二类曲线积分的积分路径可加性,左端之和的积分路径为原来的定向边界 C^+ 以及一些定向辅助线.由于定向辅助线恰好出现两次,且方向相反,其上的积分被相互抵消,因此左端之和为 $\oint_{C^+} P\mathrm{d}x$.从而仍成立

$$\oint_{C^+} P\mathrm{d}x = -\iint_D \frac{\partial P}{\partial y}\mathrm{d}x\mathrm{d}y.$$

类似可证

$$\oint_{C^+} Q\mathrm{d}y = \iint_D \frac{\partial Q}{\partial x}\mathrm{d}x\mathrm{d}y.$$

将以上两式相加就得到了格林公式.

值得强调的是:当 D 是由多条闭曲线所围成的复连通区域时,格林公式的左端应包括沿 D 的全部边界的曲线积分,而且每条闭曲线上的积分方向相对于 D 来说都是正向的.

若我们取 $P(x,y)=-y$,$Q(x,y)=x$,则有 $\frac{\partial Q}{\partial x}=-\frac{\partial P}{\partial y}=1$,这时应用格林公式可得用曲线积分表示的平面区域 D 的面积公式

$$A_D = \iint\limits_{D} \mathrm{d}x\mathrm{d}y = -\oint_{C^+} y\mathrm{d}x = \oint_{C^+} x\mathrm{d}y = \frac{1}{2}\oint_{C^+} x\mathrm{d}y - y\mathrm{d}x.$$

例 10.17 计算椭圆 $\dfrac{x^2}{a^2}+\dfrac{y^2}{b^2}=1$ $(a,b>0)$ 所围图形的面积.

解 此椭圆的参数方程为

$$x=a\cos\theta,\quad y=b\sin\theta,\quad \theta\in[0,2\pi].$$

记椭圆域的正向边界曲线为 C^+,则有

$$A = \frac{1}{2}\oint_{C^+} x\mathrm{d}y - y\mathrm{d}x = \frac{1}{2}\int_0^{2\pi}(ab\cos^2\theta + ab\sin^2\theta)\mathrm{d}\theta$$

$$= \frac{ab}{2}\int_0^{2\pi}\mathrm{d}\theta = \pi ab.$$

例 10.18 计算曲线积分

$$I = \oint_C (3y - \mathrm{e}^{\sin x})\mathrm{d}x + (5x + \sqrt{1+y^2})\mathrm{d}y,$$

其中 C 是椭圆 $\dfrac{x^2}{4}+\dfrac{y^2}{9}=1$,并取逆时针方向.

解 这里 $P = 3y - \mathrm{e}^{\sin x}$,$Q = 5x + \sqrt{1+y^2}$.记 C 所围成的椭圆域为 D.根据格林公式有

$$I = \iint\limits_{D}\left(\frac{\partial Q}{\partial x} - \frac{\partial P}{\partial y}\right)\mathrm{d}x\mathrm{d}y = \iint\limits_{D}(5-3)\mathrm{d}x\mathrm{d}y = 12\pi.$$

例 10.19 计算曲线积分

$$I = \int_C (\mathrm{e}^x\sin y - my)\mathrm{d}x + (\mathrm{e}^x\cos y + mx)\mathrm{d}y,$$

其中 m 为常数,C 为从点 $A(2R,0)$ 到原点 $O(0,0)$ 的上半圆周 $(x-R)^2 + y^2 = R^2(R>0)$.

分析 由于曲线 C 不封闭,不能直接使用格林公式,需先添加定向曲线使其封闭,再使用格林公式.

解 添加定向直线段 $\overrightarrow{OA}$,曲线 C 与 $\overrightarrow{OA}$ 合起来就是定向闭曲线(图10.19).设此闭曲线所围成的区域为 D,则该定向闭曲线就是 D 的正向边界曲线.这里

$$P = \mathrm{e}^x\sin y - my,\quad Q = \mathrm{e}^x\cos y + mx,$$

于是有

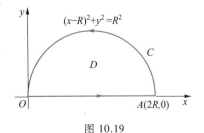

图 10.19

$$\frac{\partial P}{\partial y} = e^x \cos y - m, \quad \frac{\partial Q}{\partial x} = e^x \cos y + m.$$

根据格林公式,得到

$$\oint_{C \cup \overrightarrow{OA}} (e^x \sin y - my) \, dx + (e^x \cos y + mx) \, dy$$

$$= \iint_D 2m \, dx \, dy = \pi m R^2.$$

再由第二类曲线积分的定向积分路径可加性有

$$I = \pi m R^2 - \int_{\overrightarrow{OA}} (e^x \sin y - my) \, dx + (e^x \cos y + mx) \, dy$$

$$= \pi m R^2 - \int_0^{2R} (e^x \sin 0 - m \cdot 0) \, dx = \pi m R^2.$$

从上面的例 10.18 和例 10.19 可以看到,应用格林公式可使某些第二类曲线积分的计算变得较为简单.但当定向积分路径不封闭时,需要先添加适当的辅助定向曲线,然后再应用格林公式.

例 10.20 设 C 是任意一条不经过原点 O 的光滑闭曲线,并取逆时针方向.证明

$$\oint_C \frac{x \, dy - y \, dx}{x^2 + y^2} = \begin{cases} 0, & \text{当 } C \text{ 不环绕原点}, \\ 2\pi, & \text{当 } C \text{ 环绕原点}. \end{cases}$$

分析 此题计算封闭曲线的第二类曲线积分,自然考虑运用格林公式.记 $P = \frac{-y}{x^2 + y^2}, Q = \frac{x}{x^2 + y^2}$,当 C 环绕原点 $O(0,0)$ 时,C 所围成的区域包含原点,因 O 是 P, Q 的间断点,故不能直接在 C 所围成的区域上应用格林公式,而应"挖去"一个包含原点的小区域,在剩余的复连通区域上使用格林公式.此外,注意到 P, Q 的形式,"挖去"的区域应为圆域.

解 当 $(x, y) \neq (0, 0)$ 时,容易计算得到

$$\frac{\partial P}{\partial y} = \frac{y^2 - x^2}{(x^2 + y^2)^2} = \frac{\partial Q}{\partial x}.$$

当 C 不环绕原点 O 时,记 C 所围成的区域为 D_1,此时 D_1 不包含原点,且定向曲线 C 就是 D_1 的正向边界曲线.利用格林公式,得到

$$\oint_C \frac{x \, dy - y \, dx}{x^2 + y^2} = \iint_{D_1} \left(\frac{\partial Q}{\partial x} - \frac{\partial P}{\partial y} \right) dx \, dy = 0.$$

当 C 环绕原点 $O(0,0)$ 时,C 所围成的区域包含原点,而 O 是 $\frac{\partial P}{\partial y}, \frac{\partial Q}{\partial x}$ 的间断

点,因此不能在 C 所围成的区域上应用格林公式.取充分小的 $\varepsilon>0$,使得圆周 C_ε: $x^2+y^2=\varepsilon^2$ 位于 C 所围成的区域内部.记圆域 $x^2+y^2\leqslant\varepsilon^2$ 为 D_ε,C 和 C_ε 共同围成的复连通区域为 D(图 10.20),则 P,Q 在 D 上有连续偏导数.设 C_ε 为顺时针方向,那么 C 与 C_ε 就组成了 D 的正向边界曲线.在 D 上应用格林公式得

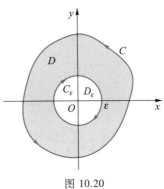

$$0=\iint\limits_{D}\left(\frac{\partial Q}{\partial x}-\frac{\partial P}{\partial y}\right)\mathrm{d}x\mathrm{d}y=\oint_{C\cup C_\varepsilon}P\mathrm{d}x+Q\mathrm{d}y$$

$$=\oint_{C\cup C_\varepsilon}\frac{x\mathrm{d}y-y\mathrm{d}x}{x^2+y^2},$$

图 10.20

从而

$$\oint_{C}\frac{x\mathrm{d}y-y\mathrm{d}x}{x^2+y^2}=-\oint_{C_\varepsilon}\frac{x\mathrm{d}y-y\mathrm{d}x}{x^2+y^2}=-\frac{1}{\varepsilon^2}\int_{C_\varepsilon}x\mathrm{d}y-y\mathrm{d}x.$$

由于积分在 C_ε 为顺时针方向进行,故 $\int_{C_\varepsilon}x\mathrm{d}y-y\mathrm{d}x=-2A_{D_\varepsilon}=-2\pi\varepsilon^2$,从而

$$\oint_{C}\frac{x\mathrm{d}y-y\mathrm{d}x}{x^2+y^2}=\frac{1}{\varepsilon^2}2\pi\varepsilon^2=2\pi.$$

下面我们来介绍格林公式的向量形式.

若平面区域 D 的正向边界曲线为 C^+,函数 $\boldsymbol{F}=(f(x,y),g(x,y))$ 在 D 上有连续的偏导数.设与 C^+ 方向一致的单位切向量为 $\boldsymbol{e}_\tau$,单位外法向量为 $\boldsymbol{n}^0$.

由于 $\boldsymbol{n}^0$ 可由 $\boldsymbol{e}_\tau$ 顺时针旋转 $90°$ 得到(图 10.21),且 $\boldsymbol{e}_\tau=(\cos\alpha,\cos\beta)$,故有

$$\boldsymbol{n}^0=(\cos\beta,-\cos\alpha),$$

从而

$$(\boldsymbol{F}\cdot\boldsymbol{n}^0)\mathrm{d}s=f\cos\beta\mathrm{d}s-g\cos\alpha\mathrm{d}s=f\mathrm{d}y-g\mathrm{d}x,$$

而

$$\nabla\cdot\boldsymbol{F}=\frac{\partial f}{\partial x}+\frac{\partial g}{\partial y},$$

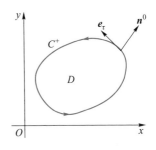

这样格林公式

$$\oint_{C^+}-g\mathrm{d}x+f\mathrm{d}y=\iint\limits_{D}\left(\frac{\partial f}{\partial x}+\frac{\partial g}{\partial y}\right)\mathrm{d}\sigma$$

就可以写成向量形式

图 10.21

$$\oint_{C^+} \boldsymbol{F} \cdot \boldsymbol{n}^0 \mathrm{d}s = \iint_D \nabla \cdot \boldsymbol{F} \mathrm{d}\sigma.$$

例 10.21   设有稳定的流体运动,流体层充分薄(可视为平面问题),每点的流速为

$$\boldsymbol{v}(x,y) = (-x+2y)\boldsymbol{i} + (3x^2+y)\boldsymbol{j}.$$

试求单位时间内流体经过上半圆周 $C: x^2+y^2=1 (y \geq 0)$ 从下方流向上方的(面积)流量 Φ.

解   设 $D = \{(x,y) \mid x^2+y^2 \leq 1, y \geq 0\}$.记 C 上点 (x,y) 处的单位外法向量为 $\boldsymbol{n}^0$(图 10.22).在 C 上点 (x,y) 取小弧段微元 $\mathrm{d}s$,则单位时间内流体经 $\mathrm{d}s$ 从下方流向上方的(面积)流量微元

$$\mathrm{d}\Phi = (\boldsymbol{v} \cdot \boldsymbol{n}^0) \mathrm{d}s,$$

根据微元法知

$$\Phi = \int_C (\boldsymbol{v} \cdot \boldsymbol{n}^0) \mathrm{d}s.$$

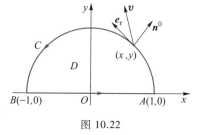

图 10.22

取 C 的方向由 A 到 B,因其不封闭,添加直线段 $\overrightarrow{BA}$ 后构成 D 的正向边界曲线.由于

$$\nabla \cdot \boldsymbol{v} = \frac{\partial(-x+2y)}{\partial x} + \frac{\partial(3x^2+y)}{\partial y} = 0,$$

应用格林公式得到

$$\oint_{C \cup \overrightarrow{BA}} (\boldsymbol{v} \cdot \boldsymbol{n}^0) \mathrm{d}s = \iint_D \nabla \cdot \boldsymbol{v} \mathrm{d}\sigma = 0,$$

于是有

$$\Phi = -\int_{\overrightarrow{BA}} (\boldsymbol{v} \cdot \boldsymbol{n}^0) \mathrm{d}s = -\int_{\overrightarrow{BA}} (-x+2y)\mathrm{d}y - (3x^2+y)\mathrm{d}x$$

$$= -\int_{-1}^1 (-3x^2+0) \mathrm{d}x = 2.$$

10.3.2   平面曲线积分与路径无关的条件

一般而言,函数 $\boldsymbol{F}$ 沿连接 A,B 两端点的有向曲线 C 积分,积分值不仅会随着端点的改变而变化,还会随着路径的改变而变化.但在上一节中,我们曾看到,有些第二类曲线积分(例 10.10)仅与路径的端点有关,而与经过的具体路径无关.为讨论这个问题,我们先介绍曲线积分与路径无关的定义.

定义 10.5   设函数 $P(x,y), Q(x,y)$ 在区域 D 内连续.若对 D 内任意两点 A,

B,以及在 D 内连接 A,B 的任一条分段光滑曲线 C,积分值 $\int_C Pdx+Qdy$ 仅与 C 的两端点 A,B 有关而与积分路径 C 无关,则称曲线积分 $\int_C Pdx+Qdy$ 在 D 内与路径无关.

一个自然的问题是:在什么条件下,曲线积分与路径无关呢? 下面的定理回答了这一问题.

定理 10.6 设函数 $P(x,y),Q(x,y)$ 在单连通区域 D 上有连续的偏导数,则以下四个条件互相等价:

(1) 对 D 内的任一条分段光滑闭曲线 C,有

$$\oint_C Pdx+Qdy=0;$$

(2) 曲线积分 $\int_C Pdx+Qdy$ 在 D 内与路径无关;

(3) 存在 D 上的可微函数 $u(x,y)$,使得

$$du=Pdx+Qdy.$$

即 $Pdx+Qdy$ 是 $u(x,y)$ 的全微分,此时称 $u(x,y)$ 为 $Pdx+Qdy$ 在 D 上的一个原函数;

(4) 等式 $\dfrac{\partial Q}{\partial x}=\dfrac{\partial P}{\partial y}$ 在 D 内处处成立.

证 先证 $(1)\Rightarrow(2)$.设 C_1,C_2 是 D 内端点均为 A,B 的任意两条分段光滑定向曲线.取一条由 B 至 A 且与 C_1,C_2 均不相交的曲线 C_3(图 10.23),那么 $C_1\cup C_3$ 与 $C_2\cup C_3$ 都是 D 内的闭曲线.依条件(1)有

$$\oint_{C_1\cup C_3} Pdx+Qdy=0=\oint_{C_2\cup C_3} Pdx+Qdy,$$

从而导出

$$\oint_{C_1} Pdx+Qdy=\oint_{C_2} Pdx+Qdy.$$

即曲线积分 $\int_C Pdx+Qdy$ 在 D 内与路径无关.

再证 $(2)\Rightarrow(3)$.即要证存在函数 $u(x,y)$ 使得

$$\frac{\partial u}{\partial x}=P(x,y),\qquad \frac{\partial u}{\partial y}=Q(x,y).$$

为此取定一点 $A_0(x_0,y_0)\in D$,设 $A(x,y)$ 为 D 内任意一点(图 10.24).在条

件(2)下曲线积分 $\displaystyle\int_{\overbrace{A_0A}} P\mathrm{d}x + Q\mathrm{d}y$ 与路径无关,它仅依赖于起点 $A_0(x_0,y_0)$ 与终点 $A(x,y)$ 的位置,从而是点 (x,y) 的函数,故可记之为

$$u(x,y) = \int_{(x_0,y_0)}^{(x,y)} P\mathrm{d}x + Q\mathrm{d}y.$$

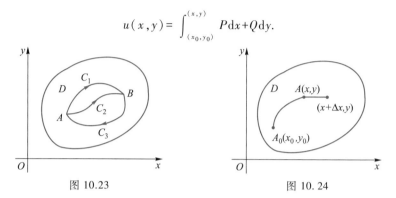

图 10.23   图 10.24

固定 y,那么由 $u(x,y)$ 的定义有

$$\Delta_x u = u(x+\Delta x,y) - u(x,y) = \int_{(x,y)}^{(x+\Delta x,y)} P\mathrm{d}x + Q\mathrm{d}y.$$

取 (x,y) 到 $(x+\Delta x,y)$ 为直线段(图 10.24),当 Δx 充分接近于零时,该直线段将全部落在 D 内.由定积分中值定理可得

$$\Delta_x u = \int_x^{x+\Delta x} P\mathrm{d}x = P(x+\theta\Delta x,y)\Delta x \quad (\theta\in[0,1]).$$

根据偏导数的定义,并注意到 $P(x,y)$ 在 D 内连续,则有

$$\frac{\partial u}{\partial x} = \lim_{\Delta x\to 0}\frac{\Delta_x u}{\Delta x} = \lim_{\Delta x\to 0} P(x+\theta\Delta x,y) = P(x,y).$$

类似可证在 D 内有 $\dfrac{\partial u}{\partial y} = Q(x,y)$,所以有

$$\mathrm{d}u = P\mathrm{d}x + Q\mathrm{d}y.$$

然后证 $(3)\Rightarrow(4)$.由于存在 $u(x,y)$ 满足 $\mathrm{d}u = P\mathrm{d}x + Q\mathrm{d}y$,故有

$$P(x,y) = \frac{\partial u}{\partial x}, \quad Q(x,y) = \frac{\partial u}{\partial y}.$$

上面两式分别对 y 和 x 求偏导数得到

$$\frac{\partial P}{\partial y} = \frac{\partial^2 u}{\partial x\partial y}, \quad \frac{\partial Q}{\partial x} = \frac{\partial^2 u}{\partial y\partial x}.$$

因为 $\dfrac{\partial P}{\partial y}, \dfrac{\partial Q}{\partial x}$ 连续,所以 u 的二阶混合偏导数连续,从而它们相等,于是有

$$\frac{\partial Q}{\partial x} = \frac{\partial P}{\partial y}.$$

最后证 $(4) \Rightarrow (1)$. 设 C 是 D 内任一光滑或分段光滑闭曲线, 由于 D 为单连通区域, 所以 C 所围区域 $D_1 \subset D$. 在 C 上应用格林公式, 并由条件 (4) 得到

$$\oint_C P\mathrm{d}x + Q\mathrm{d}y = \iint\limits_{D_1} \left(\frac{\partial Q}{\partial x} - \frac{\partial P}{\partial y} \right) \mathrm{d}x\mathrm{d}y = 0.$$

至此定理证毕.

在定理 10.6 的四个等价条件中, (4) 的验证最为方便. 因此常用它来判断曲线积分 $\displaystyle\int_C P\mathrm{d}x + Q\mathrm{d}y$ 在 D 内是否与路径无关, 以及微分式 $P\mathrm{d}x + Q\mathrm{d}y$ 在 D 内是否存在原函数.

例 10.22 计算曲线积分

$$I = \int_{\widehat{AB}} (y\cos x - y^2\mathrm{e}^x)\,\mathrm{d}x + (\sin x - 2y\mathrm{e}^x)\,\mathrm{d}y,$$

其中 $\widehat{AB}$ 是从点 $A(a,0)$ 沿星形线 $x^{\frac{2}{3}} + y^{\frac{2}{3}} = a^{\frac{2}{3}}$ ($a > 0$) 位于第 1 象限部分到点 $B(0,a)$ 的一段弧 (图 10.25).

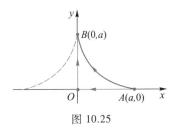

图 10.25

解 这里 $P = y\cos x - y^2\mathrm{e}^x$, $Q = \sin x - 2y\mathrm{e}^x$.
在 $\mathbf{R}^2$ 上有

$$\frac{\partial Q}{\partial x} = \cos x - 2y\mathrm{e}^x = \frac{\partial P}{\partial y},$$

因此曲线积分与路径无关. 选择折线路径 $\overrightarrow{AO} \cup \overrightarrow{OB}$ (图 10.25), 则有

$$I = \int_{\overrightarrow{AO}} (y\cos x - y^2\mathrm{e}^x)\,\mathrm{d}x + \int_{\overrightarrow{OB}} (\sin x - 2y\mathrm{e}^x)\,\mathrm{d}y$$

$$= \int_a^0 (0 \cdot \cos x - 0^2 \cdot \mathrm{e}^x)\,\mathrm{d}x + \int_0^a (\sin 0 - 2y \cdot \mathrm{e}^0)\,\mathrm{d}y$$

$$= -2\int_0^a y\,\mathrm{d}y = -a^2.$$

10.3.3 全微分求积与全微分方程

设函数 $P(x,y)$, $Q(x,y)$ 在单连通区域 D 内具有连续的偏导数. 如果在 D 内恒成立等式

$$\frac{\partial Q}{\partial x} = \frac{\partial P}{\partial y},$$

那么微分式 $P\mathrm{d}x + Q\mathrm{d}y$ 在 D 上存在原函数. 由定理 10.6 的证明过程我们还知道其一个原函数的求法是: 取定 $(x_0, y_0) \in D$, 则

$$u(x,y) = \int_{(x_0,y_0)}^{(x,y)} P\mathrm{d}x + Q\mathrm{d}y, \quad (x,y) \in D$$

是一个原函数,从而其全体原函数为 $u(x,y)+C$. 我们把求 $P\mathrm{d}x+Q\mathrm{d}y$ 的原函数的过程称为全微分求积.

由于此时曲线积分与路径无关,故在计算上式右端的曲线积分时,积分路径通常取平行于坐标轴且包含在 D 内的从点 $(x_0,$ $y_0)$ 到点 (x,y) 的折线段. 例如在图 10.26 中,我们可取折线段 M_0NM 或 $M_0N'M$ 作为积分路径,分别得到

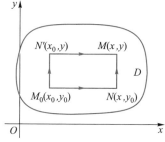

$$u(x,y) = \int_{x_0}^{x} P(x,y_0)\mathrm{d}x + \int_{y_0}^{y} Q(x,y)\mathrm{d}y$$

或

$$u(x,y) = \int_{y_0}^{y} Q(x_0,y)\mathrm{d}y + \int_{x_0}^{x} P(x,y)\mathrm{d}x.$$

图 10.26

若 $u(x,y)$ 是 $P\mathrm{d}x+Q\mathrm{d}y$ 在 D 上的一个原函数,则对于任意两点 $A,B \in D$ 有类似于定积分的牛顿-莱布尼茨公式那样的表达式

$$\int_{A}^{B} P\mathrm{d}x + Q\mathrm{d}y = u \Big|_{A}^{B} = u(B) - u(A).$$

事实上,任取一条从 A 到 B 的路径(不妨设它是光滑的)

$$\widehat{AB}: x = x(t), y = y(t), t: \alpha \to \beta,$$

则有

$$\int_{A}^{B} P\mathrm{d}x + Q\mathrm{d}y = \int_{\alpha}^{\beta} \{ P[x(t),y(t)]x'(t) + Q[x(t),y(t)]y'(t) \} \mathrm{d}t$$

$$= u(x(t),y(t)) \Big|_{\alpha}^{\beta} = u(B) - u(A).$$

例 10.23 验证在右半平面 $(x>0)$ 内,$\dfrac{x\mathrm{d}y - y\mathrm{d}x}{x^2+y^2}$ 存在原函数,并求出其中之一.

解 这里 $P = \dfrac{-y}{x^2+y^2}$,$Q = \dfrac{x}{x^2+y^2}$. 当 $x>0$ 时,直接计算得到

$$\frac{\partial Q}{\partial x} = \frac{y^2 - x^2}{(x^2+y^2)^2} = \frac{\partial P}{\partial y}.$$

从而 $\dfrac{x\mathrm{d}y - y\mathrm{d}x}{x^2+y^2}$ 在右半平面内存在原函数. 下面来求其中之一. 不妨取 $(1,0)$ 为起点,于是

$$u(x,y) = \int_1^x P(x,0)\,\mathrm{d}x + \int_0^y Q(x,y)\,\mathrm{d}y$$

$$= \int_1^x \frac{-0}{x^2+0^2}\mathrm{d}x + \int_0^y \frac{x}{x^2+y^2}\mathrm{d}y = \arctan\frac{y}{x}.$$

除了利用曲线积分求 $P\mathrm{d}x+Q\mathrm{d}y$ 的原函数,还可以用下例中的方法来求原函数.

例 10.24 求全微分式 $(x+y)^2\mathrm{d}x+(x^2+2xy-y^2)\mathrm{d}y$ 在 $\mathbf{R}^2$ 上的原函数.

解 设函数 $u(x,y)$ 是所求的原函数,则 $\dfrac{\partial u}{\partial x}=(x+y)^2$,从而有

$$u(x,y) = \int (x+y)^2\mathrm{d}x = \frac{(x+y)^3}{3} + C(y),$$

其中 $C(y)$ 是仅关于变量 y 的待定函数.由上式可得

$$\frac{\partial u}{\partial y} = (x+y)^2 + C'(y).$$

又因为

$$\frac{\partial u}{\partial y} = x^2+2xy-y^2,$$

比较上面两式得到 $C'(y)=-2y^2$,这样就导出 $C(y)=-\dfrac{2y^3}{3}+C$,其中 C 为任意常数.将其代入前面 $u(x,y)$ 的表示式就得到所求的原函数

$$u(x,y) = \frac{(x+y)^3-2y^3}{3} + C.$$

例 10.25 计算曲线积分

$$I = \int_C \frac{x\mathrm{d}y-y\mathrm{d}x}{x^2+y^2},$$

其中 C 是右半平面内自点 $(1,0)$ 到点 $(3,\sqrt{3})$ 的任意一条光滑曲线.

解 由例 10.23 知,函数 $\arctan\dfrac{y}{x}$ 是 $\dfrac{x\mathrm{d}y-y\mathrm{d}x}{x^2+y^2}$ 在右半平面内的一个原函数.根据曲线积分类似牛顿-莱布尼茨公式的表达式有

$$I = \int_{(1,0)}^{(3,\sqrt{3})} \frac{x\mathrm{d}y-y\mathrm{d}x}{x^2+y^2} = \arctan\frac{y}{x}\bigg|_{(1,0)}^{(3,\sqrt{3})}$$

$$= \arctan\frac{\sqrt{3}}{3} - \arctan 0 = \frac{\pi}{6}.$$

在这一节的最后,我们来介绍全微分方程及其解法.

若 $P\mathrm{d}x+Q\mathrm{d}y$ 是某个二元函数 $u(x,y)$ 的全微分,则称一阶微分方程

$$P(x,y)\mathrm{d}x+Q(x,y)\mathrm{d}y=0$$

为全微分方程.

由前面的讨论知道,上述方程为全微分方程当且仅当在某个单连通区域 D 内满足 $\dfrac{\partial Q}{\partial x}=\dfrac{\partial P}{\partial y}$.而全微分方程的求解可以先求出 $P\mathrm{d}x+Q\mathrm{d}y$ 的一个原函数 $u(x,y)$,然后就得到其通解

$$u(x,y)=C.$$

例 10.26　求微分方程 $(x^2+2xy)\mathrm{d}x+(x^2-y^2)\mathrm{d}y=0$ 的通解.

解　令 $P(x,y)=x^2+2xy,Q(x,y)=x^2-y^2$,则有 $\dfrac{\partial Q}{\partial x}=2x=\dfrac{\partial P}{\partial y}$,从而原方程是全微分方程.不妨取 $O(0,0)$ 为起点,通过全微分求积可得

$$u(x,y)=\int_0^x x^2\mathrm{d}x+\int_0^y(x^2-y^2)\mathrm{d}y=\frac{x^3}{3}+x^2y-\frac{y^3}{3},$$

所以原微分方程的通解为

$$\frac{x^3}{3}+x^2y-\frac{y^3}{3}=C.$$

若 $P(x,y)\mathrm{d}x+Q(x,y)\mathrm{d}y=0$ 不是全微分方程,但当方程两端乘函数 $\mu(x,y)$ 后,

$$\mu(x,y)P(x,y)\mathrm{d}x+\mu(x,y)Q(x,y)\mathrm{d}y=0$$

为全微分方程,这时我们称 $\mu(x,y)$ 为原微分方程的一个积分因子.一般说来,简单的积分因子可通过观察法得到.常用的积分因子有

$$\frac{1}{x^2},\quad\frac{1}{y^2},\quad\frac{1}{xy},\quad\frac{1}{x^2+y^2},\quad\frac{1}{x^2y^2},\quad\frac{1}{\sqrt{x^2+y^2}}$$

等,当然,具体采用时还要取决于凑全微分的熟练程度.

例 10.27　求微分方程 $(x-\sqrt{x^2+y^2})\mathrm{d}x+y\mathrm{d}y=0$ 的通解.

解　记 $P=x-\sqrt{x^2+y^2},Q=y$,则有

$$\frac{\partial Q}{\partial x}=0,\quad\frac{\partial P}{\partial y}=-\frac{y}{\sqrt{x^2+y^2}}\quad\Rightarrow\quad\frac{\partial Q}{\partial x}\neq\frac{\partial P}{\partial y},$$

故原方程不是全微分方程.将其改写为

$$x\mathrm{d}x+y\mathrm{d}y-\sqrt{x^2+y^2}\mathrm{d}x=0.$$

左端前两项可组合在一起凑成微分,即有

$$\frac{1}{2}\mathrm{d}(x^2+y^2)-\sqrt{x^2+y^2}\mathrm{d}x=0,$$

从而启发我们上式两端乘积分因子 $\dfrac{1}{\sqrt{x^2+y^2}}$,得到

$$\frac{\mathrm{d}(x^2+y^2)}{2\sqrt{x^2+y^2}}-\mathrm{d}x=0,$$

导出

$$\mathrm{d}\sqrt{x^2+y^2}-\mathrm{d}x=0,$$

于是得到方程的通解

$$\sqrt{x^2+y^2}-x=C \quad (C\ \text{是任意常数}).$$

例 10.28　解方程 $y(1+xy)\mathrm{d}x+x(1-xy)\mathrm{d}y=0.$

解　记 $P=y(1+xy),Q=x(1-xy)$,则

$$\frac{\partial P}{\partial y}=1+2xy,\frac{\partial Q}{\partial x}=1-2xy \quad\Rightarrow\quad \frac{\partial Q}{\partial x}\neq\frac{\partial P}{\partial y},$$

因而原方程非全微分方程,将方程改写组合为

$$(y\mathrm{d}x+x\mathrm{d}y)+xy(y\mathrm{d}x-x\mathrm{d}y)=0,$$

由于 $y\mathrm{d}x+x\mathrm{d}y=\mathrm{d}(xy)$,从而考虑上式乘因子 $\dfrac{1}{x^2y^2}$,就有

$$\frac{\mathrm{d}(xy)}{(xy)^2}+\frac{\mathrm{d}x}{x}-\frac{\mathrm{d}y}{y}=0,$$

即

$$\mathrm{d}\left(-\frac{1}{xy}+\ln|x|-\ln|y|\right)=0,$$

故得原方程的通解为

$$-\frac{1}{xy}+\ln|x|-\ln|y|=C \quad (C\ \text{是任意常数}).$$

10.4　高斯公式和斯托克斯公式

10.4.1　高斯公式

空间闭区域上的三重积分和该区域边界上的曲面积分之间也有类似于格林公式的结论,即高斯公式.这个公式由 Остроградский(1801—1862,俄国数学家、力学家)和高斯(1777—1855,德国数学家)大约在 1828 年分别独立给出

证明.

定理 10.7（高斯公式） 设空间闭区域 Ω 由光滑或分片光滑的曲面 S 所围成，向量值函数

$$\boldsymbol{F}(x,y,z)=(P(x,y,z),Q(x,y,z),R(x,y,z))$$

在 Ω 上具有连续的偏导数，则有

$$\oiint_{S^+} P\mathrm{d}y\mathrm{d}z+Q\mathrm{d}z\mathrm{d}x+R\mathrm{d}x\mathrm{d}y=\iiint_{\Omega}\left(\frac{\partial P}{\partial x}+\frac{\partial Q}{\partial y}+\frac{\partial R}{\partial z}\right)\mathrm{d}V,$$

其中 S^+ 表示 Ω 的边界曲面的外侧.

证 先证 $\oiint\limits_{S^+} R\mathrm{d}x\mathrm{d}y=\iiint\limits_{\Omega}\frac{\partial R}{\partial z}\mathrm{d}V$.

假设 Ω 是 xy 型空间区域，那么 Ω 可表示为

$$\Omega=\left\{(x,y,z)\mid z_1(x,y)\leqslant z\leqslant z_2(x,y),(x,y)\in D_{xy}\right\}.$$

显然 S^+ 由顶面 Σ_2 的上侧，底面 Σ_1 的下侧和侧面 Σ_3 的外侧组成（图 10.27）.

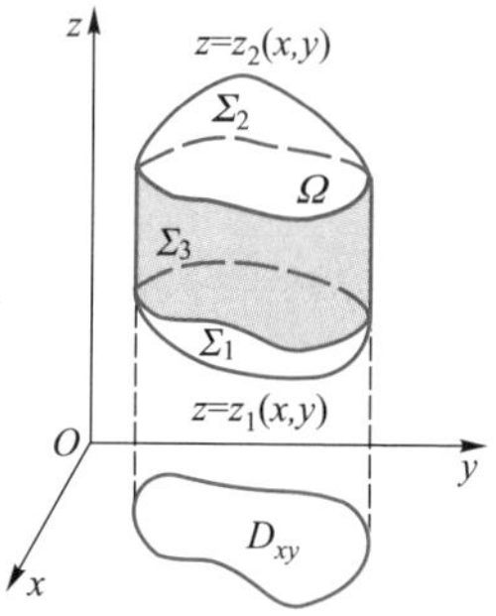

图 10.27

由三重积分的计算法可得

$$\begin{aligned}\iiint_{\Omega}\frac{\partial R}{\partial z}\mathrm{d}V&=\iint_{D_{xy}}\mathrm{d}x\mathrm{d}y\int_{z_1(x,y)}^{z_2(x,y)}\frac{\partial R}{\partial z}\mathrm{d}z\\&=\iint_{D_{xy}}[R(x,y,z_2(x,y))-R(x,y,z_1(x,y))]\mathrm{d}x\mathrm{d}y.\end{aligned}$$

而另一方面，由于 Σ_3 位于母线平行于 z 轴的柱面上，故有

$$\iint_{\Sigma_3}R\mathrm{d}x\mathrm{d}y=0.$$

再根据第二类曲面积分的计算法得到

$$\iint_{\Sigma_2}R\mathrm{d}x\mathrm{d}y=\iint_{D_{xy}}R(x,y,z_2(x,y))\mathrm{d}x\mathrm{d}y,$$

$$\iint_{\Sigma_1}R\mathrm{d}x\mathrm{d}y=-\iint_{D_{xy}}R(x,y,z_1(x,y))\mathrm{d}x\mathrm{d}y.$$

于是

$$\begin{aligned}\oiint_{S^+}R\mathrm{d}x\mathrm{d}y&=\oiint_{\Sigma_1\cup\Sigma_2\cup\Sigma_3}R\mathrm{d}x\mathrm{d}y=\iint_{D_{xy}}R(x,y,z_2(x,y))\mathrm{d}x\mathrm{d}y-\iint_{D_{xy}}R(x,y,z_1(x,y))\mathrm{d}x\mathrm{d}y\\&=\iiint_{\Omega}\frac{\partial R}{\partial z}\mathrm{d}V.\end{aligned}$$

对于一般的空间区域 Ω，通常可用一些辅助曲面将 Ω 分为有限个 xy 型空间

区域 $\Omega_i(i=1,2,\cdots,k)$. 据已证结论在每个子区域 Ω_i 上成立

$$\oiint\limits_{S_i^+} R\mathrm{d}x\mathrm{d}y = \iiint\limits_{\Omega_i} \frac{\partial R}{\partial z}\mathrm{d}V \quad (i=1,2,\cdots,k).$$

将所有这些等式相加,由三重积分的区域可加性,
右端之和恰好是整个区域上的三重积分,而左端之
和中的这些曲面积分由于在辅助曲面上正反两侧
各积分一次正好相抵消(图 10.28),所以其和仍等
于在 S^+ 上的曲面积分,从而在 Ω 成立

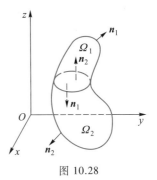

图 10.28

$$\oiint\limits_{S^+} R\mathrm{d}x\mathrm{d}y = \iiint\limits_{\Omega} \frac{\partial R}{\partial z}\mathrm{d}V.$$

同理可证

$$\oiint\limits_{S^+} P\mathrm{d}y\mathrm{d}z = \iiint\limits_{\Omega} \frac{\partial P}{\partial x}\mathrm{d}V, \quad \oiint\limits_{S^+} Q\mathrm{d}z\mathrm{d}x = \iiint\limits_{\Omega} \frac{\partial Q}{\partial y}\mathrm{d}V,$$

这样就证明了高斯公式.

高斯公式揭示了空间区域 Ω 上三重积分与其边界 S^+ 上曲面积分之间的内
在联系,它是格林公式的一个推广,因此也是牛顿–莱布尼茨公式在三维情况下
的推广.

利用高斯公式立刻可以得到空间区域 Ω 的体积计算公式

$$V_\Omega = \frac{1}{3}\oiint\limits_{S^+} x\mathrm{d}y\mathrm{d}z + y\mathrm{d}z\mathrm{d}x + z\mathrm{d}x\mathrm{d}y,$$

其中 S^+ 表示 Ω 的边界曲面的外侧.

例 10.29 计算曲面积分 $I = \oiint\limits_{S^+}(x+z)\mathrm{d}y\mathrm{d}z + (x+y)\mathrm{d}z\mathrm{d}x + (y+z)\mathrm{d}x\mathrm{d}y$,其中 S^+
为柱面 $x^2+y^2=R^2(R>0)$ 及平面 $z=0$ 和 $z=h(h>0)$ 所围立体 Ω 的整个表面的
外侧.

解 由于

$$P=x+z, \quad Q=x+y, \quad R=y+z,$$

根据高斯公式得到

$$I = \iiint\limits_{\Omega}\left(\frac{\partial P}{\partial x}+\frac{\partial Q}{\partial y}+\frac{\partial R}{\partial z}\right)\mathrm{d}V = \iiint\limits_{\Omega} 3\mathrm{d}V = 3V_\Omega = 3\pi R^2 h.$$

从上面的例子可以看到,高斯公式为某些第二类曲面积分的计算带来了方
便.而当定侧积分曲面不封闭时,则需要先添加适当的辅助定侧曲面,然后再应
用高斯公式.

例 10.30　计算曲面积分

$$I = \iint\limits_{\Sigma} xz^2 \mathrm{d}y\mathrm{d}z + (x^2 y - z^3)\mathrm{d}z\mathrm{d}x + (2xy + y^2 z)\mathrm{d}x\mathrm{d}y,$$

其中 Σ 为上半球面 $z = \sqrt{R^2 - x^2 - y^2}$ 的上侧.

解　补充曲面(图 10.29)为

$$\Sigma_0 : z = 0 \quad (x^2 + y^2 \leqslant R^2)$$

的下侧,则 $\Sigma + \Sigma_0$ 形成的封闭曲面是所围成的上半球域 Ω 的外侧.于是

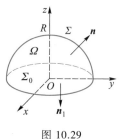

图 10.29

$$\iint\limits_{\Sigma} = \oiint\limits_{\Sigma \cup \Sigma_0} - \iint\limits_{\Sigma_0},$$

而

$$\oiint\limits_{\Sigma \cup \Sigma_0} xz^2 \mathrm{d}y\mathrm{d}z + (x^2 y - z^3)\mathrm{d}z\mathrm{d}x + (2xy + y^2 z)\mathrm{d}x\mathrm{d}y$$

$$= \iiint\limits_{\Omega} (x^2 + y^2 + z^2)\,\mathrm{d}V = \int_0^{2\pi}\mathrm{d}\theta\int_0^{\frac{\pi}{2}}\mathrm{d}\varphi\int_0^R \rho^4\sin\varphi\mathrm{d}\rho = \frac{2}{5}\pi R^5,$$

$$\iint\limits_{\Sigma_0} xz^2 \mathrm{d}y\mathrm{d}z + (x^2 y - z^3)\mathrm{d}z\mathrm{d}x + (2xy + y^2 z)\mathrm{d}x\mathrm{d}y$$

$$= \iint\limits_{\Sigma_0} (2xy + y^2 z)\,\mathrm{d}x\mathrm{d}y = -\iint\limits_{x^2 + y^2 \leqslant R^2} 2xy\,\mathrm{d}x\mathrm{d}y = 0,$$

故

$$I = \frac{2}{5}\pi R^5.$$

利用哈密顿算子 ∇,我们有

$$\frac{\partial P}{\partial x} + \frac{\partial Q}{\partial y} + \frac{\partial R}{\partial z} = \nabla \cdot \boldsymbol{F},$$

而第二类曲面积分又可由向量表示:

$$\oiint\limits_{S^+} P\mathrm{d}y\mathrm{d}z + Q\mathrm{d}z\mathrm{d}x + R\mathrm{d}x\mathrm{d}y = \oiint\limits_{S} \boldsymbol{F} \cdot \boldsymbol{n}^0 \mathrm{d}S,$$

从而得到高斯公式的向量形式

$$\oiint\limits_{S} \boldsymbol{F} \cdot \boldsymbol{n}^0 \mathrm{d}S = \iiint\limits_{\Omega} \nabla \cdot \boldsymbol{F}\mathrm{d}V,$$

其中 $\boldsymbol{n}^0$ 是 S 上任一点处的单位外法向量.

将这个公式与格林公式的向量形式进行对比,读者可以发现它们的形式完全一样,区别仅仅在于区域维数不同.这进一步表明这两个公式在本质上是相

同的.

例 10.31 设某种流体的速度为 $\boldsymbol{v} = x\boldsymbol{i} + 2xy\boldsymbol{j} - 2z\boldsymbol{k}$.求单位时间内流体从锥面 $z = \sqrt{x^2+y^2}$ $(0 \leqslant z \leqslant h)$ 上侧流向下侧的(体积)流量 Φ(图 10.30).

解 根据第二类曲面积分的物理意义,流量的计算公式为

$$\Phi = \iint\limits_{\Sigma} \boldsymbol{v} \cdot \mathrm{d}\boldsymbol{S}$$

$$= \iint\limits_{\Sigma} x\mathrm{d}y\mathrm{d}z + 2xy\mathrm{d}z\mathrm{d}x - 2z\mathrm{d}x\mathrm{d}y,$$

其中 $\Sigma : z = \sqrt{x^2+y^2}$ $(0 \leqslant z \leqslant h)$,取下侧.

由于 Σ 不是封闭曲面,补上一片曲面

$$\Sigma_1 : z = h \quad (x^2 + y^2 \leqslant h^2),$$

并取上侧.记 Σ 和 Σ_1 所围成的区域为 Ω,则 Σ 与 Σ_1 合起来构成封闭曲面的外侧.由高斯公式得

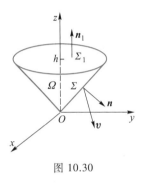

图 10.30

$$\oiint\limits_{\Sigma \cup \Sigma_1} x\mathrm{d}y\mathrm{d}z + 2xy\mathrm{d}z\mathrm{d}x - 2z\mathrm{d}x\mathrm{d}y$$

$$= \iiint\limits_{\Omega} (1 + 2x - 2)\,\mathrm{d}V$$

$$= -\iiint\limits_{\Omega} \mathrm{d}V + \iiint\limits_{\Omega} 2x\mathrm{d}V = -V_{\Omega} = -\frac{1}{3}\pi h^3,$$

注意上面运算过程中 $\iiint\limits_{\Omega} 2x\mathrm{d}V = 0$ 可由 x 是奇函数和积分区域的对称性直接得到.于是导出

$$\Phi = -\frac{\pi h^3}{3} - \iint\limits_{\Sigma_1} x\mathrm{d}y\mathrm{d}z + 2xy\mathrm{d}z\mathrm{d}x - 2z\mathrm{d}x\mathrm{d}y$$

$$= -\frac{1}{3}\pi h^3 - \iint\limits_{x^2+y^2 \leqslant h^2} (-2h)\,\mathrm{d}x\mathrm{d}y = \frac{5}{3}\pi h^3.$$

10.4.2 通量和散度

设有向量场

$$\boldsymbol{F} = P(x,y,z)\boldsymbol{i} + Q(x,y,z)\boldsymbol{j} + R(x,y,z)\boldsymbol{k}, (x,y,z) \in \Omega,$$

其中 P, Q, R 具有一阶连续偏导数,Σ 为场中的定侧曲面,则称曲面积分

$$\Phi = \iint\limits_{\Sigma} \boldsymbol{F} \cdot \mathrm{d}\boldsymbol{S}$$

为向量场 $\boldsymbol{F}$ 通过定侧曲面 Σ 的通量.

若 $M(x,y,z)$ 为这个场中任一点,则称

$$\nabla \cdot \boldsymbol{F} = \frac{\partial P}{\partial x} + \frac{\partial Q}{\partial y} + \frac{\partial R}{\partial z}$$

为向量场 $\boldsymbol{F}$ 在点 $M(x,y,z)$ 处的散度,记为 div $\boldsymbol{F}$,即

$$\text{div } \boldsymbol{F} = \frac{\partial P}{\partial x} + \frac{\partial Q}{\partial y} + \frac{\partial R}{\partial z}.$$

显然,向量场 $\boldsymbol{F}$ 的散度 div $\boldsymbol{F}$ 是一个数量场,称为散度场.利用散度来表示高斯公式,可以写成如下形式

$$\oiint\limits_{S^+} \boldsymbol{F} \cdot \mathrm{d}\boldsymbol{S} = \iiint\limits_{\Omega} \text{div } \boldsymbol{F} \mathrm{d}V,$$

它表明向量场 $\boldsymbol{F}$ 通过有向闭曲面 S 的通量等于它的散度 div $\boldsymbol{F}$ 在由 S 包围的区域 Ω 上的三重积分.

因此高斯公式也称为散度公式或散度定理.

利用高斯公式和积分中值定理可得

$$\Phi = \iiint\limits_{\Omega} \text{div } \boldsymbol{F} \mathrm{d}V = \text{div } \boldsymbol{F}(M^*) V_\Omega,$$

其中 M^* 为 Ω 内某一点.

若将 Ω 收缩到点 $M(x,y,z)$,必有 $M^* \to M$,故得

$$\text{div } \boldsymbol{F}(M) = \lim_{\Omega \to M} \frac{\Phi}{V}.$$

由此可知,散度 div $\boldsymbol{F}(M)$ 是通量关于体积的变化率,它表示在 M 处发散通量的强度.当 div $\boldsymbol{F} > 0$ 时,表明在 M 处有产生通量的源;当 div $\boldsymbol{F} < 0$ 时,表示在 M 处有吸收通量的汇;特别当 div $\boldsymbol{F} \equiv 0$ 时,称向量场 $\boldsymbol{F}$ 为无源场.

如果把 $\boldsymbol{F}$ 看成 Ω 上稳定流体的速度场,那么散度 div $\boldsymbol{F}(M)$ 表示 M 处发散流量的强度,从而

$$\iiint\limits_{\Omega} \text{div } \boldsymbol{F} \mathrm{d}V$$

给出 Ω 内产生的总流量,同时我们知道曲面积分

$$\oiint\limits_{S^+} \boldsymbol{F} \cdot \mathrm{d}\boldsymbol{S}$$

是由 Ω 边界曲面 S 内侧流向外侧的流量.显然这两者应该相等,而高斯公式恰好说明了这一点.

例 10.32 设向量场 $\boldsymbol{F} = (x^2y, y^2z, z^2x)$,求散度 div $\boldsymbol{F}\Big|_{(2,1,-2)}$.

解 由于 $P = x^2y, Q = y^2z, R = z^2x$,所以

$$\text{div } \boldsymbol{F} \Big|_{(2,1,-2)} = \left(\frac{\partial P}{\partial x} + \frac{\partial Q}{\partial y} + \frac{\partial R}{\partial z} \right)_{(2,1,-2)}$$

$$= 2(xy + yz + zx) \Big|_{(2,1,-2)} = -8.$$

例 10.33 电磁学中有库仑(Coulomb)定律：在位于原点的点电荷 q 所产生的静电场中，任何一点 $M(x,y,z)$ 处的电场强度为

$$\boldsymbol{E} = \frac{q}{4\pi\varepsilon_0 r^3} \boldsymbol{r},$$

其中 $\boldsymbol{r} = x\boldsymbol{i} + y\boldsymbol{j} + z\boldsymbol{k}$，$r = \sqrt{x^2 + y^2 + z^2}$ 为 $\boldsymbol{r}$ 的模即点 M 到原点的距离，ε_0 为真空介电常数.

(1) 求静电场中点 M 处的散度 div $\boldsymbol{E}$；

(2) 设 Σ 是任一包含原点在其内部的封闭曲面，求通过 Σ 外侧的电通量 Φ.

解 (1) 将 $\boldsymbol{E}$ 写成坐标形式

$$\boldsymbol{E} = \frac{q}{4\pi\varepsilon} \cdot \frac{1}{r^3} (x, y, z),$$

于是

$$P = \frac{qx}{4\pi\varepsilon r^3}, \quad Q = \frac{qy}{4\pi\varepsilon r^3}, \quad R = \frac{qz}{4\pi\varepsilon r^3}.$$

计算易得

$$\frac{\partial P}{\partial x} = \frac{q}{4\pi\varepsilon} \cdot \frac{r^2 - 3x^2}{r^5}, \quad \frac{\partial Q}{\partial y} = \frac{q}{4\pi\varepsilon} \cdot \frac{r^2 - 3y^2}{r^5}, \quad \frac{\partial R}{\partial z} = \frac{q}{4\pi\varepsilon} \cdot \frac{r^2 - 3z^2}{r^5},$$

从而

$$\text{div } \boldsymbol{E} = \frac{q}{4\pi\varepsilon} \cdot \frac{3r^2 - 3(x^2 + y^2 + z^2)}{r^5} = 0 \quad (r \neq 0).$$

由此可知，除原点外电场中任一点的散度都为零，即点电荷产生的静电场强度 $\boldsymbol{E}$ 在原点外的区域内是无源场.

(2) 由于向量场 $\boldsymbol{E}$ 在 Σ 所围区域内的原点处无意义，故不能直接应用高斯公式.取充分小的 $R > 0$，使得

$$\Sigma_1 : x^2 + y^2 + z^2 = R^2$$

包含于 Σ 所围的区域内(图 10.31)，并记 Σ_1^- 为 Σ_1 的内侧.设 Ω_1 为 Σ_1 所围区域，界于 Σ 与 Σ_1 之间的区域为 Ω，那么 Σ^+ 与 Σ_1^- 合起来组成 Ω 边界曲面的外侧，从而

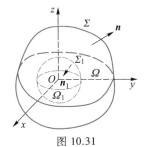

图 10.31

$$\varPhi = \oiint\limits_{\varSigma^+} \boldsymbol{E} \cdot \mathrm{d}\boldsymbol{S} = \oiint\limits_{\varSigma^+ \cup \varSigma^-_1} \boldsymbol{E} \cdot \mathrm{d}\boldsymbol{S} + \oiint\limits_{\varSigma_1} \boldsymbol{E} \cdot \mathrm{d}\boldsymbol{S}$$

$$= \iiint\limits_{\varOmega} \mathrm{div}\, \boldsymbol{E}\,\mathrm{d}V + \oiint\limits_{\varSigma_1} \boldsymbol{E} \cdot \mathrm{d}\boldsymbol{S}$$

$$= \oiint\limits_{\varSigma_1} \boldsymbol{E} \cdot \mathrm{d}\boldsymbol{S}$$

$$= \frac{q}{4\pi\varepsilon_0 R^3} \oiint\limits_{\varSigma^+_1} x\mathrm{d}y\mathrm{d}z + y\mathrm{d}z\mathrm{d}x + z\mathrm{d}x\mathrm{d}y$$

$$= \frac{q}{4\pi\varepsilon_0 R^3} \iiint\limits_{\varOmega_1} 3\mathrm{d}V = \frac{q}{\varepsilon_0}.$$

上例表明:在点电荷产生的静电场中,电场强度穿出任一封闭曲面的电通量恒等于其内部的电荷量除以 ε_0,这正是电磁学中的高斯定律.

10.4.3   斯托克斯公式

定侧曲面上的积分与沿该曲面定向边界曲线的积分之间也有类似于格林公式的结论,即斯托克斯(1819—1903,英国力学家、数学家)公式.

设定侧曲面 $\varSigma$ 的边界曲线为 C.如果当右手除拇指外的四指的握向与曲线 C 的定向一致时,拇指的方向与曲面 $\varSigma$ 的定侧一致(图 10.32),则称曲线 C 的定向与曲面 $\varSigma$ 的定侧符合右手法则.

定理 10.8(斯托克斯公式)   设 $\varSigma$ 是光滑(或分片光滑)的定侧曲面,其边界 C 为光滑(或分段光滑)的闭曲线.又向量值函数
$$\boldsymbol{F} = P(x,y,z)\boldsymbol{i} + Q(x,y,z)\boldsymbol{j} + R(x,y,z)\boldsymbol{k}$$
在包含 $\varSigma$ 的空间区域上具有一阶连续偏导数,则有公式
$$\oint_C P\mathrm{d}x + Q\mathrm{d}y + R\mathrm{d}z = \iint\limits_{\varSigma} \left(\frac{\partial R}{\partial y} - \frac{\partial Q}{\partial z}\right)\mathrm{d}y\mathrm{d}z + \left(\frac{\partial P}{\partial z} - \frac{\partial R}{\partial x}\right)\mathrm{d}z\mathrm{d}x + \left(\frac{\partial Q}{\partial x} - \frac{\partial P}{\partial y}\right)\mathrm{d}x\mathrm{d}y,$$
其中曲线 C 的定向与曲面 $\varSigma$ 的定侧符合右手法则.

证   先证 $\oint_C P\mathrm{d}x = \iint\limits_{\varSigma} \frac{\partial P}{\partial z}\mathrm{d}z\mathrm{d}x - \frac{\partial P}{\partial y}\mathrm{d}x\mathrm{d}y.$

假定 $\varSigma$ 为 z 型正则曲面,即 $\varSigma$ 与平行于 z 轴的直线相交不多于一点,并设其方程为
$$z = z(x,y),\quad (x,y) \in D_{xy}.$$
为确定计,不妨设 $\varSigma$ 取上侧,这时按右手法则定向的边界曲线 C 在 xOy 平面内的投影定向曲线是区域 D_{xy} 的正向边界曲线 $\widetilde{C}$(图 10.33).

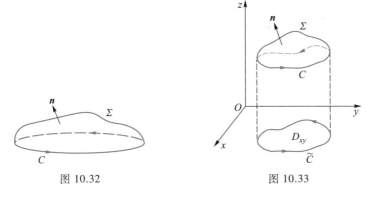

图 10.32   图 10.33

由曲线积分的计算方法并应用格林公式可得

$$\oint_C P(x,y,z)\,\mathrm{d}x = \oint_{\tilde{C}} P(x,y,z(x,y))\,\mathrm{d}x.$$

$$= -\iint_{D_{xy}} \left(\frac{\partial P}{\partial y} + \frac{\partial P}{\partial z}\cdot z_y\right)\,\mathrm{d}x\mathrm{d}y.$$

又由第二类曲面积分计算的合一投影法得到

$$\iint_{\Sigma} \frac{\partial P}{\partial z}\mathrm{d}z\mathrm{d}x - \frac{\partial P}{\partial y}\mathrm{d}x\mathrm{d}y = \iint_{D_{xy}} \left(\frac{\partial P}{\partial z}\cdot(-z_y) - \frac{\partial P}{\partial y}\right)\mathrm{d}x\mathrm{d}y.$$

比较以上两式可知 $\oint_C P\mathrm{d}x = \iint_{\Sigma} \frac{\partial P}{\partial z}\mathrm{d}z\mathrm{d}x - \frac{\partial P}{\partial y}\mathrm{d}x\mathrm{d}y$ 成立.

若 Σ 不是 z 型正则曲面,通常可添加若干辅助曲线将 Σ 分成有限个 z 型正则曲面 $\Sigma_i(i=1,2,\cdots,k)$.据已证结论,在每个 Σ_i 上成立

$$\oint_{C_i} P\mathrm{d}x = \iint_{\Sigma_i} \frac{\partial P}{\partial z}\mathrm{d}z\mathrm{d}x - \frac{\partial P}{\partial y}\mathrm{d}x\mathrm{d}y \quad (i=1,2,\cdots,k).$$

将这 k 个等式相加,所得左端的第二类曲线积分在辅助线上来回两个方向各积分一次而相互抵消,故仅剩下在 C 上的曲线积分,而右端就是在 Σ 上的第二类曲面积分,从而所证等式仍然成立.

同理可证

$$\oint_C Q(x,y,z)\,\mathrm{d}y = \iint_{\Sigma} \frac{\partial Q}{\partial x}\mathrm{d}x\mathrm{d}y - \frac{\partial Q}{\partial z}\mathrm{d}y\mathrm{d}z,$$

$$\oint_C R(x,y,z)\,\mathrm{d}z = \iint_{\Sigma} \frac{\partial R}{\partial y}\mathrm{d}y\mathrm{d}z - \frac{\partial R}{\partial x}\mathrm{d}z\mathrm{d}x.$$

最后将三式相加就得到了斯托克斯公式.

斯托克斯公式揭示了沿曲面 Σ 的曲面积分与沿其边界曲线 C 的曲线积分

之间的内在联系,它是格林公式的一个自然推广.事实上,只要当 Σ 位于 xOy 平面上并取上侧时,斯托克斯公式就变为格林公式.

借助行列式记号,可将斯托克斯公式写成如下较易记忆的形式

$$\oint_C P\mathrm{d}x+Q\mathrm{d}y+R\mathrm{d}z = \iint_{\Sigma} \begin{vmatrix} \mathrm{d}y\mathrm{d}z & \mathrm{d}z\mathrm{d}x & \mathrm{d}x\mathrm{d}y \\ \dfrac{\partial}{\partial x} & \dfrac{\partial}{\partial y} & \dfrac{\partial}{\partial z} \\ P & Q & R \end{vmatrix},$$

有时也将公式右端写成第一类曲面积分

$$\oint_C P\mathrm{d}x+Q\mathrm{d}y+R\mathrm{d}z = \iint_{\Sigma} \begin{vmatrix} \cos\alpha & \cos\beta & \cos\gamma \\ \dfrac{\partial}{\partial x} & \dfrac{\partial}{\partial y} & \dfrac{\partial}{\partial z} \\ P & Q & R \end{vmatrix}\mathrm{d}S.$$

其中行列式按第一行展开,并把偏导数符号$\left(例如 \dfrac{\partial}{\partial x}\right)$与函数(例如 Q)的积理解为对函数的偏导数$\left(例如 \dfrac{\partial Q}{\partial x}\right)$,而 $(\cos\alpha,\cos\beta,\cos\gamma)$ 是 Σ 上任一点处指定侧的单位法向量.

例 10.34   计算 $I = \oint_L z\mathrm{d}x+x\mathrm{d}y+y\mathrm{d}z$,其中 L 是平面 $2x+3y+z=6$ 被三个坐标平面所截三角形的整个边界,若从 x 轴正向看去,定向为逆时针方向(图 10.34).

解   记区域 $\triangle ABC$ 为 Σ,并取上侧.由于 Σ 上任一点处指向上侧的单位法向量

$$\boldsymbol{n}^0 = \frac{1}{\sqrt{14}}(2,3,1),$$

根据斯托克斯公式得

$$I = \frac{1}{\sqrt{14}} \iint_{\Sigma} \begin{vmatrix} 2 & 3 & 1 \\ \dfrac{\partial}{\partial x} & \dfrac{\partial}{\partial y} & \dfrac{\partial}{\partial z} \\ z & x & y \end{vmatrix}\mathrm{d}S$$

$$= \frac{1}{\sqrt{14}} \iint_{\Sigma} 6\mathrm{d}S = 6\iint_{D_{xy}} \mathrm{d}x\mathrm{d}y = 18,$$

其中 D_{xy} 是 Σ 在 xOy 平面上的投影,即 $\triangle OAB$.

例 10.35   设向量场 $\boldsymbol{F} = (-y^2, x, z^2)$.计算积分 $I = \oint_L \boldsymbol{F} \cdot \mathrm{d}\boldsymbol{r}$,其中 L 是平面 $y+z=2$ 与圆柱面 $x^2+y^2=R^2(R>0)$ 的交线,若从 z 轴正向看去,定向为逆时针方向(图 10.35).

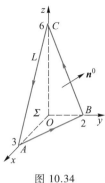
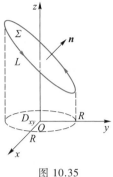

图 10.34   图 10.35

解 记 Σ 为平面 $y+z=2$ 上被 L 所围的部分, 并取上侧. 由斯托克斯公式得

$$I = \oint_L -y^2\mathrm{d}x + x\mathrm{d}y + z^2\mathrm{d}z$$

$$= \iint_\Sigma \begin{vmatrix} \mathrm{d}y\mathrm{d}z & \mathrm{d}z\mathrm{d}x & \mathrm{d}x\mathrm{d}y \\ \dfrac{\partial}{\partial x} & \dfrac{\partial}{\partial y} & \dfrac{\partial}{\partial z} \\ -y^2 & x & z^2 \end{vmatrix}$$

$$= \iint_\Sigma (1+2y)\mathrm{d}x\mathrm{d}y$$

$$= \iint_{D_{xy}} (1+2y)\mathrm{d}\sigma = \iint_{D_{xy}} \mathrm{d}\sigma = \pi R^2.$$

10.4.4 环量和旋度

设有向量场

$$\boldsymbol{F} = P(x,y,z)\boldsymbol{i} + Q(x,y,z)\boldsymbol{j} + R(x,y,z)\boldsymbol{k}, \quad (x,y,z) \in \Omega,$$

其中 P, Q, R 具有一阶连续偏导数, L 为场中的定向曲线, 称曲线积分

$$\int_L \boldsymbol{F} \cdot \mathrm{d}\boldsymbol{r} = \int_L P\mathrm{d}x + Q\mathrm{d}y + R\mathrm{d}z$$

为向量场 $\boldsymbol{F}$ 沿定向曲线 L 的环量.

设 $M(x,y,z)$ 为这个场中任一点, 称向量

$$\begin{vmatrix} \boldsymbol{i} & \boldsymbol{j} & \boldsymbol{k} \\ \dfrac{\partial}{\partial x} & \dfrac{\partial}{\partial y} & \dfrac{\partial}{\partial z} \\ P & Q & R \end{vmatrix}_M = \left(\frac{\partial R}{\partial y} - \frac{\partial Q}{\partial z}\right)_M \boldsymbol{i} + \left(\frac{\partial P}{\partial z} - \frac{\partial R}{\partial x}\right)_M \boldsymbol{j} + \left(\frac{\partial Q}{\partial x} - \frac{\partial P}{\partial y}\right)_M \boldsymbol{k}$$

为向量场 $\boldsymbol{F}$ 在点 M 的旋度, 记为 $\operatorname{rot} \boldsymbol{F}(M)$ 或 $\operatorname{curl} \boldsymbol{F}(M)$.

也可以利用算子符号来表示旋度,那么

$$\mathrm{rot}\ \boldsymbol{F} = \nabla \times \boldsymbol{F}.$$

通常把 $\mathrm{rot}\ \boldsymbol{F}$ 称为向量场 $\boldsymbol{F}$ 产生的**旋度场**,它也是一个向量场.若在场中的每一点都有 $\mathrm{rot}\ \boldsymbol{F} = \boldsymbol{0}$,则称 $\boldsymbol{F}$ 为无旋场.利用旋度,可以把斯托克斯公式写成如下形式

$$\oint_{C} \boldsymbol{F} \cdot \mathrm{d}\boldsymbol{r} = \iint_{\Sigma} \mathrm{rot}\ \boldsymbol{F} \cdot \mathrm{d}\boldsymbol{S}.$$

对于旋度我们可以类似对于散度那样来解释其物理意义.

设 M 为场中任一点,取定一单位向量 $\boldsymbol{n}^0$,过点 M 并以 $\boldsymbol{n}^0$ 为法向量作一小平面片 Σ,其边界曲线 C 的方向与 $\boldsymbol{n}^0$ 的方向符合右手法则.根据斯托克斯公式和曲面积分中值定理有

$$\frac{1}{A_{\Sigma}} \oint_{C} \boldsymbol{F} \cdot \mathrm{d}\boldsymbol{r} = \frac{1}{A_{\Sigma}} \iint_{S} \mathrm{rot}\ \boldsymbol{F} \cdot \mathrm{d}\boldsymbol{S} = \frac{1}{A_{\Sigma}} \iint_{\Sigma} (\mathrm{rot}\ \boldsymbol{F} \cdot \boldsymbol{n}^0) \mathrm{d}S = (\mathrm{rot}\ \boldsymbol{F} \cdot \boldsymbol{n}^0)_{M^*},$$

其中 A_{Σ} 为 Σ 的面积,点 $M^* \in \Sigma$.当 Σ 收缩到点 M 时(记为 $\Sigma \to M$),必有 $M^* \to M$,由上式得

$$\lim_{\Sigma \to M} \frac{1}{A_{\Sigma}} \oint_{C} \boldsymbol{F} \cdot \mathrm{d}\boldsymbol{r} = \lim_{M^* \to M} (\mathrm{rot}\ \boldsymbol{F} \cdot \boldsymbol{n}^0)_{M^*} = (\mathrm{rot}\ \boldsymbol{F} \cdot \boldsymbol{n}^0)_{M}.$$

通常称上式左端的极限为向量场 $\boldsymbol{F}$ 在点 M 处沿 $\boldsymbol{n}^0$ 方向的环量面密度.显然,当 $\boldsymbol{n}^0$ 与 $\mathrm{rot}\ \boldsymbol{F}(M)$ 方向相同时,环量面密度取最大值 $|\mathrm{rot}\ \boldsymbol{F}(M)|$.因此 $\boldsymbol{F}$ 在点 M 的旋度就是这样一个向量:$\boldsymbol{F}$ 在点 M 处沿旋度方向的环量面密度最大,而且最大值就是 $|\mathrm{rot}\ \boldsymbol{F}(M)|$.

例 10.36 求向量场 $\boldsymbol{F} = (xy, yz, -y^2)$ 的旋度 $\mathrm{rot}\ \boldsymbol{F}\Big|_{(1,-1,2)}$.

解 根据旋度的定义有

$$\mathrm{rot}\ \boldsymbol{F}\Big|_{(1,-1,2)} = \begin{vmatrix} \boldsymbol{i} & \boldsymbol{j} & \boldsymbol{k} \\ \dfrac{\partial}{\partial x} & \dfrac{\partial}{\partial y} & \dfrac{\partial}{\partial z} \\ xy & yz & -y^2 \end{vmatrix}_{(1,-1,2)} = (-3y, 0, -x)_{(1,-1,2)} = (3, 0, -1).$$

例 10.37 设一刚体绕 z 轴旋转,其角速度为 $\boldsymbol{\omega} = (0, 0, \omega)$,求刚体上任一点 M 的线速度 $\boldsymbol{v}$ 的旋度 $\mathrm{rot}\ \boldsymbol{v}$(图10.36).

解 向量 $\boldsymbol{r} = \overrightarrow{OM} = (x, y, z)$,由运动学知点 M 的线速度

$$\boldsymbol{v} = \boldsymbol{\omega} \times \boldsymbol{r} = \begin{vmatrix} \boldsymbol{i} & \boldsymbol{j} & \boldsymbol{k} \\ 0 & 0 & \omega \\ x & y & z \end{vmatrix} = (-y\omega, x\omega, 0),$$

所以

$$\text{rot } \boldsymbol{v} = \begin{vmatrix} \boldsymbol{i} & \boldsymbol{j} & \boldsymbol{k} \\ \dfrac{\partial}{\partial x} & \dfrac{\partial}{\partial y} & \dfrac{\partial}{\partial z} \\ -y\omega & x\omega & 0 \end{vmatrix} = 2\boldsymbol{\omega}.$$

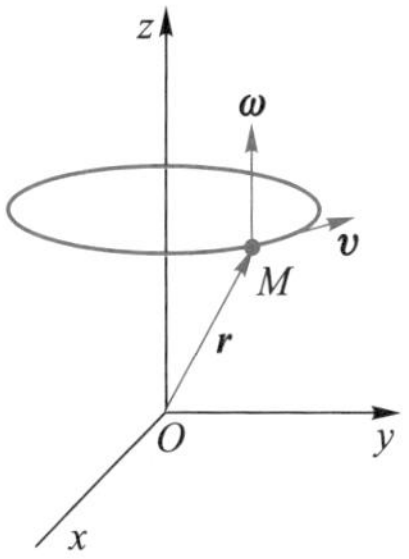

图 10.36

此例表明,在刚体旋转的线速度场中任一点 M 处的旋度等于刚体旋转角速度的 2 倍,旋度因此而得名.

最后我们对本章的几个主要公式再作一些说明.我们曾经指出,格林公式、斯托克斯公式和高斯公式是牛顿-莱布尼茨公式在平面上和空间中的推广.读者不难发现,这些公式的共同特点就是:某种形式的"导数"在一个几何体上的积分等于该"导数"的"原函数"在该几何体的边界上的积分.由于这些公式所具有的内在统一性,所以一个自然的问题是:能否把它们统一成一个基本公式呢? 答案是肯定的.要做到这一点,先要引进一种新的运算"外微分",并定义一些新的数学对象.统一后的微积分基本公式——斯托克斯公式,不但包含了这些公式,而且还适用于更一般的空间,有兴趣的读者可以阅读并学习内容更深入的微积分教程.

习 题 10

1. 计算下列第一类曲线积分:

(1) $\displaystyle\int_C \sqrt{x}\,\mathrm{d}s$,其中 C 为曲线 $y^2 = x$ 上由原点到点 $(1,1)$ 之间的一段弧;

(2) $\displaystyle\int_C xy\,\mathrm{d}s$,其中 C 为矩形回路 $x=0,y=0,x=4,y=2$;

(3) $\displaystyle\oint_C (x+y)\,\mathrm{d}s$,其中 C 为以 $O(0,0),A(1,0),B(0,1)$ 为顶点的三角形的边界;

(4) $\displaystyle\int_C (x^2+y^2)\,\mathrm{d}s$,其中 C 为平面曲线 $y=-\sqrt{1-x^2}$;

(5) $\displaystyle\int_C x\sin y\,\mathrm{d}s$,其中 C 为 $\begin{cases} x=3t, \\ y=t, \end{cases} (0\leqslant t\leqslant 1)$;

(6) $\displaystyle\int_C (x^2+y^2)^n\,\mathrm{d}s$,其中 C 为圆弧 $\begin{cases} x=a\cos t, \\ y=a\sin t, \end{cases} (0\leqslant t\leqslant 2\pi)$;

(7) $\displaystyle\int_C (x^{\frac{4}{3}}+y^{\frac{4}{3}})\,\mathrm{d}s$,其中 C 为星形线 $\begin{cases} x=a\cos^3 t, \\ y=a\sin^3 t \end{cases} \left(0\leqslant t\leqslant \dfrac{\pi}{2}\right)$ 在第一象限内

的弧段;

(8) $\int_C |y| \mathrm{d}s$, 其中 C 为双纽线 $(x^2+y^2)^2 = a^2(x^2-y^2)$;

(9) $\oint_C (|x|+|y|) \mathrm{d}s$, 其中 C 由直线 $|x|+|y|=1$ 组成;

(10) $\int_C (2xy+3x^2+4y^2) \mathrm{d}s$, 其中 C 为椭圆 $\dfrac{x^2}{4}+\dfrac{y^2}{3}=1$, 其周长为 a.

2. 计算下列第一类曲线积分:

(1) $\int_L (x+y+z)^2 \mathrm{d}s$, 其中 L 为由点 $A(2,1,2)$ 到原点 $O(0,0,0)$ 的直线段;

(2) $\int_L z \mathrm{d}s$, 其中 L 为圆锥螺线 $\begin{cases} x = t\cos t, \\ y = t\sin t, \\ z = t \end{cases}$ 从 $t=0$ 到 $t=t_0 (t_0 > 0)$ 一段;

(3) $\int_L \dfrac{1}{x^2+y^2+z^2} \mathrm{d}s$, 其中 L 为曲线 $\begin{cases} x = \mathrm{e}^t \cos t, \\ y = \mathrm{e}^t \sin t, \\ z = \mathrm{e}^t \end{cases}$ 上相应于 t 从 0 变到 2 的这段弧.

3. 试用拉格朗日乘数法求函数 $f(x,y) = x^3 y$ 在条件 $3x+4y=12 (0<x<4)$ 下的最大值, 并证明不等式

$$5\mathrm{e}^{-\frac{9}{2}} \leqslant \int_C \mathrm{e}^{-\sqrt{x^3 y}} \mathrm{d}s \leqslant 5,$$

其中 C 是直线 $3x+4y=12$ 界于两坐标轴间的线段.

4. 有一铁丝成半圆形 $x = a\cos t, y = a\sin t (0 \leqslant t \leqslant \pi)$, 其上每一点密度等于该点的纵坐标, 求铁丝的质量.

5. 求摆线 $\begin{cases} x = a(t-\sin t), \\ y = a(1-\cos t) \end{cases}$ 的第一拱 $(0 \leqslant t \leqslant 2\pi)$ 关于 x 轴的转动惯量(假定其上各点的密度与该点到 x 轴的距离成正比).

6. 计算下列第一类曲面积分:

(1) $\iint_\Sigma \left(2x+\dfrac{4}{3}y+z\right) \mathrm{d}S$, 其中 Σ 为平面 $\dfrac{x}{2}+\dfrac{y}{3}+\dfrac{z}{4}=1$ 在第一卦限部分;

(2) $\iint_\Sigma y \mathrm{d}S$, 其中 Σ 为上半球面 $z = \sqrt{R^2-x^2-y^2}$;

(3) $\iint_\Sigma \dfrac{\mathrm{d}S}{r^2}$, 其中 Σ 为柱面 $x^2+y^2 = R^2 (0 \leqslant z \leqslant H)$, r 为柱面上的点到原点的距离;

(4) $\iint\limits_{\Sigma} |xyz| \, \mathrm{d}S$,其中 Σ 为曲面 $z = x^2 + y^2$ 被平面 $z = 1$ 所截下的部分;

(5) $\iint\limits_{\Sigma} (xy + yz + zx) \, \mathrm{d}S$,其中 Σ 为锥面 $z = \sqrt{x^2 + y^2}$ 被柱面 $x^2 + y^2 = 2ax$ 所截下的部分.

7. 计算球面 $z = \sqrt{R^2 - x^2 - y^2}$ 被柱面 $x^2 + y^2 = Rx$ 所截下部分的曲面的面积.

8. 若半径为 R 的球面上每点的面密度等于该点到某一固定直径的距离的平方,试求该球面的质量.

9. 求旋转抛物面 $z = \dfrac{x^2 + y^2}{2}$ 被平面 $z = 2$ 所截部分的质心位置(假定其上各点的面密度与该点到 z 轴的距离平方成正比).

10. 把下列第二类曲线积分化为第一类曲线积分.

(1) $\displaystyle\int_C x^2 y \, \mathrm{d}x - x \, \mathrm{d}y$,其中 C 为曲线 $y = x^3$ 上从点 $(-1, -1)$ 到点 $(1, 1)$ 的弧段;

(2) $\displaystyle\int_L P \, \mathrm{d}x + Q \, \mathrm{d}y + R \, \mathrm{d}z$,其中 L 为曲线 $x = t, y = t^2, z = t^3$ 上相应于参数 t 从 0 变到 1 的弧段.

11. 计算曲线积分 $\displaystyle\int_{OA} (x^2 - y^2) \, \mathrm{d}x + xy \, \mathrm{d}y$,其中 O 为坐标原点,点 A 的坐标为 $(1, 1)$:

(1) OA 为直线段 $y = x$;

(2) OA 为抛物线段 $y = x^2$;

(3) OA 为 $y = 0, x = 1$ 的折线段.

12. 计算下列第二类曲线积分:

(1) $\displaystyle\int_C \dfrac{\mathrm{d}x + \mathrm{d}y}{|x| + |y|}$,其中 C 为 $y = 1 - |x|$ 上从点 $(1, 0)$ 经点 $(0, 1)$ 到点 $(-1, 0)$ 的折线段;

(2) $\displaystyle\int_C y \, \mathrm{d}x + x \, \mathrm{d}y$,其中 C 为 $\begin{cases} x = a\cos t, \\ y = a\sin t \end{cases} \left(t : 0 \to \dfrac{\pi}{4} \right)$;

(3) $\displaystyle\int_L (y^2 - z^2) \, \mathrm{d}x + 2yz \, \mathrm{d}y - x^2 \, \mathrm{d}z$,其中 L 为 $\begin{cases} x = t, \\ y = t^2, \\ z = t^3 \end{cases} (t : 0 \to 1)$;

(4) $\displaystyle\oint_L (z - y) \, \mathrm{d}x + (x - z) \, \mathrm{d}y + (y - x) \, \mathrm{d}z$,其中 L 为椭圆 $\begin{cases} x^2 + y^2 = 1, \\ x - y + z = 2, \end{cases}$ 且从 z 轴正向看去,L 取顺时针方向.

13. 计算下列变力 $\boldsymbol{F}$ 在质点沿指定曲线移动过程中所做的功.

(1) $\boldsymbol{F} = (x^2 y, -xy)$, 沿平面曲线 $\boldsymbol{r}(t) = (t^3, t^4)$ 从参数 $t = 0$ 到 $t = 1$ 的点;

(2) $\boldsymbol{F} = (x^2, xy, z^2)$, 沿空间曲线 $\boldsymbol{r}(t) = (\sin t, \cos t, t^2)$ 从参数 $t = 0$ 到 $t = \dfrac{\pi}{2}$ 的点.

14. 设变力 $\boldsymbol{F}$ 在点 $M(x, y)$ 处的大小 $|\boldsymbol{F}| = k|\boldsymbol{r}|$, 方向与 $\boldsymbol{r}$ 成 $\dfrac{\pi}{2}$ 的角, 其中 $\boldsymbol{r} = \overrightarrow{OM}$ (图 10.37), 试求当质点沿下列曲线从点 $A(a, 0)$ 移到点 $B(0, a)$ 时 $\boldsymbol{F}$ 所做的功:

(1) 圆周 $x^2 + y^2 = a^2$ 在第一象限内的弧段;

(2) 星形线 $x^{\frac{2}{3}} + y^{\frac{2}{3}} = a^{\frac{2}{3}}$ 在第一象限内的弧段.

15. 在过点 $O(0, 0)$ 和 $A(\pi, 0)$ 的曲线族 $y = a \sin x (a > 0)$ 中, 求一条曲线 C, 使沿该曲线从 O 到 A 的积分 $\displaystyle\int_C (1 + y^3)\,\mathrm{d}x + (2x + y)\,\mathrm{d}y$ 的值最小.

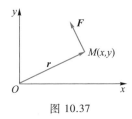

图 10.37

16. 把第二类曲面积分

$$\iint_{\Sigma} P(x, y, z)\,\mathrm{d}y\mathrm{d}z + Q(x, y, z)\,\mathrm{d}z\mathrm{d}x + R(x, y, z)\,\mathrm{d}x\mathrm{d}y$$

化为第一类曲面积分:

(1) Σ 为平面 $x + z = a$ 被柱面 $x^2 + y^2 = a^2$ 所截下的部分, 并取上侧;

(2) Σ 为抛物面 $y = x^2 + 2z^2$ 被平面 $y = 2$ 所截下的部分, 并取左侧.

17. 计算下列第二类曲面积分:

(1) $\displaystyle\iint_{\Sigma} z^2\,\mathrm{d}x\mathrm{d}y$, 其中 Σ 为平面 $x + y + z = 1$ 位于第 1 卦限部分, 并取上侧;

(2) $\displaystyle\iint_{\Sigma} x^2 y^2 z\,\mathrm{d}x\mathrm{d}y$, 其中 Σ 为球面 $x^2 + y^2 + z^2 = R^2$ 的下半部分, 并取外侧;

(3) $\displaystyle\iint_{\Sigma} \mathrm{e}^y\,\mathrm{d}y\mathrm{d}z + y\mathrm{e}^x\,\mathrm{d}z\mathrm{d}x + x^2 y\,\mathrm{d}x\mathrm{d}y$, 其中 Σ 为抛物面 $z = x^2 + y^2 (0 \leqslant x \leqslant 1, 0 \leqslant y \leqslant 1)$, 并取上侧;

(4) $\displaystyle\iint_{\Sigma} x^2\,\mathrm{d}y\mathrm{d}z + y^2\,\mathrm{d}z\mathrm{d}x + z^2\,\mathrm{d}x\mathrm{d}y$, 其中 Σ 为球面 $x^2 + y^2 + z^2 = 1$ 位于第 2 卦限部分, 并取外侧;

(5) $\displaystyle\oiint_{\Sigma} xy\,\mathrm{d}y\mathrm{d}z + yz\,\mathrm{d}z\mathrm{d}x + zx\,\mathrm{d}x\mathrm{d}y$, 其中 Σ 为平面 $x = 0, y = 0, z = 0$ 和 $x + y + z = 1$ 所

围立体的表面,并取外侧;

(6) $\oiint_{\Sigma} \dfrac{x\mathrm{d}y\mathrm{d}z + z^2\mathrm{d}x\mathrm{d}y}{x^2 + y^2 + z^2}$,其中 Σ 为圆柱面 $x^2 + y^2 = R^2$ 与平面 $z = R$ 和 $z = -R$ ($R >$

0)所围立体的表面,并取外侧;

(7) $\iint_{\Sigma} -y\mathrm{d}z\mathrm{d}x + (z+1)\mathrm{d}x\mathrm{d}y$,其中 Σ 为圆柱面 $x^2 + y^2 = 4$ 被平面 $x + z = 2$ 和 $z = 0$

所截下的部分,并取外侧;

(8) $\iint_{\Sigma} y\mathrm{d}y\mathrm{d}z + x\mathrm{d}z\mathrm{d}x + z^2\mathrm{d}x\mathrm{d}y$,其中 Σ 为螺旋面 $x = u\cos v, y = u\sin v, z = v$ ($0 \leqslant$

$u \leqslant 1, 0 \leqslant v \leqslant \pi$),并取上侧.

18. 计算下列流体在单位时间内通过曲面 Σ 流向指定侧的流量:

(1) $\boldsymbol{v}(x,y,z) = (x^2, y^2, z^2)$,$\Sigma$ 为球面 $x^2 + y^2 + z^2 = 1$ 第 1 卦限部分,流向

上侧;

(2) $\boldsymbol{v}(x,y,z) = (x^2, xy, y^2)$,$\Sigma$ 为曲面 $z = x^2 + y^2$ 和平面 $z = 1$ 所围立体的表

面,流向外侧.

19. 利用第二类曲线积分,计算下列曲线所围成的图形的面积:

(1) 星形线 $x = a\cos^3 t, y = a\sin^3 t$;

(2) 曲线 $x = \cos^3 t, y = \sin t$;

(3) 摆线 $\begin{cases} x = a(t - \sin t), \\ y = a(1 - \cos t) \end{cases}$ 的第一拱($0 \leqslant t \leqslant 2\pi$)与 x 轴.

20. 利用格林公式,计算下列第二类曲线积分:

(1) $\oint_C (2x\sin y - 4y)\mathrm{d}x + (x^2\cos y + x)\mathrm{d}y$,其中 C 为圆周 $x^2 + y^2 = 3$,并取逆时

针方向;

(2) $\oint_C (x+y)\mathrm{d}x - (x-y)\mathrm{d}y$,其中 C 为 $\dfrac{x^2}{a^2} + \dfrac{y^2}{b^2} = 1$,并取顺时针方向;

(3) $\oint_C (x^2 y - 2y)\mathrm{d}x + \left(\dfrac{x^3}{3} - x\right)\mathrm{d}y$,其中 C 是直线 $x = 1, y = x, y = 2x$ 所围三角形

域的正向边界;

(4) $\int_C (\mathrm{e}^x\sin y - my)\mathrm{d}x + (\mathrm{e}^x\cos y - m)\mathrm{d}y$,其中 C 为由点 $A(a,0)$ 到点 $O(0,$

0)的上半圆周 $x^2 + y^2 = ax$;

(5) $\int_C \sqrt{x^2 + y^2}\,\mathrm{d}x + y[xy + \ln(x + \sqrt{x^2 + y^2})]\mathrm{d}y$,其中 C 是由点 $(\pi+1, 0)$

沿曲线 $y = \sin(x-1)$ 到点 $(1, 0)$ 的一段弧;

(6) $\oint_C \dfrac{1}{x} \arctan \dfrac{y}{x} \mathrm{d}x + \dfrac{2}{y} \arctan \dfrac{x}{y} \mathrm{d}y$，其中 C 为圆周 $x^2+y^2=1$，$x^2+y^2=4$ 与直

线 $y=x$，$y=\sqrt{3}\,x$ 在第一象限所围区域的正向边界；

(7) $\displaystyle\int_C \dfrac{y\mathrm{d}x-x\mathrm{d}y}{x^2+y^2}$，其中 C 为星形线 $x=\cos^3 t$，$y=\sin^3 t\left(t:0\to\dfrac{\pi}{2}\right)$ 的一段；

(8) $\oint_C \dfrac{x\mathrm{d}y-y\mathrm{d}x}{4x^2+y^2}$，其中 C 是以点 $(1,0)$ 为圆心、$R\ (R>1)$ 为半径的圆周，并取

逆时针方向.

21. 验证下列曲线积分在整个 xOy 平面上与路径无关，并计算积分值：

(1) $\displaystyle\int_{(1,0)}^{(2,2)} (x+y)\mathrm{d}x+(x-y)\mathrm{d}y$；

(2) $\displaystyle\int_{(0,0)}^{(\pi,2)} (x^2 y+3x\mathrm{e}^x)\mathrm{d}x+\left(\dfrac{1}{3}x^3-y\sin y\right)\mathrm{d}y$；

(3) $\displaystyle\int_{(0,0)}^{\left(1,\frac{\pi}{2}\right)} (y+\mathrm{e}^{-x}\sin y)\,\mathrm{d}x+(x-\mathrm{e}^{-x}\cos y)\,\mathrm{d}y$；

(4) $\displaystyle\int_{(0,0)}^{(1,1)} \dfrac{y\mathrm{d}x+x\mathrm{d}y}{1+(xy)^2}$.

22. 验证下列 $P(x,y)\mathrm{d}x+Q(x,y)\mathrm{d}y$ 在右半平面内存在原函数 $u(x,y)$，并求其中之一：

(1) $yx^{y-1}\mathrm{d}x+x^y\ln x\mathrm{d}y$；

(2) $\left(1-\dfrac{y^2}{x^2}\cos\dfrac{y}{x}\right)\mathrm{d}x+\left(\sin\dfrac{y}{x}+\dfrac{y}{x}\cos\dfrac{y}{x}\right)\mathrm{d}y$；

(3) $\dfrac{x\mathrm{d}x+y\mathrm{d}y}{\sqrt{x^2+y^2}}$；

(4) $\dfrac{(x-y)\mathrm{d}x+(x+y)\mathrm{d}y}{x^2+y^2}$.

23. 设函数 $f(x)$ 具有连续导数，试根据下列条件分别确定 $f(x)$：

(1) $f(0)=0$，且曲线积分 $\displaystyle\int_C xy^2\mathrm{d}x+yf(x)\mathrm{d}y$ 与路径无关；

(2) $f(1)=1$，且曲线积分 $\displaystyle\int_C f(x)(y\mathrm{d}x-x\mathrm{d}y)$ 与路径无关；

(3) $f(1)=\dfrac{1}{2}$，且 $\oint_C \left[y\mathrm{e}^x f(x)-\dfrac{y}{x}\right]\mathrm{d}x-\ln f(x)\mathrm{d}y=0$，其中 C 为平面区域 $x>1$ 内的任一封闭曲线.

24. 设函数 $Q(x,y)$ 在 xOy 平面上具有一阶连续偏导数,曲线积分 $\int_C 2xy\mathrm{d}x + Q(x,y)\mathrm{d}y$ 与路径无关,并且对任意 $t \in \mathbf{R}$ 恒有

$$\int_{(0,0)}^{(t,1)} 2xy\mathrm{d}x + Q(x,y)\mathrm{d}y = \int_{(0,0)}^{(1,t)} 2xy\mathrm{d}x + Q(x,y)\mathrm{d}y,$$

求 $Q(x,y)$.

25. 确定常数 p,使得在任何不含 $y=0$ 的点的区域上,曲线积分

$$\int_C \frac{x}{y^2}(x^2+y^2)^p(y\mathrm{d}x - x\mathrm{d}y)$$

与路径无关,并求当 C 从点 $(1,1)$ 到点 $(0,2)$ 时的积分值.

26. 求下列微分方程的通解:

(1) $[y+\ln(1+x)]\mathrm{d}x + (x+1-\mathrm{e}^y)\mathrm{d}y = 0$;

(2) $(1+y\cos xy)\mathrm{d}x + x\cos xy\mathrm{d}y = 0$;

(3) $y(2xy+\mathrm{e}^x)\mathrm{d}x - \mathrm{e}^x\mathrm{d}y = 0$;

(4) $(y+2xy^2)\mathrm{d}x + (x-2x^2y)\mathrm{d}y = 0$.

27. 设函数 $u(x,y)$ 与 $v(x,y)$ 在闭区域 D 上具有一阶连续偏导数.证明:

$$\iint_D v\frac{\partial u}{\partial x}\mathrm{d}x\mathrm{d}y = \oint_{\partial D^+} uv\mathrm{d}y - \iint_D u\frac{\partial v}{\partial x}\mathrm{d}x\mathrm{d}y.$$

28. 设 $f(t)$ 为 $\mathbf{R}$ 上的正值连续函数,C 是逆时针方向的圆周 $(x-a)^2+(y-a)^2 = 1$.证明:

$$\oint_C xf(y)\mathrm{d}y - \frac{y}{f(x)}\mathrm{d}x \geqslant 2\pi.$$

29. 利用高斯公式,计算下列第二类曲面积分:

(1) $\oiint_\Sigma x^2\mathrm{d}y\mathrm{d}z + y^2\mathrm{d}z\mathrm{d}x + z^2\mathrm{d}x\mathrm{d}y$,其中 Σ 为平面 $x=0$,$y=0$,$z=0$ 和 $x+y+z=1$ 所围立体的表面,并取外侧;

(2) $\oiint_\Sigma x(y-z)\mathrm{d}y\mathrm{d}z + (x-y)\mathrm{d}x\mathrm{d}y$,其中 Σ 为圆柱面 $x^2+y^2 = 1$ 与平面 $z=0$ 和 $z=3$ 所围立体的表面,并取外侧;

(3) $\oiint_\Sigma x^3\mathrm{d}y\mathrm{d}z + y^3\mathrm{d}z\mathrm{d}x + z^3\mathrm{d}x\mathrm{d}y$,其中 Σ 为球面 $x^2+y^2+z^2 = R^2 (R>0)$,并取内侧;

(4) $\iint_\Sigma (x^3-yz)\mathrm{d}y\mathrm{d}z - 2x^2y\mathrm{d}z\mathrm{d}x + z\mathrm{d}x\mathrm{d}y$,其中 Σ 为圆柱面 $x^2+y^2 = R^2 (0 \leqslant z \leqslant$

1), 并取外侧;

(5) $\iint\limits_{\Sigma} (2x+z)\mathrm{d}y\mathrm{d}z + z\mathrm{d}x\mathrm{d}y$, 其中 Σ 为定侧曲面 $z=x^2+y^2 (0 \leqslant z \leqslant 1)$, 其法向量与 z 轴正向夹角为锐角;

(6) $\iint\limits_{\Sigma} 4xz\mathrm{d}y\mathrm{d}z - 2yz\mathrm{d}z\mathrm{d}x + (1-z^2)\mathrm{d}x\mathrm{d}y$, 其中 Σ 为 yOz 平面上的曲线 $z=\mathrm{e}^y (0 \leqslant y \leqslant a)$ 绕 z 轴旋转所成的曲面, 并取下侧;

(7) $\oiint\limits_{\Sigma} x^3\mathrm{d}y\mathrm{d}z + \left[\dfrac{1}{z}f\left(\dfrac{y}{z}\right) + y^3\right]\mathrm{d}z\mathrm{d}x + \left[\dfrac{1}{y}f\left(\dfrac{y}{z}\right) + z^3\right]\mathrm{d}x\mathrm{d}y$, 其中函数 $f(u)$ 具有连续导数, Σ 为球面 $x^2+y^2+z^2=1, x^2+y^2+z^2=4$ 与锥面 $x=\sqrt{y^2+z^2}$ 所围立体的表面, 并取外侧;

(8) $\iint\limits_{\Sigma} \dfrac{Rx\mathrm{d}y\mathrm{d}z + (z+R)^2\mathrm{d}x\mathrm{d}y}{\sqrt{x^2+y^2+z^2}} (R>0)$, 其中 Σ 为下半球面 $z=-\sqrt{R^2-x^2-y^2}$, 并取下侧.

30. 计算曲面积分 $\oiint\limits_{\Sigma} \dfrac{\cos(\widehat{\boldsymbol{r},\boldsymbol{n}})}{\|\boldsymbol{r}\|^2}\mathrm{d}S$, 其中 Σ 为一封闭光滑曲面, $\boldsymbol{n}$ 为 Σ 上点 (x,y,z) 处的外法向量, $\boldsymbol{r}=(x,y,z)$. 讨论下列两种情况:

(1) 曲面 Σ 不包含原点;

(2) 曲面 Σ 包含原点.

31. 计算下列向量场通过曲面 Σ 指定侧的通量:

(1) $\boldsymbol{A}=(xz,xy,yz)$, Σ 为平面 $x+y+z=1$ 在第 1 卦限部分, 并取上侧;

(2) $\boldsymbol{A}=(x^3,y^3,z^3)$, Σ 为球面 $x^2+y^2+z^2=R^2 (R>0)$, 并取外侧.

32. 求下列向量场的散度:

(1) $\boldsymbol{A}=(4x,-2xy,z^2)$, 求 $\left.\operatorname{div}\boldsymbol{A}\right|_{(1,1,3)}$;

(2) $\boldsymbol{A}=xyz\boldsymbol{r}$, 其中 $\boldsymbol{r}=(x,y,z)$, 求 $\left.\operatorname{div}\boldsymbol{A}\right|_{(1,3,2)}$;

(3) $\boldsymbol{A}=(xz,-y^2,2x^2y)$, $u=x^2yz^3$, 求 $\operatorname{div}(u\boldsymbol{A})$.

(4) $\boldsymbol{A}=\nabla r$, 其中 $r=\sqrt{x^2+y^2+z^2}$, 求 $\operatorname{div}\boldsymbol{A}$;

33. 求向量场

$$\boldsymbol{A}=(2x^3yz+y^2z^y)\boldsymbol{i}-(x^2y^2z+x^2z^x)\boldsymbol{j}-(x^2yz^2+x^yy^x)\boldsymbol{k}$$

的散度 $\operatorname{div}\boldsymbol{A}$ 在点 $M(1,1,2)$ 处沿 $\boldsymbol{l}=2\boldsymbol{i}+2\boldsymbol{j}-\boldsymbol{k}$ 方向的方向导数, 并求 $\operatorname{div}\boldsymbol{A}$ 在点 M 的方向导数的最大值.

34. 利用斯托克斯公式,计算下列第二类曲线积分:

(1) $\oint_L (x^2-yz)\,dx + (y^2-zx)\,dy + (z^2-xy)\,dz$,其中 L 是任一分段光滑的闭曲线;

(2) $\oint_L (e^x + x^2 y^2 z^3)\,dx + (e^y - y^2 z)\,dy + (e^z + yz^2)\,dz$,其中 L 是圆周 $\begin{cases} y^2+z^2=R^2, \\ x=0, \end{cases}$ 且从 x 轴的正向看去,L 取逆时针方向;

(3) $\oint_L (z-y)\,dx + (x-z)\,dy + (x-y)\,dz$,其中 L 是椭圆 $\begin{cases} x^2+y^2=1, \\ x-y+z=2, \end{cases}$ 且从 z 轴的正向看去,L 取顺时针方向;

(4) $\oint_L (y^2-z^2)\,dx + (2z^2-x^2)\,dy + (3x^2-y^2)\,dz$,其中 L 是平面 $x+y+z=2$ 与柱面 $|x|+|y|=1$ 的交线,且从 z 轴的正向看去,L 取逆时针方向.

35. 试由斯托克斯定理推出空间曲线积分与路径无关的条件,由此验证下列曲线积分与路径无关,并计算积分值:

(1) $\displaystyle\int_{(0,0,0)}^{\left(3,2,\frac{\pi}{3}\right)} (y+\sin z)\,dx + x\,dy + x\cos z\,dz$;

(2) $\displaystyle\int_{(0,0,0)}^{(x,y,z)} (x^2-2yz)\,dx + (y^2-2zx)\,dy + (z^2-2xy)\,dz$.

36. 求下列向量场 $\boldsymbol{A}$ 沿定向闭曲线 L 的环量:

(1) $\boldsymbol{A}=(-y,x,a)$(a 为常数),L 为圆周 $\begin{cases} x^2+y^2=1, \\ z=a, \end{cases}$ 从 z 轴的正向看去,L 取逆时针方向;

(2) $\boldsymbol{A}=(xy,x+y^2,z)$,$L$ 为圆周 $\begin{cases} x^2+y^2=2-z, \\ z=1, \end{cases}$ 其方向与 z 轴的正向符合右手法则.

37. 求下列向量场的旋度:

(1) $\boldsymbol{A}=(xyz,xyz,xyz)$,求 $\mathrm{rot}\,\boldsymbol{A}\Big|_{(1,3,2)}$;

(2) $\boldsymbol{A}=(y^2,z^2,x^2)$,求 $\mathrm{rot}\,\boldsymbol{A}\Big|_{(1,1,1)}$;

(3) $\boldsymbol{A}=(x\cos z,y\ln x,-z^2)$,求 $\mathrm{rot}\,\boldsymbol{A}$;

(4) $\boldsymbol{A}=(3xz^2,-yz,x+2z)$,求 $\mathrm{rot}\,\boldsymbol{A}$.

38. 设 $\boldsymbol{r}=(x,y,z)$,$r=|\boldsymbol{r}|$,$f(r)$ 具有二阶连续导数,$\boldsymbol{C}$ 为常向量,证明:

（1）$\mathrm{rot}[f(r)\boldsymbol{C}] = \dfrac{f'(r)}{r}(\boldsymbol{r}\times\boldsymbol{C})$；

（2）$\mathrm{div}\{\mathrm{rot}[f(r)\boldsymbol{C}]\} = 0.$

补充题

1. 计算 $\oint_L y^2\mathrm{d}x + z^2\mathrm{d}y + x^2\mathrm{d}z$，其中 L 是维维亚尼曲线 $\begin{cases} z = \sqrt{a^2-x^2-y^2}, \\ x^2+y^2 = ax \end{cases}$（$a>0$），从 z 轴正向看去，L 取逆时针方向.

2. 计算 $\oint_L xyz\mathrm{d}z$，其中 L 为圆周 $\begin{cases} x^2+y^2+z^2 = 1, \\ y = z, \end{cases}$ 从 z 轴正向看去，L 取逆时针方向.

3. 在椭圆 $\dfrac{x^2}{a^2} + \dfrac{y^2}{b^2} = 1$ 的右焦点处有一质量为 M 的固定质点，另一质量为 m 的质点沿此椭圆正向从 $A(a,0)$ 运动到 $B(0,b)$，求引力对质点 m 所做的功.

4. 求包含在两椭圆 $\dfrac{x^2}{a^2} + \dfrac{y^2}{b^2} = 1$，$\dfrac{x^2}{b^2} + \dfrac{y^2}{a^2} = 1$（$a\geqslant b>0$）之间的图形的面积.

5. 设 $\dfrac{1}{Q}\left(\dfrac{\partial P}{\partial y} - \dfrac{\partial Q}{\partial x}\right)$ 仅与 x 有关，证明方程 $P(x,y)\mathrm{d}x + Q(x,y)\mathrm{d}y = 0$ 一定具有积分因子 $\mu = \mu(x)$，并求此积分因子，进而用求积分因子的方法求一阶线性方程的解.

6. 计算 $\iint\limits_{\Sigma} \dfrac{x^2}{z}\mathrm{d}S$，其中 Σ 是柱面 $x^2+z^2 = 2az$ 被锥面 $z = \sqrt{x^2+y^2}$ 所截下的部分.

7. 设 Σ 为椭球面 $\dfrac{x^2}{2} + \dfrac{y^2}{2} + z^2 = 1$ 的上半部分，点 $P(x,y,z)\in\Sigma$，Π 为 Σ 在点 P 处的切平面，$\rho(x,y,z)$ 为点 $O(0,0,0)$ 到平面 Π 的距离，求 $\iint\limits_{\Sigma} \dfrac{z}{\rho(x,y,z)}\mathrm{d}S.$

8. 若对于半空间 $x>0$ 内的任意光滑定侧封闭曲面 Σ，都有

$$\oiint\limits_{\Sigma} xf(x)\mathrm{d}y\mathrm{d}z - xyf(x)\mathrm{d}z\mathrm{d}x - \mathrm{e}^{2x}z\mathrm{d}x\mathrm{d}y = 0,$$

其中函数 $f(x)$ 在 $(0,+\infty)$ 内具有连续导数，且 $\lim\limits_{x\to 0^+}f(x) = 1$，求 $f(x)$.

9. 设函数 $f(x), g(x), h(x)$ 具有连续导数，试计算曲面积分

$$\iint\limits_{\Sigma} f(x)\mathrm{d}y\mathrm{d}z + g(y)\mathrm{d}z\mathrm{d}x + h(z)\mathrm{d}x\mathrm{d}y,$$

其中 Σ 为长方体 $\Omega: 0\leqslant x\leqslant a, 0\leqslant y\leqslant b, 0\leqslant z\leqslant c$ 的表面，并取外侧.

10. 设常数 $a>0$，Σ 为球面 $(x-a)^2 + (y-a)^2 + (z-a)^2 = a^2$. 证明：

$$\oiint\limits_{\Sigma} (x+y+z+\sqrt{3}\,a)\mathrm{d}S \geqslant 12\pi a^3.$$

11. 设函数 $f(x,y)$ 在单位圆盘 $D=\left\{(x,y)\ \middle|\ x^2+y^2\le 1\right\}$ 上具有二阶连续的偏导数,并且满足

$$\frac{\partial^2 f}{\partial x^2}+\frac{\partial^2 f}{\partial y^2}=x^2 y^2.\text{计算二重积分}$$

$$\iint\limits_{D}\left(\frac{x}{\sqrt{x^2+y^2}}\cdot\frac{\partial f}{\partial x}+\frac{y}{\sqrt{x^2+y^2}}\cdot\frac{\partial f}{\partial y}\right)\mathrm{d}x\mathrm{d}y.$$

第 10 章
数字资源

第11章 级　数

> 级数是微积分的重要组成部分,它是一种有力的数学分析工具,在表示函数、研究函数性质的函数逼近论和其他数学分支中均有着十分重要的应用.
>
> 本章首先介绍数项级数,讨论其性质和收敛判别法,进而介绍函数项级数,主要是讨论幂级数和傅里叶(Fourier)级数的性质和收敛条件,并且讨论函数展开成幂级数、傅里叶级数的方法.

11.1　数项级数的概念和基本性质

11.1.1　数项级数的概念

我们知道,有限个数的和是一个唯一确定的数.那么,无穷个数是否可以作和? 如果可以,无穷个数的和又是什么意思呢? 为此我们引进如下定义.

定义 11.1　给定数列 $\{a_n\}$,我们称和式

$$\sum_{n=1}^{\infty} a_n = a_1 + a_2 + \cdots + a_n + \cdots$$

为无穷级数,简称级数.和式中的每一项称为级数的项,a_n 称为级数的通项或者一般项.称有限项和

$$S_n = \sum_{k=1}^{n} a_k = a_1 + a_2 + \cdots + a_n$$

为级数 $\sum\limits_{n=1}^{\infty} a_n$ 的前 n 项部分和;称无穷项和 $\sum\limits_{n=k+1}^{\infty} a_n$ 为级数 $\sum\limits_{n=1}^{\infty} a_n$ 的余项级数.

定义 11.2　若级数 $\sum\limits_{n=1}^{\infty} a_n$ 的部分和数列 $\{S_n\}$ 收敛,且 $\lim\limits_{n\to\infty} S_n = S$,则称级数 $\sum\limits_{n=1}^{\infty} a_n$ 收敛,且收敛到 S.当级数 $\sum\limits_{n=1}^{\infty} a_n$ 收敛时,通常把 $\{S_n\}$ 的极限 S 称为级数

$\sum\limits_{n=1}^{\infty} a_n$ 的和,并记为

$$S = \sum_{n=1}^{\infty} a_n.$$

若 $\{S_n\}$ 发散,则称级数 $\sum\limits_{n=1}^{\infty} a_n$ 发散.

下面我们举几个利用定义判断级数敛散性的例子.

例 11.1 判定级数 $\sum\limits_{n=1}^{\infty} \dfrac{n}{(n+1)!}$ 的敛散性.

解 由于 $\dfrac{k}{(k+1)!} = \dfrac{1}{k!} - \dfrac{1}{(k+1)!}$,因此原级数的前 n 项部分和

$$S_n = \sum_{k=1}^{n} \frac{k}{(k+1)!} = \sum_{k=1}^{n} \left[\frac{1}{k!} - \frac{1}{(k+1)!} \right] = 1 - \frac{1}{(n+1)!}.$$

因为 $\lim\limits_{n\to\infty} S_n = 1$,所以原级数收敛,且其和为 1.

例 11.2 讨论级数 $\sum\limits_{n=1}^{\infty} aq^{n-1}(aq \neq 0)$ 的敛散性.

解 这个级数的项构成等比数列,通常称此级数为等比级数或几何级数.由于其部分和

$$S_n = \begin{cases} \dfrac{a(1-q^n)}{1-q}, & q \neq 1, \\[3mm] na, & q = 1, \end{cases}$$

因此当 $|q| < 1$ 时,由 $\lim\limits_{n\to\infty} q^n = 0$ 知,

$$\lim_{n\to\infty} S_n = \lim_{n\to\infty} \frac{a(1-q^n)}{1-q} = \frac{a}{1-q};$$

当 $|q| > 1$ 时,由 $\lim\limits_{n\to\infty} q^n = \infty$ 知 $\lim\limits_{n\to\infty} S_n = \infty$,故 $\{S_n\}$ 发散;

当 $|q| = 1$ 时,由 S_n 的表达式易知 $\{S_n\}$ 发散.

综上所述:当 $|q| < 1$ 时,级数 $\sum\limits_{n=1}^{\infty} aq^{n-1}$ 收敛,且和为 $\dfrac{a}{1-q}$;当 $|q| \geqslant 1$ 时,

$\sum\limits_{n=1}^{\infty} aq^{n-1}$ 发散.

例 11.3 判定调和级数 $\sum\limits_{n=1}^{\infty} \dfrac{1}{n}$ 的敛散性.

分析 判断 $\sum\limits_{n=1}^{\infty} \dfrac{1}{n}$ 敛散性的方法有不少,例如:当 $x>0$ 时,$\ln(1+x)<x$,所以

$S_n = \sum\limits_{k=1}^{n} \dfrac{1}{k} > \sum\limits_{k=1}^{n} \ln\left(1+\dfrac{1}{k}\right) = \ln(n+1)$,故 $\lim\limits_{n\to\infty} S_n = +\infty$,也即 $\sum\limits_{n=1}^{\infty} \dfrac{1}{n}$ 发散.下面给出

的解法利用的是另一个已知结论:当数列 $\{a_n\}$ 存在一个发散子列时,$\{a_n\}$ 本身
也发散.

解 若级数 $\sum\limits_{n=1}^{\infty} \dfrac{1}{n}$ 收敛,则部分和数列 $\{S_n\}$ 收敛,所以其子列 $\{S_{2^n}\}$ 也收敛.
另一方面,

$$S_{2^n} = 1 + \frac{1}{2} + \left(\frac{1}{3}+\frac{1}{4}\right) + \cdots + \left(\frac{1}{2^{n-1}+1} + \frac{1}{2^{n-1}+2} + \cdots + \frac{1}{2^n}\right)$$

$$> 1 + \frac{1}{2} + \left(\frac{1}{4}+\frac{1}{4}\right) + \cdots + \left(\frac{1}{2^n}+\frac{1}{2^n}+\cdots+\frac{1}{2^n}\right) = 1 + \frac{n}{2} \to +\infty \quad (n\to\infty),$$

产生矛盾,因此级数 $\sum\limits_{n=1}^{\infty} \dfrac{1}{n}$ 发散.

11.1.2 数项级数的基本性质

利用极限的线性运算性质立即可得收敛级数的线性运算性质.

定理 11.1 (1)若级数 $\sum\limits_{n=1}^{\infty} a_n$ 收敛到 S,c 为任意常数,则级数 $\sum\limits_{n=1}^{\infty} ca_n$ 收敛
到 cS;

(2)若级数 $\sum\limits_{n=1}^{\infty} a_n$ 和 $\sum\limits_{n=1}^{\infty} b_n$ 分别收敛到 S 和 T,则级数 $\sum\limits_{n=1}^{\infty} (a_n \pm b_n)$ 收敛到 $S\pm T$.

例 11.4 求 $\sum\limits_{n=1}^{\infty} \dfrac{2(3^{n-1}-1)}{6^{n-1}}$.

解 $$\sum_{n=1}^{\infty} \frac{2(3^{n-1}-1)}{6^{n-1}} = 2\sum_{n=1}^{\infty} \left(\frac{1}{2^{n-1}} - \frac{1}{6^{n-1}}\right)$$

$$= 2\left[\sum_{n=1}^{\infty} \left(\frac{1}{2}\right)^{n-1} - \sum_{n=1}^{\infty} \left(\frac{1}{6}\right)^{n-1}\right] = \frac{8}{5}.$$

对于给定的 $k \in \mathbf{N}_+$,余项级数 $\sum\limits_{n=k+1}^{\infty} a_n$ 的前 m 项部分和

$$\sigma_m = a_{k+1} + a_{k+2} + \cdots + a_{k+m} = S_{k+m} - S_k.$$

因此可知:当级数 $\sum\limits_{n=1}^{\infty} a_n$ 收敛到 S 时,$\sum\limits_{n=k+1}^{\infty} a_n$ 也收敛,且其和

$$r_k = \lim_{m\to\infty} \sigma_m = \lim_{m\to\infty} (S_{k+m} - S_k) = S - S_k.$$

反之,若 $\sum\limits_{n=k+1}^{\infty} a_n$ 收敛到 r_k,由于 $S_{k+m}=S_k+\sigma_m$,于是得

$$\lim_{m\to\infty} S_{k+m}=S_k+\lim_{m\to\infty}\sigma_m=S_k+r_k,$$

这说明级数 $\sum\limits_{n=1}^{\infty} a_n$ 也收敛,且其和 $S=S_k+r_k$.

由此可见:级数 $\sum\limits_{n=1}^{\infty} a_n$ 与它的任一余项级数 $\sum\limits_{n=k+1}^{\infty} a_n$ 具有相同的敛散性,即它们同时收敛,同时发散.

当数列 $\{a_n\}$ 和 $\{b_n\}$ 满足:存在 $N>0$,当 $n>N$ 时,有 $a_n=b_n$,那么当 k 充分大时,级数 $\sum\limits_{n=1}^{\infty} a_n$ 的余项级数与级数 $\sum\limits_{n=1}^{\infty} b_n$ 的余项级数相同.由上一段的论述可知,此时 $\sum\limits_{n=1}^{\infty} a_n$ 与 $\sum\limits_{n=1}^{\infty} b_n$ 有相同的敛散性.换言之,级数的敛散性与级数前面有限项的值无关,从而我们有:

定理 11.2 将级数增加、删减或改换有限项,不改变级数的敛散性.

定理 11.3 若级数 $\sum\limits_{n=1}^{\infty} a_n$ 收敛到 S,则将其相邻若干项加括号所得新级数仍然收敛到 S.

证 记新级数为 $\sum\limits_{k=1}^{\infty} b_k$,则每个 b_k 是 $\sum\limits_{n=1}^{\infty} a_n$ 中相邻若干项的和,即

$$b_1=a_1+a_2+\cdots+a_{n_1},\cdots,b_k=a_{n_{k-1}+1}+a_{n_{k-1}+2}+\cdots+a_{n_k}.$$

再记 $\sum\limits_{k=1}^{\infty} b_k$ 的前 k 项部分和为 T_k,$\sum\limits_{n=1}^{\infty} a_n$ 的前 n 项部分和为 S_n,那么有

$$T_k=b_1+\cdots+b_k=a_1+a_2+\cdots+a_{n_1}+\cdots+a_{n_{k-1}+1}+a_{n_{k-1}+2}+\cdots+a_{n_k}=S_{n_k},$$

故 $\{T_k\}$ 是 $\{S_n\}$ 的一个子列,因此

$$\lim_{k\to\infty} T_k=\lim_{k\to\infty} S_{n_k}=S,$$

即级数 $\sum\limits_{k=1}^{\infty} b_k$ 收敛到 S.

注意一般说来,定理 11.3 的逆命题不成立,也就是说:加括号所得级数收敛不能保证原级数收敛.例如级数

$$(1-1)+(1-1)+\cdots=0+0+\cdots$$

收敛到零,而原级数 $\sum\limits_{n=1}^{\infty}(-1)^{n-1}$ 是发散的.另外,我们也可利用定理 11.3 的逆否命题来判断级数发散,即若加括号后所得级数发散,则原级数必发散.证明调和级数发散(例 11.3)就可以看作是这种方法的一个应用.

定理 11.4 (级数收敛的必要条件) 若级数 $\displaystyle\sum_{n=1}^{\infty} a_n$ 收敛,则

$$\lim_{n\to\infty} a_n = 0.$$

证 设此级数的前 n 项部分和为 S_n,且和为 S,则 $\displaystyle\lim_{n\to\infty} S_{n-1} = \lim_{n\to\infty} S_n = S$,从而

$$\lim_{n\to\infty} a_n = \lim_{n\to\infty} (S_n - S_{n-1}) = 0.$$

由定理 11.4 可知:当 $n\to\infty$ 时,一般项趋于零是级数收敛的必要条件.但是切记,它不是级数收敛的充分条件.例如,当 $n\to\infty$ 时,调和级数 $\displaystyle\sum_{n=1}^{\infty} \frac{1}{n}$ 的一般项 $\dfrac{1}{n}$ 趋于零,但 $\displaystyle\sum_{n=1}^{\infty} \frac{1}{n}$ 并不收敛.

定理 11.4 常被用来判定级数是发散的,即若某级数的一般项不趋于零,那么该级数必定发散.

例 11.5 判定级数 $\displaystyle\sum_{n=1}^{\infty} \frac{n^n}{n!}$ 的敛散性.

解 记 $a_n = \dfrac{n^n}{n!}$,则 $a_n \geq 1$,从而当 $n\to\infty$ 时,数列 $\{a_n\}$ 不趋于 0,因此 $\displaystyle\sum_{n=1}^{\infty} \frac{n^n}{n!}$ 发散.

例 11.6 判定级数 $\displaystyle\sum_{n=1}^{\infty} (-1)^{n-1}\left(1-\frac{1}{n}\right)^n$ 的敛散性.

解 级数的一般项 $a_n = (-1)^{n-1}\left(1-\dfrac{1}{n}\right)^n$.由于

$$\lim_{n\to\infty} |a_n| = \lim_{n\to\infty}\left(1-\frac{1}{n}\right)^n = \frac{1}{e} \neq 0,$$

故当 $n\to\infty$ 时,一般项 a_n 不趋于 0,从而原级数 $\displaystyle\sum_{n=1}^{\infty} (-1)^{n-1}\left(1-\frac{1}{n}\right)^n$ 发散.

11.2 正项级数及其敛散性的判别法

若级数 $\displaystyle\sum_{n=1}^{\infty} a_n$ 的一般项 $a_n \geq 0\,(n \in \mathbf{N}_+)$,则称级数 $\displaystyle\sum_{n=1}^{\infty} a_n$ 为正项级数.

对于正项级数 $\displaystyle\sum_{n=1}^{\infty} a_n$,其部分和数列 $\{S_n\}$ 显然是单调增加的.回忆第 2 章中单调有界数列的收敛准则:单调增加且有上界的数列必定收敛.将此准则应用到

部分和数列 $\{S_n\}$ 上,并注意到收敛数列必定是有界的,则有

定理 11.5(收敛原理) 正项级数 $\sum\limits_{n=1}^{\infty} a_n$ 收敛的充要条件是其部分和数列 $\{S_n\}$ 有上界.

定理 11.5 是一系列的正项级数敛散性判别法的基础.

推论 1 若级数 $\sum\limits_{n=1}^{\infty} a_n$ 满足:$\exists N>0$,使得当 $n>N$ 时,有 $a_n \geq 0$,那么级数 $\sum\limits_{n=1}^{\infty} a_n$ 收敛的充要条件是 $\sum\limits_{n=1}^{\infty} a_n$ 的部分和数列 $\{S_n\}$ 有上界.

证 定义数列 $\{b_n\}$ 为

$$b_n = \begin{cases} 0, & 1 \leq n \leq N, \\ a_n, & n>N, \end{cases}$$

则 $\sum\limits_{n=1}^{\infty} b_n$ 是正项级数,且由定理 11.2,级数 $\sum\limits_{n=1}^{\infty} a_n$ 与级数 $\sum\limits_{n=1}^{\infty} b_n$ 具有相同的敛散性.另一方面,$\sum\limits_{n=1}^{\infty} b_n$ 的部分和

$$T_n = \begin{cases} 0, & 1 \leq n \leq N, \\ S_n - S_N, & n>N, \end{cases}$$

因此数列 $\{S_n\}$ 有上界 $\Leftrightarrow$ 数列 $\{T_n\}$ 有上界 $\Leftrightarrow$ 级数 $\sum\limits_{n=1}^{\infty} b_n$ 收敛 $\Leftrightarrow$ 级数 $\sum\limits_{n=1}^{\infty} a_n$ 收敛.

例 11.7 讨论 p 级数 $\sum\limits_{n=1}^{\infty} \dfrac{1}{n^p}$ 的敛散性.

解 考察此正项级数的部分和 $S_n = \sum\limits_{k=1}^{n} \dfrac{1}{k^p}$.

当 $p>1$ 时,由于 $\dfrac{1}{k^p} < \displaystyle\int_{k-1}^{k} \dfrac{1}{x^p} \mathrm{d}x$,所以

$$\begin{aligned} S_n &= 1 + \sum_{k=2}^{n} \frac{1}{k^p} < 1 + \sum_{k=2}^{n} \int_{k-1}^{k} \frac{1}{x^p} \mathrm{d}x \\ &= 1 + \int_{1}^{n} \frac{\mathrm{d}x}{x^p} = 1 + \frac{1}{p-1}\left(1 - \frac{1}{n^{p-1}}\right) \\ &< 1 + \frac{1}{p-1}, \end{aligned}$$

故级数 $\sum\limits_{n=1}^{\infty} \dfrac{1}{n^p}$ 收敛.

当 $p \leqslant 1$ 时,由于 $\dfrac{1}{k^p} \geqslant \dfrac{1}{k} > \displaystyle\int_k^{k+1} \dfrac{\mathrm{d}x}{x}$,所以

$$S_n > \sum_{k=1}^n \int_k^{k+1} \frac{1}{x} \mathrm{d}x = \int_1^{n+1} \frac{\mathrm{d}x}{x} = \ln(n+1) \to +\infty \quad (n \to \infty),$$

故级数 $\displaystyle\sum_{n=1}^\infty \frac{1}{n^p}$ 发散.

综上所述:级数 $\displaystyle\sum_{n=1}^\infty \frac{1}{n^p}$ 当 $p > 1$ 时收敛,当 $p \leqslant 1$ 时发散.

p 级数在判别正项级数敛散性时有重要的作用.

由于估计正项级数部分和的上界往往并不容易,因此直接运用定理 11.5 判别正项级数敛散性通常较为困难.下面我们介绍一些常用的正项级数敛散性的判别法.

11.2.1 比较判别法及推论

比较判别法是正项级数敛散性判别法中最基本的一个,其基本思想是借助于已知敛散性的级数来判断另一级数的敛散性.

定理 11.6(比较判别法) 若 $\displaystyle\sum_{n=1}^\infty a_n$ 和 $\displaystyle\sum_{n=1}^\infty b_n$ 均是正项级数,且 $\exists N \in \mathbf{N}_+$,使得当 $n > N$ 时,

$$a_n \leqslant b_n,$$

那么当 $\displaystyle\sum_{n=1}^\infty b_n$ 收敛时,$\displaystyle\sum_{n=1}^\infty a_n$ 也收敛;而当 $\displaystyle\sum_{n=1}^\infty a_n$ 发散时,$\displaystyle\sum_{n=1}^\infty b_n$ 也发散.

证 定理的后半部分是前半部分的逆否命题,因此只需证前半部分.

根据定理 11.2,在有必要时可改变级数 $\displaystyle\sum_{n=1}^\infty a_n$ 中至多 N 项的值,因此不妨设 $a_n \leqslant b_n$ 对一切 $n \in \mathbf{N}_+$ 成立.记 $\displaystyle\sum_{n=1}^\infty a_n$ 和 $\displaystyle\sum_{n=1}^\infty b_n$ 的部分和分别为 S_n 和 T_n,则有 $S_n \leqslant T_n$.由于 $\displaystyle\sum_{n=1}^\infty b_n$ 收敛,所以 T_n 有上界 T,从而 $S_n \leqslant T_n \leqslant T$.由定理 11.5 得到 $\displaystyle\sum_{n=1}^\infty a_n$ 收敛.

例 11.8 判定级数 $\displaystyle\sum_{n=1}^\infty \frac{1}{2^n+1}$ 的敛散性.

解 由于 $\dfrac{1}{2^n+1} \leqslant \dfrac{1}{2^n}$,而 $\displaystyle\sum_{n=1}^\infty \frac{1}{2^n}$ 收敛,故 $\displaystyle\sum_{n=1}^\infty \frac{1}{2^n+1}$ 也收敛.

此例中,我们是把原级数与 $\sum\limits_{n=1}^{\infty}\dfrac{1}{2^n}$ 进行比较.若要判定级数 $\sum\limits_{n=1}^{\infty}\dfrac{1}{\sqrt{n^3-n+1}}$ 的

敛散性,再用定理 11.6 就不那么方便(读者可以尝试之),而比较判别法的极限

形式可以克服这一障碍.

定理 11.7(比较判别法的极限形式) 设 $a_n \geqslant 0$ 且 $b_n > 0$ ($n \in \mathbf{N}_+$),又 $\lim\limits_{n\to\infty}\dfrac{a_n}{b_n} = $

l(l 可为 $+\infty$),那么

(1)当 $0 < l < +\infty$ 时,级数 $\sum\limits_{n=1}^{\infty} a_n$ 与 $\sum\limits_{n=1}^{\infty} b_n$ 有相同的敛散性;

(2)当 $l = 0$ 时,由 $\sum\limits_{n=1}^{\infty} b_n$ 收敛可得 $\sum\limits_{n=1}^{\infty} a_n$ 收敛;

(3)当 $l = +\infty$ 时,由 $\sum\limits_{n=1}^{\infty} b_n$ 发散可得 $\sum\limits_{n=1}^{\infty} a_n$ 发散.

证 (1)当 $0 < l < +\infty$ 时,取 $\varepsilon_1 = \dfrac{l}{2}$.由 $\lim\limits_{n\to\infty}\dfrac{a_n}{b_n} = l$ 可得:$\exists N_1 \in \mathbf{N}_+$,当 $n > N_1$

时,有

$$\left| \frac{a_n}{b_n} - l \right| < \varepsilon_1 = \frac{l}{2} \Rightarrow \frac{l}{2} b_n < a_n < \frac{3l}{2} b_n.$$

当 $\sum\limits_{n=1}^{\infty} b_n$ 收敛时,则 $\sum\limits_{n=1}^{\infty} \dfrac{3l}{2} b_n$ 也收敛,从而由比较判别法可得 $\sum\limits_{n=1}^{\infty} a_n$ 收敛.同样

地,当 $\sum\limits_{n=1}^{\infty} a_n$ 收敛时可知 $\sum\limits_{n=1}^{\infty} \dfrac{l}{2} b_n$ 收敛,因此 $\sum\limits_{n=1}^{\infty} b_n$ 也收敛.

(2)当 $l = 0$ 时,取 $\varepsilon_2 = 1$.由 $\lim\limits_{n\to\infty}\dfrac{a_n}{b_n} = 0$ 可得:$\exists N_2 \in \mathbf{N}_+$,当 $n > N_2$ 时,有 $0 \leqslant \dfrac{a_n}{b_n} <$

1,从而 $a_n < b_n$.故当 $\sum\limits_{n=1}^{\infty} b_n$ 收敛时可得 $\sum\limits_{n=1}^{\infty} a_n$ 收敛.

(3)显然这是(2)的逆否命题,因此也成立.

利用定理 11.7 并结合 p 级数的敛散性结果,容易得到下面的 p-判别法.

推论 2(p-判别法) 设 $\sum\limits_{n=1}^{\infty} a_n$ 是正项级数,且 $\lim\limits_{n\to\infty} n^p a_n = l$($l$ 可为 $+\infty$),那么

(1)当 $0 \leqslant l < +\infty$,且 $p > 1$ 时,$\sum\limits_{n=1}^{\infty} a_n$ 收敛;

(2)当 $0 < l \leqslant +\infty$,且 $p \leqslant 1$ 时,$\sum\limits_{n=1}^{\infty} a_n$ 发散.

级数收敛的必要条件是其一般项为无穷小.我们可从无穷小比较的角度来理解定理 11.7:对正项级数 $\sum\limits_{n=1}^{\infty} a_n$ 与 $\sum\limits_{n=1}^{\infty} b_n$,若 a_n 与 b_n 是同阶无穷小,则 $\sum\limits_{n=1}^{\infty} a_n$ 与 $\sum\limits_{n=1}^{\infty} b_n$ 有相同的敛散性;若 a_n 是比 b_n 高阶的无穷小,则由 $\sum\limits_{n=1}^{\infty} b_n$ 收敛可得 $\sum\limits_{n=1}^{\infty} a_n$ 收敛;而若 b_n 是比 a_n 高阶的无穷小,则由 $\sum\limits_{n=1}^{\infty} b_n$ 发散可得 $\sum\limits_{n=1}^{\infty} a_n$ 发散.

例 11.9 判定下列级数的敛散性.

(1) $\sum\limits_{n=1}^{\infty} \dfrac{1}{\sqrt{n^3-n+1}}$;   (2) $\sum\limits_{n=1}^{\infty} \dfrac{1}{\ln^2(n+1)}$.

解 (1) 级数的一般项 $a_n = \dfrac{1}{\sqrt{n^3-n+1}}$,取 $b_n = \dfrac{1}{n^{\frac{3}{2}}}$,则有

$$\lim_{n\to\infty} \frac{a_n}{b_n} = 1,$$

由于 $\sum\limits_{n=1}^{\infty} b_n = \sum\limits_{n=1}^{\infty} \dfrac{1}{n^{\frac{3}{2}}}$ 收敛,故级数 $\sum\limits_{n=1}^{\infty} \dfrac{1}{\sqrt{n^3-n+1}}$ 收敛.

(2) 级数的一般项 $a_n = \dfrac{1}{\ln^2(n+1)}$.由于 $\ln n$ 的任何正幂次比 n 趋于无穷大的速度都慢,故取 $b_n = \dfrac{1}{n}$,则有

$$\lim_{n\to\infty} \frac{a_n}{b_n} = \lim_{n\to\infty} \frac{n}{\ln^2(n+1)} = +\infty.$$

由 $\sum\limits_{n=1}^{\infty} \dfrac{1}{n}$ 发散知 $\sum\limits_{n=1}^{\infty} \dfrac{1}{\ln^2(n+1)}$ 发散.

例 11.10 讨论下列级数的敛散性.

(1) $\sum\limits_{n=1}^{\infty} \sin^p \dfrac{\pi}{n}$;   (2) $\sum\limits_{n=1}^{\infty} a^{\ln\frac{1}{n}} (a>0)$.

解 (1) 级数的一般项 $a_n = \sin^p \dfrac{\pi}{n}$.由于 $\sin\dfrac{\pi}{n}$ 与 $\dfrac{\pi}{n}$ 是等价无穷小,因此取 $b_n = \dfrac{1}{n^p}$,就有

$$\lim_{n \to \infty} \frac{a_n}{b_n} = \pi^p,$$

从而 $\sum\limits_{n=1}^{\infty} \sin^p \dfrac{\pi}{n}$ 与 $\sum\limits_{n=1}^{\infty} \dfrac{1}{n^p}$ 有相同的敛散性,故当 $p > 1$ 时,级数 $\sum\limits_{n=1}^{\infty} \sin^p \dfrac{\pi}{n}$ 收敛;当

$p \leqslant 1$ 时,级数 $\sum\limits_{n=1}^{\infty} \sin^p \dfrac{\pi}{n}$ 发散.

（2）级数的一般项

$$a_n = a^{\ln \frac{1}{n}} = \mathrm{e}^{\left(\ln \frac{1}{n} \right) \cdot \ln a} = \frac{1}{n^{\ln a}}.$$

当 $p = \ln a > 1$ 时,即 $a > \mathrm{e}$ 时,级数 $\sum\limits_{n=1}^{\infty} a^{\ln \frac{1}{n}}$ 收敛;当 $p = \ln a \leqslant 1$ 时,即 $0 <$

$a \leqslant \mathrm{e}$ 时,级数 $\sum\limits_{n=1}^{\infty} a^{\ln \frac{1}{n}}$ 发散.

上面的例子表明,若能估计出级数一般项$\left(\text{相对于} \dfrac{1}{n}\right)$的阶,那么其敛散性

的判断还是容易的.但在有些情形下,这种估计是困难的.例如考察 $\sum\limits_{n=1}^{\infty} \dfrac{1}{n\ln n}$,其

一般项为

$$a_n = \frac{1}{n\ln n}.$$

当 $p>1$ 时,$\lim\limits_{n \to \infty} n^p \cdot \dfrac{1}{n\ln n} = +\infty$;当 $p \leqslant 1$ 时,$\lim\limits_{n \to \infty} n^p \cdot \dfrac{1}{n\ln n} = 0$,因此我们无法

用定理 11.7 的推论来判断级数 $\sum\limits_{n=1}^{\infty} \dfrac{1}{n\ln n}$ 的敛散性.

11.2.2　比值判别法和根值判别法

用比较判别法判定正项级数的敛散性,依赖于另一个已知敛散性的适当的
正项级数.但有时候,要选择这样一个级数并不容易.为此我们介绍仅依赖级数
本身结构来确定其敛散性的两个常用判别法——比值判别法和根值判别法,其
中比值判别法也称为达朗贝尔（D'Alembert,1717—1783,法国数学家）判别法,
根值判别法也称为柯西判别法.

定理 11.8（比值判别法）　设 $\sum\limits_{n=1}^{\infty} a_n$ 为正项级数,且 $\lim\limits_{n \to \infty} \dfrac{a_{n+1}}{a_n} = l$（$l$ 可为 $+\infty$）,

那么

（1）当 $0 \leqslant l < 1$ 时,级数 $\sum\limits_{n=1}^{\infty} a_n$ 收敛;

（2）当 $1 < l \leqslant +\infty$ 时,级数 $\sum\limits_{n=1}^{\infty} a_n$ 发散.

证 （1）当 $0 \leqslant l < 1$ 时, 取 $\varepsilon = \dfrac{1-l}{2} > 0.$ 由 $\lim\limits_{n \to \infty} \dfrac{a_{n+1}}{a_n} = l$ 可得: $\exists N_1 \in \mathbf{N}_+$, 当 $n > N_1$ 时,

$$\left| \frac{a_{n+1}}{a_n} - l \right| < \varepsilon = \frac{1-l}{2} \Rightarrow 0 \leqslant \frac{a_{n+1}}{a_n} < l + \frac{1-l}{2} = \frac{1+l}{2},$$

因此当 $n > N_1$ 时,有

$$a_{n+1} < \frac{1+l}{2} a_n < \cdots < \left(\frac{1+l}{2} \right)^{n-N_1} a_{N_1+1}.$$

由于 $\dfrac{l+1}{2} < 1$,所以等比级数 $\sum\limits_{n=N_1}^{\infty} \left(\dfrac{1+l}{2} \right)^{n-N_1} a_{N_1+1}$ 收敛.根据比较判别法可知 $\sum\limits_{n=1}^{\infty} a_n$ 收敛.

（2）当 $1 < l \leqslant +\infty$ 时,由 $\lim\limits_{n \to \infty} \dfrac{a_{n+1}}{a_n} = l$ 可知 $\lim\limits_{n \to \infty} \left(\dfrac{a_{n+1}}{a_n} - 1 \right) = l - 1 > 0$,故依极限的保号性知: $\exists N_2 \in \mathbf{N}_+$,当 $n \geqslant N_2$ 时,有

$$\frac{a_{n+1}}{a_n} - 1 > 0,$$

从而推得

$$a_{n+1} > a_n > \cdots > a_{N_2},$$

于是当 $n \to \infty$ 时,级数的一般项 a_n 不趋于零,故 $\sum\limits_{n=1}^{\infty} a_n$ 发散.

注意,当 $l = 1$ 时,无法应用比值判别法.此时,级数是否收敛还需要进一步判定.以 p 级数为例,当 $p \in \mathbf{R}$ 时总有

$$l = \lim\limits_{n \to \infty} \frac{a_{n+1}}{a_n} = \lim\limits_{n \to \infty} \frac{n^p}{(n+1)^p} = 1.$$

但我们知道 p 级数当 $p > 1$ 时收敛,当 $p \leqslant 1$ 时发散.

这个例子同时表明:比值判别法虽然在使用上方便,但未必精细,有些不能用它来判断敛散性的级数却可用比较判别法来判别.

例 11.11 判定下列级数的敛散性.

（1）$\sum\limits_{n=1}^{\infty} \dfrac{a^n}{n!}\,(a>0)$ ；　　　　（2）$\sum\limits_{n=1}^{\infty} \dfrac{2^n+3}{3^n-2}$.

解　（1）级数的一般项 $a_n = \dfrac{a^n}{n!}$. 由于

$$\lim_{n\to\infty} \frac{a_{n+1}}{a_n} = \lim_{n\to\infty} \frac{a}{n+1} = 0,$$

故级数 $\sum\limits_{n=1}^{\infty} \dfrac{a^n}{n!}$ 收敛.

（2）级数的一般项 $a_n = \dfrac{2^n+3}{3^n-2}$. 由于

$$\lim_{n\to\infty} \frac{a_{n+1}}{a_n} = \lim_{n\to\infty} \frac{2^{n+1}+3}{3^{n+1}-2} \cdot \frac{3^n-2}{2^n+3}$$

$$= \lim_{n\to\infty} \frac{2^{n+1}+3}{2^n+3} \cdot \lim_{n\to\infty} \frac{3^n-2}{3^{n+1}-2} = \frac{2}{3} < 1,$$

故级数 $\sum\limits_{n=1}^{\infty} \dfrac{2^n+3}{3^n-2}$ 收敛.

例 11.12　设 $a>0$，试讨论级数 $\sum\limits_{n=1}^{\infty} \dfrac{a^n n!}{n^n}$ 的敛散性.

解　级数的一般项 $a_n = \dfrac{a^n n!}{n^n}$. 由于

$$\lim_{n\to\infty} \frac{a_{n+1}}{a_n} = \lim_{n\to\infty} \frac{a(n+1)n^n}{(n+1)^{n+1}} = \lim_{n\to\infty} \frac{a}{\left(1+\dfrac{1}{n}\right)^n} = \frac{a}{\mathrm{e}},$$

故当 $a<\mathrm{e}$ 时，此级数收敛；当 $a>\mathrm{e}$ 时，此级数发散.

当 $a=\mathrm{e}$ 时，由 $\left(1+\dfrac{1}{n}\right)^n < \mathrm{e}$ 可知

$$\frac{a_{n+1}}{a_n} = \frac{\mathrm{e}(n+1)n^n}{(n+1)^{n+1}} = \frac{\mathrm{e}}{\left(1+\dfrac{1}{n}\right)^n} > 1,$$

因此

$$a_{n+1} > a_n > \cdots > a_1 = \mathrm{e},$$

从而 a_n 不趋于零. 由此可知当 $a=\mathrm{e}$ 时，原级数发散.

综上所述：当 $0<a<\mathrm{e}$ 时，级数 $\sum\limits_{n=1}^{\infty} \dfrac{a^n n!}{n^n}$ 收敛；当 $a\geqslant\mathrm{e}$ 时，级数 $\sum\limits_{n=1}^{\infty} \dfrac{a^n n!}{n^n}$ 发散.

定理 11.9（根值判别法）　设 $\sum\limits_{n=1}^{\infty} a_n$ 为正项级数，且 $\lim\limits_{n\to\infty} \sqrt[n]{a_n} = l$（$l$ 可为 $+\infty$），那么

（1）当 $0 \le l < 1$ 时，级数 $\sum\limits_{n=1}^{\infty} a_n$ 收敛；

（2）当 $1 < l \le +\infty$ 时，级数 $\sum\limits_{n=1}^{\infty} a_n$ 发散.

此定理证明的方法类似于定理 11.8 的证明方法，留给读者作为练习.与比值判别法一样，根值判别法在 $l=1$ 时也失效.由这两个判别法的证明过程可以发现，它们都是与几何级数作比较而得出的判别法，虽然两者适用的级数类型不同，但在适用程度上却是近似的.

事实上，可以证明：若非负数列 $\{a_n\}$ 满足 $\lim\limits_{n\to\infty}\dfrac{a_{n+1}}{a_n} = l$，则有 $\lim\limits_{n\to\infty}\sqrt[n]{a_n} = l$.这表明：虽然在具体应用中比值判别法和根值判别法各有方便之处，但从理论上讲，根值判别法较比值判别法适用的级数范围更广泛一些，即能用比值判别法判断敛散性的级数必可用根值判别法判断其敛散性.

例 11.13　设常数 $a>0$，试讨论级数 $\sum\limits_{n=1}^{\infty}\dfrac{n}{\left(a+\dfrac{1}{n}\right)^n}$ 的敛散性.

解　这个级数的一般项 $a_n = \dfrac{n}{\left(a+\dfrac{1}{n}\right)^n}$.由于

$$\lim_{n\to\infty}\sqrt[n]{a_n} = \lim_{n\to\infty}\frac{\sqrt[n]{n}}{a+\dfrac{1}{n}} = \frac{1}{a},$$

故当 $a>1$ 时，此级数收敛；当 $0<a<1$ 时，此级数发散.

当 $a=1$ 时，由于通项 $a_n = \dfrac{n}{\left(1+\dfrac{1}{n}\right)^n} \to +\infty$ （$n\to\infty$），故级数发散.

综上所述：当 $a>1$ 时，原级数收敛；当 $0<a\le 1$ 时，原级数发散.

11.2.3　积分判别法

前面我们已经提到，用比较判别法及其推论难以判断级数 $\sum\limits_{n=2}^{\infty}\dfrac{1}{n\ln n}$ 的敛散

性.事实上,用比值判别法和根值判别法也无法判断级数 $\sum\limits_{n=2}^{\infty}\dfrac{1}{n\ln n}$ 的敛散性.然

而用下面介绍的积分判别法就很容易判断级数 $\sum\limits_{n=2}^{\infty}\dfrac{1}{n\ln n}$ 的敛散性.

定理 11.10(积分判别法) 设 $\sum\limits_{n=1}^{\infty}a_n$ 为正项级数,若非负函数 $f(x)$ 在

$[1,+\infty)$ 上单调减少,且 $\forall n\in\mathbf{N}_+$,有 $a_n=f(n)$,则级数 $\sum\limits_{n=1}^{\infty}a_n$ 与反常积分

$\int_1^{+\infty}f(x)\mathrm{d}x$ 有相同的敛散性.

证 如图 11.1,由于 $f(x)$ 单调减少,故当 $x\in[k,k+1]$ 时有

$$a_{k+1}=f(k+1)\leqslant f(x)\leqslant f(k)=a_k,$$

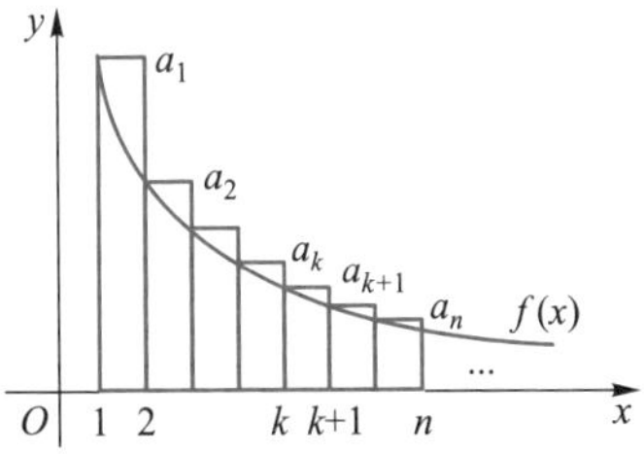

从而

$$a_{k+1}\leqslant\int_k^{k+1}f(x)\mathrm{d}x\leqslant a_k.$$

设 S_n 为 $\sum\limits_{n=1}^{\infty}a_n$ 的前 n 项部分和,则有

$$S_n-a_1=\sum_{k=1}^{n-1}a_{k+1}\leqslant\int_1^n f(x)\mathrm{d}x\leqslant\sum_{k=1}^{n-1}a_k=S_{n-1}.$$

图 11.1

若 $\int_1^{+\infty}f(x)\mathrm{d}x$ 收敛,则

$$S_n\leqslant a_1+\int_1^n f(x)\mathrm{d}x\leqslant a_1+\int_1^{+\infty}f(x)\mathrm{d}x,$$

于是 $\{S_n\}$ 有上界.由定理 11.5 知 $\sum\limits_{n=1}^{\infty}a_n$ 收敛.若 $\int_1^{+\infty}f(x)\mathrm{d}x$ 发散,则

$$S_n\geqslant\int_1^{n+1}f(x)\mathrm{d}x,$$

故 $\{S_n\}$ 无上界,仍由定理 11.5 可得级数 $\sum\limits_{n=1}^{\infty}a_n$ 发散.

显然,定理中的区间 $[1,+\infty)$ 的左端点可以换成其他正整数.

例 11.14 讨论级数 $\sum\limits_{n=2}^{\infty}\dfrac{1}{n(\ln n)^q}$ 的敛散性,其中常数 $q>0$.

解 令 $f(x)=\dfrac{1}{x(\ln x)^q}$,那么 $f(x)$ 在 $[2,+\infty)$ 上非负且单调减少,且

$$f(n) = \frac{1}{n(\ln n)^q}.$$

当 $q \neq 1$ 时,

$$\int_2^{+\infty} f(x)\,\mathrm{d}x = \int_2^{+\infty} \frac{\mathrm{d}x}{x(\ln x)^q} = \frac{(\ln x)^{1-q}}{1-q}\bigg|_2^{+\infty}$$

$$= \begin{cases} \dfrac{(\ln 2)^{1-q}}{q-1}, & q>1, \\ +\infty, & 0<q<1; \end{cases}$$

当 $q = 1$ 时,

$$\int_2^{+\infty} f(x)\,\mathrm{d}x = \int_2^{+\infty} \frac{\mathrm{d}x}{x(\ln x)} = \ln(\ln x)\bigg|_2^{+\infty} = +\infty.$$

因此当 $q>1$ 时,级数 $\displaystyle\sum_{n=2}^{\infty} \frac{1}{n(\ln n)^q}$ 收敛;当 $q \leqslant 1$ 时,级数 $\displaystyle\sum_{n=2}^{\infty} \frac{1}{n(\ln n)^q}$ 发散.

11.3 任意项级数敛散性的判别法

在这一节中,我们将去掉一般项 $a_n \geqslant 0$ ($n \in \mathbf{N}_+$)这个条件,转而讨论任意项级数(即一般项取值可正、可负的级数)的敛散性.首先我们给出交错项级数敛散性的莱布尼茨判别法,然后引进阿贝尔(Abel,1802—1829,挪威数学家)不等式,再介绍任意项级数敛散性的阿贝尔判别法和狄利克雷判别法.在本节的最后,我们对绝对收敛和条件收敛的级数做初步的探讨.

11.3.1 交错级数敛散性的判别法

各项正负相间的级数,即形如 $\pm \displaystyle\sum_{n=1}^{\infty} (-1)^{n-1} a_n (a_n>0)$ 的级数称为交错级数.例如 $\displaystyle\sum_{n=1}^{\infty} (-1)^{n-1} \frac{1}{n}$ 就是交错级数.交错级数敛散性判别的一个著名方法是莱布尼茨判别法.

定理 11.11(莱布尼茨判别法) 若交错级数 $\displaystyle\sum_{n=1}^{\infty} (-1)^{n-1} a_n$ 满足:

(1) $0 < a_{n+1} \leqslant a_n (n \in \mathbf{N}_+)$;

(2) $\displaystyle\lim_{n \to \infty} a_n = 0$,

则级数 $\displaystyle\sum_{n=1}^{\infty} (-1)^{n-1} a_n$ 收敛,且其余项级数满足 $\left| \displaystyle\sum_{k=n+1}^{\infty} (-1)^{k-1} a_k \right| \leqslant a_{n+1}.$

证 记级数 $\displaystyle\sum_{n=1}^{\infty} (-1)^{n-1} a_n$ 的前 n 项部分和为 S_n. 一方面,由条件(1)有 $a_{2k-1} - a_{2k} \geqslant 0$, 故得

$$S_{2k} = (a_1 - a_2) + (a_3 - a_4) + \cdots + (a_{2k-1} - a_{2k}) \geqslant S_{2(k-1)},$$

且

$$S_{2k} = a_1 - (a_2 - a_3) - \cdots - (a_{2k-2} - a_{2k-1}) - a_{2k} \leqslant a_1,$$

所以 $\{S_{2k}\}$ 单调增加有上界,从而存在极限

$$\lim_{k \to \infty} S_{2k} = S.$$

另一方面,由 $S_{2k-1} = S_{2k} + a_{2k}$ 以及条件(2)有

$$\lim_{k \to \infty} S_{2k-1} = S.$$

这样 $\{S_n\}$ 的奇、偶子列均收敛于同一极限 S, 因此有 $\lim\limits_{n \to \infty} S_n = S$, 即级数 $\displaystyle\sum_{n=1}^{\infty} (-1)^{n-1} a_n$ 收敛.

此外,易知

$$\left| \sum_{k=n+1}^{\infty} (-1)^{k-1} a_k \right| = a_{n+1} - a_{n+2} + a_{n+3} - a_{n+4} + \cdots$$

$$= a_{n+1} - (a_{n+2} - a_{n+3}) - \cdots \leqslant a_{n+1}.$$

特别地,有 $0 \leqslant \displaystyle\sum_{n=1}^{\infty} (-1)^{n-1} a_n \leqslant a_1.$

例 11.15 判别下列级数的敛散性.

(1) $\displaystyle\sum_{n=1}^{\infty} (-1)^{n-1} \frac{1}{n^p}$ $(p>0)$; (2) $\displaystyle\sum_{n=1}^{\infty} (-1)^{n-1} \frac{n}{4n-1}$;

(3) $\displaystyle\sum_{n=1}^{\infty} (-1)^{n-1} \left(\sin \frac{1}{n} - \frac{1}{n} \right).$

解 (1) 级数一般项的绝对值为 $a_n = \dfrac{1}{n^p}$. 由于

$$a_{n+1} = \frac{1}{(n+1)^p} \leqslant \frac{1}{n^p} = a_n,$$

且当 $p>0$ 时,

$$\lim_{n \to \infty} a_n = \lim_{n \to \infty} \frac{1}{n^p} = 0,$$

故根据莱布尼茨判别法知级数 $\sum\limits_{n=1}^{\infty}(-1)^{n-1}\dfrac{1}{n^p}$（$p>0$）收敛.

（2）级数一般项的绝对值

$$a_n=\frac{n}{4n-1}=\frac{1}{4}+\frac{1}{4(4n-1)}.$$

虽然 a_n 是单调减少的，但由于 $\lim\limits_{n\to\infty}a_n=\dfrac{1}{4}\neq0$，所以这个交错级数是发散的.

（3）首先有

$$\sum_{n=1}^{\infty}(-1)^{n-1}\left(\sin\frac{1}{n}-\frac{1}{n}\right)=\sum_{n=1}^{\infty}(-1)^{n}\left(\frac{1}{n}-\sin\frac{1}{n}\right).$$

令 $f(x)=x-\sin x$，则 $f'(x)=1-\cos x\geq0$，故 $f(x)$ 严格单调增加，从而

$$\frac{1}{n}-\sin\frac{1}{n}=f\left(\frac{1}{n}\right)>f(0)=0,$$

因此这是一个交错级数. 又因为 $\dfrac{1}{n}-\sin\dfrac{1}{n}$ 单调减少，且因 $\lim\limits_{n\to\infty}\left(\dfrac{1}{n}-\sin\dfrac{1}{n}\right)=0$，根据莱布尼茨判别法知原级数收敛.

*11.3.2　阿贝尔判别法和狄利克雷判别法

在本小节中，我们将讨论形如 $\sum\limits_{n=1}^{\infty}a_nb_n$ 的级数的敛散性. 为此，我们先介绍一个不等式.

定理 11.12（阿贝尔引理）　设 $\{a_k\}$ 为单调数列，$B_k=\sum\limits_{i=1}^{k}b_i$，且 $|B_k|\leq M$（$k=1,2,\cdots$），则

$$\left|\sum_{k=1}^{n}a_kb_k\right|\leq M(|a_1|+2|a_n|).$$

证　令 $B_0=0$，则有 $b_k=B_k-B_{k-1}$（$k=1,2,\cdots,n$），于是

$$\sum_{k=1}^{n}a_kb_k=\sum_{k=1}^{n}a_k(B_k-B_{k-1})=\sum_{k=1}^{n}a_kB_k-\sum_{k=1}^{n}a_kB_{k-1}$$

$$=\sum_{k=1}^{n}a_kB_k-\sum_{k=1}^{n-1}a_{k+1}B_k=\left(\sum_{k=1}^{n-1}a_kB_k+a_nB_n\right)-\sum_{k=1}^{n-1}a_{k+1}B_k$$

$$=\sum_{k=1}^{n-1}(a_k-a_{k+1})B_k+a_nB_n,$$

从而

$$\left| \sum_{k=1}^{n} a_k b_k \right| \leqslant \sum_{k=1}^{n-1} |a_k - a_{k+1}| |B_k| + |a_n B_n|$$

$$\leqslant M\left(\sum_{k=1}^{n-1} |a_k - a_{k+1}| + |a_n| \right).$$

由于 $\{a_k\}$ 单调,故

$$\sum_{k=1}^{n-1} |a_k - a_{k+1}| = \left| \sum_{k=1}^{n-1} (a_k - a_{k+1}) \right| = |a_1 - a_n|.$$

将其代入前式便得

$$\left| \sum_{k=1}^{n} a_k b_k \right| \leqslant M(|a_1| + 2|a_n|).$$

定理 11.12 中出现的不等式 $\left| \sum_{k=1}^{n} a_k b_k \right| \leqslant M(|a_1| + 2|a_n|)$ 称为阿贝尔不等式.下面我们不加证明地介绍著名的柯西收敛原理,它给出了极限存在的一个充要条件.

柯西收敛原理　数列 $\{x_n\}$ 收敛的充要条件为:$\forall \varepsilon > 0$,$\exists N \in \mathbf{N}_+$,$\forall n > N$ 以及 $\forall p \in \mathbf{N}_+$,总有

$$|x_{n+p} - x_n| < \varepsilon.$$

注意柯西收敛原理在描述数列 $\{x_n\}$ 极限的存在性时未涉及极限 A,显然这是合理的,因为 A 尚未确定时,讨论收敛性应该仅仅依赖数列 $\{x_n\}$ 本身.

对于级数 $\sum_{n=1}^{\infty} a_n$,记其前 n 项部分和数列为 $\{S_n\}$,并将柯西收敛原理中的数列 $\{x_n\}$ 取为 $\{S_n\}$,就得到级数 $\sum_{n=1}^{\infty} a_n$ 的柯西收敛原理.级数 $\sum_{n=1}^{\infty} a_n$ 收敛的充要条件为:$\forall \varepsilon > 0$,$\exists N \in \mathbf{N}_+$,$\forall n > N$ 以及 $\forall p \in \mathbf{N}_+$,总有

$$|S_{n+p} - S_n| = \left| \sum_{k=n+1}^{n+p} a_k \right| < \varepsilon.$$

借助于阿贝尔引理和柯西收敛原理,我们可以得到下面的阿贝尔和狄利克雷判别法.

定理 11.13　若数列 $\{a_n\}$ 和 $\{b_n\}$ 满足下列两组条件之一,则级数 $\sum_{n=1}^{\infty} a_n b_n$ 收敛:

（1）（阿贝尔判别法）　$\{a_n\}$ 单调且有界,$\sum_{n=1}^{\infty} b_n$ 收敛;

（2）（狄利克雷判别法）　$\{a_n\}$ 单调且趋于 0,$\sum_{n=1}^{\infty} b_n$ 的部分和数列

$$\left\{ \sum_{k=1}^{n} b_k \right\} \text{有界}.$$

证 (1) 记 $\sum\limits_{n=1}^{\infty} a_n b_n$ 的部分和数列为 $\{S_n\}$，$\sum\limits_{n=1}^{\infty} b_n$ 的部分和数列为 $\{T_n\}$．设 $M>0$ 是数列 $\{a_n\}$ 的一个界，即 $\forall n \in \mathbf{N}_+$ 有 $|a_n| \leqslant M$．

由于 $\{T_n\}$ 收敛，根据柯西收敛原理的必要性知：$\forall \varepsilon > 0, \exists N \in \mathbf{N}_+, \forall n > N$ 以及 $\forall p \in \mathbf{N}_+$，总有

$$\left| \sum_{k=n+1}^{n+p} b_k \right| = |T_{n+p} - T_n| < \frac{\varepsilon}{3M}.$$

由阿贝尔引理得

$$|S_{n+p} - S_n| = \left| \sum_{k=n+1}^{n+p} a_k b_k \right| < \frac{\varepsilon}{3M} (|a_{n+1}| + 2|a_{n+p}|) \leqslant \varepsilon.$$

再由柯西收敛原理的充分性可知数列 $\{S_n\}$ 收敛，即级数 $\sum\limits_{n=1}^{\infty} a_n b_n$ 收敛.

(2) 证明思路完全类似于 (1) 的证明思路，这里不再详述，留给读者作为练习.

例 11.16 判断下列级数的敛散性.

(1) $\sum\limits_{n=1}^{\infty} (-1)^n \dfrac{\cos \dfrac{n\pi}{n+10}}{n}$; (2) $\sum\limits_{n=1}^{\infty} \dfrac{\sin n}{n}$.

解 (1) 令 $a_n = \cos \dfrac{n\pi}{n+10}$，$b_n = (-1)^n \dfrac{1}{n}$，则级数 $\sum\limits_{n=1}^{\infty} b_n$ 收敛，而数列 $\{a_n\}$ 单调减少且有界，因此根据阿贝尔判别法知原级数收敛.

(2) 令 $a_n = \dfrac{1}{n}$，$b_n = \sin n$，则 $\{a_n\}$ 单调减少且趋于零．又 $\forall n \in \mathbf{N}_+$ 有

$$\left| \sum_{k=1}^{n} b_k \right| = |\sin 1 + \sin 2 + \cdots + \sin n| = \left| \frac{\cos \dfrac{1}{2} - \cos \left(n + \dfrac{1}{2} \right)}{2 \sin \dfrac{1}{2}} \right| \leqslant \frac{1}{\sin \dfrac{1}{2}},$$

因此级数 $\sum\limits_{n=1}^{\infty} b_n$ 的部分和数列有界．根据狄利克雷判别法可知级数 $\sum\limits_{n=1}^{\infty} \dfrac{\sin n}{n}$ 收敛.

11.3.3 绝对收敛与条件收敛

定义 11.3 设 $\sum\limits_{n=1}^{\infty} a_n$ 是任意项级数．若级数 $\sum\limits_{n=1}^{\infty} |a_n|$ 收敛，则称级数

$\displaystyle\sum_{n=1}^{\infty} a_n$ 绝对收敛;若级数 $\displaystyle\sum_{n=1}^{\infty} |a_n|$ 发散而 $\displaystyle\sum_{n=1}^{\infty} a_n$ 收敛,则称级数 $\displaystyle\sum_{n=1}^{\infty} a_n$ 条件收敛.

级数的绝对收敛与收敛有如下关系:

定理 11.14 若级数 $\displaystyle\sum_{n=1}^{\infty} a_n$ 绝对收敛,则 $\displaystyle\sum_{n=1}^{\infty} a_n$ 必收敛.

证 令

$$u_n = \frac{|a_n| + a_n}{2}, v_n = \frac{|a_n| - a_n}{2},$$

则有

$$0 \leq u_n \leq |a_n|, \quad 0 \leq v_n \leq |a_n| \ (n \in \mathbf{N}_+).$$

由条件知 $\displaystyle\sum_{n=1}^{\infty} |a_n|$ 收敛,所以根据正项级数的比较判别法可知 $\displaystyle\sum_{n=1}^{\infty} u_n$ 和 $\displaystyle\sum_{n=1}^{\infty} v_n$ 均收敛.注意到 $a_n = u_n - v_n$,再由收敛级数的线性性知 $\displaystyle\sum_{n=1}^{\infty} a_n$ 收敛.

根据这个定理,判别任意项级数 $\displaystyle\sum_{n=1}^{\infty} a_n$ 的敛散性可以先考察 $\displaystyle\sum_{n=1}^{\infty} |a_n|$ 的敛散性.由于后者是正项级数,所以有较多的敛散性判别法可利用.

例 11.17 判别下列级数的敛散性.

(1) $\displaystyle\sum_{n=1}^{\infty} \frac{\sin n}{n^2}$;   (2) $\displaystyle\sum_{n=1}^{\infty} (-1)^n \frac{1}{\ln(n+1)}$.

解 (1) 令 $a_n = \dfrac{\sin n}{n^2}$,则

$$|a_n| = \frac{|\sin n|}{n^2} \leq \frac{1}{n^2}.$$

由于 $\displaystyle\sum_{n=1}^{\infty} \frac{1}{n^2}$ 收敛,根据比较判别法可得 $\displaystyle\sum_{n=1}^{\infty} |a_n|$ 收敛,从而级数 $\displaystyle\sum_{n=1}^{\infty} \frac{\sin n}{n^2}$ 绝对收敛.

(2) 令 $a_n = (-1)^n \dfrac{1}{\ln(n+1)}$,则 $|a_n| = \dfrac{1}{\ln(n+1)}$.由于

$$\lim_{n \to \infty} n |a_n| = \lim_{n \to \infty} \frac{n}{\ln(n+1)} = +\infty,$$

据比较判别法的极限形式可知 $\displaystyle\sum_{n=1}^{\infty} |a_n|$ 发散.另一方面,原级数是交错级数,且

$a_n = \dfrac{1}{\ln(n+1)}$ 单调减少趋于零,根据莱布尼茨判别法可得 $\displaystyle\sum_{n=1}^{\infty}(-1)^n$

$\dfrac{1}{\ln(n+1)}$ 收敛.

综上,知级数 $\displaystyle\sum_{n=1}^{\infty}(-1)^n\dfrac{1}{\ln(n+1)}$ 条件收敛.

上例的(2)也说明定理 11.14 的逆命题是不成立的.

下面我们不加证明地给出绝对收敛级数的一个运算性质.

定理 11.15 若级数 $\displaystyle\sum_{n=1}^{\infty}a_n$ 绝对收敛,则任意交换其各项的次序所得的新级数仍绝对收敛,且其和不变.

此定理说明对于绝对收敛的级数,求其(无穷项的)和的运算与求有穷项的和(加法运算)一样满足交换律.然而,对于条件收敛的级数来说,并不具有这一性质.

考察交错级数 $\displaystyle\sum_{n=1}^{\infty}(-1)^{n-1}\dfrac{1}{\sqrt{n}}=1-\dfrac{1}{\sqrt{2}}+\dfrac{1}{\sqrt{3}}-\dfrac{1}{\sqrt{4}}+\cdots.$ 易见,这个级数条件收敛.

现在改变级数各项的次序得到新级数

$$1+\frac{1}{\sqrt{3}}-\frac{1}{\sqrt{2}}+\frac{1}{\sqrt{5}}+\frac{1}{\sqrt{7}}-\frac{1}{\sqrt{4}}+\cdots+\frac{1}{\sqrt{4n-3}}+\frac{1}{\sqrt{4n-1}}-\frac{1}{\sqrt{2n}}+\cdots.$$

将此新级数相邻的三项依次加括号组成级数

$$\left(1+\frac{1}{\sqrt{3}}-\frac{1}{\sqrt{2}}\right)+\left(\frac{1}{\sqrt{5}}+\frac{1}{\sqrt{7}}-\frac{1}{\sqrt{4}}\right)+\cdots+\left(\frac{1}{\sqrt{4n-3}}+\frac{1}{\sqrt{4n-1}}-\frac{1}{\sqrt{2n}}\right)+\cdots.$$

注意到

$$\frac{1}{\sqrt{4n-3}}+\frac{1}{\sqrt{4n-1}}-\frac{1}{\sqrt{2n}}>\frac{2}{\sqrt{4n}}-\frac{1}{\sqrt{2n}}=\left(1-\frac{\sqrt{2}}{2}\right)\frac{1}{\sqrt{n}},$$

所以由 $\displaystyle\sum_{n=1}^{\infty}\dfrac{1}{\sqrt{n}}$ 发散和比较判别法知 $\displaystyle\sum_{n=1}^{\infty}\left(\dfrac{1}{\sqrt{4n-3}}+\dfrac{1}{\sqrt{4n-1}}-\dfrac{1}{\sqrt{2n}}\right)$ 发散.根据定理 11.3,级数

$$1+\frac{1}{\sqrt{3}}-\frac{1}{\sqrt{2}}+\frac{1}{\sqrt{5}}+\frac{1}{\sqrt{7}}-\frac{1}{\sqrt{4}}+\cdots+\frac{1}{\sqrt{4n-3}}+\frac{1}{\sqrt{4n-1}}-\frac{1}{\sqrt{2n}}+\cdots$$

必定发散.

这个例子说明条件收敛的级数不满足加法交换律.

此外,绝对收敛的两个级数还可以定义乘法.事实上,我们有如下的柯西

定理.

*定理 11.16(柯西定理)   设级数 $\sum\limits_{n=1}^{\infty} a_n$, $\sum\limits_{n=1}^{\infty} b_n$ 均绝对收敛,且它们的和分别为 S 和 T,则它们各项的乘积 $a_i b_j$($i, j \in \mathbf{N}_+$)按任何方式排列所成的级数仍绝对收敛,且其和为 ST.

定理 11.16 事实上还给出了绝对收敛级数乘积的分配律.

11.4   函数项级数及其敛散性

定义 11.4   设函数列 $\{u_n(x)\}$($n = 1, 2, \cdots$)在实数集合(一般为区间)X 上有定义,则和式 $\sum\limits_{n=1}^{\infty} u_n(x)$ 称为函数项级数.若数项级数 $\sum\limits_{n=1}^{\infty} u_n(x_0)$($x_0 \in X$)收敛,则称 x_0 是级数 $\sum\limits_{n=1}^{\infty} u_n(x)$ 的收敛点,否则称 x_0 是级数 $\sum\limits_{n=1}^{\infty} u_n(x)$ 的发散点.函数项级数 $\sum\limits_{n=1}^{\infty} u_n(x)$ 的全体收敛点组成的集合 I 称为它的收敛域.

对于收敛域 I 中的每一点 x,记 $\sum\limits_{n=1}^{\infty} u_n(x)$ 的和为 $S(x)$,即

$$S(x) = \sum_{n=1}^{\infty} u_n(x) \quad (x \in I),$$

则这个定义在 I 的函数 $S(x)$ 称为 $\sum\limits_{n=1}^{\infty} u_n(x)$ 的和函数.

又记

$$S_n(x) = \sum_{k=1}^{n} u_k(x), r_n(x) = \sum_{k=n+1}^{\infty} u_k(x),$$

分别称之为 $\sum\limits_{n=1}^{\infty} u_n(x)$ 的前 n 项部分和函数(简称部分和)及余和.

显然,和函数 $S(x)$ 的定义域就是函数项级数 $\sum\limits_{n=1}^{\infty} u_n(x)$ 的收敛域 I,并且 $\forall x \in I$ 有

$$\lim_{n \to \infty} S_n(x) = S(x), \lim_{n \to \infty} r_n(x) = \lim_{n \to \infty} [S(x) - S_n(x)] = 0.$$

例 11.18   求函数项级数 $\sum\limits_{n=1}^{\infty} x^{n-1}$ 的收敛域.

解   此级数的部分和函数

$$S_n(x) = \sum_{k=1}^{n} x^{k-1} = \begin{cases} \dfrac{1-x^n}{1-x}, & x \neq 1, \\ n, & x = 1. \end{cases}$$

显然,当 $|x| < 1$ 时, $\lim\limits_{n \to \infty} S_n(x) = \dfrac{1}{1-x}$;当 $|x| \geqslant 1$ 时, $S_n(x)$ 当 $n \to \infty$ 时发散.
因此原函数项级数的收敛域为 $(-1, 1)$,且

$$\sum_{n=1}^{\infty} x^{n-1} = \frac{1}{1-x}, \quad x \in (-1, 1).$$

例 11.19 求下列函数项级数的收敛域.

(1) $\displaystyle\sum_{n=1}^{\infty} \frac{1}{n}\left(\frac{x-1}{x+1}\right)^n$; (2) $\displaystyle\sum_{n=1}^{\infty} \frac{x^n}{1+x^{2n}}$.

解 (1) 令 $u_n(x) = \dfrac{1}{n}\left(\dfrac{x-1}{x+1}\right)^n$,则

$$\lim_{n \to \infty} \frac{|u_{n+1}(x)|}{|u_n(x)|} = \lim_{n \to \infty} \frac{n}{n+1}\left|\frac{x-1}{x+1}\right| = \left|\frac{x-1}{x+1}\right|.$$

当 $x > 0$ 时, $\left|\dfrac{x-1}{x+1}\right| < 1$,故 $\displaystyle\sum_{n=1}^{\infty} |u_n(x)|$ 收敛,即 $\displaystyle\sum_{n=1}^{\infty} u_n(x)$ 绝对收敛;

当 $x < 0$ 时,由 $\left|\dfrac{x-1}{x+1}\right| > 1$ 可得

$$\lim_{n \to \infty} u_n(x) = \lim_{n \to \infty} \frac{1}{n}\left(\frac{x-1}{x+1}\right)^n = \infty,$$

故 $\displaystyle\sum_{n=1}^{\infty} u_n(x)$ 发散;

当 $x = 0$ 时, $\displaystyle\sum_{n=1}^{\infty} u_n(0) = \sum_{n=1}^{\infty} \frac{(-1)^n}{n}$ 是收敛的交错级数.

综上所述,函数项级数 $\displaystyle\sum_{n=1}^{\infty} \frac{1}{n}\left(\frac{x-1}{x+1}\right)^n$ 的收敛域为 $[0, +\infty)$.

(2) 令 $u_n(x) = \dfrac{x^n}{1+x^{2n}}$.当 $|x| < 1$ 时,由于

$$|u_n(x)| \leqslant |x|^n$$

且 $\displaystyle\sum_{n=1}^{\infty} |x|^n$ 收敛,根据比较判别法可知 $\displaystyle\sum_{n=1}^{\infty} |u_n(x)|$ 收敛,即 $\displaystyle\sum_{n=1}^{\infty} u_n(x)$ 绝对收敛;

当 $|x| > 1$ 时,由于

$$|u_n(x)| = \frac{|x|^n}{1+x^{2n}} \leqslant \left|\frac{1}{x}\right|^n$$

且 $\sum\limits_{n=1}^{\infty} \left|\frac{1}{x}\right|^n$ 收敛,同样有 $\sum\limits_{n=1}^{\infty} |u_n(x)|$ 收敛,即 $\sum\limits_{n=1}^{\infty} u_n(x)$ 仍绝对收敛;

当 $|x|=1$ 时, $|u_n(x)| = \frac{1}{2}$,显然 $\lim\limits_{n\to\infty} u_n \neq 0$,故 $\sum\limits_{n=1}^{\infty} u_n$ 发散.

综上所述,函数项级数 $\sum\limits_{n=1}^{\infty} \frac{x^n}{1+x^{2n}}$ 的收敛域为 $\{x \mid x \neq \pm 1\}$.

11.5 幂 级 数

在这一节中,我们将讨论一类特殊的函数项级数——幂级数,其一般项函数都是幂函数.读者将会看到,这是一类形式简单但应用广泛的函数项级数.

11.5.1 幂级数及其收敛半径

定义 11.5 设 x_0 为一个定数.形如

$$\sum_{n=0}^{\infty} a_n(x-x_0)^n = a_0 + a_1(x-x_0) + a_2(x-x_0)^2 + \cdots$$

的函数项级数称为 $x-x_0$ 的幂级数,简称幂级数,其中常数 $a_0, a_1, a_2, \cdots$ 称为幂级数的系数.

在上面的定义中,我们把 $a_0(x-x_0)^0$ 记作 a_0.若令 $y=x-x_0$,那么上述幂级数可化为

$$\sum_{n=0}^{\infty} a_n y^n = a_0 + a_1 y + a_2 y^2 + \cdots,$$

因此, $\sum\limits_{n=0}^{\infty} a_n(x-x_0)^n$ 的性质可转换为 $\sum\limits_{n=0}^{\infty} a_n y^n$ 的相应性质.基于此,我们只需讨论 $x_0=0$ 情形下的幂级数 $\sum\limits_{n=0}^{\infty} a_n x^n$.

关于幂级数的收敛域,有以下阿贝尔定理.

定理 11.17(阿贝尔定理) 对幂级数 $\sum\limits_{n=0}^{\infty} a_n x^n$,有以下结论:

(1) 若 $x=x_0(x_0 \neq 0)$ 是其收敛点,则当 $|x| < |x_0|$ 时, $\sum\limits_{n=0}^{\infty} a_n x^n$ 绝对收敛;

(2) 若 $x = x_1$ 是其发散点,则当 $|x| > |x_1|$ 时, $\sum\limits_{n=0}^{\infty} a_n x^n$ 发散.

证　由于结论(2)可由结论(1)直接推得,故只需证明(1).

设 $\sum\limits_{n=0}^{\infty} a_n x_0^n$ 收敛且 $x_0 \neq 0$.根据级数收敛的必要条件我们有 $\lim\limits_{n \to \infty} a_n x_0^n = 0$,因此数列 $\{a_n x_0^n\}$ 有界,即 $\exists M > 0$,对任意的 $n \in \mathbf{N}_+$,成立 $|a_n x_0^n| \leqslant M$.

注意到 $x_0 \neq 0$,因此

$$\left| a_n x^n \right| = \left| a_n x_0^n \frac{x^n}{x_0^n} \right| \leqslant M \left| \frac{x}{x_0} \right|^n.$$

由于当 $|x| < |x_0|$ 时, $\sum\limits_{n=0}^{\infty} M \left| \dfrac{x}{x_0} \right|^n$ 收敛,故由比较判别法知 $\sum\limits_{n=0}^{\infty} |a_n x^n|$ 收敛,即

$\sum\limits_{n=0}^{\infty} a_n x^n$ 绝对收敛.

由阿贝尔定理立即推出关于幂级数收敛域的结论.

推论 3　幂级数 $\sum\limits_{n=0}^{\infty} a_n x^n$ 的收敛域仅有以下三种可能情形:

(1) 仅在 $x = 0$ 收敛;

(2) 在以原点为中心、长度为 $2R(R > 0)$ 的区间 $(-R, R)$ 内绝对收敛,而在 $|x| > R$ 时发散;

(3) 在 $(-\infty, +\infty)$ 内收敛.

证　设 $\sum\limits_{n=0}^{\infty} a_n x^n$ 的收敛域不是情形(1)或(3),那么必定既有收敛点 $x_1 \neq 0$,又有发散点 x_2.

设数集

$$E = \left\{ |x| \,\middle|\, x \text{ 是 } \sum\limits_{n=0}^{\infty} a_n x^n \text{ 的收敛点} \right\}.$$

依阿贝尔定理知, $|x_2|$ 是集合 E 的一个上界,又 $x_1 \in E$,故集合 E 非空有上界.由确界存在性定理知集合 E 存在上确界,即存在

$$R = \sup E > 0.$$

当 $|x| < R$ 时,根据上确界的定义,存在 $x_0 \in E$,使得 $|x| < |x_0|$,由 x_0 是

$\sum\limits_{n=0}^{\infty} a_n x^n$ 收敛点,仍依阿贝尔定理,可得 $\sum\limits_{n=0}^{\infty} a_n x^n$ 绝对收敛.

当 $|x| > R$ 时,由 R 的定义知 $x \notin E$,故 $\sum\limits_{n=0}^{\infty} a_n x^n$ 发散.

这样就证明了推论.

对于推论 3 中的情形(1)和(2),分别称幂级数 $\sum\limits_{n=0}^{\infty} a_n x^n$ 的收敛半径为 0 和 R,而对情况(3),通常也称幂级数 $\sum\limits_{n=0}^{\infty} a_n x^n$ 的收敛半径为 $+\infty$.

另外,推论 3 说明幂级数 $\sum\limits_{n=0}^{\infty} a_n x^n$ 的收敛域是一个区间,这样我们可以得到幂级数 $\sum\limits_{n=0}^{\infty} a_n x^n$ 的收敛域 I 的求法:首先求出其收敛半径 R,若 $R=0$,则 $I=\{0\}$;若 $R=+\infty$,则 $I=\mathbf{R}$;若 $0<R<+\infty$,则 $\sum\limits_{n=0}^{\infty} a_n x^n$ 在 $(-R,R)$ 内收敛,进一步讨论级数在端点 $\pm R$ 处的敛散性,就可确定 I.

下面我们利用比值判别法给出幂级数的收敛半径公式.

定理 11.18(系数模比值法) 对幂级数 $\sum\limits_{n=0}^{\infty} a_n x^n$,若

$$\lim_{n \to \infty} \frac{|a_{n+1}|}{|a_n|} = \rho \quad (\rho \text{ 可为} +\infty),$$

则其收敛半径

$$R = \begin{cases} 0, & \text{当 } \rho = +\infty, \\ \dfrac{1}{\rho}, & \text{当 } 0 < \rho < +\infty, \\ +\infty, & \text{当 } \rho = 0. \end{cases}$$

证 记 $u_n(x) = a_n x^n$,那么当 $|x| \neq 0$ 时,

$$\frac{|u_{n+1}(x)|}{|u_n(x)|} = \frac{|a_{n+1}|}{|a_n|} \cdot |x|.$$

(1)当 $\rho = +\infty$ 时,若 $x=0$,幂级数显然收敛;若 $|x| \neq 0$,则

$$\lim_{n \to \infty} \frac{|u_{n+1}(x)|}{|u_n(x)|} = |x| \lim_{n \to \infty} \frac{|a_{n+1}|}{|a_n|} = +\infty,$$

从而级数的一般项 $u_n(x)$ 不趋于零,故 $\sum\limits_{n=0}^{\infty} a_n x^n$ 发散.

(2)当 $0 < \rho < +\infty$ 时,若 $|x| < \dfrac{1}{\rho}$,则

$$\lim_{n \to \infty} \frac{|u_{n+1}(x)|}{|u_n(x)|} = |x| \lim_{n \to \infty} \frac{|a_{n+1}|}{|a_n|} = |x| \rho < 1,$$

根据比值判别法知 $\sum\limits_{n=1}^{\infty} |u_n(x)|$ 收敛,即 $\sum\limits_{n=0}^{\infty} a_n x^n$ 绝对收敛;

若 $|x| > \dfrac{1}{\rho}$，则

$$\lim_{n \to \infty} \left| \frac{u_{n+1}(x)}{u_n(x)} \right| = |x|\rho > 1,$$

因此一般项 $u_n(x)$ 不趋于零，从而 $\displaystyle\sum_{n=0}^{\infty} a_n x^n$ 发散.

（3）当 $\rho = 0$ 时，$\forall x \in \mathbf{R}$，有

$$\lim_{n \to \infty} \frac{|u_{n+1}(x)|}{|u_n(x)|} = |x|\rho = 0 < 1,$$

故 $\displaystyle\sum_{n=0}^{\infty} a_n x^n$ 绝对收敛.

例 11.20　求下列幂级数的收敛域.

（1）$\displaystyle\sum_{n=1}^{\infty} (-1)^n \frac{x^n}{n}$；　　　　　　（2）$1 + \dfrac{x}{2!} + \dfrac{x^2}{4!} + \dfrac{x^3}{6!} + \cdots$；

（3）$\displaystyle\sum_{n=1}^{\infty} \frac{2^{\ln n} x^n}{n}$.

解　（1）$a_n = (-1)^n \dfrac{1}{n}$. 由于

$$\lim_{n \to \infty} \frac{|a_{n+1}|}{|a_n|} = \lim_{n \to \infty} \frac{n}{n+1} = 1,$$

故收敛半径 $R = 1$. 当 $x = 1$ 时，显然 $\displaystyle\sum_{n=1}^{\infty} \frac{(-1)^n}{n}$ 收敛；当 $x = -1$ 时，$\displaystyle\sum_{n=1}^{\infty} \frac{1}{n}$ 发散.

综上所述，$\displaystyle\sum_{n=1}^{\infty} (-1)^n \frac{x^n}{n}$ 的收敛域为 $(-1, 1]$.

（2）$a_n = \dfrac{1}{(2n)!}$. 由于

$$\lim_{n \to \infty} \frac{|a_{n+1}|}{|a_n|} = \lim_{n \to \infty} \frac{1}{(2n+2)(2n+1)} = 0,$$

故收敛半径 $R = +\infty$，从而此幂级数的收敛域为 $(-\infty, +\infty)$.

（3）$a_n = \dfrac{2^{\ln n}}{n}$. 由于

$$\lim_{n \to \infty} \frac{|a_{n+1}|}{|a_n|} = \lim_{n \to \infty} \frac{n}{n+1} 2^{\ln(n+1) - \ln n} = \lim_{n \to \infty} \frac{n}{n+1} 2^{\ln\left(1 + \frac{1}{n}\right)} = 1,$$

故收敛半径 $R = 1$. 当 $x = 1$ 时，级数

$$\sum_{n=1}^{\infty} \frac{2^{\ln n}}{n} = \sum_{n=1}^{\infty} \frac{n^{\ln 2}}{n} = \sum_{n=1}^{\infty} \frac{1}{n^{1-\ln 2}}$$

是 p 级数,其中 $p = 1 - \ln 2 < 1$,所以发散;当 $x = -1$ 时,级数 $\sum_{n=1}^{\infty} \frac{(-1)^n}{n^{1-\ln 2}}$ 是交错级

数,且 $\frac{1}{n^{1-\ln 2}}$ 单调减少趋于 0,因此 $\sum_{n=1}^{\infty} \frac{(-1)^n}{n^{1-\ln 2}}$ 收敛.

综上所述,$\sum_{n=1}^{\infty} \frac{2^{\ln n} x^n}{n}$ 的收敛域为 $[-1, 1)$.

例 11.21 求幂级数 $\sum_{n=0}^{\infty} \frac{(x-1)^n}{2^n \sqrt{n+1}}$ 的收敛域.

解 这是关于 $x-1$ 的幂级数,故收敛域是以 $x = 1$ 为中心的区间.由于

$a_n = \frac{1}{2^n \sqrt{n+1}}$,可得

$$\lim_{n\to\infty} \frac{|a_{n+1}|}{|a_n|} = \lim_{n\to\infty} \frac{1}{2} \sqrt{\frac{n+1}{n+2}} = \frac{1}{2},$$

于是收敛半径 $R = 2$,从而当 $x \in (-1, 3)$ 时,幂级数绝对收敛.

当 $x = 3$ 时,级数 $\sum_{n=0}^{\infty} \frac{1}{\sqrt{n+1}}$ 实际上是 $p = \frac{1}{2}$ 的 p 级数,故发散;当 $x = -1$ 时,级

数 $\sum_{n=0}^{\infty} \frac{(-1)^n}{\sqrt{n+1}}$ 是交错级数,由 $\frac{1}{\sqrt{n+1}}$ 单调减少趋于 0 知 $\sum_{n=0}^{\infty} \frac{(-1)^n}{\sqrt{n+1}}$ 收敛.

这样我们得出:幂级数 $\sum_{n=0}^{\infty} \frac{(x-1)^n}{2^n \sqrt{n+1}}$ 的收敛域为 $[-1, 3)$.

例 11.22 求幂级数 $\sum_{n=1}^{\infty} \frac{(x+1)^{2n-1}}{3^n n}$ 的收敛域.

解 这是一个缺项幂级数,其偶次幂项为 0,因此不能直接用定理 11.18 求收敛半径.下面直接采用数项级数的比值判别法来确定其收敛域.

记 $u_n(x) = \frac{(x+1)^{2n-1}}{3^n n}$,那么

$$\lim_{n\to\infty} \frac{|u_{n+1}(x)|}{|u_n(x)|} = \lim_{n\to\infty} \frac{(x+1)^2 n}{3(n+1)} = \frac{(x+1)^2}{3}.$$

当 $\frac{(x+1)^2}{3} < 1$,即 $-1-\sqrt{3} < x < -1+\sqrt{3}$ 时,级数 $\sum_{n=1}^{\infty} \frac{(x+1)^{2n-1}}{3^n n}$ 绝对收敛;

当 $\frac{(x+1)^2}{3} > 1$,即 $x < -1-\sqrt{3}$ 或 $x > -1+\sqrt{3}$ 时,$u_n(x)$ 不趋于零,级数

$\displaystyle\sum_{n=1}^{\infty} \frac{(x+1)^{2n-1}}{3^n n}$ 发散;

当 $\dfrac{(x+1)^2}{3}=1$, 即 $x=-1\pm\sqrt{3}$ 时, 级数 $\displaystyle\sum_{n=1}^{\infty} \frac{(x+1)^{2n-1}}{3^n n}$ 为 $\pm\displaystyle\sum_{n=1}^{\infty} \frac{1}{\sqrt{3}n}$, 这两个级数

均发散.

综上所述, 幂级数 $\displaystyle\sum_{n=1}^{\infty} \frac{(x+1)^{2n-1}}{3^n n}$ 的收敛域为 $(-1-\sqrt{3}, -1+\sqrt{3})$.

利用根值判别法, 我们可以得到幂级数收敛半径的另一种求法.

定理 11.19(系数模根值法) 对幂级数 $\displaystyle\sum_{n=0}^{\infty} a_n x^n$, 若

$$\lim_{n\to\infty} \sqrt[n]{|a_n|} = \rho \quad (\rho \text{ 可为 } +\infty),$$

则其收敛半径

$$R = \begin{cases} 0, & \text{当 } \rho = +\infty, \\ \dfrac{1}{\rho}, & \text{当 } 0 < \rho < +\infty, \\ +\infty, & \text{当 } \rho = 0. \end{cases}$$

定理 11.19 的证明与定理 11.18 的证明类似, 这里从略, 留给读者作为练习.

例 11.23 求幂级数 $\displaystyle\sum_{n=1}^{\infty} \left(\frac{n+1}{n}\right)^{n^2} x^n$ 的收敛域.

解 记 $u_n(x) = \left(\dfrac{n+1}{n}\right)^{n^2} x^n$, 其系数 $a_n = \left(\dfrac{n+1}{n}\right)^{n^2}$. 由

$$\lim_{n\to\infty} \sqrt[n]{|a_n|} = \lim_{n\to\infty} \left(1+\frac{1}{n}\right)^n = e,$$

可得收敛半径 $R = e^{-1}$.

当 $|x| = e^{-1}$ 时,

$$|u_n(\pm e^{-1})| = \left(\frac{n+1}{n}\right)^{n^2} \left(\frac{1}{e}\right)^n = \left(\frac{\left(1+\dfrac{1}{n}\right)^n}{e}\right)^n.$$

由于 $\left(1+\dfrac{1}{n}\right)^n < e < \left(1+\dfrac{1}{n}\right)^{n+1}$, 所以

$$\left|u_n\left(\pm\frac{1}{e}\right)\right| > \left(\frac{1}{\left(1+\dfrac{1}{n}\right)}\right)^n > \frac{1}{e},$$

故一般项 $u_n(\pm \mathrm{e}^{-1})$ 不趋于 0, 从而此时幂级数发散.

综上可知原幂级数的收敛域为 $(-\mathrm{e}^{-1}, \mathrm{e}^{-1})$.

11.5.2 幂级数的分析性质

以下我们介绍关于幂级数和函数的连续性、可导性和可积性等分析性质.

定理 11.20(连续性定理) 若幂级数 $\displaystyle\sum_{n=0}^{\infty} a_n x^n$ 的收敛半径 $R > 0$, 则其和函数在 $(-R, R)$ 内连续; 若 $\displaystyle\sum_{n=0}^{\infty} a_n x^n$ 在 $x = R$ (或 $-R$) 收敛, 则和函数在 $x = R$ (或 $-R$) 左 (右) 连续.

定理 11.21(逐项可导性) 若幂级数 $\displaystyle\sum_{n=0}^{\infty} a_n x^n$ 的收敛半径 $R > 0$, 则其和函数在 $(-R, R)$ 内可导, 即

$$\left(\sum_{n=0}^{\infty} a_n x^n\right)' = \sum_{n=0}^{\infty} (a_n x^n)' = \sum_{n=1}^{\infty} n a_n x^{n-1},$$

且逐项求导所得的幂级数 $\displaystyle\sum_{n=1}^{\infty} n a_n x^{n-1}$ 的收敛半径仍为 R.

定理 11.22(逐项可积性) 若幂级数 $\displaystyle\sum_{n=0}^{\infty} a_n x^n$ 的收敛半径 $R > 0$, 则其和函数在 $(-R, R)$ 的任意闭子区间上可积, 且 $\forall x \in (-R, R)$, 有

$$\int_0^x \sum_{n=0}^{\infty} a_n t^n \mathrm{d}t = \sum_{n=0}^{\infty} \int_0^x a_n t^n \mathrm{d}t = \sum_{n=0}^{\infty} \frac{a_n}{n+1} x^{n+1}.$$

另外, 逐项积分所得的幂级数 $\displaystyle\sum_{n=0}^{\infty} \frac{a_n}{n+1} x^{n+1}$ 的收敛半径仍为 R.

反复应用定理 11.21 可知: 幂级数的和函数在收敛区间内任意阶可导. 在一定意义上, 幂级数可看成多项式的推广(无穷次多项式), 因此其和函数具有很多类似于多项式的性质就不足为怪了.

利用幂级数的上述分析性质, 我们可以求出一些较复杂幂级数的和函数. 例如, 由

$$\sum_{n=0}^{\infty} x^n = 1 + x + x^2 + x^3 + \cdots = \frac{1}{1-x} \quad (-1 < x < 1),$$

利用逐项可导性, 得到

$$1 + 2x + 3x^2 + 4x^3 + \cdots = \frac{1}{(1-x)^2} \quad (-1 < x < 1).$$

而应用逐项可积性,则 $\forall x \in (-1,1)$,有

$$\sum_{n=0}^{\infty} \int_0^x x^n \mathrm{d}x = \int_0^x \frac{1}{1-x} \mathrm{d}x,$$

即

$$\sum_{n=0}^{\infty} \frac{x^{n+1}}{n+1} = x + \frac{x^2}{2} + \frac{x^3}{3} + \frac{x^4}{4} + \cdots = -\ln(1-x) \quad (-1 < x < 1).$$

注意到上式左端幂级数 $\displaystyle\sum_{n=0}^{\infty} \frac{x^{n+1}}{n+1}$ 在 $x = -1$ 处为收敛的交错级数,根据定理 11.20,幂级数 $\displaystyle\sum_{n=0}^{\infty} \frac{x^{n+1}}{n+1}$ 的和函数在 $x = -1$ 处右连续,从而有

$$x + \frac{x^2}{2} + \frac{x^3}{3} + \frac{x^4}{4} + \cdots = -\ln(1-x) \quad (-1 \leqslant x < 1).$$

当 $x = -1$ 时,我们得到

$$1 - \frac{1}{2} + \frac{1}{3} - \frac{1}{4} + \cdots = \ln 2.$$

例 11.24 求下列级数的和.

(1) $\displaystyle\sum_{n=1}^{\infty} \frac{n(n+1)}{(1+r)^n}$ $(r>0)$;   (2) $\displaystyle\sum_{n=0}^{\infty} \frac{1}{(2n+1)4^n}$.

分析 此例中的两个数项级数均形如 $\displaystyle\sum_{n=1}^{\infty} a_n q^n$,其中 q 是常数.我们将此数值问题转化为函数问题,这一方法在本教材其他篇幅中曾被多次运用过.具体来说,就是用变量 x 替换常量 q.如果我们能求出幂级数 $\displaystyle\sum_{n=1}^{\infty} a_n x^n$ 的和函数 $S(x)$,且 q 在 $\displaystyle\sum_{n=1}^{\infty} a_n x^n$ 的收敛域中,那么就有 $S(q) = \displaystyle\sum_{n=1}^{\infty} a_n q^n$.

解 (1) 不难看出,只需求出幂级数 $\displaystyle\sum_{n=1}^{\infty} n(n+1)x^n$,即 $x \displaystyle\sum_{n=1}^{\infty} n(n+1)x^{n-1}$ 的和.

设 $S(x) = \displaystyle\sum_{n=1}^{\infty} n(n+1)x^n$,则

$$S(x) = x \sum_{n=1}^{\infty} n(n+1)x^{n-1} = x \left(\sum_{n=1}^{\infty} x^{n+1} \right)''$$

$$= x \left(\frac{x^2}{1-x} \right)'' = \frac{2x}{(1-x)^3} \quad (-1 < x < 1).$$

由于 $\dfrac{1}{1+r} \in (-1,1)$，故得

$$\sum_{n=1}^{\infty} \frac{n(n+1)}{(1+r)^n} = S\left(\frac{1}{1+r}\right) = \frac{2}{1+r} \cdot \left(\frac{r}{1+r}\right)^{-3} = \frac{2(1+r)^2}{r^3}.$$

（2）设 $S(x) = \displaystyle\sum_{n=0}^{\infty} \frac{x^{2n+1}}{2n+1}$，由于

$$S(x) = \sum_{n=0}^{\infty} \frac{x^{2n+1}}{2n+1} = \sum_{n=0}^{\infty} \int_0^x t^{2n}\,\mathrm{d}t = \int_0^x \sum_{n=0}^{\infty} t^{2n}\,\mathrm{d}t$$

$$= \int_0^x \frac{1}{1-t^2}\,\mathrm{d}t = \frac{1}{2}\ln\frac{1+x}{1-x} \quad (-1 < x < 1),$$

于是

$$\sum_{n=0}^{\infty} \frac{1}{(2n+1)4^n} = 2\sum_{n=0}^{\infty} \frac{1}{2n+1}\left(\frac{1}{2}\right)^{2n+1}$$

$$= 2S\left(\frac{1}{2}\right) = 2 \cdot \frac{1}{2}\ln\frac{1+\dfrac{1}{2}}{1-\dfrac{1}{2}} = \ln 3.$$

在上例中，我们利用幂级数的和函数求得数项级数的和，这是一种常用方法，它的一般步骤是：首先将所给的数项级数看作某一幂级数在某个定点处的取值，然后利用幂级数的分析性质求出幂函数的和函数，最后把定点的值代入和函数就得到所求数项级数的和.

11.5.3 泰勒级数

从前面的讨论我们知道幂级数具有简单的形式和良好的性质：它的每一项都是幂函数，而且在收敛域内可以逐项求极限、求导数和求积分.因此，若函数 $f(x)$ 是某个幂级数的和函数，则不仅对理论上研究 $f(x)$ 的性质有很大的帮助，同时在应用上还使我们可以用简单函数——多项式来近似 $f(x)$.

假设函数 $f(x)$ 在 x_0 的某邻域内是某个幂级数的和函数，即在该邻域内

$$f(x) = \sum_{n=0}^{\infty} a_n(x-x_0)^n$$

（此时也称 $f(x)$ 在 x_0 处可展开为幂级数）. $\forall k \in \mathbf{N}$，利用幂级数的逐项可导性定理可得

$$f^{(k)}(x) = \sum_{n=k}^{\infty} n(n-1)\cdots(n-k+1)a_n(x-x_0)^{n-k}.$$

令 $x = x_0$,则有

$$a_k = \frac{f^{(k)}(x_0)}{k!} \quad (k = 0, 1, 2, \cdots),$$

注意这里 a_k 正是 $f(x)$ 在 x_0 的泰勒系数.这样就有

$$f(x) = \sum_{n=0}^{\infty} \frac{f^{(n)}(x_0)}{n!} (x - x_0)^n.$$

我们将幂级数 $\sum_{n=0}^{\infty} \frac{f^{(n)}(x_0)}{n!} (x - x_0)^n$ 称为 $f(x)$ 在 x_0 处的**泰勒级数**,特别地,

当 $x_0 = 0$ 时, $\sum_{n=0}^{\infty} \frac{f^{(n)}(0)}{n!} x^n$ 称为 $f(x)$ 的**麦克劳林级数**.

由上面的讨论得出如下的结论:

定理 11.23(唯一性定理) 若 $f(x)$ 在 x_0 处可展开为幂级数,则其展开式必唯一,且此幂级数就是 $f(x)$ 在 x_0 处的泰勒级数,即为

$$\sum_{n=0}^{\infty} \frac{f^{(n)}(x_0)}{n!} (x - x_0)^n.$$

注意只要函数 $f(x)$ 在 x_0 处有任意阶导数,即有 $f^{(n)}(x_0)$,我们就可以得到 $f(x)$ 的泰勒级数,此时可记为

$$f(x) \sim \sum_{n=0}^{\infty} \frac{f^{(n)}(x_0)}{n!} (x - x_0)^n.$$

那么反过来的问题是:函数 $f(x)$ 的泰勒级数是否收敛呢? 如果它收敛,其和函数是否就是 $f(x)$ 呢? 事实上,答案并非是肯定的.

考察函数

$$f(x) = \begin{cases} e^{-\frac{1}{x^2}}, & x \neq 0, \\ 0, & x = 0, \end{cases}$$

它在 $x = 0$ 处的任意阶导数 $f^{(k)}(0) = 0 \quad (k = 0, 1, 2, \cdots)$,因此 $f(x)$ 的麦克劳林级数 $\sum_{n=0}^{\infty} \frac{f^{(n)}(0)}{n!} x^n$ 在 $(-\infty, +\infty)$ 上收敛到 $S(x) = 0$.但显然当 $x \neq 0$ 时, $f(x) \neq S(x)$.

定理 11.24 设函数 $f(x)$ 在 x_0 的邻域 I 内任意阶可导,那么在该邻域内

$$f(x) = \sum_{n=0}^{\infty} \frac{f^{(n)}(x_0)}{n!} (x - x_0)^n$$

的充要条件是 $f(x)$ 的泰勒公式中的余项 $R_n(x)$ 满足

$$\lim_{n \to \infty} R_n(x) = 0, x \in I.$$

证 由于在 I 内成立泰勒公式

$$f(x) = \sum_{k=0}^{n} \frac{f^{(k)}(x_0)}{k!}(x-x_0)^k + R_n(x),$$

只需令 $n \to +\infty$,就得到结论.

定理说明函数 $f(x)$ 并非总是等于它的泰勒级数,仅在使得 $\lim\limits_{n\to\infty} R_n(x) = 0$ 的区域内,它们才能相等.

下面的例子给出 $f(x)$ 在 x_0 的邻域可展开为泰勒级数的一个充分条件.

例 11.25 设函数 $f(x)$ 满足:$\exists M > 0$,使得 $\forall n \in \mathbf{N}_+$,在 x_0 的 r 邻域 I 内成立

$$|f^{(n)}(x)| \le M,$$

则 $f(x)$ 在 I 内必可展开为 x_0 处的泰勒级数.

证 在 I 内考察泰勒公式的拉格朗日余项 $R_n(x)$:

$$|R_n(x)| = \frac{|f^{(n+1)}(x_0+\theta(x-x_0))|}{(n+1)!} \cdot |x-x_0|^{n+1} \le \frac{Mr^{n+1}}{(n+1)!}.$$

由级数 $\sum\limits_{n=0}^{\infty} \dfrac{r^{n+1}}{(n+1)!}$ 收敛,得到

$$\lim_{n\to\infty} \frac{r^{n+1}}{(n+1)!} = 0,$$

因此 $\lim\limits_{n\to\infty} |R_n(x)| = 0$.

例 11.26 将函数 $f(x) = e^x$ 展开为 x 的幂级数.

解 由泰勒公式

$$e^x = 1 + x + \frac{x^2}{2!} + \cdots + \frac{x^n}{n!} + R_n(x),$$

其中 $R_n(x) = \dfrac{e^{\theta x}}{(n+1)!} x^{n+1}$,$\theta \in (0,1)$.

$\forall x$,

$$|R_n(x)| \le \frac{e^x}{(n+1)!} |x|^{n+1} \to 0 \quad (n\to\infty),$$

故得

$$e^x = 1 + x + \frac{x^2}{2!} + \cdots + \frac{x^n}{n!} + \cdots = \sum_{n=0}^{\infty} \frac{x^n}{n!}, \quad x \in (-\infty, +\infty).$$

例 11.27 设函数

$$f(x) = \sum_{n=0}^{\infty} \frac{(-1)^n}{(n!)^2} (x-1)^n,$$

求级数 $\displaystyle\sum_{n=0}^{\infty} f^{(n)}(1)$ 的和.

解   由定理 11.23 有

$$\frac{(-1)^n}{(n!)^2} = \frac{f^{(n)}(1)}{n!} \quad \Rightarrow \quad f^{(n)}(1) = \frac{(-1)^n}{n!}.$$

结合上例的结果可得

$$\sum_{n=0}^{\infty} f^{(n)}(1) = \sum_{n=0}^{\infty} \frac{(-1)^n}{n!} = e^{-1}.$$

11.5.4   常用初等函数的幂级数展开式

前面我们已经介绍过以下两个函数的幂级数展开式

（1）$\displaystyle e^x = 1 + x + \frac{x^2}{2!} + \cdots + \frac{x^n}{n!} + \cdots = \sum_{n=0}^{\infty} \frac{x^n}{n!}, \quad x \in (-\infty, +\infty).$

（2）$\displaystyle \ln(1+x) = x - \frac{x^2}{2} + \frac{x^3}{3} - \cdots + \frac{(-1)^{n-1} x^n}{n} + \cdots = \sum_{n=1}^{\infty} \frac{(-1)^{n-1} x^n}{n}, \quad x \in (-1, 1].$

下面我们再给出其他常用初等函数的幂级数展开式.

（3）$\displaystyle \sin x = x - \frac{x^3}{3!} + \frac{x^5}{5!} - \frac{x^7}{7!} + \cdots = \sum_{n=0}^{\infty} (-1)^n \frac{x^{2n+1}}{(2n+1)!}, \quad x \in (-\infty, +\infty).$

利用泰勒公式有

$$\sin x = x - \frac{x^3}{3!} + \frac{x^5}{5!} - \cdots + \left(\sin \frac{n}{2}\pi\right)\frac{x^n}{n!} + R_n(x),$$

其中 $R_n(x) = \sin\left(\frac{n+1}{2}\pi + \theta x\right)\dfrac{x^{n+1}}{(n+1)!}.$

由于 $\forall x$ 成立

$$|R_n(x)| \leqslant \frac{|x|^{n+1}}{(n+1)!} \to 0 \quad (n \to \infty),$$

故有

$$\sin x = x - \frac{x^3}{3!} + \frac{x^5}{5!} - \cdots + \left(\sin \frac{n}{2}\pi\right)\frac{x^n}{n!} + \cdots \quad (-\infty < x < +\infty),$$

改变一般项的形式,就得到展开式（3）.

类似地,$\cos x$ 的幂级数展开式也可由泰勒公式推出,但我们还有一个方法来求它,即利用幂级数的可微性对 $\sin x$ 的展开式逐项求导得到:

（4）$\displaystyle \cos x = 1 - \frac{x^2}{2!} + \frac{x^4}{4!} - \cdots + (-1)^n \frac{x^{2n}}{(2n)!} + \cdots \quad (-\infty < x < +\infty).$

（5）$(1+x)^{\alpha}=1+\alpha x+\dfrac{\alpha(\alpha-1)}{2!}x^2+\cdots+\dfrac{\alpha(\alpha-1)\cdots(\alpha-n+1)}{n!}x^n+\cdots,\quad x\in(-1,1)$,

其中 α 为非零实数.

若 α 为正整数,展开式(5)就是二项式展开定理;若 α 不是非负整数,注意式中的幂级数的系数

$$a_n=\dfrac{\alpha(\alpha-1)\cdots(\alpha-n+1)}{n!}$$

满足

$$\lim_{n\to\infty}\left|\dfrac{a_{n+1}}{a_n}\right|=\lim_{n\to\infty}\left|\dfrac{\alpha-n}{n+1}\right|=1,$$

于是这个幂级数的收敛半径为 1.可以证明在 $(-1,1)$ 内级数的余项 $R_n(x)$ 满足 $\lim\limits_{n\to\infty}R_n(x)=0$,这样就得到展开式(5).

我们利用函数的泰勒公式获得了一些常用初等函数的幂级数展开式,这种通过求泰勒系数将函数展开为幂级数的方法通常称为直接展开法.在使用直接展开法时,计算 $f^{(n)}(x_0)$ 往往比较烦琐.然而,根据定理 11.23 我们知道函数的幂级数展开式是唯一的,因此实践中常采用间接展开法.这种方法是利用一些已知函数的幂级数展开式并结合幂级数的运算和分析性质以及变量代换,将所给函数展开为幂级数.

例 11.28　试将 $\arctan x$ 展开成 x 的幂级数.

解　由

$$(\arctan x)'=\dfrac{1}{1+x^2}=1-x^2+x^4-\cdots+(-1)^n x^{2n}+\cdots\quad(-1<x<1),$$

利用幂级数的逐项可积性可得

$$\arctan x=\int_0^x\dfrac{\mathrm{d}x}{1+x^2}=x-\dfrac{x^3}{3}+\dfrac{x^5}{5}-\cdots+(-1)^n\dfrac{x^{2n+1}}{2n+1}+\cdots$$

$$=\sum_{n=0}^{\infty}(-1)^n\dfrac{x^{2n+1}}{2n+1}\quad(-1<x<1).$$

由于 $x=\pm1$ 时,级数 $\pm\sum\limits_{n=0}^{\infty}(-1)^n\dfrac{1}{2n+1}$ 为交错级数,由莱布尼茨判别法易知其收敛.再根据幂级数的连续性定理得到

$$\arctan x=\sum_{n=0}^{\infty}(-1)^n\dfrac{x^{2n+1}}{2n+1}\quad(-1\leqslant x\leqslant1).$$

特别地,取 $x=1$ 得到

$$\frac{\pi}{4} = 1 - \frac{1}{3} + \frac{1}{5} - \frac{1}{7} + \cdots,$$

这样我们就可以用一个十分简单的交错级数来表示 π.

例 11.29 将函数 $f(x) = \dfrac{x}{x^2 - 2x - 3}$ 在 $x_0 = 2$ 处展开成幂级数.

解 首先

$$f(x) = \frac{x}{x^2 - 2x - 3} = \frac{1}{4}\left(\frac{3}{x-3} + \frac{1}{x+1}\right)$$

$$= \frac{1}{4}\left[\frac{-3}{1-(x-2)} + \frac{1}{3} \cdot \frac{1}{1 + \dfrac{x-2}{3}}\right].$$

利用幂级数展开式 $\dfrac{1}{1-u} = \displaystyle\sum_{n=0}^{\infty} u^n$ 可得

$$f(x) = \frac{1}{4}\left[-3\sum_{n=0}^{\infty}(x-2)^n + \frac{1}{3}\sum_{n=0}^{\infty}\frac{(-1)^n(x-2)^n}{3^n}\right]$$

$$= \sum_{n=0}^{\infty}\frac{1}{4}\left[-3 + \frac{(-1)^n}{3^{n+1}}\right](x-2)^n.$$

注意上式的结果是两个幂级数之和, 它们各自收敛域的公共部分是 $\{x \mid |x-2| < 1\} \cap \left\{x \,\middle|\, \dfrac{|x-2|}{3} < 1\right\}$, 即 $1 < x < 3$, 所以

$$\frac{x}{x^2 - 2x - 3} = \sum_{n=0}^{\infty}\frac{1}{4}\left[-3 + \frac{(-1)^n}{3^{n+1}}\right](x-2)^n, \quad 1 < x < 3.$$

11.5.5 函数幂级数展开式的应用

函数的幂级数展开式有很多应用, 这里简单介绍几个方面.

首先是应用于近似计算. 利用函数的幂级数展开式, 可以在展开式成立的区间内计算函数的近似值. 由于这时泰勒公式中的余项 $R_n(x)$ 满足 $\lim\limits_{n\to\infty} R_n(x) = 0$, 因此只要 n 取得足够大, 就可以达到预设的精度要求.

例 11.30 求 e^{-1} 的近似值 (用小数表示, 精确到 10^{-6}).

解 利用 e^x 的幂级数展开式可得

$$e^{-1} = 1 - 1 + \frac{1}{2!} - \frac{1}{3!} + \cdots + (-1)^n\frac{1}{n!} + \cdots.$$

显然, 只要上式右端级数的余项满足 $|r_n| \leqslant 10^{-6}$ 即可. 由于上述级数是交错级数, 所以有

$$|r_n| \leqslant \left| \frac{(-1)^{n+1}}{(n+1)!} \right| = \frac{1}{(n+1)!}.$$

取 $n=9$, 则有 $\dfrac{1}{(n+1)!} \leqslant 10^{-6}$, 于是

$$e^{-1} \approx 1 - 1 + \frac{1}{2!} - \frac{1}{3!} + \cdots - \frac{1}{9!} \approx 0.367\ 879.$$

例 11.31 用级数表示积分 $\displaystyle\int_0^1 \frac{\sin x}{x} \mathrm{d}x$ 的值.

解 这是一个无法通过求出初等函数的原函数来计算的积分. 但由于

$$\sin x = x - \frac{x^3}{3!} + \frac{x^5}{5!} - \cdots + (-1)^n \frac{x^{2n+1}}{(2n+1)!} + \cdots,$$

通过逐项可积性可得

$$\begin{aligned}
\int_0^1 \frac{\sin x}{x} \mathrm{d}x &= \int_0^1 \left[\sum_{n=0}^{\infty} (-1)^n \frac{x^{2n}}{(2n+1)!} \right] \mathrm{d}x \\
&= \sum_{n=0}^{\infty} (-1)^n \frac{1}{(2n+1)(2n+1)!} \\
&= 1 - \frac{1}{3 \cdot 3!} + \frac{1}{5 \cdot 5!} - \cdots + (-1)^n \frac{1}{(2n+1)(2n+1)!} + \cdots.
\end{aligned}$$

其次可将幂级数用于求解微分方程. 对于一些不能用积分法求解或者方程的解不是初等函数的微分方程, 假设它有幂级数形式的解 $y = \displaystyle\sum_{n=0}^{\infty} a_n x^n$, 那么就可用对比系数法确定 a_n, 进而得到其用幂级数表示的解.

例 11.32 求微分方程 $y'' - xy = 0$ 满足 $y \big|_{x=0} = 0, y' \big|_{x=0} = 1$ 的特解.

解 设 $y = \displaystyle\sum_{n=0}^{\infty} a_n x^n$ 是方程的解, 由初值条件可知 $a_0 = 0, a_1 = 1$. 由于

$$y' = \sum_{n=1}^{\infty} n a_n x^{n-1}, \quad y'' = \sum_{n=2}^{\infty} n(n-1) a_n x^{n-2},$$

将其代入原方程得到

$$\sum_{n=2}^{\infty} n(n-1) a_n x^{n-2} - \sum_{n=1}^{\infty} a_n x^{n+1} = 0,$$

也即

$$2a_2 + 3 \cdot 2a_3 x + \sum_{n=1}^{\infty} (n+3)(n+2) a_{n+3} x^{n+1} - \sum_{n=1}^{\infty} a_n x^{n+1} = 0.$$

由于上式为恒等式,所以左边级数的系数均为零,故得 $a_2=0, a_3=0$,以及

$$(n+3)(n+2)a_{n+3}-a_n=0 \implies a_{n+3}=\frac{a_n}{(n+3)(n+2)} \quad (n=1,2,\cdots).$$

由此递推公式得

$$a_n=\begin{cases} 0, & n=3k \text{ 或 } 3k+2, \\ \dfrac{1}{(3k+1)(3k)(3k-2)(3k-3)\cdot\cdots\cdot7\cdot6\cdot4\cdot3}, & n=3k+1, \end{cases}$$

故所求方程的特解

$$y=x+\frac{x^4}{4\cdot3}+\frac{x^7}{7\cdot6\cdot4\cdot3}+\cdots+$$

$$\frac{x^{3n+1}}{(3n+1)(3n)(3n-2)(3n-3)\cdot\cdots\cdot7\cdot6\cdot4\cdot3}+\cdots.$$

不难确定这级数的收敛域为 $(-\infty, +\infty)$,因此解成立的区间是 $(-\infty, +\infty)$.

最后我们利用幂级数的展开式给出欧拉(Euler)公式

$$e^{ix}=\cos x+i\sin x$$

的形式推导.

将 e^x 的幂级数展开式中的 x 换成复数 z,得到

$$e^z=1+z+\frac{z^2}{2!}+\frac{z^3}{3!}+\cdots+\frac{z^n}{n!}+\cdots.$$

令 $z=ix\ (x\in\mathbf{R})$,并将实数项与虚数项分别组合就有

$$e^{ix}=1+ix-\frac{x^2}{2!}-i\frac{x^3}{3!}+\frac{x^4}{4!}+\cdots+\frac{(ix)^n}{n!}+\cdots$$

$$=\left[1-\frac{x^2}{2!}+\cdots+(-1)^m\frac{x^{2m}}{(2m)!}+\cdots\right]+i\left[x-\frac{x^3}{3!}+\cdots+(-1)^m\frac{x^{2m+1}}{(2m+1)!}+\cdots\right]$$

$$=\cos x+i\sin x.$$

这样就导出了欧拉公式.

在欧拉公式中令 $x=\pi$ 得到 $e^{i\pi}=-1$,即

$$e^{i\pi}+1=0.$$

这个等式被数学史学家称为数学中"最美"的等式,因为它将数学上最重要的五个常数 $0,1,\pi,e$ 和 i 以极为简单的形式联系在一起.

应用欧拉公式即可推出

$$\sin x=\frac{e^{ix}-e^{-ix}}{2i}, \qquad \cos x=\frac{e^{ix}+e^{-ix}}{2}.$$

11.6　傅里叶级数

　　将函数 $f(x)$ 展开成泰勒级数,在应用中往往就是用泰勒多项式来逼近 $f(x)$. 但是,这种逼近也有不尽如人意之处:当 $f(x)$ 为周期函数时,由于幂函数不具有周期性,所以无论取幂级数的多少项,都很难反映函数的周期性特点.

　　我们知道有限个周期函数的和还是周期函数.一个典型的例子是周期为 $\dfrac{2\pi}{\omega}$ 的三角函数

$$A\sin(\omega t+\varphi)=a\cos \omega t+b\sin \omega t$$

可用来表示音叉的振动(简谐振动),而几个不同频率的音叉振动的叠加

$$\sum_{n=1}^{N}(a_n\cos n\omega t+b_n\sin n\omega t)$$

仍然是一个周期为 $\dfrac{2\pi}{\omega}$ 的函数,它就表示了和声.

　　由于三角函数是人们熟悉的初等函数,能否将一个周期函数表示为三角函数之无穷和(级数)的形式,从而有助于对此函数的研究和运算呢? 1807 年,傅里叶(Fourier,1768—1830,法国数学家,物理学家)在研究热传导问题时,给出了解决这一问题的方法.

11.6.1　三角级数

　　定义 11.6　形如

$$\frac{a_0}{2}+\sum_{n=1}^{\infty}(a_n\cos nx+b_n\sin nx)$$

的级数称为以 2π 为周期的**三角级数**,其中 $a_0,a_n,b_n\in \mathbf{R}(n=1,2,\cdots)$ 称为三角级数的系数,而函数集合

$$\{1,\cos x,\sin x,\cos 2x,\sin 2x,\cdots,\cos nx,\sin nx,\cdots\}$$

称为**三角函数系**.

　　容易验证

$$\int_{-\pi}^{\pi}\cos mx\cos nx\mathrm{d}x=\int_{-\pi}^{\pi}\frac{\cos(m-n)x+\cos(m+n)x}{2}\mathrm{d}x$$
$$=\begin{cases}0,\ m\neq n,\\2\pi,\ m=n=0,\\\pi,\ m=n\neq 0,\end{cases}m,n=1,2,\cdots.$$

类似地,有

$$\int_{-\pi}^{\pi} \sin mx \sin nx \mathrm{d}x = \begin{cases} 0, & m \neq n, \\ \pi, & m = n \end{cases} (m,n=1,2,\cdots),$$

$$\int_{-\pi}^{\pi} \sin mx \cos nx \mathrm{d}x = 0 \ (m=1,2,\cdots;n=0,1,\cdots).$$

这意味着三角函数系中任意两个不同函数的乘积在 $[-\pi,\pi]$ 上的积分为零,这个性质称为三角函数系的正交性.

假设函数 $f(x)$ 可以表示成三角级数

$$f(x) = \frac{a_0}{2} + \sum_{n=1}^{\infty} (a_n \cos nx + b_n \sin nx),$$

即等式右端的级数收敛于 $f(x)$,那么系数 $a_0, a_n, b_n (n \in \mathbf{N}_+)$ 与函数 $f(x)$ 的关系如何呢?

将上式两端同时乘 $\cos mx$ 并在 $[-\pi,\pi]$ 上积分,且假定右端的三角级数可以逐项积分,那么利用三角函数系的正交性有

$$\int_{-\pi}^{\pi} f(x) \cos mx \mathrm{d}x$$

$$= \frac{a_0}{2} \int_{-\pi}^{\pi} \cos mx \mathrm{d}x + \sum_{n=1}^{\infty} \left[a_n \int_{-\pi}^{\pi} \cos nx \cos mx \mathrm{d}x + b_n \int_{-\pi}^{\pi} \sin nx \cos mx \mathrm{d}x \right]$$

$$= \pi a_m (m \in \mathbf{N}).$$

将下标 m 换为 n 就得到

$$a_n = \frac{1}{\pi} \int_{-\pi}^{\pi} f(x) \cos nx \mathrm{d}x, n=0,1,2,\cdots.$$

类似地,等式两端同时乘 $\sin mx$ 并在 $[-\pi,\pi]$ 上积分,同样可以导出

$$b_n = \frac{1}{\pi} \int_{-\pi}^{\pi} f(x) \sin nx \mathrm{d}x, n=1,2,\cdots.$$

上面两式称为函数 $f(x)$ 的傅里叶系数公式.

11.6.2   傅里叶级数和狄利克雷收敛条件

设 $f(x)$ 是周期为 2π 的函数,且 $f(x) \in R(-\pi,\pi)$,则以傅里叶系数公式求得的 $a_0, a_n, b_n (n \in \mathbf{N}_+)$ 作系数的三角级数称为 $f(x)$ 的傅里叶级数,并记为

$$f(x) \sim \frac{a_0}{2} + \sum_{n=1}^{\infty} (a_n \cos nx + b_n \sin nx).$$

此外,把

$$F_n(x) = \frac{a_0}{2} + \sum_{k=1}^{n} (a_k \cos kx + b_k \sin kx)$$

称为 $f(x)$ 的 n 阶傅里叶多项式.

与函数的泰勒级数一样,现在的问题是: $f(x)$ 的傅里叶级数是否收敛? 如果它收敛,其和函数是否就是 $f(x)$ 呢? 答案同样并非是肯定的.

我们不加证明地引述如下的狄利克雷收敛定理.

定理 11.25(狄利克雷收敛定理)   设周期为 2π 的函数 $f(x)$ 在 $[-\pi,\pi]$ 上分段单调且至多只有有限个第一类间断点,则 $f(x)$ 的傅里叶级数收敛,并且在 $[-\pi,\pi]$ 上,其和函数

$$S(x)=\begin{cases} f(x), & \text{当 } x \text{ 是 } f(x) \text{ 的连续点,} \\ \dfrac{f(x-0)+f(x+0)}{2}, & \text{当 } x \text{ 是 } f(x) \text{ 的间断点,} \\ \dfrac{f(\pi-0)+f(-\pi+0)}{2}, & \text{当 } x=\pm\pi, \end{cases}$$

其中 $f(x-0),f(x+0)$ 分别表示 $f(x)$ 在 x 处的左、右极限.

此定理给出了函数的傅里叶级数收敛的一个充分条件,并且说明了和函数 $S(x)$ 与 $f(x)$ 的关系.即在 $f(x)$ 的连续点处,其傅里叶级数收敛到该点的函数值;在 $f(x)$ 的间断点处,其傅里叶级数尽管仍然收敛,但它不是收敛到该点的函数值,而是收敛到 $f(x)$ 在该点处的左、右极限的算术平均值.同时从狄利克雷收敛定理的条件可以看出,函数展开成傅里叶级数的要求比展开成泰勒级数的要求低得多.

值得注意的是:函数的傅里叶级数如果收敛,那么其和函数显然是以 2π 为周期的.当然,如果可积函数 $f(x)$ 仅仅定义在 $(-\pi,\pi)$ 上,我们可以将 $f(x)$ 延拓为以 2π 为周期的函数,从而求出其傅里叶级数,并在 $(-\pi,\pi)$ 上得到傅里叶级数的和函数 $S(x)$ 与 $f(x)$ 的关系.

例 11.33   求函数 $f(x)=\begin{cases} 0, & -\pi < x \leqslant 0, \\ x, & 0 < x \leqslant \pi \end{cases}$ 的傅里叶级数,并写出其和函数 $S(x)$ 在 $(-\pi,\pi]$ 上的表达式.

解   依傅里叶系数公式有

$$a_0 = \frac{1}{\pi}\int_{-\pi}^{\pi} f(x)\,\mathrm{d}x = \frac{1}{\pi}\int_0^{\pi} x\,\mathrm{d}x = \frac{\pi}{2}.$$

当 $n \geqslant 1$ 时,有

$$a_n = \frac{1}{\pi}\int_{-\pi}^{\pi} f(x)\cos nx\,\mathrm{d}x = \frac{1}{\pi}\int_0^{\pi} x\cos nx\,\mathrm{d}x$$

$$= \frac{1}{\pi}\left[\frac{x\sin nx}{n}\Big|_0^{\pi} - \frac{1}{n}\int_0^{\pi}\sin nx\,\mathrm{d}x\right] = \frac{1}{n^2\pi}\left[(-1)^n - 1\right];$$

$$b_n = \frac{1}{\pi}\int_{-\pi}^{\pi} f(x)\sin\, nx\mathrm{d}x = \frac{1}{\pi}\int_{0}^{\pi} x\sin\, nx\mathrm{d}x$$

$$= \frac{1}{\pi}\left[-\left.\frac{x\cos\, nx}{n}\right|_{0}^{\pi} + \frac{1}{n}\int_{0}^{\pi}\cos\, nx\mathrm{d}x \right] = \frac{(-1)^{n-1}}{n}.$$

因此

$$f(x)\ \sim\ \frac{\pi}{4} + \sum_{n=1}^{\infty}\left\{ \frac{(-1)^n - 1}{n^2\pi}\cos\, nx + \frac{(-1)^{n-1}}{n}\sin\, nx \right\}$$

$$= \frac{\pi}{4} - \frac{2}{\pi}\left(\cos\, x + \frac{\cos\, 3x}{3^2} + \frac{\cos\, 5x}{5^2} + \cdots \right) + \left(\sin\, x - \frac{\sin\, 2x}{2} + \frac{\sin\, 3x}{3} - \cdots \right).$$

根据狄利克雷收敛定理可得和函数

$$S(x) = \begin{cases} 0, & -\pi < x \leqslant 0, \\ x, & 0 < x < \pi, \\ \dfrac{\pi}{2}, & x = \pm\pi. \end{cases}$$

图 11.2 画出了此例中 $f(x)$ 与 $S(x)$ 的图形,读者从中可以看出两者间的差异.

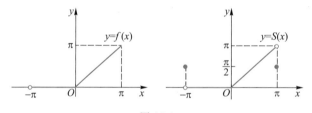

图 11.2

例 **11.34**　设周期为 2π 的函数在 $(-\pi,\pi]$ 上的定义是

$$f(x) = \begin{cases} -\dfrac{\pi}{4}, & -\pi < x < 0, \\ \dfrac{\pi}{4}, & 0 \leqslant x \leqslant \pi. \end{cases}$$

试将 $f(x)$ 展开为傅里叶级数,并说明该级数在 $[-\pi,\pi]$ 上收敛到何值.

　　解　由被积函数的对称性立即可得 $a_n = 0, (n = 0, 1, 2, \cdots)$,而

$$b_n = \frac{1}{\pi}\int_{-\pi}^{\pi} f(x)\sin\, nx\mathrm{d}x = \frac{2}{\pi}\int_{0}^{\pi}\frac{\pi}{4}\sin\, nx\mathrm{d}x = \frac{1}{2n}\left[1 - (-1)^n \right] \quad (n = 1, 2, \cdots),$$

因此

$$f(x) \sim \sum_{n=1}^{\infty}\frac{1}{2n}\left[1 - (-1)^n \right]\sin\, nx = \sum_{m=1}^{\infty}\frac{1}{2m-1}\sin(2m-1)x.$$

依狄利克雷收敛定理,在 $[-\pi,\pi]$ 上,

$$\sum_{m=1}^{\infty} \frac{1}{2m-1}\sin(2m-1)x = \begin{cases} -\dfrac{\pi}{4}, & -\pi < x < 0, \\[2mm] \dfrac{\pi}{4}, & 0 < x < \pi, \\[2mm] 0, & x = 0, \pm\pi. \end{cases}$$

显然，$f(x)$ 是一个矩形波状函数 (图 11.3).

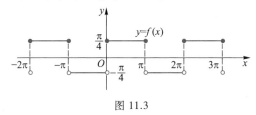

图 11.3

如果令 $x = \dfrac{\pi}{2}$，可得

$$1 - \frac{1}{3} + \frac{1}{5} - \frac{1}{7} + \cdots = \frac{\pi}{4}.$$

这样我们殊途同归，又一次得到了与在 $f(x) = \arctan x$ 的幂级数展开式中取 $x = 1$ 时的相同结果.

11.6.3　正弦级数和余弦级数

若 $f(x)$ 在 $[-\pi, \pi]$ 上是奇函数，易得其傅里叶系数中 $a_n = 0$，故有

$$f(x) \sim \sum_{n=1}^{\infty} b_n \sin nx,$$

其中 $b_n = \dfrac{2}{\pi} \displaystyle\int_0^{\pi} f(x) \sin nx\, \mathrm{d}x\, (n = 1, 2, \cdots)$.

同样地，若 $f(x)$ 在 $[-\pi, \pi]$ 上是偶函数，那么其傅里叶系数中 $b_n = 0$，故有

$$f(x) \sim \frac{a_0}{2} + \sum_{n=1}^{\infty} a_n \cos nx,$$

其中 $a_n = \dfrac{2}{\pi} \displaystyle\int_0^{\pi} f(x) \cos nx\, \mathrm{d}x\, (n = 0, 1, 2, \cdots)$.

在这两种情况，傅里叶级数中分别仅含正弦项或仅含余弦项，因此相应地称之为正弦级数和余弦级数. 例 11.34 就是一个正弦级数的例子.

例 11.35　试将 $f(x) = x^2\ (x \in [-\pi, \pi])$ 展开为傅里叶级数.

解　因为 $f(x)$ 是偶函数，所以 $b_n = 0$，而

$$a_0 = \frac{2}{\pi} \int_0^\pi x^2 \mathrm{d}x = \frac{2\pi^2}{3},$$

$$a_n = \frac{2}{\pi} \int_0^\pi x^2 \cos nx \mathrm{d}x = \frac{2}{n\pi}\left[x^2 \sin nx \Big|_0^\pi - \int_0^\pi 2x\sin nx \mathrm{d}x \right]$$

$$= \frac{2}{n^2\pi}\left[2x\cos nx \Big|_0^\pi - \int_0^\pi 2\cos nx \mathrm{d}x \right] = (-1)^n \frac{4}{n^2} \quad (n=1,2,\cdots).$$

由于 $f(x) = x^2$ 在 $[-\pi,\pi]$ 上连续且 $f(-\pi) = f(\pi)$,因此根据狄利克雷收敛定理有

$$x^2 = \frac{\pi^2}{3} + \sum_{n=1}^\infty (-1)^n \frac{4}{n^2} \cos nx \ (-\pi \leq x \leq \pi).$$

如果令 $x=\pi$,那么有

$$\sum_{n=1}^\infty \frac{1}{n^2} = 1 + \frac{1}{2^2} + \frac{1}{3^2} + \cdots = \frac{\pi^2}{6}.$$

历史上,欧拉巧妙地求出过这一级数的和.

对在 $[-\pi,\pi]$ 上符合狄利克雷收敛定理展开条件的奇函数和偶函数,可以分别展开得到形式简单的正弦级数和余弦级数.受此启发:一个定义在 $(0,\pi]$ 上符合展开条件的函数 $f(x)$,只要对它作奇延拓或偶延拓,就可以将它展开为正弦级数或余弦级数.而事实上根据正、余弦级数的系数计算公式求傅里叶系数时,我们也仅需知道 $f(x)$ 在 $(0,\pi]$ 上的表达式.

例 11.36 将函数 $f(x) = x+1$ $(0<x\leq\pi)$ 分别展开成正弦级数和余弦级数.

解 先将 $f(x)$ 展开成正弦级数.由于

$$b_n = \frac{2}{\pi} \int_0^\pi (x+1)\sin nx \mathrm{d}x = -\frac{2}{n\pi}\left[(x+1)\cos nx \Big|_0^\pi - \int_0^\pi \cos nx \mathrm{d}x \right]$$

$$= \frac{2}{n\pi}\left[1 - (-1)^n(\pi+1) \right],$$

所以有

$$f(x) \sim \sum_{n=1}^\infty \frac{2}{n\pi}\left[1-(-1)^n(\pi+1) \right] \sin nx = \begin{cases} x+1, & 0<x<\pi, \\ 0, & x=0,\pi. \end{cases}$$

再将 $f(x)$ 展开为余弦级数.由于 $a_0 = \frac{2}{\pi}\int_0^\pi (x+1)\mathrm{d}x = \pi+2$,且当 $n\geq 1$ 时,

$$a_n = \frac{2}{\pi}\int_0^\pi (x+1)\cos nx \mathrm{d}x = \frac{2}{n\pi}\left[(x+1)\sin nx \Big|_0^\pi - \int_0^\pi \sin nx \mathrm{d}x \right]$$

$$= \frac{2}{n^2\pi}\left[(-1)^n - 1 \right],$$

因此有

$$f(x) \sim \frac{\pi+2}{2} + \sum_{n=1}^{\infty} \frac{2}{n^2\pi}\left[(-1)^n-1\right]\cos nx = \frac{\pi+2}{2} - \frac{4}{\pi}\sum_{k=1}^{\infty}\frac{\cos(2k-1)x}{(2k-1)^2}$$

$$= x+1 \quad (0 \leqslant x \leqslant \pi).$$

例 11.37 设 $S(x)$ 是将 $f(x)=\pi x-x^2(0<x<\pi)$ 展成为正弦级数后的和函数,求 $S(x)$ 在 $(\pi,2\pi)$ 内的表达式.

分析 由于 $S(x)$ 是正弦级数的和函数,故 $S(x)$ 是周期为 2π 的奇函数,所以我们可以先求出 $S(x)$ 在 $(-\pi,0)$ 内的表达式,再求出 $S(x)$ 在 $(\pi,2\pi)$ 内的表达式.

解 当 $-\pi<x<0$ 时,有 $0<-x<\pi$,故

$$S(x) = -S(-x) = -\left[\pi\cdot(-x)-(-x)^2\right] = \pi x+x^2,$$

而当 $\pi<x<2\pi$ 时,有 $-\pi<x-2\pi<0$,所以

$$S(x) = S(x-2\pi) = \pi(x-2\pi)+(x-2\pi)^2$$

$$= x^2-3\pi x+2\pi^2.$$

11.6.4 周期为 $2l$ 的傅里叶级数

前面我们介绍了周期为 2π 的函数的傅里叶级数问题.在此基础上,下面将讨论一般周期函数展开为三角级数的问题.

设 $f(x)$ 是定义在 $[-l,l]$ 上的可积函数(若 $f(x)$ 是周期为 $2l$ 的函数,则只需考察其一个周期内的情形).设 $x=\frac{l}{\pi}t$,则 $F(t)=f\left(\frac{l}{\pi}t\right)$ 就是定义在 $[-\pi,\pi]$ 上的可积函数,从而有

$$F(t) \sim \frac{a_0}{2} + \sum_{n=1}^{\infty}(a_n\cos nt+b_n\sin nt),$$

其中

$$a_n = \frac{1}{\pi}\int_{-\pi}^{\pi}F(t)\cos nt\,\mathrm{d}t = \frac{1}{\pi}\int_{-\pi}^{\pi}f\left(\frac{l}{\pi}t\right)\cos nt\,\mathrm{d}t$$

$$= \frac{1}{l}\int_{-l}^{l}f(x)\cos\frac{n\pi}{l}x\,\mathrm{d}x,$$

$$b_n = \frac{1}{\pi}\int_{-\pi}^{\pi}F(t)\sin nt\,\mathrm{d}t = \frac{1}{l}\int_{-l}^{l}f(x)\sin\frac{n\pi}{l}x\,\mathrm{d}x.$$

将变量 t 换回到 x,我们就得到周期为 $2l$ 的函数 $f(x)$ 的傅里叶级数

$$f(x) \sim \frac{a_0}{2} + \sum_{n=1}^{\infty}\left(a_n\cos\frac{n\pi}{l}x+b_n\sin\frac{n\pi}{l}x\right),$$

其中

$$
\begin{cases}
a_n = \dfrac{1}{l} \displaystyle\int_{-l}^{l} f(x) \cos \dfrac{n\pi}{l} x \mathrm{d}x, & n = 0, 1, \cdots, \\[3mm]
b_n = \dfrac{1}{l} \displaystyle\int_{-l}^{l} f(x) \sin \dfrac{n\pi}{l} x \mathrm{d}x, & n = 1, 2, \cdots.
\end{cases}
$$

适当对定理 11.25 做些调整,就可以得到下面的狄利克雷收敛定理.

定理 11.26 设周期为 $2l$ 的函数 $f(x)$ 在 $[-l, l]$ 上分段单调且至多只有有限个第一类间断点,则如上所述的 $f(x)$ 的傅里叶级数

$$
\frac{a_0}{2} + \sum_{n=1}^{\infty} \left(a_n \cos \frac{n\pi}{l} x + b_n \sin \frac{n\pi}{l} x \right)
$$

收敛,并且在 $[-l, l]$ 上其和函数

$$
S(x) = \begin{cases}
f(x), & \text{当 } x \text{ 是 } f(x) \text{ 的连续点}, \\[3mm]
\dfrac{f(x-0) + f(x+0)}{2}, & \text{当 } x \text{ 是 } f(x) \text{ 的间断点}, \\[3mm]
\dfrac{f(l-0) + f(-l+0)}{2}, & \text{当 } x = \pm l,
\end{cases}
$$

其中 $f(x-0)$, $f(x+0)$ 分别表示 $f(x)$ 在 x 处的左、右极限.

例 11.38 试将 $f(x) = \begin{cases} 0, & -2 < x \leqslant 0, \\ A, & 0 < x \leqslant 2 \end{cases}$ (A 是非零常数)展开成周期为 4 的傅里叶级数.

解 这里 $l = 2$,于是

$$
a_0 = \frac{1}{2} \int_{-2}^{2} f(x) \mathrm{d}x = \frac{1}{2} \int_{0}^{2} A \mathrm{d}x = A,
$$

当 $n \geqslant 1$ 时,

$$
a_n = \frac{1}{2} \int_{0}^{2} A \cos \frac{n\pi}{2} x \mathrm{d}x = \frac{A}{2} \cdot \frac{2}{n\pi} \sin \frac{n\pi}{2} x \Big|_{0}^{2} = 0,
$$

$$
b_n = \frac{1}{2} \int_{0}^{2} A \sin \frac{n\pi}{2} x \mathrm{d}x = -\frac{A}{2} \cdot \frac{2}{n\pi} \cos \frac{n\pi}{2} x \Big|_{0}^{2} = \frac{A}{n\pi} \left[1 - (-1)^n \right],
$$

从而

$$
f(x) \sim \frac{A}{2} + \sum_{n=1}^{\infty} \frac{A}{n\pi} \left[1 - (-1)^n \right] \sin \frac{n\pi}{2} x
$$

$$
= \frac{A}{2} + \frac{2A}{\pi} \sum_{k=1}^{\infty} \frac{1}{2k-1} \sin \frac{(2k-1)\pi}{2} x
$$

$$= \begin{cases} 0, & -2<x<0, \\ A & 0<x<2, \\ \dfrac{A}{2}, & x=0,2. \end{cases}$$

对于定义在 $(0,l]$ 上满足展开条件的函数 $f(x)$，通过作奇延拓可得到周期为 $2l$ 的正弦级数

$$f(x) \sim \sum_{n=1}^{\infty} b_n \sin \frac{n\pi}{l}x,$$

其中 $b_n = \dfrac{2}{l} \displaystyle\int_0^l f(x) \sin \dfrac{n\pi}{l}x \mathrm{d}x \ (n=1,2,\cdots)$；通过作偶延拓可得到周期为 $2l$ 的余弦级数

$$f(x) \sim \frac{a_0}{2} + \sum_{n=1}^{\infty} a_n \cos \frac{n\pi}{l}x,$$

其中 $a_n = \dfrac{2}{l} \displaystyle\int_0^l f(x) \cos \dfrac{n\pi}{l}x \mathrm{d}x \ (n=0,1,\cdots)$.

例 11.39　试将函数 $f(x) = \begin{cases} 1, & 0<x \leqslant \dfrac{A}{2}, \\ -1, & \dfrac{A}{2}<x \leqslant A \end{cases}$ （$A>0$ 是常数）展开为正弦级数和余弦级数.

解　先将 $f(x)$ 展开成正弦级数.这里公式中的 $l=A$，于是

$$b_n = \frac{2}{A} \int_0^A f(x) \sin \frac{n\pi}{A}x \mathrm{d}x = \frac{2}{A} \left[\int_0^{\frac{A}{2}} \sin \frac{n\pi}{A}x \mathrm{d}x + \int_{\frac{A}{2}}^A (-1) \cdot \sin \frac{n\pi}{A}x \mathrm{d}x \right]$$

$$= \frac{2}{A} \cdot \frac{A}{n\pi} \left[-\cos \frac{n\pi}{A}x \Big|_0^{\frac{A}{2}} + \cos \frac{n\pi}{A}x \Big|_{\frac{A}{2}}^A \right] = \frac{2}{n\pi} \left[1 - 2\cos \frac{n\pi}{2} + (-1)^n \right],$$

因此有

$$f(x) \sim \sum_{n=1}^{\infty} \frac{2}{n\pi} \left[1 - 2\cos \frac{n\pi}{2} + (-1)^n \right] \sin \frac{n\pi}{A}x$$

$$= \sum_{k=1}^{\infty} \frac{4}{2k\pi} \left[1 - (-1)^k \right] \sin \frac{2k\pi}{A}x = \sum_{m=1}^{\infty} \frac{4}{(2m-1)\pi} \sin \frac{2(2m-1)\pi}{A}x$$

$$= \begin{cases} 1, & 0 < x < \dfrac{A}{2}, \\ -1, & \dfrac{A}{2} < x < A, \\ 0, & x = 0, \dfrac{A}{2}, A. \end{cases}$$

类似地,也可将 $f(x)$ 展开成余弦级数.

$$f(x) \sim \sum_{n=1}^{\infty} \frac{4}{n\pi} \sin \frac{n\pi}{2} \cos \frac{n\pi}{A} x = \sum_{k=1}^{\infty} \frac{4(-1)^{k-1}}{(2k-1)\pi} \cos \frac{(2k-1)\pi}{A} x$$

$$= \begin{cases} 1, & 0 \leqslant x < \dfrac{A}{2}, \\ -1, & \dfrac{A}{2} < x \leqslant A. \\ 0, & x = \dfrac{A}{2}. \end{cases}$$

最后,我们指出,对于定义在任意区间 (a,b) 上满足展开条件的函数 $f(x)$,可以通过变量替换 $x = \dfrac{a+b}{2} + \dfrac{b-a}{2\pi} t$,得到函数 $F(t) = f\left(\dfrac{a+b}{2} + \dfrac{b-a}{2\pi} t\right)$,$t \in (-\pi, \pi]$,将 $F(t)$ 在 $(-\pi, \pi]$ 上展开成周期为 2π 的傅里叶级数,再将 $t = \dfrac{2\pi}{b-a} \cdot \left(x - \dfrac{a+b}{2}\right)$ 回代,就可得到 $f(x)$ 在区间 (a,b) 上的傅里叶级数展开式,其和函数的周期为 $b-a$.

习 题 11

1. 写出下列级数的通项:

(1) $\dfrac{1}{2} + \dfrac{2}{2^2} + \dfrac{3}{2^3} + \cdots$；　　　　　(2) $1 + \dfrac{2}{3} + \dfrac{3}{5} + \dfrac{4}{7} + \cdots$.

2. 已知级数的部分和 S_n,写出该级数,并求其和:

(1) $S_n = \dfrac{n+1}{n}$；　　　　　(2) $S_n = \dfrac{2^n - 1}{2^n}$.

3. 判别下列级数的敛散性,并求出其中收敛级数的和:

(1) $\displaystyle\sum_{n=1}^{\infty} \frac{3^n + (-2)^n}{6^n}$；　　　　　(2) $\displaystyle\sum_{n=1}^{\infty} \ln \frac{n}{n+1}$；

(3) $\displaystyle\sum_{n=1}^{\infty} \frac{1}{n(n+2)}$；　　　　　(4) $\displaystyle\sum_{n=1}^{\infty} \frac{2^n}{n}$；

(5) $\displaystyle\sum_{n=1}^{\infty} \frac{n}{2n+1}$;

(6) $\displaystyle\sum_{n=1}^{\infty} \left(\frac{n}{1+n}\right)^n$;

(7) $\displaystyle\sum_{n=1}^{\infty} \frac{n}{(n+1)(n+2)(n+3)}$;

(8) $\displaystyle\sum_{n=1}^{\infty} \left(\sqrt{n+2}-2\sqrt{n+1}+\sqrt{n}\right)$.

4. 若级数 $\displaystyle\sum_{n=1}^{\infty} a_n$ 与 $\displaystyle\sum_{n=1}^{\infty} b_n$ 中有一个收敛,另一个发散,证明级数 $\displaystyle\sum_{n=1}^{\infty} (a_n + b_n)$

必发散.如果所给的两个级数都发散,那么级数 $\displaystyle\sum_{n=1}^{\infty} (a_n+b_n)$ 是否必发散?

5. 用比较判别法或比较判别法的极限形式判别下列级数的敛散性:

(1) $\displaystyle\sum_{n=1}^{\infty} \frac{1}{\ln(n+1)}$;

(2) $\displaystyle\sum_{n=1}^{\infty} \sin\frac{\pi}{2^n}$;

(3) $\displaystyle\sum_{n=1}^{\infty} \frac{1}{\sqrt{n(n^2+1)}}$;

(4) $\displaystyle\sum_{n=1}^{\infty} \frac{\arctan n}{n}$;

(5) $\displaystyle\sum_{n=1}^{\infty} \frac{1}{n \cdot \sqrt[n]{n}}$;

(6) $\displaystyle\sum_{n=1}^{\infty} \ln^2\left(1+\frac{1}{n \cdot \sqrt[n]{n}}\right)$;

(7) $\displaystyle\sum_{n=1}^{\infty} \frac{a^n}{1+a^{2n}}$ $(a>0)$;

(8) $\displaystyle\sum_{n=1}^{\infty} \left(\sqrt[n]{n}-1\right)$.

6. 用比值判别法或根值判别法判别下列级数的敛散性:

(1) $\displaystyle\sum_{n=1}^{\infty} \frac{n^3}{3^n}$;

(2) $\displaystyle\sum_{n=1}^{\infty} \frac{(2n-1)!!}{n!}$;

(3) $\displaystyle\sum_{n=1}^{\infty} \frac{n^{n+1}}{(n+1)!}$;

(4) $\displaystyle\sum_{n=1}^{\infty} n \cdot \tan\frac{\pi}{2^{n+1}}$;

(5) $\displaystyle\sum_{n=1}^{\infty} \frac{a^n}{\ln(n+1)}$ $(a>0)$;

(6) $\displaystyle\sum_{n=1}^{\infty} \frac{1}{\ln^n(n+1)}$;

(7) $\displaystyle\sum_{n=1}^{\infty} \left(\sqrt[n]{3}-1\right)^n$;

(8) $\displaystyle\sum_{n=1}^{\infty} 3^n \cdot \left(\frac{n}{n+1}\right)^{n^2}$;

(9) $\displaystyle\sum_{n=1}^{\infty} \left(2n\arcsin\frac{1}{n}\right)^{\frac{n}{2}}$;

(10) $\displaystyle\sum_{n=1}^{\infty} \left(\frac{a_n}{b}\right)^n$,其中 $\displaystyle\lim_{n\to\infty} a_n = a$ $(a,b>0)$,且 $a \neq b$.

7. 用积分判别法判别下列级数的敛散性:

(1) $\displaystyle\sum_{n=1}^{\infty} \frac{\ln n}{n}$;

(2) $\displaystyle\sum_{n=1}^{\infty} n\mathrm{e}^{-n^2}$;

(3) $\displaystyle\sum_{n=1}^{\infty} \frac{\arctan n}{n^2+1}$;

(4) $\displaystyle\sum_{n=3}^{\infty} \frac{\ln(\ln n)}{n\ln n}$.

8. 利用级数收敛的必要条件,证明下列极限:

(1) $\lim\limits_{n\to\infty}\dfrac{a^n}{n!}=0\,(a>0)$;

(2) $\lim\limits_{n\to\infty}\dfrac{n!}{n^n}=0$.

9. 用适当的方法判别下列级数的敛散性:

(1) $\sum\limits_{n=1}^{\infty}\dfrac{1+2^n}{1+3^n}$;

(2) $\sum\limits_{n=1}^{\infty}2^n\sin\dfrac{\pi}{3^n}$;

(3) $\sum\limits_{n=1}^{\infty}\dfrac{(n!)^2}{(n+1)n^2}$;

(4) $\sum\limits_{n=1}^{\infty}\dfrac{\sin^2 n}{n\sqrt{n}}$

(5) $\sum\limits_{n=1}^{\infty}\dfrac{n^{n+\frac{1}{n}}}{\left(n+\dfrac{1}{n}\right)^n}$;

(6) $\sum\limits_{n=1}^{\infty}\sqrt{n}\left(1-\cos\dfrac{\pi}{n}\right)$;

(7) $\sum\limits_{n=1}^{\infty}\dfrac{1}{2^{\sqrt{n}}}$;

(8) $\sum\limits_{n=1}^{\infty}\left(\dfrac{an}{n+1}\right)^n\,(a>0)$.

10. 证明:

(1) 若 $a_n\geqslant 0$,且 $\sum\limits_{n=1}^{\infty}a_n$ 收敛,则 $\sum\limits_{n=1}^{\infty}a_n^2$ 也收敛;

(2) 若 $a_n\geqslant 0$,且数列 $\{na_n\}$ 收敛,则 $\sum\limits_{n=1}^{\infty}a_n^2$ 收敛;

(3) 若 $a_n\geqslant 0$, $b_n\geqslant 0$,且 $\sum\limits_{n=1}^{\infty}a_n$ 和 $\sum\limits_{n=1}^{\infty}b_n$ 都收敛,则 $\sum\limits_{n=1}^{\infty}a_nb_n$ 和 $\sum\limits_{n=1}^{\infty}(a_n+b_n)^2$ 收敛;

(4) 若 $a_n\geqslant 0$,且 $\sum\limits_{n=1}^{\infty}a_n^2$ 收敛,则 $\sum\limits_{n=1}^{\infty}\dfrac{a_n}{n}$ 也收敛;

(5) 若数列 $\{na_n\}$ 收敛,且级数 $\sum\limits_{n=1}^{\infty}n(a_n-a_{n-1})$ 收敛 $(a_0=0)$,则级数 $\sum\limits_{n=1}^{\infty}a_n$ 也收敛.

11. 利用不等式 $\dfrac{1}{2\sqrt{n}}<\dfrac{(2n-1)!!}{(2n)!!}<\dfrac{1}{\sqrt{2n+1}}$,证明: 级数 $\sum\limits_{n=1}^{\infty}\dfrac{(2n-1)!!}{(2n)!!}$ 发散而级数 $\sum\limits_{n=2}^{\infty}\dfrac{(2n-3)!!}{(2n)!!}$ 收敛.

12. 判别下列交错级数的敛散性,如果收敛,是绝对收敛还是条件收敛?

(1) $\sum\limits_{n=2}^{\infty}\dfrac{(-1)^{n-1}\ln n}{n}$;

(2) $\sum\limits_{n=1}^{\infty}(-1)^{n-1}\dfrac{n+1}{3n-2}$;

(3) $\displaystyle\sum_{n=1}^{\infty} (-1)^{n-1}\frac{n^3}{2^n}$;

(4) $\displaystyle\sum_{n=1}^{\infty} (-1)^{n+1}\ln\frac{n}{n+1}$;

(5) $\displaystyle\sum_{n=1}^{\infty} (-1)^{n-1}\frac{(2n-1)!!}{(2n)!!}$;

(6) $\displaystyle\sum_{n=1}^{\infty} (-1)^{n-1}\frac{(2n-3)!!}{(2n)!!}$.

13. 判别下列级数的敛散性,如果收敛,是绝对收敛还是条件收敛?

(1) $\displaystyle\sum_{n=1}^{\infty} \left(\frac{1-3n}{3+4n}\right)^n$;

(2) $\displaystyle\sum_{n=1}^{\infty} (-1)^{n-1}\left(\frac{n}{n+1}\right)^n$;

(3) $\displaystyle\sum_{n=1}^{\infty} (-1)^n\left(1-\cos\frac{a}{n}\right)\ (a>0)$;

(4) $\displaystyle\sum_{n=2}^{\infty} \sin\left(n\pi+\frac{1}{\ln n}\right)$;

(5) $\displaystyle\sum_{n=1}^{\infty} \sin(\pi\sqrt{n^2+1})$;

(6) $\displaystyle\sum_{n=1}^{\infty} (-1)^{n-1}\left(1+\frac{1}{n}\right)^n\cdot\frac{1}{\sqrt{n}}$;

*(7) $\displaystyle\sum_{n=1}^{\infty} \frac{\cos^2 n}{n}$;

*(8) $\displaystyle\sum_{n=1}^{\infty} (-1)^n\frac{\sin^2 n}{n}$.

14. 求下列函数项级数的收敛域:

(1) $\displaystyle\sum_{n=1}^{\infty} \frac{\sin^n x}{n^2}$;

(2) $\displaystyle\sum_{n=1}^{\infty} \frac{n}{x^n}$;

(3) $\displaystyle\sum_{n=1}^{\infty} (\ln x)^n$;

(4) $\displaystyle\sum_{n=1}^{\infty} \frac{1}{n}\left(\frac{|x|}{x}\right)^n$.

15. 求下列幂级数的收敛域:

(1) $\displaystyle\sum_{n=1}^{\infty} \frac{x^n}{n(n+1)}$;

(2) $\displaystyle\sum_{n=1}^{\infty} \frac{(x-3)^n}{n\cdot 3^n}$;

(3) $\displaystyle\sum_{n=1}^{\infty} \frac{2^n}{n^2+1}x^n$;

(4) $\displaystyle\sum_{n=1}^{\infty} \frac{n+1}{2^n}x^{2n-1}$;

(5) $\displaystyle\sum_{n=1}^{\infty} \frac{x^n}{(n+1)^p}$;

(6) $\displaystyle\sum_{n=1}^{\infty} \frac{n!}{n^n}x^n$.

16. 设 $\displaystyle\sum_{n=0}^{\infty} a_n x^n$ 与 $\displaystyle\sum_{n=0}^{\infty} b_n x^n$ 的收敛半径分别为 R_1 和 R_2,且 $R_1\neq R_2$,证明

$\displaystyle\sum_{n=0}^{\infty} (a_n+b_n)x^n$ 的收敛半径 $R=\min\{R_1,R_2\}$.若 $R_1=R_2$,以上结论是否还成立?

17. 利用幂级数的和函数的分析性质,求下列级数在各自收敛域上的和函数:

(1) $\displaystyle\sum_{n=0}^{\infty} \frac{x^{2n+1}}{2n+1}$;

(2) $\displaystyle\sum_{n=1}^{\infty} n(n+2)x^n$;

(3) $\displaystyle\sum_{n=1}^{\infty} (-1)^{n-1}n^2 x^n$;

(4) $\displaystyle\sum_{n=1}^{\infty} \frac{x^{n+1}}{n(n+1)}$;

(5) $\displaystyle\sum_{n=0}^{\infty} \frac{2n+1}{n!}x^{2n}$;

(6) $\displaystyle\sum_{n=1}^{\infty} \frac{n^2+1}{2^n n!}x^n$.

18. 利用幂级数的性质求下列级数的和:

(1) $\displaystyle\sum_{n=1}^{\infty} \frac{n}{2^{n-1}}$;

(2) $\displaystyle\sum_{n=0}^{\infty} (-1)^n \frac{1}{2n+1}\left(\frac{\pi}{4}\right)^{2n+1}$;

(3) $\displaystyle\sum_{n=1}^{\infty} \frac{2n+1}{9^n}$;

(4) $\displaystyle\sum_{n=2}^{\infty} \frac{1}{(n^2-1)2^n}$.

19. 将下列函数在给定点 x_0 展开成 $(x-x_0)$ 的幂级数,并指出展开式成立的区间:

(1) $x^2 \mathrm{e}^{x^2}, x_0=0$;

(2) $\dfrac{1}{x^2}, x_0=1$;

(3) $\dfrac{1}{x^2-x-6}, x_0=1$;

(4) $\ln(10+x), x_0=0$;

(5) $\ln(2+x-3x^2), x_0=0$;

(6) $(1+x)\ln(1-x), x_0=0$;

(7) $\sin 2x, x_0=\dfrac{\pi}{2}$;

(8) $\arcsin x, x_0=0$.

20. 利用函数的幂级数展开式计算下列各数的近似值(精确到 10^{-4}):

(1) $\sqrt[3]{30}$;

(2) $\ln 1.2$.

21. 利用函数的幂级数展开式计算或用幂级数表示下列积分:

(1) $\displaystyle\int_0^{0.8} x^{10}\sin x\,\mathrm{d}x$ (精确到 10^{-3});

(2) $\displaystyle\int \frac{\mathrm{e}^x-1}{x}\,\mathrm{d}x$;

(3) $\displaystyle\int \frac{1-\cos x}{x}\,\mathrm{d}x$;

(4) $\displaystyle\int_0^x \mathrm{e}^{-x^2}\,\mathrm{d}x$.

22. 把下列周期为 2π 的函数展开为傅里叶级数,并写出级数在 $[-\pi,\pi]$ 上的和函数:

(1) $f(x)=\begin{cases}1, & -\pi<x<0, \\ -x, & 0\leqslant x<\pi;\end{cases}$

(2) $f(x)=\pi^2-x^2 \quad (-\pi<x\leqslant\pi)$;

(3) $f(x)=|\sin x| \quad (-\pi<x\leqslant\pi)$.

23. 把下列各函数在 $[0,\pi]$ 上展开成正弦级数或余弦级数,并写出级数在该区间上的和函数:

(1) $f(x)=\dfrac{\pi}{4}-\dfrac{x}{2} \quad$ (展开为正弦级数);

(2) $f(x)=\begin{cases}1, & 0\leqslant x<h, \\ 0, & h\leqslant x\leqslant\pi\end{cases}$ (展开为余弦级数).

24. 把函数 $f(x) = x(\pi - x)$ 在 $[0, \pi]$ 上展开为正弦级数,并由此证明

$$\sum_{n=1}^{\infty} (-1)^{n-1} \frac{1}{(2n-1)^3} = \frac{\pi^3}{32}.$$

25. 把下列函数在指定区间上展开为傅里叶级数,并写出级数在相应区间上的和函数:

(1) $f(x) = |x| \quad (-l < x \leq l)$;

(2) $f(x) = \begin{cases} 0, & -2 < x \leq 0, \\ h, & 0 < x \leq 2 \end{cases} \quad (h \neq 0)$.

补充题

1. 已知级数 $\sum_{n=1}^{\infty} a_n$ 和 $\sum_{n=1}^{\infty} b_n$ 都收敛,且有 $a_n \leq c_n \leq b_n$,证明级数 $\sum_{n=1}^{\infty} c_n$ 也收敛. 当级数 $\sum_{n=1}^{\infty} a_n$ 和 $\sum_{n=1}^{\infty} b_n$ 都发散时,$\sum_{n=1}^{\infty} c_n$ 的敛散性如何?

2. 证明正项级数的第二比较判别法:设 $a_n > 0, b_n > 0$ 且 $\dfrac{a_{n+1}}{a_n} \leq \dfrac{b_{n+1}}{b_n}$,则当 $\sum_{n=1}^{\infty} b_n$ 收敛时,$\sum_{n=1}^{\infty} a_n$ 也收敛;当 $\sum_{n=1}^{\infty} a_n$ 发散时,$\sum_{n=1}^{\infty} b_n$ 也发散.

3. 证明极限 $\lim\limits_{n \to \infty} \left(1 + \dfrac{1}{1 \cdot 2}\right)\left(1 + \dfrac{1}{2 \cdot 3}\right) \cdots \left[1 + \dfrac{1}{n(n+1)}\right]$ 存在.

4. 设常数 $\lambda > 0$,且级数 $\sum_{n=1}^{\infty} a_n^2$ 收敛,证明级数 $\sum_{n=1}^{\infty} (-1)^n \dfrac{|a_n|}{\sqrt{n^2 + \lambda}}$ 绝对收敛.

5. 设 $a_n = e^{\frac{1}{n}} - 1 - \dfrac{1}{\sqrt{n}}$,证明级数 $\sum_{n=1}^{\infty} (-1)^{n-1} a_n$ 条件收敛.

6. 判别级数 $\sqrt{2 - \sqrt{2}} + \sqrt{2 - \sqrt{2 + \sqrt{2}}} + \sqrt{2 - \sqrt{2 + \sqrt{2 + \sqrt{2}}}} + \cdots$ 的敛散性.

7. 设 $f(x)$ 在点 $x = 0$ 的某一邻域内具有二阶连续导数,且 $\lim\limits_{x \to 0} \dfrac{f(x)}{x} = 0$,证明级数 $\sum_{n=1}^{\infty} f\left(\dfrac{1}{n}\right)$ 绝对收敛.

8. 设正项级数 $\sum_{n=1}^{\infty} a_n$ 收敛,且 $a_{n+1} \leq a_n (n = 1, 2, \cdots)$,证明:

(1) 级数 $\sum_{n=1}^{\infty} n(a_n - a_{n+1})$ 收敛;   (2) $\lim\limits_{n \to \infty} n \cdot a_n = 0$.

9. 设 $a_1 = 2, a_{n+1} = \dfrac{1}{2}\left(a_n + \dfrac{1}{a_n}\right) \quad (n \in \mathbf{N}_+)$. 证明:

（1）$\lim\limits_{n\to\infty} a_n$ 存在；　　（2）级数 $\sum\limits_{n=1}^{\infty}\left(\dfrac{a_n}{a_{n+1}}-1\right)$ 收敛.

10. 设 $a_n=\displaystyle\int_0^{\frac{\pi}{4}}\tan^n x\,\mathrm{d}x$.

　　（1）求级数 $\sum\limits_{n=1}^{\infty}\dfrac{a_n+a_{n+2}}{n}$ 的值；（2）证明：当 $\lambda>0$ 时，级数 $\sum\limits_{n=1}^{\infty}\dfrac{a_n}{n^{\lambda}}$ 收敛.

11. 设级数 $\sum\limits_{n=1}^{\infty} u_n$ 满足条件：（1）$\lim\limits_{n\to\infty} u_n=0$；（2）$\sum\limits_{n=1}^{\infty}(u_{2n-1}+u_{2n})$ 收敛，证明 $\sum\limits_{n=1}^{\infty} u_n$ 收敛.

12. 求函数项级数 $\sum\limits_{n=1}^{\infty}\dfrac{nx}{1+n^{\alpha}x^2}$ 的收敛域.

13. 求幂级数 $\sum\limits_{n=1}^{\infty}\dfrac{a^n+b^n}{n}x^n\,(a>0,b>0)$ 的收敛域.

14. 设函数 $f(x)=\dfrac{1}{1-x-x^2}$，记 $a_n=\dfrac{f^{(n)}(0)}{n!}$. 证明：

　　（1）级数 $\sum\limits_{n=0}^{\infty}\dfrac{1}{a_n}$ 收敛；

　　（2）$a_0=a_1=1$，$a_{n+2}=a_{n+1}+a_n\,(n=0,1,2,\cdots)$；

　　（3）级数 $\sum\limits_{n=0}^{\infty}\dfrac{a_{n+1}}{a_n a_{n+2}}$ 收敛，并求其和.

15. 将函数 $f(x)=\mathrm{e}^{2x}\,(-\pi<x\leqslant\pi)$ 展开为傅里叶级数，并求级数 $\sum\limits_{n=1}^{\infty}\dfrac{(-1)^{n-1}}{n^2+4}$ 的和.

16. 利用函数 $f(x)=x^2$ 在 $(-\pi,\pi]$ 上的傅里叶级数证明下列等式：

　　（1）$\sum\limits_{n=1}^{\infty}\dfrac{1}{n^2}=\dfrac{\pi^2}{6}$；　　　　　　（2）$\sum\limits_{n=1}^{\infty}(-1)^{n-1}\dfrac{1}{n^2}=\dfrac{\pi^2}{12}$；

　　（3）$\sum\limits_{n=1}^{\infty}(-1)^{n-1}\dfrac{1}{(2n)^2}=\dfrac{\pi^2}{48}$；　　　（4）$\sum\limits_{n=1}^{\infty}\dfrac{1}{(2n-1)^2}=\dfrac{\pi^2}{8}$.

第 11 章
数字资源

部分习题参考答案

习 题 7

1. (1) $3,\left(\dfrac{1}{3},\dfrac{-2}{3},\dfrac{2}{3}\right)$; (2) $(1,-1,-4),3\sqrt{2},\dfrac{\sqrt{2}}{6}(1,-1,-4)$.

2. (1) $\boldsymbol{i}-\boldsymbol{j}+6\boldsymbol{k}$; (2) $\boldsymbol{i}-\dfrac{1}{2}\boldsymbol{j}$; (3) $3\boldsymbol{i}-\dfrac{5}{3}\boldsymbol{j}+2\boldsymbol{k}$.

3. (1) 不共线; (2) 共线.

4. $\alpha=15,\gamma=-\dfrac{1}{5}$.

5. $\left(1,\dfrac{5}{3},\dfrac{1}{3}\right)$ 或 $\left(1,\dfrac{4}{3},\dfrac{2}{3}\right)$.

6. $\boldsymbol{r}=\dfrac{1}{m+n}(n\boldsymbol{r}_1+m\boldsymbol{r}_2)$.

7. $\overrightarrow{AO}=\dfrac{1}{3}(\overrightarrow{AB}+\overrightarrow{AC})$.

8. (1) $1,\arccos\dfrac{1}{14}$; (2) $0,\dfrac{\pi}{2}$.

9. $\sqrt{129},7$.

10. (1) -6 ; (2) -61.

11. $\dfrac{\pi}{3}$.

12. $(\cos\alpha,\cos\beta,\cos\gamma)=\left(\dfrac{-2}{\sqrt{14}},\dfrac{1}{\sqrt{14}},\dfrac{-3}{\sqrt{14}}\right)$, $\alpha=\arccos\dfrac{-2}{\sqrt{14}},\beta=\arccos\dfrac{1}{\sqrt{14}},\gamma=\arccos\dfrac{-3}{\sqrt{14}}$.

13. (1) $\dfrac{3}{\sqrt{5}},\dfrac{3}{5}(2,1,0)$; (2) $-\dfrac{1}{\sqrt{2}},-\left(\dfrac{1}{2},0,\dfrac{1}{2}\right)$.

14. $(-2,3,0)$.

15. 38 J.

16. (1) $(1,0,1)$; (2) $(3,14,-9)$; (3) $13\boldsymbol{i}-10\boldsymbol{j}-7\boldsymbol{k}$.

17. $\left(\mp\dfrac{7}{\sqrt{3}},\mp\dfrac{3}{\sqrt{3}},\pm\dfrac{10}{\sqrt{3}}\right)$.

18. (1) $k=-2$; (2) $k=-1,k=5$.

19. 4.

20. 42.

21. $V=14, S=6\sqrt{3}, h=\dfrac{7}{3}\sqrt{3}$.

22. （1）共面；　（2）不共面.

23. （1）否；　（2）否；　（3）是.

24. （1）$x+y+z-2=0$；　　　　（2）$3x-6y+2z-49=0$；

　　（3）$7x-21y-9z=20$；　　　（4）$3x+2z-5=0$；

　　（5）$y=2$；　　　　　　　　（6）$x+5y-z+16=0$；

　　（7）$15x+y+50z-167=0$；　（8）$2x+y+2z\pm2\sqrt[3]{3}=0$.

25. （1）$\dfrac{x-2}{3}=\dfrac{y+3}{-2}=\dfrac{z-8}{5}$；　　（2）$\dfrac{x-1}{1}=\dfrac{y+3}{5}=\dfrac{z-2}{-1}$；

　　（3）$\dfrac{x-1}{1}=\dfrac{y-2}{-4}=\dfrac{z-3}{4}$；　　（4）$\dfrac{x-1}{1}=\dfrac{y+3}{-3}=\dfrac{z-2}{0}$；

　　（5）$\dfrac{x+1}{3}=\dfrac{y-2}{-1}=\dfrac{z-1}{1}$；　　（6）$\dfrac{x-1}{4}=\dfrac{y-2}{6}=\dfrac{z-3}{5}$；

　　（7）$\dfrac{x-3}{1}=\dfrac{y-4}{\sqrt{2}}=\dfrac{z+4}{-1}$.

26. （1）$\dfrac{x}{9}=\dfrac{y-1}{7}=\dfrac{z-4}{10}$；　（2）$\dfrac{x+5}{3}=\dfrac{y+8}{2}=\dfrac{z}{1}$.

27. （1）$\dfrac{8\sqrt{14}}{7}$；　（2）3；　（3）$x+2y-2z-1=\pm6$.

28. （1）$\dfrac{\pi}{3}$；　（2）0；　（3）$\dfrac{\pi}{2}$.

29. （1）异面；　（2）相交于 $(1,0,1)$，夹角为 $\arccos\dfrac{8}{21}\sqrt{6}$；　（3）平行；　（4）异面.

30. （1）0，平行；　（2）$\dfrac{\pi}{2}$，垂直相交于 $\left(\dfrac{3}{2},-1,-\dfrac{1}{2}\right)$；

　　（3）0，直线在平面上；　（4）$\arcsin\dfrac{15\sqrt{77}}{154}$，相交于 $(1,1,1)$.

31. （1）$2\sqrt{5}$；　（2）$(-5,2,4)$；　（3）$\left(\dfrac{37}{7},\dfrac{25}{7},\dfrac{41}{7}\right)$.

32. $\dfrac{5}{3}$，$\begin{cases}10x-7y+2z-16=0,\\ y-z+1=0.\end{cases}$

33. $\begin{cases}y-z-1=0,\\ x+y+z=0,\end{cases}$ 或 $\dfrac{x-\dfrac{1}{3}}{-2}=y-\dfrac{1}{3}=z+\dfrac{2}{3}$.

34. $x+3y+3z=0, 9x+8y-11z=0$.

35. （1）$x+2y-2z-1=0$；　（2）$2x-z+5=0$；　　　（3）$x+2y-2z-1=0$；

(4) $x+y+z=4$；　　　　(5) $y+z=0$ 和 $y-z=0$；　　　(6) $x+20y+7z-12=0$ 和 $x-z+4=0$.

36. (1) $\dfrac{x-1}{0}=\dfrac{y-1}{1}=\dfrac{z+1}{-1}$；　(2) $\dfrac{x+1}{48}=\dfrac{y}{37}=\dfrac{z-4}{4}$；　(3) $\dfrac{x-1}{-3}=\dfrac{y-2}{2}=\dfrac{z-1}{5}$；　(4) $x=\dfrac{y-1}{-1}=\dfrac{z-1}{-1}$.

37. $2x-2y-6z+17=0$.

38. $\left(x+\dfrac{R}{2}\right)^2+y^2+z^2=\dfrac{R^2}{4}$.

39. (1) 旋转抛物面；　(2) 双曲抛物面；　(3) 旋转抛物面；
　　(4) 双曲抛物面；　(5) 双叶双曲面；　(6) 椭球面.

40. (1) 圆柱面；　(2) 两张过原点的相交平面；　(3) 圆心在 $(0,0,a)$ 的球面；
　　(4) 抛物柱面；　(5) 椭圆柱面；　(6) 双曲柱面；　(7) 过原点的圆锥面；
　　(8) 过原点的椭圆锥面.

41. (1) $x^2+y^2+z^2=1$，球面；　(2) $\dfrac{x^2}{9}+\dfrac{y^2+z^2}{4}=1$，旋转椭球面；
　　(3) $y^2-x^2-z^2=1$，旋转双叶双曲面；　(4) $y^2+z^2=5x$，旋转抛物面.

42. (1) 旋转单叶双曲面，它是由双曲线 $\begin{cases} x^2-\dfrac{y^2}{4}=1,\\ z=0 \end{cases}$ 或 $\begin{cases} z^2-\dfrac{y^2}{4}=1,\\ x=0 \end{cases}$ 绕 y 轴旋转而成；

　　(2) 旋转抛物面；它由 $\begin{cases} x^2=4z,\\ y=0 \end{cases}$ 或 $\begin{cases} y^2=4z,\\ x=0 \end{cases}$ 绕 z 轴旋转而成；

　　(3) 旋转双叶双曲面，它是由双曲线 $\begin{cases} \dfrac{z^2}{16}-\dfrac{x^2}{9}=1,\\ y=0 \end{cases}$ 或 $\begin{cases} \dfrac{z^2}{16}-\dfrac{y^2}{9}=1,\\ x=0 \end{cases}$ 绕 z 轴旋转而成；

　　(4) 圆锥面，它由相交两直线 $\begin{cases} x^2=4z^2,\\ y=0 \end{cases}$ 或 $\begin{cases} y^2=4z^2,\\ x=0 \end{cases}$ 绕 z 轴旋转而成.

43. (1) 圆；　(2) 椭圆；　(3) 双曲线.

44. (1) 投影柱面：$x^2+y^2=12$，投影曲线：$\begin{cases} x^2+y^2=12,\\ z=0; \end{cases}$

　　(2) 投影柱面：$x^2+y^2+x+y=1$，投影曲线：$\begin{cases} x^2+y^2+x+y=1,\\ z=0. \end{cases}$

45. (1) $3y^2-z^2=16.3x^2+2z^2=16$；

　　(2) xOy 面上：$(x-1)^2+y^2\leqslant 1.yOz$ 面上：$\left(\dfrac{z^2}{2}-1\right)^2+y^2\leqslant 1.zOx$ 面上：由抛物线 $z^2=2x$ 和直

　　线 $z=x$ 所围成区域.

46. (1) $C:\begin{cases} 9x^2+z^2=9,\\ 2x-y=1; \end{cases}$　(2) $C:\begin{cases} y=\sqrt{2ax-x^2},\\ z=\sqrt{2a(2a-x)}. \end{cases}$

47. (1) $\begin{cases} x=x_0+a\cos\theta\\ y=y_0+b\sin\theta,\ (0\leqslant\theta\leqslant 2\pi,\ -\infty<t<+\infty\,);\\ z=t \end{cases}$

$$(2)\begin{cases} x=u \\ y=a\cosh v\,(-\infty<u<+\infty,\ -\infty<v<+\infty); \\ z=b\sinh v \end{cases}$$

$$(3)\begin{cases} x=a\sinh u\cos v, \\ y=b\sinh u\sin v,\,(u\in[0,+\infty),v\in[0,2\pi]); \\ z=\pm c\cosh u, \end{cases}$$

$$(4)\begin{cases} x=x_0+au\cos\theta, \\ y=y_0+bu\sin\theta,\,(0\leqslant\theta\leqslant2\pi,0\leqslant u<+\infty); \\ z=z_0+u^2 \end{cases}$$

$$(5)\begin{cases} x=au\cos\theta, \\ y=bu\sin\theta,\,(0\leqslant\theta\leqslant2\pi,-\infty<u<+\infty). \\ z=cu \end{cases}$$

补 充 题

1. $\overrightarrow{AD}=\dfrac{|\overrightarrow{AC}|}{|\overrightarrow{AB}|+|\overrightarrow{AC}|}\overrightarrow{AB}+\dfrac{|\overrightarrow{AB}|}{|\overrightarrow{AB}|+|\overrightarrow{AC}|}\overrightarrow{AC}.$

3. $c=\dfrac{\begin{vmatrix} a\cdot c & a\cdot b \\ b\cdot c & b\cdot b \end{vmatrix}}{\begin{vmatrix} a\cdot a & a\cdot b \\ a\cdot b & b\cdot b \end{vmatrix}}a+\dfrac{\begin{vmatrix} a\cdot a & a\cdot c \\ a\cdot b & b\cdot c \end{vmatrix}}{\begin{vmatrix} a\cdot a & a\cdot b \\ a\cdot b & b\cdot b \end{vmatrix}}b.$

6. $d=\dfrac{1}{(a\times b)\cdot c}\left\{[(d\times b)\cdot c]a+[(d\times c)\cdot a]b+[(d\times a)\cdot b]c\right\}.$

7. $\dfrac{x-5}{5}=\dfrac{y+2}{-1}=\dfrac{z+4}{-1}.$

8. $\dfrac{x-3}{3}=\dfrac{y+2}{-1}=\dfrac{z}{1}.$

9. (2) $(0,0,2)$ 或 $(0,0,3)$.

10. $3x-4y-5=0$ 或 $387x-164y-24z-421=0$.

11. $\dfrac{8}{3}\pi.$

12. $\dfrac{x^2+y^2}{a^2}-\dfrac{z^2}{c^2}=1$,旋转单叶双曲面.

习 题 8

1. (1) $S=\sqrt{l(l-x)(l-y)(l-z)}$,其中 $l=\dfrac{1}{2}(x+y+z)$;

(2) $S=\dfrac{2V}{R}-\dfrac{2\pi Rh}{3}+\pi R\sqrt{R^2+h^2}.$

2. (1) $-x<y<x$;

(2) $\begin{cases} \left(x-\dfrac{1}{2}\right)^{2}+y^{2}\geqslant\dfrac{1}{4}, \\ (x-1)^{2}+y^{2}<1; \end{cases}$

(3) $\begin{cases} x\geqslant 0, \\ 2n\pi\leqslant y\leqslant(2n+1)\pi\ (n\in\mathbf{Z}), \end{cases}$ 或 $\begin{cases} x\leqslant 0, \\ (2n-1)\pi\leqslant y\leqslant 2n\pi\ (n\in\mathbf{Z}); \end{cases}$

(4) $\begin{cases} |x|\leqslant y^{2}, \\ 0<y\leqslant 2; \end{cases}$

(5) $\begin{cases} x>0, \\ y>x+1 \end{cases}$ 及 $\begin{cases} x<0 \\ x<y<x+1; \end{cases}$

(6) $r^{2}<x^{2}+y^{2}+z^{2}\leqslant R^{2}$.

3. (1) $0<y<2,2y<x<2(y+1)$;　　　(2) $0\leqslant x\leqslant 1,x^{2}\leqslant y\leqslant\sqrt{x}$.

4. (1) $t^{2}f(x,y)$;　　　　　　　　(2) $(x+y)^{xy}+(xy)^{2x}$;

(3) $x^{2}\dfrac{1-y}{1+y}$;　　　　　　(4) $f(x)=x^{2}+2x,z(x,y)=\sqrt{y}+x-1$.

6. (1) $-\dfrac{1}{4}$;　(2) 2;　(3) $\sin 1$;　(4) 0.

7. (1) 存在且为 0;　(2) 不存在.

8. (1) $(0,0)$;　　　　　　　　　(2) 在直线 $x=m$ 和 $y=n\ (m,n\in\mathbf{Z})$;

(3) $y^{2}=2x$;　　　　　　　　(4) $x=0$,或 $y=0$,或 $z=0$.

9. (1) $\dfrac{2}{5}$;　(2) 1;　(3) $\dfrac{\partial z}{\partial x}\bigg|_{(1,1)}=1,\dfrac{\partial z}{\partial y}\bigg|_{(1,1)}=2\ln 2+1$;(4) 1.

10. (1) $\dfrac{\partial z}{\partial x}=\dfrac{y^{2}}{(x^{2}+y^{2})^{3/2}},\dfrac{\partial z}{\partial y}=-\dfrac{xy}{(x^{2}+y^{2})^{3/2}}$;

(2) $\dfrac{\partial z}{\partial x}=-\dfrac{y}{x^{2}}3^{\frac{y}{x}}\ln 3,\dfrac{\partial z}{\partial y}=\dfrac{1}{x}3^{\frac{y}{x}}\ln 3$;

(3) $\dfrac{\partial z}{\partial x}=-\dfrac{2y}{(x-y)^{2}}\sin\dfrac{x}{y}+\dfrac{x+y}{y(x-y)}\cos\dfrac{x}{y},\dfrac{\partial z}{\partial y}=\dfrac{2x}{(x-y)^{2}}\sin\dfrac{x}{y}-\dfrac{x(x+y)}{y^{2}(x-y)}\cos\dfrac{x}{y}$;

(4) $\dfrac{\partial z}{\partial x}=\dfrac{\mathrm{e}^{xy}(y\mathrm{e}^{x}+y\mathrm{e}^{y}-\mathrm{e}^{x})}{(\mathrm{e}^{x}+\mathrm{e}^{y})^{2}},\dfrac{\partial z}{\partial y}=\dfrac{\mathrm{e}^{xy}(x\mathrm{e}^{x}+x\mathrm{e}^{y}-\mathrm{e}^{y})}{(\mathrm{e}^{x}+\mathrm{e}^{y})^{2}}$;

(5) $\dfrac{\partial z}{\partial x}=\dfrac{2}{y}\csc\dfrac{2x}{y},\dfrac{\partial z}{\partial y}=-\dfrac{2x}{y^{2}}\csc\dfrac{2x}{y}$;

(6) $\dfrac{\partial z}{\partial x}=-\dfrac{2y}{\sqrt{1-(3-2xy)^{2}}}-\dfrac{2}{y}\cos\left(3-\dfrac{2x}{y}\right)$,

$\dfrac{\partial z}{\partial y}=\dfrac{2x}{y^{2}}\cos\left(3-\dfrac{2x}{y}\right)-\dfrac{2x}{\sqrt{1-(3-2xy)^{2}}}$;

(7) $\dfrac{\partial z}{\partial x}=\dfrac{y\sqrt{x^{y}}}{2x(1+x^{y})},\dfrac{\partial z}{\partial y}=\dfrac{\sqrt{x^{y}}\ln x}{2(1+x^{y})}$;

(8) $\dfrac{\partial z}{\partial x}=(1+xy)^{x+y}\left[\ln(1+xy)+\dfrac{y(x+y)}{1+xy}\right]$,

$\dfrac{\partial z}{\partial y}=(1+xy)^{x+y}\left[\ln(1+xy)+\dfrac{x(x+y)}{1+xy}\right]$;

(9) $\dfrac{\partial u}{\partial x}=\dfrac{y}{z}x^{\frac{y}{z}-1}$, $\dfrac{\partial u}{\partial y}=\dfrac{1}{z}x^{\frac{y}{z}}\ln x$, $\dfrac{\partial u}{\partial z}=-\dfrac{y}{z^2}x^{\frac{y}{z}}\ln x$;

(10) $\dfrac{\partial u}{\partial x}=(3x^2+y^2+z^2)\mathrm{e}^{x(x^2+y^2+z^2)}$, $\dfrac{\partial u}{\partial y}=2xy\mathrm{e}^{x(x^2+y^2+z^2)}$, $\dfrac{\partial u}{\partial z}=2xz\mathrm{e}^{x(x^2+y^2+z^2)}$.

11. (1) $\dfrac{\pi}{4}$;

(2) 切线方程 $\begin{cases}z-\sqrt{3}=\dfrac{\sqrt{3}}{3}(y-1),\\ x=1,\end{cases}$ 法平面方程 $\sqrt{3}y+z-2\sqrt{3}=0$;

(3) $\arctan\dfrac{4}{7}$.

12. (1) $\dfrac{\partial^2 z}{\partial x^2}=2a^2\cos 2(ax+by)$, $\dfrac{\partial^2 z}{\partial y^2}=2b^2\cos 2(ax+by)$,

$\dfrac{\partial^2 z}{\partial x\partial y}=2ab\cos 2(ax+by)$;

(2) $\dfrac{\partial^2 z}{\partial x^2}=-\dfrac{2x}{(1+x^2)^2}$, $\dfrac{\partial^2 z}{\partial y^2}=-\dfrac{2y}{(1+y^2)^2}$, $\dfrac{\partial^2 z}{\partial x\partial y}=0$;

(3) $\dfrac{\partial^2 z}{\partial x^2}=y(y-1)x^{y-2}$, $\dfrac{\partial^2 z}{\partial y^2}=x^y\ln^2 x$, $\dfrac{\partial^2 z}{\partial x\partial y}=x^{y-1}(1+y\ln x)$;

(4) $\dfrac{\partial^2 z}{\partial x^2}=\dfrac{(\ln y-1)\ln y}{x^2}y^{\ln x}$, $\dfrac{\partial^2 z}{\partial y^2}=y^{\ln x-2}\ln x(\ln x-1)$, $\dfrac{\partial^2 z}{\partial x\partial y}=\dfrac{\ln x\ln y+1}{xy}y^{\ln x}$.

13. (1) $\dfrac{\partial^3 z}{\partial x^2\partial y}=0$, $\dfrac{\partial^3 z}{\partial x\partial y^2}=-\dfrac{1}{y^2}$;

(2) 0;

(3) $9[x^4+y^4+z^4-2xyz(x+y+z)+x^2y^2+y^2z^2+z^2x^2]$, $6(x+y+z)$.

15. $\Delta z=0.071$, $\mathrm{d}z=0.075$.

16. (1) $\mathrm{d}z=\dfrac{2(x\mathrm{d}x+y\mathrm{d}y)}{x^2+y^2}$;   (2) $\mathrm{d}z=\dfrac{y^2\mathrm{d}x-xy\mathrm{d}y}{(x^2+y^2)^{3/2}}$;

(3) $\mathrm{d}z=\dfrac{-y\mathrm{d}x+x\mathrm{d}y}{x^2+y^2}$;   (4) $\mathrm{d}u=\dfrac{1}{z^2}\left(\dfrac{x}{y}\right)^{\frac{1}{z}}\left[\dfrac{z}{x}\mathrm{d}x-\dfrac{z}{y}\mathrm{d}y-\ln\left(\dfrac{x}{y}\right)\mathrm{d}z\right]$.

17. (1) 2.218;   (2) 108.908.

18. 近似值:14.8 m³,精确值:13.632 m³.

19. 减少 0.167 m.

21. (1) $\mathrm{e}^{\sin t-2t^3}(\cos t-6t^2)$;   (2) $\dfrac{8t-3}{\sqrt{1-(3t-4t^2)^2}}$;

（3）$e^{ax}\sin x$；　　　　　　　　　　　（4）$f_x+\dfrac{1}{t}f_y+\sec^2 tf_z.$

22.（1）$\dfrac{\partial z}{\partial x}=-\dfrac{2y^2}{x^2}\left[\dfrac{\ln(3y-2x)}{x}+\dfrac{1}{3y-2x}\right]$，$\dfrac{\partial z}{\partial y}=\dfrac{y^2}{x^2}\left[\dfrac{2}{y}\ln(3y-2x)+\dfrac{3}{3y-2x}\right]$；

（2）$\dfrac{\partial z}{\partial x}=e^{\frac{x^2+y^2}{xy}}\left(2x+\dfrac{x^4-y^4}{x^2y}\right)$，$\dfrac{\partial z}{\partial y}=e^{\frac{x^2+y^2}{xy}}\left(2y+\dfrac{y^4-x^4}{xy^2}\right)$；

（3）$\dfrac{\partial z}{\partial x}=2(2x+y)^{2x+y}\left[\ln(2x+y)+1\right]$，$\dfrac{\partial z}{\partial y}=(2x+y)^{2x+y}\left[\ln(2x+y)+1\right]$；

（4）$\dfrac{\partial z}{\partial x}=x^{x^y+y-1}(1+y\ln x)$，$\dfrac{\partial z}{\partial y}=x^{x^y+y}\ln^2 x.$

23.（1）$\dfrac{\partial z}{\partial x}=f_1+f_2$，$\dfrac{\partial z}{\partial y}=f_1-f_2$；

（2）$\dfrac{\partial z}{\partial x}=2xf_1+ye^{xy}f_2$，$\dfrac{\partial z}{\partial y}=-2yf_1+xe^{xy}f_2$；

（3）$\dfrac{\partial z}{\partial x}=-\dfrac{y^2}{x^2}f'\left(\dfrac{y}{x}\right)$，$\dfrac{\partial z}{\partial y}=f\left(\dfrac{y}{x}\right)+\dfrac{y}{x}f'\left(\dfrac{y}{x}\right)$；

（4）$\dfrac{\partial z}{\partial t}=f_1+sf_2+srf_3$，$\dfrac{\partial z}{\partial s}=tf_2+trf_3$，$\dfrac{\partial z}{\partial r}=tsf_3.$

26.（1）$\dfrac{\partial z}{\partial u}-\dfrac{\partial z}{\partial v}=0$；　（2）$w_v=0.$

27.（1）$\dfrac{\partial^2 z}{\partial x^2}=y^4 f_{11}+4xy^3 f_{12}+4x^2y^2 f_{22}+2yf_2$，

$\dfrac{\partial^2 z}{\partial x\partial y}=2xy^3 f_{11}+5x^2y^2 f_{12}+2x^3yf_{22}+2yf_1+2xf_2$，

$\dfrac{\partial^2 z}{\partial y^2}=4x^2y^2 f_{11}+4x^3yf_{12}+x^4 f_{22}+2xf_1$；

（2）$\dfrac{\partial^2 z}{\partial x^2}=f_{11}+\dfrac{2}{y}f_{12}+\dfrac{1}{y^2}f_{22}$，$\dfrac{\partial^2 z}{\partial x\partial y}=-\dfrac{x}{y^2}f_{12}-\dfrac{x}{y^3}f_{22}-\dfrac{1}{y^2}f_2$，

$\dfrac{\partial^2 z}{\partial y^2}=\dfrac{2x}{y^3}f_2+\dfrac{x^2}{y^4}f_{22}$；

（3）$\dfrac{\partial^2 z}{\partial x^2}=2f'+4x^2 f''$，$\dfrac{\partial^2 z}{\partial x\partial y}=4xyf''$，$\dfrac{\partial^2 z}{\partial y^2}=2f'+4y^2 f''$；

（4）$\dfrac{\partial^2 z}{\partial x^2}=f_{11}+y^2 f_{22}+\dfrac{1}{y^2}f_{33}+2yf_{12}+2f_{23}+\dfrac{2}{y}f_{13}$，

$\dfrac{\partial^2 z}{\partial x\partial y}=f_{11}+xyf_{22}-\dfrac{x}{y^3}f_{33}+(x+y)f_{12}+\left(\dfrac{1}{y}-\dfrac{x}{y^2}\right)f_{13}-\dfrac{x}{y^2}f_3+f_2$，

$\dfrac{\partial^2 z}{\partial y^2}=f_{11}+x^2 f_{22}+\dfrac{x^2}{y^4}f_{33}+2xf_{12}-\dfrac{2x}{y^2}f_{13}-\dfrac{2x^2}{y^2}f_{23}+\dfrac{2x}{y^3}f_3.$

28.（1）$xf(x)g(y)$；　（2）$2xf+2x^3y(f_1+e^{x^2y}f_2).$

30. $C_1 e^u + C_2 e^{-u}$（C_1, C_2 为任意常数）.

31. （1）$\dfrac{\partial^2 z}{\partial u^2} + \dfrac{\partial^2 z}{\partial v^2} + m^2 z e^{2u} = 0$；　（2）$2u\dfrac{\partial^2 z}{\partial u \partial v} - \dfrac{\partial z}{\partial v} = 0$.

32. （1）$a = -\dfrac{1}{3}, b = -1$ 或 $a = -1, b = -\dfrac{1}{3}$；　（2）$a = 3$.

33. （1）$-\dfrac{y\left[\cos xy - e^{xy} - 2x\right]}{x\left[\cos xy - e^{xy} - x\right]}$；　（2）$\dfrac{x+y}{x-y}$；　（3）$\dfrac{y(y - x\ln y)}{x(x - y\ln x)}$；　（4）$e - e^2$.

34. （1）$\dfrac{\partial z}{\partial x} = \dfrac{yz}{xy + z^2 \cot \dfrac{z}{y}}$, $\dfrac{\partial z}{\partial y} = \dfrac{z^3 \cot \dfrac{z}{y}}{y\left(xy + z^2 \cot \dfrac{z}{y}\right)}$；　（2）$\dfrac{\partial z}{\partial x} = \dfrac{z}{x(z-1)}$, $\dfrac{\partial z}{\partial y} = \dfrac{z}{y(z-1)}$；

（3）0；　（4）$\dfrac{x\,dx + y\,dy}{1-z}$；　（5）$-\dfrac{\left[(1+y)F_1 + yzF_2\right]dx + (xF_1 + xzF_2)\,dy}{xyF_2}$.

35. （1）$\dfrac{(f + xf')F_y - xf'F_x}{F_y + xf'F_z}$　$(F_y + xf'F_z \neq 0)$；

（2）$f_x + \cos x \cdot f_y - \dfrac{2x\varphi_1 + e^y \cos x \cdot \varphi_2}{\varphi_3} f_z$；

（3）$\dfrac{\partial f}{\partial x} - \dfrac{y}{x}\dfrac{\partial f}{\partial y} + \left[1 - \dfrac{e^x(x-z)}{\sin(x-z)}\right]\dfrac{\partial f}{\partial z}$.

37. （1）$-\dfrac{2xy^3 z}{(z^2 - xy)^3}$；　（2）$\dfrac{-z}{xy(z-1)^3}$；　（3）$\dfrac{(2-z)^2 + y^2}{(2-z)^3}$；　（4）$-\dfrac{3}{25}$.

39. （1）$\dfrac{dy}{dx} = -\dfrac{x(1+6z)}{y(2+6z)}, \dfrac{dz}{dx} = \dfrac{x}{1+3z}$；

（2）$\dfrac{\partial u}{\partial x} = -\dfrac{xu + yv}{x^2 + y^2}, \dfrac{\partial u}{\partial y} = \dfrac{xv - yu}{x^2 + y^2}, \dfrac{\partial v}{\partial x} = \dfrac{-xv + yu}{x^2 + y^2}, \dfrac{\partial v}{\partial y} = -\dfrac{xu + yv}{x^2 + y^2}$；

（3）$\dfrac{\partial u}{\partial x} = -\dfrac{x + 3v^2}{9u^2 v^2 - xy}, \dfrac{\partial v}{\partial x} = \dfrac{3u^2 + yv}{9u^2 v^2 - xy}, \dfrac{\partial u}{\partial y} = \dfrac{3v^2 + xu}{9u^2 v^2 - xy}, \dfrac{\partial v}{\partial y} = -\dfrac{3u^2 + y}{9u^2 v^2 - xy}$；

（4）$\dfrac{\partial z}{\partial x} = \dfrac{x\arctan \dfrac{y}{x} - \dfrac{y}{2}\ln(x^2 + y^2)}{x^2 + y^2}, \dfrac{\partial z}{\partial y} = \dfrac{y\arctan \dfrac{y}{x} + \dfrac{x}{2}\ln(x^2 + y^2)}{x^2 + y^2}$.

40. （1）$1 + 2\sqrt{3}$；　（2）$\dfrac{\sqrt{2}}{2}$；　（3）$-\dfrac{\pi}{4\sqrt{3}}$；　（4）$\dfrac{68}{13}$.

41. （1）$2xy^3 z^4 \boldsymbol{i} + 3x^2 y^2 z^4 \boldsymbol{j} + 4x^2 y^3 z^3 \boldsymbol{k}$；　（2）$6x\boldsymbol{i} - 4y\boldsymbol{j} + 6z\boldsymbol{k}$；　（3）$\dfrac{\sqrt{2}}{2}\boldsymbol{i} + \boldsymbol{j} + 2\sqrt{2}\boldsymbol{k}$.

42. （1）$\left(-\dfrac{1}{\sqrt{6}}, \dfrac{1}{\sqrt{6}}, -\dfrac{2}{\sqrt{6}}\right), 2\sqrt{6}$；　（2）$\left(\dfrac{1}{\sqrt{6}}, -\dfrac{1}{\sqrt{6}}, \dfrac{2}{\sqrt{6}}\right), -2\sqrt{6}$.

44. （1）$\dfrac{x - \dfrac{a}{2}}{a} = \dfrac{y - \dfrac{b}{2}}{0} = \dfrac{z - \dfrac{c}{2}}{-c}, a\left(x - \dfrac{a}{2}\right) - c\left(z - \dfrac{c}{2}\right) = 0$；

(2) $\dfrac{x-1}{-3}=\dfrac{y-1}{-3}=\dfrac{z-3}{1},3x+3y-z-3=0$；

(3) $\dfrac{x-1}{16}=\dfrac{y-1}{9}=\dfrac{z-1}{-1},16x+9y-z-24=0.$

46.（1）$x-y+2z-\dfrac{\pi}{2}=0,\dfrac{x-1}{1}=\dfrac{y-1}{-1}=\dfrac{z-\dfrac{\pi}{4}}{2}$；

（2）$ax_0x+by_0y+cz_0z=1,\dfrac{x-x_0}{ax_0}=\dfrac{y-y_0}{by_0}=\dfrac{z-z_0}{cz_0}.$

（3）$x+y-(2\ln2)z=0,\dfrac{x-\ln2}{1}=\dfrac{y-\ln2}{1}=\dfrac{z-1}{-2\ln2}.$

47. $x=1$ 或 $x+2y-2z+1=0.$

48.（1）$\arccos\dfrac{8}{\sqrt{77}}$；　（2）略.

50.（1）$f(2,-2)=8$ 为极大值；　（2）$f(-1,1)=0$ 为极小值；

（3）$f\left(\pm\dfrac{\sqrt{2}}{2},\dfrac{3}{8}\right)=-\dfrac{1}{64}$为极小值；　（4）$f(5,2)=30$ 为极小值.

51.（1）$f(\pm1,0)=3$ 为最大值,$f(0,\pm2)=-2$ 为最小值；

（2）$f\left(\dfrac{2\pi}{3},\dfrac{2\pi}{3}\right)=\dfrac{3\sqrt{3}}{2}$为最大值,$f\big|_{\partial D}=0$ 为最小值.

53. $\left(\dfrac{16}{5},\dfrac{8}{5}\right).$

54.（1）$y(-1)=1$ 为极大值,$y(1)=-1$ 为极小值；

（2）$z\left(\dfrac{16}{7},0\right)=-\dfrac{8}{7}$为极大值,$z(-2,0)=1$ 为极小值.

55.（1）$z\left(\dfrac{1}{2},\dfrac{1}{2}\right)=\dfrac{1}{4}$为极大值；

（2）$z\left(\dfrac{ab^2}{a^2+b^2},\dfrac{a^2b}{a^2+b^2}\right)=\dfrac{a^2b^2}{a^2+b^2}$为极小值；

（3）$f\left(\dfrac{1}{3},-\dfrac{2}{3},\dfrac{2}{3}\right)=3$ 为极大值,$f\left(-\dfrac{1}{3},\dfrac{2}{3},-\dfrac{2}{3}\right)=-3$ 为极小值.

56. $d_{\max}=\sqrt{9+5\sqrt{3}},d_{\min}=\sqrt{9-5\sqrt{3}}.$

57.（1）$\left(\dfrac{21}{13},2,\dfrac{63}{26}\right)$；　（2）$\left(\dfrac{\sqrt{2}}{2},\dfrac{\sqrt{2}}{2},1\right)$；　（3）$(R,R,\sqrt{3}R).$

58.（1）$x=\dfrac{1}{2},y=\dfrac{1}{4},d_{\min}=\dfrac{7\sqrt{2}}{8}$；　（2）$x=y=\dfrac{1}{4},z=\dfrac{1}{16},d_{\min}=\dfrac{\sqrt{2}}{8}.$

59. 底是边长为 $\sqrt[3]{2V}$ m 的正方形,高为 $\dfrac{\sqrt[3]{2V}}{2}$ m.

60. $x_1 = 6\left(\dfrac{p_2\alpha}{p_1\beta}\right)^\beta$, $x_2 = 6\left(\dfrac{p_1\beta}{p_2\alpha}\right)^\alpha$.

补　充　题

4. $2y^2 f(xy)$.

5. $\sqrt{5}+1$.

6. $\dfrac{\partial z}{\partial x} = -\dfrac{\dfrac{\partial(g,h)}{\partial(u,v)}}{\dfrac{\partial(f,g)}{\partial(u,v)}}$, $\dfrac{\partial z}{\partial y} = -\dfrac{\dfrac{\partial(h,f)}{\partial(u,v)}}{\dfrac{\partial(f,g)}{\partial(u,v)}}$.

7. $\dfrac{(f+xf')F_y - xf'F_x}{F_y + xf'F_x}$.

9. $a = -5$, $b = -2$.

10. (1) $\ln r + 3\ln(\sqrt{3}\,r)$;　(2) $\ln(6\sqrt{3}\,r^4)$.

11. 底是边长为 $\dfrac{2\sqrt{2}R}{3}$ 的正方形，高为 $\dfrac{h}{3}$，$V_{\max} = \dfrac{8}{27}R^2 h$.

14. $u(x,y) = \dfrac{1}{2}x^2(y^2+2y) + (x-1)\mathrm{e}^x + \cos y + 1$.

习　题　9

1. (1) πh;　(2) $\dfrac{2\pi}{3}$;　(3) 9π.

2. (1) $Q = \iint\limits_D \mu(x,y)\,\mathrm{d}\sigma$;　(2) $F = \rho g \iint\limits_D x\,\mathrm{d}\sigma$;　(3) $m = k \iiint\limits_{x^2+y^2+z^2 \leqslant R^2} \sqrt{x^2+y^2+z^2}\,\mathrm{d}V$.

3. (1) (a) $I_1 > I_2$; (b) $I_1 < I_2$.　(2) (a) $I_1 < I_2$; (b) $I_1 > I_2$.　(3) $I_1 < I_2$.

4. (1) $0 < I < 2$;　(2) $\dfrac{\sqrt{2}}{4}\pi^2 < I < \dfrac{\pi^2}{2}$;　(3) $\dfrac{8}{\ln 2} < I < \dfrac{16}{\ln 2}$;　(4) $\dfrac{\pi}{4} < I < \dfrac{\pi \mathrm{e}^{1/4}}{4}$.

5. $f(x_0, y_0)$.

7. (1) $\displaystyle\int_1^2 \mathrm{d}x \int_0^{\ln x} f(x,y)\,\mathrm{d}y = \int_0^{\ln 2} \mathrm{d}y \int_{\mathrm{e}^y}^2 f(x,y)\,\mathrm{d}x$;

　　(2) $\displaystyle\int_{-3}^1 \mathrm{d}x \int_{x^2}^{3-2x} f(x,y)\,\mathrm{d}y = \int_0^1 \mathrm{d}y \int_{-\sqrt{y}}^{\sqrt{y}} f(x,y)\,\mathrm{d}x + \int_1^9 \mathrm{d}y \int_{-\sqrt{y}}^{(3-y)/2} f(x,y)\,\mathrm{d}x$;

　　(3) $\displaystyle\int_0^\pi \mathrm{d}x \int_0^{\sin x} f(x,y)\,\mathrm{d}y = \int_0^1 \mathrm{d}y \int_{\arcsin y}^{\pi-\arcsin y} f(x,y)\,\mathrm{d}x$;

　　(4) $\displaystyle\int_{-1}^1 \mathrm{d}x \int_{x^3}^1 f(x,y)\,\mathrm{d}y = \int_{-1}^1 \mathrm{d}y \int_{-1}^{\sqrt[3]{y}} f(x,y)\,\mathrm{d}x$.

8. (1) $\dfrac{8}{3}$;　(2) $\dfrac{(\mathrm{e}^2-1)^2}{2\mathrm{e}}$;　(3) $\dfrac{\mathrm{e}}{2}-1$;　(4) $\dfrac{\pi^2}{16}$;

$(5)\ \dfrac{9}{4};$　$(6)\ -\dfrac{3}{2}\pi;$　$(7)\ \dfrac{45}{8};$　$(8)\ \dfrac{3\cos 1+\sin 1-\sin 4}{2}.$

10. $(1)\ \displaystyle\int_0^1 \mathrm{d}x \int_{x^2}^x f(x,y)\,\mathrm{d}y;$　$(2)\ \displaystyle\int_0^1 \mathrm{d}y \int_{\sqrt{y}}^{2-y} f(x,y)\,\mathrm{d}x;$

$(3)\ \displaystyle\int_0^1 \mathrm{d}x \int_{-\sqrt{x}}^{\sqrt{x}} f(x,y)\,\mathrm{d}y + \int_1^4 \mathrm{d}x \int_{-\sqrt{x}}^{2-x} f(x,y)\,\mathrm{d}y;$

$(4)\ \displaystyle\int_0^1 \mathrm{d}y \int_0^{1-\sqrt{1-y^2}} f(x,y)\,\mathrm{d}x + \int_0^1 \mathrm{d}y \int_{1+\sqrt{1-y^2}}^{\sqrt{4-y^2}} f(x,y)\,\mathrm{d}x + \int_1^2 \mathrm{d}y \int_0^{\sqrt{4-y^2}} f(x,y)\,\mathrm{d}x.$

11. $(1)\ \dfrac{1}{6};$　$(2)\ 2;$　$(3)\ \dfrac{\mathrm{e}^9-1}{6};$　$(4)\ 4-\sin 4;$　$(5)\ \dfrac{2\sqrt{2}-1}{3};$　$(6)\ 1.$

12. $(1)\ \dfrac{R^4}{2};$　$(2)\ 16\pi;$　$(3)\ 0;$　$(4)\ \dfrac{4}{3}.$

13. $(1)\ \displaystyle\int_{-\frac{\pi}{2}}^{\frac{\pi}{2}} \mathrm{d}\theta \int_0^{a\cos\theta} f(r\cos\theta, r\sin\theta)\,r\,\mathrm{d}r;$

$(2)\ \displaystyle\int_0^{2\pi} \mathrm{d}\theta \int_1^2 f(r\cos\theta, r\sin\theta)\,r\,\mathrm{d}r;$

$(3)\ \displaystyle\int_0^{\frac{\pi}{2}} \mathrm{d}\theta \int_0^{\frac{1}{\cos\theta+\sin\theta}} f(r\cos\theta, r\sin\theta)\,r\,\mathrm{d}r;$

$(4)\ \displaystyle\int_{-\frac{\pi}{4}}^{\frac{3\pi}{4}} \mathrm{d}\theta \int_0^{2(\cos\theta+\sin\theta)} f(r\cos\theta, r\sin\theta)\,r\,\mathrm{d}r;$

$(5)\ \displaystyle\int_{-\frac{\pi}{2}}^{\frac{\pi}{2}} \mathrm{d}\theta \int_{2\cos\theta}^2 f(r\cos\theta, r\sin\theta)\,r\,\mathrm{d}r + \int_{\frac{\pi}{2}}^{\frac{3\pi}{2}} \mathrm{d}\theta \int_0^2 f(r\cos\theta, r\sin\theta)\,r\,\mathrm{d}r.$

14. $(1)\ \dfrac{R^3}{3}\left(\pi-\dfrac{4}{3}\right);$　$(2)\ \dfrac{3\pi^2}{64};$　$(3)\ \dfrac{\pi a^4}{8};$　$(4)\ \dfrac{\pi(\pi-2)}{8};$　$(5)\ \dfrac{9}{16};$　$(6)\ \dfrac{15}{8}(2\pi-\sqrt{3}).$

15. $(1)\ \displaystyle\int_0^{2a} \mathrm{d}r \int_{-\arccos\frac{r}{2a}}^{\arccos\frac{r}{2a}} f(r,\theta)\,\mathrm{d}\theta;$　$(2)\ \displaystyle\int_0^a \mathrm{d}r \int_{\frac{1}{2}\arcsin\frac{r^2}{a^2}}^{\frac{\pi}{2}-\frac{1}{2}\arcsin\frac{r^2}{a^2}} f(r,\theta)\,\mathrm{d}\theta;$　$(3)\ \displaystyle\int_0^a \mathrm{d}r \int_r^a f(r,\theta)\,\mathrm{d}\theta.$

16. $(1)\ \dfrac{\pi(\mathrm{e}-1)}{4};$　$(2)\ \dfrac{\pi^2}{64};$　$(3)\ \dfrac{4\pi}{3};$　$(4)\ \dfrac{16}{9};$　$(5)\ \dfrac{15}{16};$　$(6)\ 2(\sqrt{\mathrm{e}}-1).$

17. $(1)\ \dfrac{\pi}{24}(1-\cos 1);$　$(2)\ \dfrac{7}{3}\ln 2;$　$(3)\ \dfrac{1}{2}\pi ab;$　$(4)\ \mathrm{e}-\mathrm{e}^{-1};$　$(5)\ 78\pi^5.$

18. $\dfrac{1}{8}(\mathrm{e}-1)^2.$

19. $(1)\ \mathrm{e}+\mathrm{e}^{-1}-2;$　$(2)\ \dfrac{1}{6};$　$(3)\ 4;$　$(4)\ \dfrac{4\pi}{3}+2\sqrt{3};$

$(5)\ \dfrac{5\pi}{6}+\dfrac{7\sqrt{3}}{8};$　$(6)\ \dfrac{5}{8}\pi a^2;$　$(7)\ 3\pi;$　$(8)\ \dfrac{1}{8}.$

20. $(1)\ \dfrac{16}{3};$　$(2)\ \dfrac{1}{4};$　$(3)\ \dfrac{7\pi}{6};$　$(4)\ \dfrac{8\pi}{3};$　$(5)\ \dfrac{17}{6}.$

21. $\dfrac{4}{3}$.

22. $\dfrac{4\pi}{3}(R^2-r^2)^{3/2}$, $\dfrac{\pi}{6}h^3$.

23. 16.

24. (1) $\displaystyle\int_{-R}^{R}\mathrm{d}x\int_{-\sqrt{R^2-x^2}}^{\sqrt{R^2-x^2}}\mathrm{d}y\int_{0}^{\sqrt{R^2-x^2-y^2}}f(x,y,z)\,\mathrm{d}z$;   (2) $\displaystyle\int_{-2}^{2}\mathrm{d}x\int_{-\sqrt{4-x^2}}^{\sqrt{4-x^2}}\mathrm{d}y\int_{0}^{x+y+10}f(x,y,z)\,\mathrm{d}z$;

　　(3) $\displaystyle\int_{-1}^{1}\mathrm{d}x\int_{-\sqrt{1-x^2}}^{\sqrt{1-x^2}}\mathrm{d}y\int_{x^2+y^2}^{\sqrt{2-x^2-y^2}}f(x,y,z)\,\mathrm{d}z$;   (4) $\displaystyle\int_{0}^{1}\mathrm{d}x\int_{0}^{1-x}\mathrm{d}y\int_{0}^{xy}f(x,y,z)\,\mathrm{d}z$.

25. (1) $\dfrac{5}{28}$;   (2) $\dfrac{e}{2}-1$;   (3) 0;   (4) 0;   (5) $\pi^3-4\pi$;

　　(6) $\dfrac{\pi}{4}-\dfrac{1}{2}$;   (7) $\dfrac{27}{8}$;   (8) $\dfrac{16\pi}{3}$.

26. (1) 24π;   (2) 0;   (3) 0;   (4) $\dfrac{324\pi}{5}$.

27. (1) $4\pi e^a(a^2-2a+2)-8\pi$;   (2) $\dfrac{e^{16}-e}{16}\pi$;   (3) $\dfrac{\pi}{30}$;

　　(4) $\dfrac{\pi}{4}(4\ln 2-2-\ln^2 2)$;   (5) $4(2-\sqrt{3})\pi$;   (6) $\dfrac{59}{480}\pi R^5$.

28. (1) 48π;   (2) 0;   (3) $\dfrac{1}{36}$;   (4) $\left(\dfrac{9\sqrt{2}-4\sqrt{3}}{27}+\ln\dfrac{3}{2}\right)\pi$;

　　(5) $\dfrac{8}{9}\pi abc$;   (6) $\dfrac{4}{5}\pi R^5+\dfrac{4}{3}\pi R^3(a^2+b^2+c^2)$.

29. (1) $\dfrac{8\pi}{35}$;   (2) $\dfrac{1}{96}$;   (3) $\dfrac{243\pi}{5}$;   (4) $\dfrac{486(\sqrt{2}-1)}{5}\pi$.

30. (1) $\dfrac{8}{15}$;   (2) 81π;   (3) $\dfrac{2}{9}a^3(3\pi-4)$;   (4) $\pi R^2 H+\dfrac{1}{3}\pi H^3$;   (5) 100.

31. $\dfrac{4}{3}\sqrt{3}R^3$.

32. (1) 14;   (2) $2\pi[\sqrt{2}+\ln(\sqrt{2}+1)]$;   (3) $2a^2(\pi-2)$;   (4) $\dfrac{20}{9}-\dfrac{\pi}{3}$;

　　(5) $\dfrac{\pi}{6}(17\sqrt{17}-5\sqrt{5})$;   (6) $\dfrac{16}{3}\pi a^2$;   (7) 78π;   (8) $16R^2$.

33. (1) $6,\left(\dfrac{3}{4},\dfrac{3}{2}\right)$;   (2) $\dfrac{1}{6},\left(\dfrac{4}{7},\dfrac{3}{4}\right)$;   (3) $3\pi,\left(0,\dfrac{5}{6}\right)$;   (4) $\pi+\dfrac{4}{3},\left(0,\dfrac{15\pi+16}{12\pi+16}\right)$.

34. (1) $162\pi,(0,0,15)$;   (2) $\dfrac{\pi ab}{2},\left(0,0,\dfrac{2}{3}\right)$;   (3) $10\pi,\left(0,0,\dfrac{21}{10}\right)$.

35. $\dfrac{\pi}{4}kR^4,\left(0,0,\dfrac{8}{15}R\right)$.

36. (1) $\dfrac{75\pi}{4}$；　(2) $\dfrac{a^3 h}{48}$；　(3) $\dfrac{4}{9}MR^2$；　(4) $\dfrac{8}{3}\pi$.

38. (1) $2\pi Gh(1-\cos\alpha)$；　(2) $2\pi G\left[\sqrt{(h-a)^2+R^2}-\sqrt{R^2+a^2}+h\right]$；

　　(3) $\dfrac{4}{3}\pi Gd$（其中 d 是 P 到球心的距离）.

补　充　题

2. (1) $\sqrt{2}\cosh\dfrac{\pi}{4}$；　(2) $\dfrac{1}{40}$；　(3) $2-\dfrac{\pi}{2}$；　(4) $\dfrac{2}{5}(11-3\sqrt{3})$；　(5) 4π；

　　(6) $\dfrac{\pi}{3}(5+3e^2)$；　(7) $-\dfrac{2}{5}$.

3. $c=\dfrac{\sqrt{6}}{4}$.

9. (1) $\dfrac{A^2}{2!}$；　(2) $\dfrac{A^3}{3!}$.

10. $\Omega=\left\{(x,y,z)\mid x^2+4y^2+9z^2\leqslant 1\right\}$.

12. $\dfrac{1}{90}$.

13. $\begin{cases}\dfrac{4\pi}{3-n}(R^{3-n}-r^{3-n}),n\neq 3,\\[2mm] 4\pi\ln\dfrac{R}{r},n=3,\end{cases}\qquad n<3.$

14. (1) $4\pi t^2 f(t^2)$；　(2) $2\pi t\left[\dfrac{h^3}{3}+hf(t^2)\right]$.

15. π.

16. $R=\dfrac{4}{3}a$.

17. (1) $W=g\iiint\limits_{\Omega}h(P)f(P)\mathrm{d}V$；　(2) $4.839\times10^{18}g$ J.

18. $\sqrt{\dfrac{2}{3}}R$.

19. $\left(0,0,\dfrac{h}{4}\right),\dfrac{\pi a^4 h}{10}$.

习　题　10

1. (1) $\dfrac{5\sqrt{5}-1}{12}$；　(2) 24；　(3) $1+\sqrt{2}$；　(4) π；　(5) $3\sqrt{10}(\sin 1-\cos 1)$；

　　(6) $2\pi a^{2n+1}$；　(7) $a^{\frac{7}{3}}$；　(8) $2(2-\sqrt{2})a^2$；　(9) $4\sqrt{2}$；　(10) $12a$.

2. (1) 25；　(2) $\dfrac{1}{3}\left[(t_0^2+2)^{\frac{3}{2}}-2^{\frac{3}{2}}\right]$；　(3) $\dfrac{\sqrt{3}}{2}(1-e^{-2})$.

3. $\dfrac{81}{4}$.

4. $2a^2$.

5. $\dfrac{1\,024}{35}ka^4$.

6. (1) $4\sqrt{61}$；　(2) 0；　(3) $2\pi\arctan\dfrac{H}{R}$；　(4) $\dfrac{125\sqrt{5}-1}{420}$；　(5) $\dfrac{64\sqrt{2}}{15}a^4$.

7. $(\pi-2)R^2$.

8. $\dfrac{8}{3}\pi R^4$.

9. $\dfrac{2(125\sqrt{5}-1)}{7(25\sqrt{5}+1)}$.

10. (1) $\displaystyle\int_C\dfrac{x^2y-3x^3}{\sqrt{1+9x^4}}\mathrm{d}s$；　(2) $\displaystyle\int_L\dfrac{P+2xQ+3yR}{\sqrt{1+4y+9y^2}}\mathrm{d}s$.

11. (1) $\dfrac{1}{3}$；　(2) $\dfrac{8}{15}$；　(3) $\dfrac{5}{6}$.

12. (1) -2；　(2) $\dfrac{1}{2}a^2$；　(3) $\dfrac{1}{35}$；　(4) -2π.

13. (1) $-\dfrac{19}{143}$；　(2) $\dfrac{\pi^6}{192}$.

14. (1) $\dfrac{1}{2}k\pi a^2$；　(2) $\dfrac{3}{16}k\pi a^2$.

15. $y=\sin x\ (0\leqslant x\leqslant\pi)$.

16. (1) $\dfrac{\sqrt{2}}{2}\displaystyle\iint_{\Sigma}\left[P(x,y,z)+R(x,y,z)\right]\mathrm{d}S$；

　　(2) $\displaystyle\iint_{\Sigma}\dfrac{2xP(x,y,z)-Q(x,y,z)+4zR(x,y,z)}{\sqrt{1+4x^2+16z^2}}\mathrm{d}S$.

17. (1) $\dfrac{1}{12}$；　(2) $\dfrac{2\pi R^7}{105}$；　(3) $\dfrac{11}{6}-\dfrac{5e}{3}$；　(4) $\dfrac{\pi}{8}$；　(5) $\dfrac{1}{8}$；　(6) $\dfrac{\pi^2 R}{2}$；　(7) -8π；

　　(8) $\dfrac{\pi^3}{6}$.

18. (1) $\dfrac{3\pi}{8}$；　(2) 0.

19. (1) $\dfrac{3\pi a^2}{8}$；　(2) $\dfrac{3\pi}{4}$；　(3) $3\pi a^2$.

20. (1) 15π；　(2) $2\pi ab$；　(3) $\dfrac{1}{2}$；　(4) $\dfrac{m\pi a^2}{8}$；　(5) $\dfrac{4}{9}-\dfrac{\pi^2}{2}-\pi$；　(6) $\dfrac{\pi\ln 2}{12}$；

(7) $-\dfrac{\pi}{2}$;   (8) π.

21. (1) $\dfrac{7}{2}$;   (2) $3\left[e^{\pi}(\pi-1)+1\right]+\dfrac{2\pi^3}{3}+2\cos 2-\sin 2$;   (3) $\dfrac{\pi}{2}-\dfrac{1}{e}$;   (4) $\dfrac{\pi}{4}$.

22. (1) x^{y};   (2) $x+y\sin\dfrac{y}{x}$;   (3) $\sqrt{x^2+y^2}$;   (4) $\dfrac{1}{2}\ln(x^2+y^2)+\arctan\dfrac{y}{x}$.

23. (1) x^2;   (2) $\dfrac{1}{x^2}$;   (3) $\dfrac{x}{e^{x}(x-1)+2}$.

24. x^2+2y-1.

25. $-\dfrac{1}{2},\ 1-\sqrt{2}$.

26. (1) $(1+x)\ln(1+x)-x+(x+1)y-e^{y}=C$;   (2) $x+\sin xy=C$;   (3) $x^2+\dfrac{e^{x}}{y}=C$;

(4) $2\ln\dfrac{x}{y}-\dfrac{1}{xy}=C$.

29. (1) $\dfrac{1}{4}$;   (2) $-\dfrac{9}{2}\pi$;   (3) $-\dfrac{12}{5}\pi R^5$;   (4) $\dfrac{\pi R^4}{4}$;   (5) $-\dfrac{\pi}{2}$;   (6) $(e^{2a}-1)\pi a^2$;

(7) $\dfrac{93\pi}{5}(2-\sqrt{2})$;   (8) $\dfrac{\pi R^3}{2}$.

30. (1) 0;   (2) 4π.

31. (1) $\dfrac{1}{8}$;   (2) $\dfrac{12}{5}\pi R^5$.

32. (1) 8;   (2) 36;   (3) $3x^2yz^4-3x^2y^2z^3+6x^4y^2z^2$;   (4) $\dfrac{2}{r}$.

33. $u=\operatorname{div}\boldsymbol{A}=2x^2yz,\ \dfrac{\partial u}{\partial \boldsymbol{l}}\Big|_{M}=\dfrac{22}{3},\ \dfrac{\partial u}{\partial \boldsymbol{l}}\Big|_{\max}=2\sqrt{21}$.

34. (1) 0;   (2) $\dfrac{\pi R^4}{2}$;   (3) -2π;   (4) -24.

35. (1) 9;   (2) $\dfrac{1}{3}(x^3+y^3+z^3)-2xyz$.

36. (1) 2π;   (2) π.

37. (1) $-\boldsymbol{i}-3\boldsymbol{j}+4\boldsymbol{k}$;   (2) $-2\boldsymbol{i}-2\boldsymbol{j}-2\boldsymbol{k}$;   (3) $-x\sin z\boldsymbol{j}+\dfrac{y}{x}\boldsymbol{k}$;   (4) $y\boldsymbol{i}+(6xz-1)\boldsymbol{j}$.

补　充　题

1. $-\dfrac{1}{4}\pi a^3$.

2. $\dfrac{\sqrt{2}}{16}\pi$.

3. $-\dfrac{kmMc}{a(a-c)}$,其中右焦点坐标为$(c,0)$.

4. $4ab\arccos\dfrac{a}{\sqrt{a^2+b^2}}$.

6. $\dfrac{\sqrt{2}}{2}\pi a^3$.

7. $\dfrac{3}{2}\pi$.

8. $f(x)=\dfrac{e^x(e^x-1)}{x}$.

9. $abc\left[\dfrac{f(a)-f(0)}{a}+\dfrac{g(b)-g(0)}{b}+\dfrac{h(c)-h(0)}{c}\right]$.

11. $\dfrac{\pi}{168}$.

习 题 11

1. (1) $\dfrac{n}{2^n}$;　(2) $\dfrac{n}{2n-1}$.

2. (1) $2-\sum\limits_{n=2}^{\infty}\dfrac{1}{(n-1)n}=1$;　(2) $\sum\limits_{n=1}^{\infty}\dfrac{1}{2^n}=1$.

3. (1) $\dfrac{3}{4}$;　(2) 发散;　(3) $\dfrac{3}{4}$;　(4) 发散;　(5) 发散;　(6) 发散;　(7) $\dfrac{1}{4}$;

   (8) $1-\sqrt{2}$.

5. (1) 发散;　(2) 收敛;　(3) 收敛;　(4) 发散;　(5) 发散;　(6) 收敛;　(7) $a=1$ 时
   发散,$a\neq1$ 时收敛;　(8) 发散.

6. (1) 收敛;　(2) 发散;　(3) 发散;　(4) 收敛;　(5) $0<a<1$ 时收敛,$a\geq1$ 时发散;
   (6) 收敛;　(7) 收敛;　(8) 发散;　(9) 发散;　(10) $a<b$ 时收敛,$a>b$ 时发散.

7. (1) 发散;　(2) 收敛;　(3) 收敛;　(4) 发散.

9. (1) 收敛;　(2) 收敛;　(3) 发散;　(4) 收敛;　(5) 发散;　(6) 收敛;　(7) 收敛;
   (8) $0<a<1$ 时收敛,$a\geq1$ 时发散.

12. (1) 条件收敛;　(2) 发散;　(3) 绝对收敛;　(4) 条件收敛;　(5) 条件收敛;
   (6) 绝对收敛.

13. (1) 绝对收敛;　(2) 发散;　(3) 绝对收敛;　(4) 条件收敛;　(5) 条件收敛;
   (6) 条件收敛;　(7) 发散;　(8) 条件收敛.

14. (1) $\mathbf{R}$;　(2) $\left\{x\mid |x|>1\right\}$;　(3) $\left(\dfrac{1}{e},e\right)$;　(4) $(-\infty,0)$.

15. (1) $[-1,1]$;　(2) $[0,6)$;　(3) $\left[-\dfrac{1}{2},\dfrac{1}{2}\right]$;　(4) $(-\sqrt{2},\sqrt{2})$;

(5) $\begin{cases} (-1,1), & p \leqslant 0, \\ [-1,1), & 0 < p \leqslant 1, \\ [-1,1], & p > 1; \end{cases}$　　(6) $(-e, e)$.

17. (1) $\dfrac{1}{2}\ln\dfrac{1+x}{1-x}$ $(-1 < x < 1)$;　　(2) $\dfrac{x(x-3)}{(x-1)^3}$ $(-1 < x < 1)$;

　　(3) $\dfrac{x(1-x)}{(1+x)^3}$ $(-1 < x < 1)$;　　(4) $\begin{cases} x+(1-x)\ln(1-x), & -1 \leqslant x < 1; \\ 1, & x = 1; \end{cases}$

　　(5) $e^{x^2}(2x^2+1)$ $(-\infty < x < +\infty)$;　　(6) $e^{\frac{x}{2}}\left(\dfrac{x^2}{4}+\dfrac{x}{2}+1\right)-1$ $(-\infty < x < +\infty)$.

18. (1) 4;　　(2) $\arctan\dfrac{\pi}{4}$;　　(3) $\dfrac{13}{32}$;　　(4) $\dfrac{5-6\ln 2}{8}$.

19. (1) $\displaystyle\sum_{n=0}^{\infty} \dfrac{x^{2(n+1)}}{n}$ $(-\infty < x < +\infty)$;

　　(2) $\displaystyle\sum_{n=0}^{\infty} (-1)^n (n+1)(x-1)^n \; (0 < x < 2)$;

　　(3) $-\dfrac{1}{5}\displaystyle\sum_{n=0}^{\infty} \left[\dfrac{1}{2^{n+1}}+\dfrac{(-1)^n}{3^{n+1}}\right](x-1)^n (-1 < x < 3)$;

　　(4) $\ln 10 + \displaystyle\sum_{n=1}^{\infty} (-1)^{n-1}\dfrac{x^n}{n \cdot 10^n}$ $(-10 < x \leqslant 10)$;

　　(5) $\ln 2 - \displaystyle\sum_{n=1}^{\infty} \left[1+(-1)^n\left(\dfrac{3}{2}\right)^n\right]\dfrac{x^n}{n}$ $\left(-\dfrac{2}{3} < x \leqslant \dfrac{2}{3}\right)$;

　　(6) $-x - \displaystyle\sum_{n=2}^{\infty} \left(\dfrac{1}{n-1}+\dfrac{1}{n}\right)x^n (-1 \leqslant x < 1)$;

　　(7) $\displaystyle\sum_{n=1}^{\infty} \dfrac{(-1)^n 2^{2n-1}}{(2n-1)!}\left(x-\dfrac{\pi}{2}\right)^{2n-1}$ $(-\infty < x < +\infty)$;

　　(8) $x + \displaystyle\sum_{n=1}^{\infty} \dfrac{(2n-1)!!}{(2n)!! \cdot (2n+1)}x^{2n+1} (-1 \leqslant x \leqslant 1)$.

20. (1) 3.107 3;　　(2) 0.182 3.

21. (1) 0.005;　　(2) $\displaystyle\sum_{n=1}^{\infty} \dfrac{x^n}{n \cdot n!}+C$;　　(3) $\displaystyle\sum_{n=1}^{\infty} (-1)^{n-1}\dfrac{x^{2n}}{(2n) \cdot (2n)!}+C$;

　　(4) $\displaystyle\sum_{n=0}^{\infty} (-1)^n \dfrac{x^{2n+1}}{(2n+1) \cdot n!}$.

22. (1) $\dfrac{1}{2}-\dfrac{\pi}{4}+\dfrac{2}{\pi}\displaystyle\sum_{n=1}^{\infty} \dfrac{\cos(2n-1)x}{(2n-1)^2} - \displaystyle\sum_{n=1}^{\infty} \dfrac{(-1)^n(1+\pi)-1}{n\pi}\sin nx = \begin{cases} 1, & -\pi < x < 0, \\ -x, & 0 \leqslant x < \pi, \\ \dfrac{1}{2}, & x = 0, \\ \dfrac{1-\pi}{2}, & x = \pm\pi; \end{cases}$

(2) $\dfrac{2}{3}\pi^2 + 4\displaystyle\sum_{n=1}^{\infty}\dfrac{(-1)^{n+1}}{n^2}\cos nx = \pi^2 - x^2\ (-\pi \leqslant x \leqslant \pi)$;

(3) $\dfrac{2}{\pi} - \dfrac{4}{\pi}\displaystyle\sum_{n=1}^{\infty}\dfrac{\cos 2nx}{4n^2-1} = |\sin x|\ (-\pi \leqslant x \leqslant \pi)$.

23. (1) $\displaystyle\sum_{n=1}^{\infty}\dfrac{\sin 2nx}{2n} = \begin{cases}\dfrac{\pi}{4} - \dfrac{x}{2}, & 0 < x < \pi, \\[2mm] 0, & x = 0, \pi;\end{cases}$

(2) $\dfrac{h}{\pi} + \dfrac{2}{\pi}\displaystyle\sum_{n=1}^{\infty}\dfrac{\sin nh}{n}\cos nx = \begin{cases}1, & 0 \leqslant x < h, \\[1mm] 0, & h \leqslant x \leqslant \pi, \\[1mm] \dfrac{1}{2}, & x = h.\end{cases}$

24. $\dfrac{8}{\pi}\displaystyle\sum_{k=1}^{\infty}\dfrac{\sin(2k-1)x}{(2k-1)^3} = x(\pi - x)$.

25. (1) $\dfrac{l}{2} - \dfrac{4l}{\pi^2}\displaystyle\sum_{n=1}^{\infty}\dfrac{1}{(2n-1)^2}\cos\dfrac{(2n-1)\pi}{l}x = |x|\ (-l \leqslant x \leqslant l)$;

(2) $\dfrac{h}{2} + \dfrac{2h}{\pi}\displaystyle\sum_{n=1}^{\infty}\dfrac{1}{2n-1}\sin\dfrac{(2n-1)\pi}{2}x = \begin{cases}0, & -2 < x < 0, \\[1mm] h, & 0 < x < 2, \\[1mm] \dfrac{h}{2}, & x = 0, \pm 2.\end{cases}$

补 充 题

1. 当级数 $\displaystyle\sum_{n=1}^{\infty}a_n$, $\displaystyle\sum_{n=1}^{\infty}b_n$ 都发散时, $\displaystyle\sum_{n=1}^{\infty}c_n$ 可能收敛,也可能发散.

6. 收敛.提示: $\sqrt{2} = 2\cos\dfrac{\pi}{4}$.

10. (1) 1.

12. 当 $\alpha > 2$ 时,$\mathbf{R}$;当 $\alpha \leqslant 2$ 时,$\{0\}$.

13. $\left[-\min\left\{\dfrac{1}{a},\dfrac{1}{b}\right\},\min\left\{\dfrac{1}{a},\dfrac{1}{b}\right\}\right)$.

14. (3) 2.

15. $f(x) \sim \dfrac{2\sinh 2\pi}{\pi}\left[\dfrac{1}{4} + \displaystyle\sum_{n=1}^{\infty}\dfrac{(-1)^n}{n^2+4}(2\cos nx - n\sin nx)\right]$, $\displaystyle\sum_{n=1}^{\infty}\dfrac{(-1)^{n-1}}{n^2+4} = \dfrac{1}{8} - \dfrac{\pi}{4\sinh 2\pi}$.

16. $f(x)$ 的傅里叶级数为 $\dfrac{\pi^2}{3} + 4\displaystyle\sum_{n=1}^{\infty}\dfrac{(-1)^n}{n^2}\cos nx$.

参考书目

［1］上海交通大学应用数学系.高等数学.上海:上海交通大学出版社,1988.

［2］上海交通大学数学系.微积分.上海:上海交通大学出版社,2002.

［3］同济大学数学科学学院.高等数学.8 版.北京:高等教育出版社,2023.

［4］韩云瑞,扈志明.微积分教程.北京:清华大学出版社,1999.

［5］邓东皋,尹小玲.数学分析简明教程.2 版.北京:高等教育出版社,2006.

［6］马知恩,王绵森.工科数学分析基础.3 版.北京:高等教育出版社,2017.

［7］哈雷特,克莱逊,等.微积分.胡乃冈,邵勇,徐可,等,译.北京:高等教育出版社,1997.

［8］FINNEY,WEIR,GIORDAND.托马斯微积分.10 版.叶其孝,王耀东,唐兢,译.北京:高等教育出版社,2003.

［9］菲赫金哥尔茨.微积分学教程:第 1 卷.8 版.杨弢亮,叶彦谦,译.北京:高等教育出版社,2006.

郑重声明

高等教育出版社依法对本书享有专有出版权。任何未经许可的复制、销售行为均违反《中华人民共和国著作权法》,其行为人将承担相应的民事责任和行政责任;构成犯罪的,将被依法追究刑事责任。为了维护市场秩序,保护读者的合法权益,避免读者误用盗版书造成不良后果,我社将配合行政执法部门和司法机关对违法犯罪的单位和个人进行严厉打击。社会各界人士如发现上述侵权行为,希望及时举报,我社将奖励举报有功人员。

反盗版举报电话 (010)58581999　58582371

反盗版举报邮箱 dd@hep.com.cn

通信地址 北京市西城区德外大街 4 号
　　　　　　高等教育出版社法律事务部

邮政编码 100120

读者意见反馈

为收集对教材的意见建议,进一步完善教材编写并做好服务工作,读者可将对本教材的意见建议通过如下渠道反馈至我社。

咨询电话 400-810-0598

反馈邮箱 hepsci@ pub.hep.cn

通信地址 北京市朝阳区惠新东街 4 号富盛大厦 1 座
　　　　　　高等教育出版社理科事业部

邮政编码 100029

防伪查询说明

用户购书后刮开封底防伪涂层,使用手机微信等软件扫描二维码,会跳转至防伪查询网页,获得所购图书详细信息。

防伪客服电话 (010)58582300